中国地质大学（武汉）国家级一流本科专业建设规划教材
中央高校教育教学改革基金（本科教学工程）资助

金刚石工具的设计与制造
（第二版）

JINGANGSHI GONGJU DE SHEJI YU ZHIZAO

段隆臣　谭松成　周　燕　方小红　编

图书在版编目（CIP）数据

金刚石工具的设计与制造/段隆臣等编．—2版．—武汉：中国地质大学出版社，2023.7
ISBN 978-7-5625-5494-3

Ⅰ.①金… Ⅱ.①段… Ⅲ.①金刚石-工具-制造 Ⅳ.①TQ164.8

中国国家版本馆CIP数据核字（2023）第134887号

金刚石工具的设计与制造（第二版）	段隆臣 谭松成 周 燕 方小红 编
责任编辑：张旻玥	责任校对：何澍语
出版发行：中国地质大学出版社（武汉市洪山区鲁磨路388号）	邮政编码：430074
电　　话：(027)67883511　传　真：(027)67883580	E-mail：cbb@cug.edu.cn
经　　销：全国新华书店	http://cugp.cug.edu.cn
开本：787mm×1092mm 1/16	字数：532千字 印张：20.75
版次：2013年3月第1版 2023年7月第2版	印次：2023年7月第2次印刷
印刷：武汉中远印务有限公司	
ISBN 978-7-5625-5494-3	定价：45.00元

如有印装质量问题请与印刷厂联系调换

前　言

"工欲善其事，必先利其器。"金刚石工具是硬脆材料加工的典型代表，它在机械加工、建筑装潢、地质勘探、石油钻井等领域中有着广泛的用途。《金刚石工具的设计与制造（第二版）》一书涉及材料学、机械学、粉末冶金学、电化学、岩石破碎学及钻探工艺学等多门学科和专业知识。本书系统阐述了用于钻、切、磨等应用场景的金刚石工具的设计制造原理、生产工艺、使用方法和评价指标，一共分为九章，结合教材章节内容和编者研究专业方向，团队分工编写。段隆臣教授负责第一章、第二章、第三章和第五章的编写，系统讲述了金刚石工具概况、金刚石性质及预处理，重点分析了金刚石工具加工模型及影响其使用的基本因素，并概述了其他加工用途的金刚石工具的设计原则。谭松成副教授负责第四章、第六章的编写，内容涵盖金刚石钻头设计和粉末冶金金刚石工具理论与方法。方小红讲师负责第七章有关电镀金刚石工具的编写。周燕副教授负责第八章和第九章的编写，重点讲述了焊接和3D打印金刚石工具的相关内容。全书由段隆臣教授策划和统稿。

在原2013年第一版教材的基础上，结合我校地质工程、勘查技术与工程专业对于金刚石工具学习的要求，本书更新梳理了章节内容和结构，使得结构层次逻辑更为清晰；进一步整理了各类金刚石工具加工的理论模型，分析了影响金刚石工具使用的基本因素；系统介绍了粉末冶金、电镀、焊接等技术制造金刚石工具的原理、设计原则及加工生产实例；增加了3D打印技术制造金刚石工具的原理及其工艺流程。新版教材内容的拓展结合了2013年以来金刚石工具制造行业的发展新动向，整合了新的研究成果，既可作为地质工程、勘查技术与工程等相关专业本科生的教学用书，也可为金刚石工具制造、工程勘察、地质工程施工、切削磨削加工等行业的从业人员提供参考。

本教材由中央高校教育教学改革基金（本科教学工程）资助出版。中国地质大学（武汉）教务处、工程学院及中国地质大学出版社对本书的出版给予了大力支持，在此一并致以真挚的感谢！

编者在教材改编过程中一直秉持专业严谨的原则，但由于编者水平有限和技术的日新月异，书中难免有疏漏和不妥之处，恳请有关专家、学者及广大读者批评指正！

编 者

2023 年 6 月

目 录

第一章 绪 论 (1)
- 第一节 金刚石工具的历史发展过程 (1)
- 第二节 金刚石工具的分类 (3)
- 第三节 金刚石工具的应用 (10)

第二章 金刚石及金刚石预处理 (12)
- 第一节 金刚石的性质 (12)
- 第二节 天然金刚石 (19)
- 第三节 人造金刚石 (22)
- 第四节 金刚石烧结体 (40)
- 第五节 机械方法处理金刚石 (47)
- 第六节 金刚石表面金属化处理 (48)

第三章 金刚石工具加工模型及影响其使用的基本因素 (60)
- 第一节 圆型锯切模型 (60)
- 第二节 框架锯切模型 (63)
- 第三节 绳锯锯切模型 (64)
- 第四节 取心钻进模型 (66)
- 第五节 影响金刚石锯片使用的基本因素 (67)
- 第六节 影响金刚石钻头使用的基本因素 (74)

第四章 金刚石钻头设计 (81)
- 第一节 概 述 (81)
- 第二节 表镶金刚石取心钻头结构参数选择 (86)
- 第三节 孕镶金刚石取心钻头结构参数选择 (95)
- 第四节 金刚石复合片钻头结构参数设计与选择 (106)

第五章 其他加工用途的金刚石工具 (124)
- 第一节 概 述 (124)
- 第二节 金刚石圆锯片 (124)
- 第三节 金刚石框架锯片 (133)
- 第四节 金刚石绳锯 (135)
- 第五节 金刚石线锯 (138)

  第六节 金刚石铣磨工具……………………………………………………………(141)
  第七节 金刚石抛光材料……………………………………………………………(142)
第六章 粉末冶金基础知识及金刚石工具制造…………………………………………(145)
  第一节 金属粉末……………………………………………………………………(145)
  第二节 成 形………………………………………………………………………(152)
  第三节 烧 结………………………………………………………………………(165)
  第四节 热压法制造金刚石钻头…………………………………………………(184)
  第五节 冷压法制造金刚石工具…………………………………………………(197)
  第六节 无压浸渍法制造金刚石钻头和扩孔器……………………………………(217)
  第七节 胎体性能及其测定方法…………………………………………………(223)
第七章 电镀基础知识及金刚石工具制造………………………………………………(227)
  第一节 电化学基础…………………………………………………………………(227)
  第二节 电镀液的分散能力………………………………………………………(239)
  第三节 金属制品的镀前预处理…………………………………………………(246)
  第四节 典型电镀镀液与工艺规范………………………………………………(254)
  第五节 复合电镀的计算公式……………………………………………………(263)
  第六节 电镀金刚石制品……………………………………………………………(266)
  第七节 复合镀层质量检测…………………………………………………………(274)
  第八节 电镀设备及电镀间的工业卫生和环境保护……………………………(279)
第八章 金刚石工具的焊接……………………………………………………………………(284)
  第一节 概 述………………………………………………………………………(284)
  第二节 银钎焊……………………………………………………………………(284)
  第三节 激光焊接金刚石锯片工艺……………………………………………(289)
  第四节 激光焊接薄壁金刚石取心钻头…………………………………………(301)
第九章 3D打印基础知识与金刚石工具制造……………………………………………(308)
  第一节 概 述………………………………………………………………………(308)
  第二节 3D打印原理…………………………………………………………………(308)
  第三节 3D打印金刚石工具的工艺流程……………………………………………(312)
附 录……………………………………………………………………………………………(320)
主要参考文献……………………………………………………………………………………(322)

第一章 绪 论

金刚石作为碳的同素异形体，是人们所知最硬的矿物。无瑕的或基本无瑕的金刚石经过加工后，被认为是最珍贵的宝石。金刚石除了具有宝石的装饰性和稀有性外，还有一些其他的性能和用途，使它成为一种独一无二的材料。它具有极高的热传导性、体积模量和断裂临界张应力以及很低的摩擦系数和热膨胀系数，并对酸碱具有耐腐蚀性。

第一节 金刚石工具的历史发展过程

虽然公元前 350 年，人类就开始利用金刚石作为雕刻工具，但是现代应用金刚石的历史只有大约 100 年。人们第一次利用金刚石的碎片，将其镶嵌到铁柄上作为工具使用，类似于今天的金属结合剂金刚石工具。

在金刚石工具发展历程中，第二个里程碑发生在 1819 年。当时，英格兰的 Brockendon 首先获得了金刚石拉丝专利，但在当时，试验证明不可能将这种发明应用到实际中。大约 40 年后，法国的 Milan 和 Bolloffet 制造了第一个可用于实际应用的拉丝模。

1824 年，Prichard 开始使用成形金刚石磨轮，对显微镜透镜进行研磨和抛光。这些具有一定精细度的磨轮是用细小的金刚石颗粒镶嵌到铸铁胎体表面而形成的。

1854 年，法国工程师 Hermann 申请了用于切割、车削和加工成形硬质石料的单晶金刚石工具专利，一年以后，经过改进转变成多晶金刚石工具。1862 年，一位生活在巴黎的瑞士工程师 Leschot 发明了现代金刚石钻头，并随后在钳工 Pihet 的帮助下造出了第一台简单的手摇钻机，获得了一项包括钻机的金刚石钻头专利，开始了金刚石钻探的历史。Diderot 的百科全书里面记述了金刚石钻头发明后的一个多世纪内，该专利得到了较广泛的实际应用。

1885 年，法国 Fromholt 发明了第一个用于切割石料的圆形锯片，13 年以后，大直径的锯片首次应用于 Euville 石料采集。早期的锯片采用巴西卡邦金刚石（Carbon），它是一种非常贵重的材料，强度大，抗裂性好。在 20 世纪巴黎大型建筑的建设过程中，这些卡邦金刚石锯片用于切割石灰石和大理石。

在金刚石工具制造历程中，进一步的发展发生在 1927—1931 年间，美国和英国最早发表了用粉末制造金属基研磨工具的专利。根据 Gauthie（1927）的工作，粉末混合体仅用冷压方法固结，直至 1931 年，Neven 首次建议采用热压方法。早期使用的金属粉末是电解铁粉。

通过金属粉末黏结金刚石的想法可追溯到 1883 年。在当时，Gay 提出了在金属基体中通过加入石英或金刚砂等传统磨料来制造研磨材料的思想。他提出了使用黄铜、铁或钢粉末，并且建议充分利用粉末冶金技术，如热压法或浸渍法来形成基体。然而，直到 20 世纪 20~30 年代，才有研究者对 Gay 的设想进行了实践和改进。这一改进明显地加快了孕镶金刚石工具的发展，从而使其在 1940 年前后成功应用于工业当中。

在这个时期，非金属黏结剂也得到了迅速发展。1925 年，Bakelite 公司首次获得了

Plendic 树脂黏结剂的专利。20 世纪 30 年代早期，英国 Wickman 有限公司（1933）、瑞士 Voegeli & Wirz 公司（1934）和美国 Norton 公司（1934）相继获得了树脂黏结剂天然金刚石砂轮的专利。

20 世纪 50 年代以前，金刚石工具发展相对缓慢。在那个时期，人们可用的只有昂贵的天然金刚石晶体，这些晶体是在数百万年以前由碳在高温高压作用下转变而形成的。

在 20 世纪 50 年代以后，人造金刚石合成技术的成功突破带来了金刚石工具制造技术的快速发展。试图人工制造金刚石晶体的时间至少可追溯到几百年前，但 1953 年以前一直没有取得成功。1953 年，ASEA 一组科技人员获得了肯定和满意的重复性结果。1955 年，美国通用电气公司在对 ASEA 所做的研究成果完全不了解的情况下，宣布了其具有在工业规模上制造金刚石的能力。与此同时，美国通用电气公司第一个在《科学》杂志上描述了其制造过程，并取得了专利，而 ASEA 则一直对人造金刚石的实验情况秘而不宣。

制造技术方面的不断进步，使人造金刚石具有重要的市场价值，其占所有工业金刚石消耗量的 95％ 以上。更值得一提的是，在 20 世纪后 50 年内，工业金刚石消耗量急剧增长了约 50 倍。在这段时期内，金刚石工具制造业的发展又反过来促进了金刚石工业生产技术的革新，使金刚石生产产量更高、质量更优且成本更低。在建筑工业、道路维修、石油钻探、地质勘察以及由各种玻璃、陶瓷、金属、塑料和橡胶组成的零部件加工等方面，更新了人造金刚石的机械加工技术。

人造金刚石在更广泛领域内的里程碑式的进步和发展，可按年代排列如下。

20 世纪 60 年代：开发了用于树脂黏结剂工具的金属镀覆金刚石，与 Du Point 介绍的聚酰亚胺相同。1969 年意大利制造了用于石材切割的电镀金属基体金刚石绳锯；同年，立方氮化硼（CBN）被应用到工业中，用以弥补金刚石加工铁合金的不足。

20 世纪 70 年代：由于石材加工（如切割花岗岩）的需求，高品质金刚石的合成技术得到了发展。金刚石聚晶（PCD）具有更强的适用性，在硬质合金加工领域得到广泛应用。

20 世纪 80 年代：锯切用金刚石涂层得到了较广泛的应用。一种苯酚热固性树脂用于提高工具性能，被发展应用到树脂黏结剂金刚石工具和 CBN 磨轮上。

20 世纪 90 年代：通过 CVD 方法，在低压条件下合成聚晶取得了突破性的进展，使得采用 CVD 涂覆的金刚石刀具、麻花钻和可焊接于刀架之上的 CVD 金刚石厚膜得以市场化。

21 世纪以来，金刚石工具市场继续保持着稳定快速的增长。2001—2009 年国内人造金刚石产销量由 16 亿克拉增长到 54 亿克拉，年均复合增长 16.4％ 左右。2010 年同比增速达到 81％，之后增速有所回落；2012 年，国内人造金刚石产量达到 124 亿克拉，已占全球人造金刚石单晶总产量的 90％ 以上。总的来说，2001—2014 年间人造金刚石行业处于快速增长期，产量规模快速扩大，年均复合增速高达 20％；2015 年以来人造金刚石行业产品结构发生转变，合成时间较长的大单晶产量增多；2016 年整体产量回落至 136 亿克拉；2017 年行业景气回升，我国人造金刚石产量 143 亿克拉；2018 年国内人造金刚石产量则达到了 182 亿克拉，2020 年突破 200 亿克拉，截至 2020 年底我国人造金刚石产量占到世界总产量的 95％ 以上。目前，金刚石价格快速降低，与传统磨料如碳化硅和氧化铝相比，工业金刚石在性价比方面具有更强的竞争力。

第二节 金刚石工具的分类

金刚石工具这个名词具有很广泛的意义，可根据金刚石含量与来源，工具外观、内部结构、类别及其用途等多种标准对其进行分类。本书为了便于对金刚石工具型号进行区分，从制造方法上对其进行了分类，具体如图1-1所示。

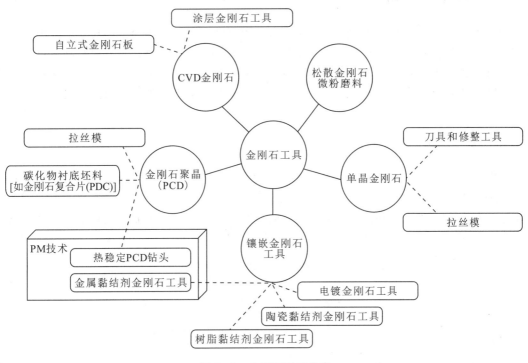

图1-1 金刚石工具分类

一、金刚石微粉磨料

金刚石微粉磨料构成了最简单的金刚石工具，如图1-2所示。虽然各厂家采用的金刚石

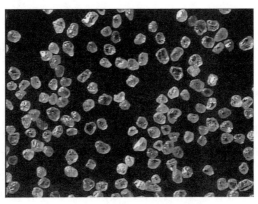

图1-2 金刚石微粉磨料

尺寸标准不尽相同，但目前行业内普遍认为，金刚石微粉的颗粒尺寸应小于 84μm，微粉颗粒的尺寸和级配与加工精度紧密相关。大多数以胶体或悬浮液形式存在的天然金刚石和人工金刚石微粉主要用于各种细磨和抛光作业。典型的应用包括金属陶瓷和矿物标本前期处理、金刚石刀具整形、金刚石拉丝模造型和校准、宝石抛光、硬质钢和碳化钨工具组件的精加工等。

二、单晶金刚石

天然和人工合成的单晶金刚石常用于刀具、修整工具和拉丝模等。然而大颗粒的天然金刚石性能不均匀、稳定性差，且金刚石选取和工具尖部预处理过程比较耗时，这些因素限制了天然金刚石工具的发展。在高温高压合成金刚石技术方面的发展，使生产具有足够尺寸和形状，结晶方向和性能一致的人造单晶金刚石成为了现实，这些性能都是天然金刚石难以达到的。

1. 刀具和修整工具

金刚石切割块和修正笔是通过对原单晶进行激光切割制造而成的。与天然金刚石相比，合成金刚石在形状方面更规则，晶体的结晶取向更易确定，因此人工合成金刚石能够切成薄片，且能够利用激光进行切割以制成具有一定宽尺寸范围的合适形状，其标准值大约可高达 8mm。金刚石的结晶各向异性面和刀刃示意图如图 1-3 所示。其中（abc）为晶面指数，[abc]为晶向指数，{abc}表示晶面族，⟨abc⟩表示晶向族。

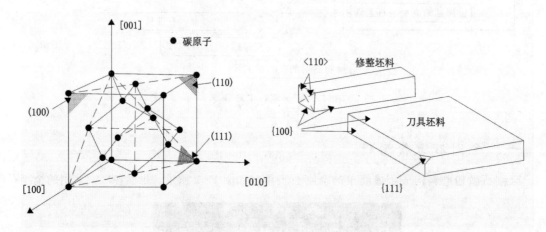

图 1-3 金刚石晶体结构（左）和单晶金刚石工具坯料理想形状（右）

单晶金刚石是一种各向异性的材料，在不同晶面及不同方向上性能差异很大。如{110}面的磨削率大约为{100}面的两倍，但{100}面较其他晶面具有更高的抗应力、腐蚀和热退化能力，因此综合微观强度考虑，一般选用{100}面做刀具的前后刀面。而{111}面易发生解理，并且该面的任何方向都不易磨，刀具制造工艺困难，因此一般应避免。可见，对于单晶金刚石工具制造，科学合理地进行晶面定向对于充分发挥金刚石刀具的优异性能、提高加工质量和经济效益具有重要意义。如图 1-3 所示，通过沿着纵向轴移动坯料，使耐磨性最高的结晶方向作为工作方向，可提高工具的耐磨性能。

单晶金刚石工具一直应用于非铁金属、无熔渣碳化物、塑料、玻璃、木材及层压板的高精度加工和砂轮轮廓的修理等。由于制造方便，焊接性能不断得到提高，并且工具重新磨光和再修锐操作的停工时间大为缩短，人造金刚石工具得到了广泛的应用。

2. 拉丝模

在性能方面，天然金刚石一直被认为是最理想的冲模材料，但其主要缺点是成本过高，因为只有高品质的金刚石晶体才能完全适合冲模制造。这些高品质金刚石需要精心地筛选并经过平滑处理才能使用。近年来，高品质的人工合成单晶模具坯料数量不断增加，正逐步取代天然金刚石模具坯料。合成的金刚石中金属夹杂物含量低而且具有可控性，使其具有优越的断裂抗力；此外，在超过1000℃的无氧环境下，通过对结晶取向进行预先设计，可合成适合制造模具坯料的金刚石。采用该方法可消除天然金刚石模具中经常出现的模具不均匀磨损现象。

单晶金刚石模具在拉伸非铁金属、合金、重金属以及高温拉伸难熔金属等方面得到了广泛的应用，可提供无与伦比的工艺优势和高质量的极细金属丝。

三、镶嵌金刚石工具

到目前为止，镶嵌金刚石工具在加工磨削领域应用最广泛。该类金刚石工具是通过各种制造工艺将金刚石镶嵌在不同的金属或非金属基体中而制成的。就金刚石在胎体中存在的状态划分，镶嵌金刚石的工具分为表镶金刚石工具和孕镶金刚石工具。按制造工艺划分，可分为电镀金刚石工具和粉末冶金金刚石工具，粉末冶金金刚石工具又包括热压金刚石工具、冷压浸渍金刚石工具和无压浸渍金刚石工具。按结合剂划分，可分为树脂黏结剂金刚石工具、陶瓷黏结剂金刚石工具和金属黏结剂金刚石工具，下面将概述这三类黏结剂金刚石工具。

1. 陶瓷黏结剂金刚石工具

陶瓷黏结剂金刚石工具最显著的特点是高孔隙率，孕镶金刚石层的孔隙率最高可达55%。这些气孔具有重要的作用，主要用于储存和去除研磨过程中产生的碎屑。高孔隙率的另一个优点是在工具接触面上可使冷却液起到良好的分散效果。

与其他类型的孕镶金刚石工具相比，陶瓷黏结剂金刚石工具虽然应用范围比较窄，但也具有工具寿命较长、尺寸精度高和容易修整等一些独特性能。此外，陶瓷黏结剂金刚石工具热硬性较好，能够在温度较高的情况下继续工作，且金刚石颗粒在使用过程中，可通过极小的修整来保证工具的锋利性。这些特点使陶瓷黏结剂金刚石工具在研磨单晶和聚晶金刚石工具、硬质合金、陶瓷以及某些复合材料方面具有显著的优势。常见的陶瓷黏结剂金刚石工具如图1-4所示。

陶瓷黏结剂的成分与玻璃相似，包括SiO_2、Na_2O和CaO等基本组成，通过加入一些其他组

图1-4 陶瓷黏结剂金刚石砂轮

分如 SiC、Al_2O_3、B_2O_3、ZnO、K_2O、长石、黏土和其他天然矿物，改变其成分比例，从而改变工具的性能特征。粉末冶金金刚石工具中的金刚石浓度一般为 75%～150%（体积浓度 18.75%～37.5%）。既可以在惰性气体氛围下，先进行冷压，然后再在加热炉中加热到 900～950℃制作而成，也可以在 730℃左右直接进行热压烧结而成。后者的优势在于烧结温度较低，且所需要的工艺时间明显缩短。如果采用的是人造金刚石磨粒，该工艺生产出的工具具有较低的孔隙率，对金刚石韧性的影响较小。

2. 树脂黏结剂金刚石工具

在大多数情况下，树脂黏结剂采用酚醛树脂或热稳定性较好的酚醛-芳树脂，以微细粉末的形式分别应用于磨轮和湿磨轮中，其在黏结剂中的含量为 30%～40%。为增加黏结剂的强度，常在树脂中混有 SiC 添加剂；为降低和散发研磨过程产生的摩擦热，则常在树脂中加入少量的氧化剂、干燥剂、石墨或聚四氯乙烯润滑剂，以及铝、铜或银粉末等。树脂黏结剂金刚石工具的制作过程是首先在树脂中精心地加入适量天然或人造金刚石颗粒，然后将混合物倒入模具中进行热压形成研磨刀片，随后采用适当的黏结剂将研磨刀片与工具基体联结在一起，也可以将混料通过热压烧结的方式直接联结在工具轮毂上。为使金刚石工作层与工具基体结合牢固，通常在磨料上涂上一层具有耐热性的黏结剂薄膜。

树脂黏结剂金刚石工具大多采用金属镀膜金刚石，与采用未镀膜金刚石相比，可获得更好的把持力和热耗散性。镀膜金属可以选择镍合金、铜或银。镀镍金刚石含有 30%～60% 的镍合金，镍镀层可形成粗糙多峰的表面，在黏结过程中有利于提高金刚石的把持力，使金刚石在剧烈的研磨条件下不易脱落。镀铜金刚石约含 50% 的铜合金，主要应用于干磨加工。镀银金刚石约含 50% 的银合金，近年来已经向硬质合金磨削方面发展，在磨削过程中一般采用纯油冷却剂。正如在某些镀镍产品中，多峰型镍镀层增强了黏结剂对金刚石的把持力，银镀层和铜镀层降低了工具与工件之间的摩擦，通过增加磨削砂轮工作刀片的热传导性，极大地提高了其热耗散性能，从而降低了加热过度对热敏性树脂黏结剂造成的破坏程度。

图 1-5 树脂黏结剂金刚石磨盘

树脂黏结剂金刚石工具可得到精密的尺寸公差和良好的表面光洁度，不仅在磨削硬质合金、各种陶瓷和玻璃中得到了广泛应用，同时也可应用于天然石材的精磨打磨和抛光作业。常见的树脂黏结剂金刚石工具如图 1-5 所示。

3. 金属黏结剂金刚石工具

金属黏结剂工具约占整个黏结金刚石工具市场的三分之二。从冶金的角度来看，"金属黏结剂"这一术语既可适用于电镀产品，也可适用于金属基金刚石复合材料，然而该术语越来越多地出现在通俗的技术语言中，如金属黏结剂金刚石工具或烧结工具。因此本书中金属黏结剂金刚石工具主要是指采用各种粉末冶金技术生产的金刚石工具。典型的金属黏结剂金刚石工具如图 1-6 所示。

四、金刚石聚晶（PCD）

20世纪70年代GE公司成功开发PCD，标志着人类对超硬材料的应用进入新阶段。随着PCD技术研发的深入，其性能不断提高，适用范围也日益扩大到工业加工生产的许多领域。目前，PCD主要用于制造钻探钻井用金刚石复合片（PDC）钻头、PCD高品级拉丝模胚以及各类工业用刀具刀头，并在这些领域逐渐取代了传统的工具。PCD是由金刚石粉末与结合剂（其中含钴、镍等粉末）按一定比例在大约1500℃、6GPa的高温高压条件下烧结而成，如图1-7所示。最终的晶粒尺寸取决于金刚石最初粉末的平均晶粒尺寸，而具有市场应用价值的尺寸为 $2\sim50\mu m$。一般而言，晶粒细小的PCD具有较好的韧性和表面光洁度，而晶粒粗大的PCD具有更强的耐磨性。

图 1-6 金属黏结剂金刚石磨盘

图 1-7 金刚石聚晶

含钴大约8%的PCD产品若久置于超过700℃的环境中，材料的机械性能将产生破坏，主要原因有两点：其一，钴的存在促进了金刚石石墨化；其二，由于金刚石和钴的热膨胀系数不同，升温过程中工具内将产生较大的内应力。为了获得较好的材料热稳定性，可从PCD复合材料中滤出残余钴或用非金属黏结剂来代替金属钴。当使用硅代替钴时，硅和金刚石的化学反应可产生具有催化作用的非活性SiC黏结剂。由于SiC的热膨胀系数与金刚石非常接近，实验表明若PCD产品中含有大约19%体积的SiC时，则能够在高达1200℃的惰性气体或还原气氛下进行工作。

1. 金刚石复合片（PDC）

金刚石复合片（PDC）是在超高压和高温条件下，将金刚石微粉薄层和黏结剂与数毫米厚的硬质合金基体在高温和超高压条件下烧结而成的复合材料（图1-8）。金刚石复合片（PDC）具有聚晶金刚石（PCD）的高耐磨性和硬质合金的高强度，近年来已成为高档机械加工刀具、地质及石油钻头、陶瓷磨具、石材加工工具、混凝土工具和阀座阀芯等高耐磨设备的首选材料，也成为高科技新材料领域中最有生命力的支柱产品之一。金刚石复合片钻头

图1-8 金刚石复合片(PDC)

图1-9 金刚石复合片钻头(PDC钻头)

(PDC钻头)如图1-9所示。

2. 金刚石热稳聚晶(TSP)

金刚石热稳聚晶(TSP)主要采用对金刚石呈惰性的结合剂与金刚石微粉在高温高压条件下制造而成,同时因结合剂的热膨胀系数与金刚石的接近,其耐热温度可达到1200℃左右。相比于普通聚晶,热稳聚晶具有很好的热稳定性及更高的抗冲击强度和更好的耐磨性。TSP可单独用于制造石油钻探和地质勘探用TSP钻头,或与复合片、金刚石等一起制造成TSP混合钻头,也可作为复合片钻头、金刚石钻头等其他类型钻头的保径。TSP钻头如图1-10所示。

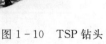

图1-10 TSP钻头

3. PCD拉丝模

拉丝模主要用于拉拔棒材、线材、丝材、管材等直线型难加工物体,适用于钢铁、铜、钨、钼等金属和合金材料的拉拔加工,是各种金属线材生产厂家拉制线材的一种非常重要的易消耗性模具。PCD拉丝模用于拉制铜、铝、不锈钢及各种合金线材，其使用寿命为硬质合金拉丝模的100～300倍，且所拉线材的尺寸均匀，光洁度高，产出量高。目前制造的PCD拉丝模中都包含一定量的钴或热稳定物质，这两种物质非常适合在多线程机器上进行高效生产，该模具有拉伸速度快、寿命长和产品质量高等优点。不像单晶那样，PCD拉丝模可适合所有的尺寸范围，因此利用它们可以拉出直径为20mm至微米级尺寸的金属丝。典型的PCD拉丝模如图1-11所示。

图1-11 聚晶金刚石拉丝模芯

五、CVD金刚石

CVD金刚石是指采用化学气相沉积技术合成的金刚石，即含碳气体和氧气的混合物在高温和低于标准大气压的压力下被激发分解，形成活性金刚石碳原子，并在基体上沉积交互生长聚晶金刚石，也可控制条件沉积生长金刚石单晶或准单晶。具体过程是在低于大气压条件下，将一种混有碳的含1%甲烷和氢气的混合气体通入到CVD反应炉中。在反应炉内，使用电弧、热丝、微波，或燃烧火焰等不同的热源将气体分解。混合气中的氢气有利于除去非金刚石沉积物，而允许金刚石膜在衬底成核并持续生长。由于在合成过程中没有使用触媒金属，CVD金刚石不含有金属杂质，因此CVD金刚石热稳定性好。

1. 自立式金刚石板

经过近年来的发展与完善，采用CVD金刚石沉积技术已能制造出厚度约为1.2mm的自立式金刚石板。通过激光或电火花切割技术，可将金刚石板切割成所需要的特定尺寸和形状。由于掺杂硼的CVD金刚石产品具有导电性，可采用电火花切割技术进行切割处理。到目前为止，厚膜CVD金刚石大多数用于辅助PCD工具，如修正笔、车削镶刃和手术刀等。

2. 涂层金刚石工具

由于切削刃制备困难和金刚石层容易剥落等问题，CVD金刚石涂层钻头和车削镶刃在工业应用领域至今没有得到突破性进展。为解决金刚石涂层容易剥落的问题，可将SiC、Si_3N_4和TiC/TiN等特殊硬质材料预覆到工具衬底上，以提高涂层与衬底的结合强度。金刚石涂层的厚度一般为 10～30μm，且只覆盖于工具表面的部分区域。

CVD金刚石涂层工具在车削花岗岩、金属基复合材料和 SiAl 合金等方面具有很大的开发应用潜力，然而其生产技术还有待于进一步的改进和完善，以提高金刚石工具质量，降低生产成本。

第三节　金刚石工具的应用

人造金刚石具有广阔的应用发展前景，西方发达国家甚至将其作为一种战略资源。金刚石及其工具的制造与应用是衡量一个国家基础产业水平的重要指标。金刚石工具的应用领域非常广泛，主要有以下几个方面：①地质钻探、石油钻井和矿业开采行业；②建筑和建材行业；③机械加工行业；④光学玻璃、珠宝和晶圆芯片加工行业；⑤电子电器行业。

一、地质钻探、石油钻井和矿业开采行业

在冶金、煤炭、石油等地质钻探、石油钻井和矿业开采领域，广泛使用金刚石钻头和金刚石复合片钻头。金刚石钻头能钻进硬质合金钻头、钢粒钻头等难以钻进的岩层，钻头寿命和钻进时效显著提高，上下钻次数大为减少，明显降低工人的劳动强度；并且，金刚石钻进钻孔质量好，孔内事故相对较少。金刚石复合片钻头在石油钻井、煤田煤层气钻探等软岩层钻进中得到了广泛的应用，正在逐步取代传统的硬质合金钻进。

二、建筑和建材行业

在天然大理石、花岗岩和人造铸石、水磨石、瓷砖、复合地板、混凝土等建筑材料加工方面，普遍使用金刚石工具。天然石材的矿山开采，使用金刚石绳锯为主的锯切方法与传统的打眼放炮方法相比，石材成材率高，可有效防止自然资源的严重浪费。把从矿山开采下来的石材荒料锯切为厚度不等的板材，已经普遍使用金刚石锯片和金刚石排锯，而传统的碳化硅树脂切片和砂排锯锯切板材的方法已逐步被淘汰。天然板材以及人造地板砖的表面磨光和边棱倒角加工，则需要使用金刚石磨块、磨辊、磨边轮等多种金刚石工具。除了金属基制品外，异形石材加工以及板材表面抛光还要使用金刚石电镀制品、金刚石树脂砂轮以及柔性抛光磨具。

在建筑工程中，金刚石锯片已经成功地用于切割机场跑道和高速公路的防滑槽，切割混凝土路面和沥青路面的伸缩缝，还用于混凝土墙板的切割。金刚石薄壁钻头在混凝土桩抽芯检验、旧建筑的拆除和新建筑的建造过程中也得到了日益广泛的应用。

三、机械加工行业

金刚石磨具，如金刚石树脂砂轮和青铜基金刚石砂轮等，是磨削硬质合金刀具的有效工具，同时，它还适用于磨削硬质合金量具、模具、夹具及其他硬质合金工件。金刚石对硬质合金的研磨能力比碳化硅高数千倍。磨削硬质合金车刀时，每磨除 1g 金属要消耗绿碳化硅磨料 4～15g，而仅消耗金刚石 2～4mg。金刚石砂轮磨削硬质合金效率比普通砂轮磨削硬质合金高上千倍，成本降低 10% 以上。金刚石砂轮磨削硬质合金刀具可以避免用碳化硅砂轮加工时容易出现的裂纹、崩口等缺陷，加工出的刀具粗糙度和精确度高，刀具寿命可延长

50%~100%，而且可以省掉刃磨后的抛光工序，生产效率可以提高数倍。金刚石磨具磨削合金工具钢时，可比普通砂轮磨削效率提高10倍以上，成本降低10%，还避免了用普通砂轮加工容易引起的烧伤现象。但对于磨削合金工具钢而言，立方氮化硼（CBN）磨具应是首选工具，它比金刚石工具更为优越。

在汽车制造工业中，用金刚石磨石搪磨汽车发动机汽缸时，一块金刚石油石相当于300块碳化硅油石，加工粗糙度由Ra0.8~0.4μm降低到Ra0.2~0.1μm，汽缸椭圆度和锥度偏差从0.03mm减小到0.015~0.02mm。若使用金刚石车刀对其进行精车，可达到很高的尺寸精度和非常低的表面粗糙度，可以获得以车代磨的显著效果。在汽车曲轴和凸轮轴磨削加工中，也广泛应用超硬材料。曲轴和凸轮可以利用金刚石砂轮和立方氮化硼（CBN）砂轮直接进行磨削。如果用普通的砂轮来磨削曲轴，则需要用金刚石滚轮对普通砂轮进行在线随时修整。

四、光学玻璃、珠宝和晶圆芯片加工行业

以前使用碳化硅加工光学玻璃效率低，劳动条件差。现在已经全部采用金刚石工具进行加工，包括下料、切割、铣磨、磨边，以及凸凹曲面的精磨。综合生产效率提高数倍至数十倍。随着金刚石成本的降低，除了光学玻璃和精密玻璃器件外，许多本来使用普通磨料加工的一般性玻璃制品，例如汽车窗户玻璃等，现在也使用金刚石工具加工。在宝石、玉器等珠宝加工方面，金刚石工具的应用也取得了与玻璃加工同样显著的效果。在整个单晶硅和多晶硅从晶锭到芯片的制备过程中，均需要不同用途的金刚石工具参与加工，如金刚石圆锯片、带锯、高精度砂轮、线锯、超薄切片等，而且加工的精度要求比较高。

五、电子电器行业

电子电器行业需要用到大量的直径从毫米级到微米级的各种金属丝导线、铁氧体磁性材料和一些绝缘材料等，这些材料或制品的加工需要使用金刚石工具。

各种金属丝的拉丝产品要求粗糙度好，精度高，精度1~2μm或更高。尤其是对于拉制高硬度金属丝，例如微米级的铂丝、钨丝以及超细的铜丝，金刚石拉丝模是理想的工具。金刚石拉丝模能承受很高的压力、摩擦力和数百摄氏度的高温，不容易磨损变形，使用寿命长达数年，甚至数十年，耐用度是硬质合金拉丝模的几十倍至几百倍。聚晶金刚石拉丝模与天然金刚石拉丝模相比，有显著优点。它不存在天然金刚石的各向异性，不容易劈裂，也不会因为某个特定方向磨损快而造成变形，拉丝孔可以始终保持圆形。聚晶金刚石拉丝模的另一个优点是金刚石颗粒之间有硬度相对较低的黏结层存在，其厚度为数微米至几十微米，这样，在使用中孔壁上就会形成细微沟槽，可以容纳润滑剂，从而延长其使用寿命，好的聚晶金刚石拉丝模寿命是天然金刚石拉丝模的数倍，但价格只有天然金刚石拉丝模的1/5~1/3。金刚石拉丝模的局限性是对某些过渡族金属使用效果差，拉丝孔的抛光加工也比较困难。

电器工业上使用的铁氧体磁性材料和一些绝缘材料，例如夹布胶木、环氧树脂纤维板等绝缘材料，用金刚石薄片砂轮加工，废品少、效率高，解决了用其他工具切割时存在的烧伤、粗糙度差、尺寸精度低、废品多等各种问题。利用金刚石工具加工高铝陶瓷绝缘体也有独到之处，例如可加工含刚玉35%的高压电瓷，这是碳化硅很难加工的材料。

第二章　金刚石及金刚石预处理

金刚石分为天然金刚石和合成金刚石两大类，其中合成金刚石又有单晶和聚晶（烧结体）之分。这三种类别的金刚石均可用于金刚石工具制造。

第一节　金刚石的性质

金刚石和石墨是由碳原子以不同的晶体形式构成的同素异形体，两者化学性质基本相同，但由于其晶体结构不同，物理性质有很大差异，如表 2-1 所示。金刚石是目前已发现的自然界最硬的物质，其高硬度、强研磨性等优异的物理性能，使其广泛应用于各种磨削工业中。而石墨柔软、耐高温、导电性好，可做耐火材料、电极、铅笔芯等。

表 2-1　金刚石与石墨常见物理性质

物理性质	金刚石	石墨
晶系	等轴晶系	六方晶系
颜色	无色	墨黑色
透明度	透明	不透明
莫氏硬度	10	1
相对密度	3.47～3.55	2.09～2.26
导电性	绝缘体（Ⅱb型具半导体性质）	良导体

一、金刚石的晶体结构与形态

1. 晶体结构

金刚石晶体为等轴晶系，其原子晶格属面心立方结构，其单位晶胞如图 2-1 所示。在此立方体的 8 个顶角处各有一个碳原子，6 个面的中心也各有一个碳原子（均用 A 表示），晶胞内部还有 4 个碳原子（用 B 表示），每个金刚石的单位晶胞内共有 8 个碳原子。若以碳原子 A 为顶点，可以连接成 4 个四面体，碳原子 B 即位于每个四面体的中心，其结构如图 2-2 所示，其中 2、6、7、8 对应于图 2-1 中的碳原子 B。

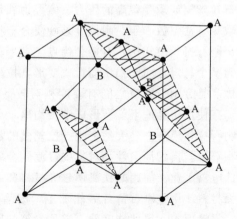

图 2-1　金刚石晶体的等轴单位晶胞

图 2-3 显示了金刚石单位晶胞内的碳原子排列情况。如将金刚石的原子晶格以 (111) 面作为底面（如图 2-1 中的阴影）来安置，则晶格中的原子排列即具有图 2-3 (a) 的面貌，即显示出原子排列呈四面体构造。研究认为，四面体中心四顶角的碳原子以共价键连接，原子间距为 1.54nm，由于共价键具有饱和性和方向性，因此是非常坚固的，这使金刚石具有非常高的硬度及不导电性等一系列性能。

图 2-3 (b) 中显示了金刚石结构中各种结晶面，所代表晶面详见第一章中表 1-3。

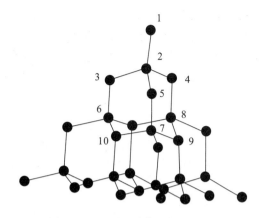

图 2-2 金刚石晶体结构示意图

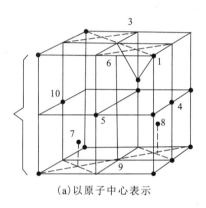

(a) 以原子中心表示

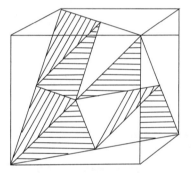

(b) 以晶面表示，顶点和中心点为碳原子中心

图 2-3 金刚石单位晶胞内的碳原子排列示意图

不同的晶面上物理性质不一致，使金刚石具有各向异性的特点。金刚石在 (111) 面上的面网密度最大（即单位面积的碳原子数目最多），而 (111) 面网之间的距离相应地要大，结合力小，因而金刚石易沿 (111) 面间产生解理（工业加工中利用这一特点，将金刚石"劈开"）。金刚石的硬度也呈各向异性，这是因为面网密度不一。由于面网密度 (111) > (110) > (100)，因而它们的硬度呈递减趋势。

2. 金刚石的结晶形态

在晶格构造中，不在同一直线上的任意 3 个结点（原子），即可决定一个面网，这些面网都相当于可能的晶面。根据布拉维法则，晶面在晶体上的发育顺序是面网密度较大的晶面优先发育，面网密度较小的晶面则次发育或不发育，这就是金刚石晶体八面体最多、菱形十二面体次之、立方体等更少的内在原因。金刚石晶体在生长过程中，常常在晶格中碳原子的位置上出现空缺，即没有碳原子去填充或被杂质原子所占据，从而引起晶格的变形，降低了它的对称性。工业生产中常常看到的合成金刚石晶格扭曲、缺角、晶形极不完整等都应属于这类情况。

自然界中金刚石晶体形态各式各样，除八面体、菱形十二面体、立方体等平面晶体外，还有浑圆状的晶体（凸八面体、凸菱形十二面体和凸四六面体），以及由这些单形构成的聚形。此外，金刚石晶体还常常有规律地沿（111）面及（100）面连生在一起，或互相穿插，形成"连生双晶"等。天然金刚石常呈浑圆状，无明显的晶棱及顶角，其晶面也不平整，常常由于生长或熔蚀形成阶梯或凹凸不平的晶面形态。图2-4列出了几种常见的金刚石晶形。

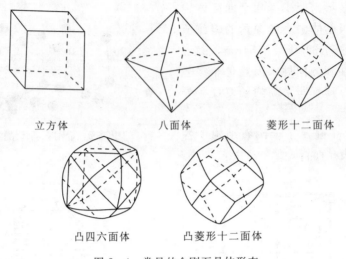

图2-4　常见的金刚石晶体形态

3. 金刚石的聚形

实际上天然金刚石晶体除了少数完整的晶体外，多数是不完整的，呈不规则形状、浑圆状、碎片状等。此外还有少量的聚晶。天然金刚石聚晶按其微晶聚合的结构特点，可分为圆粒金刚石、黑金刚石和球状金刚石三种。

(1) 圆粒金刚石（波尔特型）是由放射状排列的金刚石微晶形成的微密球状集合体，一般呈暗青色或钢灰色，通常有裂纹，具有很大的硬度。

(2) 黑金刚石（卡邦纳多型）是由微细金刚石组成的多孔状集合体，一般呈黑色、灰色或绿色，表面具油脂光泽；有很大的硬度，但比圆粒金刚石低，相应的脆性较低，具有良好的韧性及强度，最适合在地质勘探方面使用。

(3) 球状金刚石（巴拉斯型）的特性介于上述两种聚晶之间，与圆粒金刚石比较接近。其特点是呈圆球形，具有一个坚硬的外壳和一个不太硬的核；强度比圆粒金刚石大得多，但硬度比前两种小。

二、金刚石的主要性质

1. 颜色

纯净的金刚石应为无色透明的，但事实上自然界中存在的金刚石均不同程度地含有不同成分的杂质，因此其色泽也各异。天然金刚石的常见颜色为烟灰色和褐色，其次有白色、黄色、绿色和淡黄色等。人造金刚石的颜色主要视其合成时的触媒和工艺而别，一般为暗绿色、黄绿色、金黄色和浅黄色等。通常优质的金刚石都具有较高的透明度。

2. 相对密度

金刚石的相对密度在 3.47~3.55 之间，它取决于晶体中所含包裹体的特性及数量。因此可确定，金刚石的颜色和相对密度之间有一定的关系，如无色金刚石的相对密度为 3.52，橙黄色的为 3.55。根据金刚石相对密度和其脉石（如石英、长石等）相对密度的不同，可以用相对密度为 3.16 的重液分选法将小粒金刚石从脉石中分选出来。

3. 机械性质

1）硬度

硬度的定义依测定方法而异，如有显微硬度和划痕硬度之分。显微硬度一般理解为一物体抵抗其他物体压入表面的能力。金刚石是自然界中最硬的物质，其绝对硬度是石英的 1000 倍，是刚玉的 150 倍，是碳化硅、碳化硼的 2~3 倍，是硬质合金的 6 倍。表 2-2 列出金刚石与某些矿物相对密度和硬度的对比。

表 2-2 金刚石与某些矿物的相对密度和硬度

矿物	相对密度	莫氏硬度
金刚石	3.47~3.55	10.0
锆石	4.69	7.5
刚玉	3.99	9.0
黄玉	3.56	8.0
石英	2.65	7.0

金刚石硬度依其晶体形状不同而不同，八面体硬度最大，立方体最小。同时金刚石硬度在不同的晶面上也不相同，（111）面上硬度最大，（110）面上次之，（100）面上最小。而且不同产地的金刚石硬度也不相同，如澳大利亚的金刚石就比南非的硬得多。

2）耐磨性

金刚石有极高的耐磨性。在空气中，金刚石与金属的摩擦系数为 0.1，这是因为在金刚石晶体表面吸附了一层气体薄膜。由于摩擦系数低，金刚石具有极高的抗磨损能力，其抗磨损能力超过刚玉的 90 倍，而较其他磨料高出千倍。因此金刚石是制造拉丝模、钻头、刀具等的优良材料，细粒金刚石则是制造磨具的良好材料。必须指出的是，金刚石的耐磨性也是各向异性的，因此在琢磨金刚石时，必须有选择地进行。

3）弹性模量

金刚石重要性能中，除了硬度，它还有极大的弹性模量（刚度、强度）。金刚石的弹性模量为 880GPa。弹性模量表示材料的强度及在加工过程中发生变形的特性，弹性模量越大，加工变形就越小。作为磨料，如其弹性模量比被加工材料的弹性模量大的越多，则被加工材料的变形就越小，所产生的内应力也越小，零件发热也少些。因而用金刚石做磨料可以降低被加工零件内应力，排除内裂纹及其他弊病。金刚石还具有较大的脆性（易碎），以及硬度上的各向异性、解理性能等，这是在制作和使用金刚石工具时，必须严加注意的。表 2-3 列出了金刚石和几种材料的强度数据。

4）抗压强度

单颗粒金刚石的抗压强度是衡量其质量的主要指标之一。当金刚石粒度相同时，其抗压强度与金刚石晶形的关系见图 2-5。

金刚石的抗压强度 σ_c 按下式计算：

$$\sigma_c = P/S \tag{2-1}$$

表 2-3　金刚石和几种材料的强度数据

材料	显微硬度/GPa	弹性模量/GPa	抗弯强度/MPa	抗压强度/MPa
金刚石	100	900	800	8600
碳化硼	37~43	300	—	2000
碳化硅	30~33	—	50~150	1000~2000
白刚玉	23~26	—	—	—
标准刚玉	20~33	—	—	—
碳化钨	10~18	427	—	—
碳化钛	29	323	—	—
陶瓷	—	4	350	—
硬质合金	15~18	540	1400~1500	4000

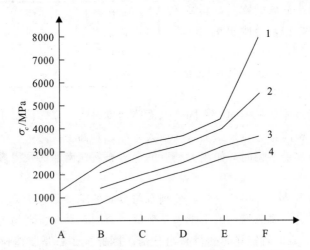

A. 六面体；B. 八面体；C. 曲面阶梯状菱形十二面体；D. 菱形十二面体；E. 八面体双晶；F. 曲面台阶状八面体；
1. 60~90st/ct；2. 40~60st/ct；3. 30~40st/ct；4. 20~30st/ct。

图 2-5　金刚石抗压强度与金刚石晶形的关系

$$S = \sqrt[3]{V^2} \tag{2-2}$$

$$V = W/(\rho \cdot n) \tag{2-3}$$

式中：P 为载荷，N；S 为晶粒横断面积，cm^2；V 为晶粒的平均体积，cm^3；W 为金刚石质量，g；ρ 为金刚石密度，g/cm^2；n 为试样粒数，颗。

金刚石与某些硬物质的抗压强度（MPa）见表 2-4。

表 2-4　某些硬物质的抗压强度　　　　　　单位：MPa

材料	金刚石	碳化钨	碳化硼	刚玉	钢
抗压强度	8857	3520	2070	2500	1270

5）抗拉强度

金刚石断裂理论强度可按下式计算：

$$\sigma_t = \sqrt{E \cdot A / \alpha_0} \quad (2-4)$$

式中：E 为金刚石的弹性模量，$E=900\text{GPa}$；A 为破裂表面能，$A=5.3\text{J/m}^2$；α_0 为碳原子间距，$\alpha_0=0.154\text{nm}$（$1\text{nm}=10^{-9}\text{m}$）。

将有关数据代入式（2-4），σ_t 值为 176GPa，σ_t 值约为 E 的 1/5。

由于金刚石晶体中存在微裂纹等缺陷，因此实际断裂强度应按格里菲思（Griffith）公式计算，即：

$$\sigma_t = m\sqrt{\frac{2EA}{\pi c}} \quad (2-5)$$

式中：m 为晶体状态系数，$m=1.2 \sim 1.3$；c 为微裂纹长度的 1/2，其最大值约为 $10\mu\text{m}$；当 $c=1\mu\text{m}$ 时，$\sigma_t=2400\text{MPa}$；$c=10\mu\text{m}$ 时，$\sigma_t=750\text{MPa}$。

理论强度为抗拉强度，可以用压裂试验来确定该值。按弹性接触理论，接触区的应力为压应力，而接触区边缘上为拉应力。测定碎裂载荷，按下式计算金刚石抗拉强度，即：

$$\sigma_t = \frac{(1-2\gamma)}{2}\bar{P}_c \sin^2\theta \quad (2-6)$$

式中：γ 为金刚石的泊松比，$\gamma=0.2$；$\sin^2\theta$ 为金刚石定向的影响系数；θ 为（111）面至端面的夹角，$\theta=70°32'$；$\bar{P}_c$ 为压裂载荷下的平均应力。根据 Howes 资料，采用半径为 0.5mm 的硬质合金压头对于八面体的 $\bar{P}_c$ 值为 10.5GPa。

4. 热学性质

金刚石具有良好的导热性能，其导热率为 $0.35\text{cal}/(\text{cm}\cdot\text{s}\cdot\text{℃})$，比热为 $0.12\text{cal}/(\text{g}\cdot\text{℃})$。金刚石极大的比热使它容易吸收热量，而良好的导热性使得热量很快地从加工件表面传导出去。这种性能对零件的加工是非常有好处的。表 2-5 列出了金刚石和其他一些材料的热性能，以示比较。

表 2-5 金刚石和几种材料热性能

矿物	导热率/$\text{cal}\cdot\text{cm}^{-1}\cdot\text{s}^{-1}\cdot\text{℃}^{-1}$	比热/$\text{cal}\cdot\text{g}^{-1}\cdot\text{℃}^{-1}$
金刚石	0.35	0.12
碳化硅	0.037	4.4
电刚玉	0.047	0.2
陶瓷	0.009	0.2
硬质合金	0.053	0.04

金刚石的线膨胀系数为 $0.96\times10^{-6} \sim 1.45\times10^{-6}\text{℃}^{-1}$，比硬质合金的（$5\times10^{-6} \sim 7\times10^{-6}\text{℃}^{-1}$）要小许多倍。金刚石的线膨胀系数只有"因钢"（具有最小的膨胀系数的钢）的 80%，这一性能在镶嵌金刚石时很有用。

金刚石的熔化温度为 4000℃，在空气中燃烧温度为 850～1000℃，在纯氧中为 720～800℃。金刚石在燃烧时发出浅蓝色火焰，生成二氧化碳。在不加压、真空环境中，当温度大约为 1900℃ 时，金刚石便发生多晶转化而生成石墨，这时由于比容大大增加，金刚石晶体遭到破坏。在氢气和氮气中，即使在 1000℃ 金刚石也不会发生燃烧，因此可以用氢、氮或其混合气体作为金刚石工具烧结时的保护气体。

5. 光学性质

金刚石具有金属光泽或油脂光泽。与其他透明矿物一样,对不同波长的光线具有不同的折射率,并具有很高的色散本领。

表2-6列出了金刚石和其他透明矿物的折射率和色散比。由表可知,金刚石具有良好的折射率和色散性能,因此决定了它作为贵重宝石,具有特别明亮的光泽和鲜艳的色彩。

表2-6 金刚石和其他材料的光学性质

矿物	折射率	色散
金刚石	2.42	0.063
锆石	1.926~1.985	0.059
刚玉	1.760~1.768	0.029
黄玉	1.612~1.622	0.014
石英	1.544~1.553	0.014

表2-7是金刚石对于不同光线的折射率。透明金刚石在白光作用下,特别是在阴极射线、紫外线和X射线作用下,会发出不同颜色的光彩,如蓝光、黄光或绿光。无色透明金刚石发蓝光或天蓝色光,不规则晶体或半透明、有色及有包裹体的金刚石发黄绿光。利用这一点可以区别金刚石和其他宝石。

表2-7 金刚石不同色光的折射率

色光	红光	黄光	绿光	紫光
折射率	2.402	2.417	2.427	2.465

6. 电磁性质

根据理论计算,理想的金刚石晶体应该具有$10^{70}\Omega\cdot cm$的比电阻。但由于杂质的存在,大大降低了金刚石的比电阻,通常绝大多数金刚石的比电阻为$10^{14}\sim10^{16}\Omega\cdot cm$。卡斯特斯发现了一种Ⅱb型金刚石,具有半导体性能(P型半导体),其比电阻仅为$50\sim1200\Omega\cdot cm$,呈蓝色,自然界中极少存在。由于Ⅱb型金刚石的发现,人们提出了将金刚石用于制造晶体三极管、计数器和其他电子仪器的设想。可以预料,不久的将来,它们将对电子工业的发展起到巨大的促进作用。天然金刚石不具磁性,这一点是和人造金刚石有区别的。人造金刚石的磁性视合成用触媒材料的不同而异。

7. 化学性质

金刚石是纯净的碳,含碳量一般为96.0%~99.8%。现已查明金刚石中还存在少量的杂质元素,金刚石经燃烧后得到的灰分中存在着Si、Al、Ca、Mg和Mn等,Na、Ba、B、Fe、Cu、Cr和Ti也有微量存在。灰分的量一般在0.2%~4.8%之间。研究表明,氮杂质的存在,首先成为划分Ⅰ型和Ⅱ型金刚石的依据,Ⅰ型金刚石中氮的含量达到0.35%,而

Ⅱ型金刚石几乎是无氮的。金刚石的晶体中还包含有一些石墨、磁铁矿、金红石和钛铁矿等。此外研究还表明，金刚石的表面还吸附有氢、氮、水蒸气等杂质成分。

金刚石非常稳定，极难溶于酸和碱，王水对它也不起作用。金刚石仅熔于熔融的硝酸钠、硝酸钾和碳酸钾中（正确地说是氧化和燃烧）。重铬酸钾和硫酸的混合物在二氧化碳中可以部分氧化金刚石，硫和金刚石在600℃以上反应很弱。在高温下，某些金属如Fe、Co、Mn、Ni和Cr，还有铂系金属是碳的真正溶剂，它们能够溶解金刚石。这也是金刚石刀具在切削钢铁方面未能得到很好应用的原因。在高温下，在某些气体介质中，如O_2、CO、CO_2、H_2、C_{12}和水蒸气等，金刚石能被刻蚀。金刚石是表面疏水物质，即表面洁净时，沾不上水。但表面洁净的金刚石能沾上油污，所以天然金刚石选矿场利用油脂来分选金刚石。

第二节 天然金刚石

现已查明，天然金刚石是一种高温高压的产物，其最适宜的结晶条件为5万～7万atm、1200～1800℃的温度。这样的条件只有在地壳深处的岩浆中才可能出现。

一、天然金刚石矿床分布及储量情况

天然金刚石的矿床分为原生矿和砂矿。原生矿主要产于金刚石的母岩——金伯利岩中。这种岩石因为1870年首先发现于南非金伯利城而得名，它是一种偏碱性的超基性岩。并不是所有金伯利岩都含有金刚石，一般只有10%～20%的金伯利岩可找到金刚石。金刚石砂矿的类型很多，按成因可分为残积、坡积、冲积和海滨砂矿床，以河流冲击和海滨砂矿床为主。无论是原生矿还是砂矿床，有工业开采价值的金刚石一般在0.1ct/t矿石以上。

截至2020年，俄罗斯和博茨瓦纳拥有世界上最大的钻石储量，分别为6.5亿ct和3.1亿ct。按产量计算，俄罗斯和澳大利亚是世界上最大的钻石生产国。俄罗斯在2020年开采了1900万ct钻石，澳大利亚在这一年生产了1200万ct钻石。钻石业是非洲最大的自然资源之一，刚果民主共和国是全球三大钻石生产国之一。全世界对毛坯钻石的需求正在增加，预计到2050年将达到约2.92亿ct。国外主要的天然金刚石储量见表2-8。

我国天然金刚石产地不少，但品位、产量和质量均较差。开采历史较久的主要是山东临海地区，矿床分布在小河里和古河床里（属砂矿床），最大的达几十克拉，一般为黄豆大小，无色透明或浅黄色、绿色，质量较好；其次是湖南沅水流域，分布很广，与金矿伴生；此外还有贵州东部和东南部地区（砂矿床，可能有原生矿床）、辽宁的辽河流域（分布广、储量大、有工业开采价值）和新疆伊宁北部山区等。

表2-8 国外天然金刚石储量

单位：百万ct

国别或地域	储量
俄罗斯	650
博茨瓦纳	310
刚果民主共和国	150
南非	130
澳大利亚	25
其他	120

二、天然金刚石的开发

天然金刚石的开发主要使金刚石从其脉石中选别出来，因此又称金刚石的选矿，总体来讲由三大部分组成：金刚石选矿前的准备作业、金刚石的粗选与精选。

金刚石选矿前的准备作业一般包括破碎、筛分、洗矿、磨矿、水力分级以及从给料中分出废石等。

金刚石粗选主要是起初步富集作用，其任务是将少量含有金刚石的重矿物与大量不含金刚石的轻矿物分离，得到含有金刚石的粗精矿。金刚石的粗选通常是利用重力选矿法进行的，因为这是最经济的方法。常用的粗选方法有淘洗盘选矿法、跳汰选矿法和重介质选矿法，它们可以单独使用，也可以两两组合使用。

金刚石矿石经粗选后得到的粗精矿是金刚石和重矿物的混合物，其中金刚石的含量是很低的，绝大部分为重矿物。为了得到金刚石，粗精矿需进一步精选，使金刚石与重矿物分离，直至得到金刚石最终产品。金刚石精选的方法很多，常用的有X光电选矿法（利用萤光性能）、油膏选矿法（利用金刚石亲油污性）、表层浮选法（利用相对密度不同和发泡剂）、电力选矿法（利用不导电性）、磁力选矿法（利用不导磁性）、液体分选法（利用相对密度不同）、选择性磨矿筛分法、化学处理（利用不溶于酸碱）及手选法等。至于采用哪一种方法更为经济合理可靠，则必须根据金刚石矿的具体情况而定。

三、工业金刚石质量等级

对于天然的工业金刚石的质量等级划分，目前世界上没有统一的分级方法。

元素六公司（包括美国、加拿大等）将工业金刚石按质量分为4个等级：A——低质量的金刚石；AA——中等质量的金刚石；AAA——高质量的金刚石；AAAA——超级金刚石。

质量等级的技术条件如下：①晶形：以八面体和十二面体的为好；②内部结构缺陷：裂纹、包裹体等。缺陷少，质量好；③透明度：金刚石具有透光能力，越透明，质量越好；④表面状态：表面无毛刺、光滑的为好。

苏联通过选形及预处理将天然工业金刚石分级为：XV——不同形状的完整晶体，相当于AAA，用于表镶钻头；XXIV——不同程度浑圆化金刚石，相当于AA，常用于钻石保径；XXXV——等积形碎粒金刚石，常用于孕镶钻头；XXXVI——抛光金刚石，相当于XV。

金刚石浑圆程度用晶形系数表示，如图2-6所示。晶形系数$c=a/b$，$a/b \leqslant 1.5$时为等积形金刚石，$a/b \approx 1$时为浑圆金刚石。

我国地质系统对天然金刚石的分级标准见表2-9。

四、天然金刚石粒度

天然金刚石粒度通常用粒/克拉（st/ct，$1ct=0.2g$）表示。天然金刚石粒度分为几个等级，见表2-10。天然金刚石

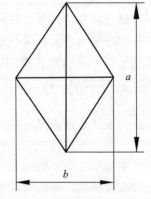

a. 晶粒长轴的长度；
b. 晶粒短轴的长度。
图2-6 金刚石晶粒的长短轴图

表 2-9 我国地质系统对天然金刚石的分级标准

级别	代号	特性	用途
特级（AAA）	TT	具有天然晶体或浑圆状态，光亮、质纯，无斑点及包裹体，无裂纹，颜色不一，十二面体含量达 35%～90%，八面体含量达 10%～65%	钻进极硬地层，或绳索取心钻头
优质级（AA）	TY	晶粒规格完整，较浑圆，十二面体含量达 15%～20%，八面体含量达 80%～85%，每个晶粒应不少于 4～6 个良好尖刃，颜色不一，无裂纹，无包裹体	钻进坚硬或硬地层，绳索取心钻头
标准级（A）	TB	晶粒较规则完整，八面体完整晶粒达 90%～95%，每个晶粒应不少于 4 个良好尖刃，由光亮透明到暗淡无光泽，可略有斑点和包裹体	钻进硬和中硬地层
低级（C）	TD	八面体完整晶粒达 30%～40%，允许有部分斑点及包裹体，颜色为淡黄色至暗灰色，或经过浑圆化处理的金刚石	钻进中硬地层
等外级	TX	细小完整晶粒，或呈团块状的颗粒	择优以后用于孕镶钻头
	TS	碎片、连晶砸碎使用，无晶形	

表 2-10 天然金刚石粒度等级

粒度等级	粒度/st·ct^{-1}	使用范围	备注
粗粒	5～20	表镶钻头、锯片	
中粒	20～40	表镶钻头、锯片	
细粒	40～100	表镶钻头、锯片	
更细粒	100～1000	孕镶钻头及工具	目前扩大到 2000～3000st/ct

粒度 z 和粒径 d_z 的关系：

1）用经验公式计算

$$z=\frac{k}{d_z^3} \quad 或 \quad d_z=\sqrt[3]{\frac{109}{z}}, \text{mm}$$

式中：k 为粒度范围影响系数，对于 z 为 5～100st/ct，k 值取 109。

2）用颗粒投影尺寸表示

图 2-7 为金刚石颗粒投影示意图。采用读数显微镜测出 a 和 b 值，$d_z=(a+b)/2$ 或 $d_z \approx a$。

金刚石粒度与粒径的对照参考见表 2-11。

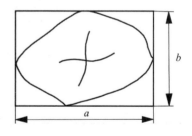

图 2-7 金刚石颗粒投影示意图

表 2-11 金刚石粒度与粒径对照表

粒度/st·ct^{-1}	4	6	8	10	15	20	25	30	40	50	60	80	100
粒径/mm	3.3	2.69	2.49	2.41	2.0	1.8	1.65	1.5	1.42	1.33	1.25	1.15	1.10

第三节 人造金刚石

人造金刚石,实质上就是用人工的方法,创造一定的物理化学条件使非金刚石结构的碳(如石墨)转变为常态下存在的金刚石结构的碳(金刚石)。显然,其合成理论与技术涉及凝聚态物理、高压物理、材料学、机械工程、化学、冶金学等学科,具有交叉科学与工程性质的特点。

一、石墨转化金刚石的机理

金刚石和石墨都由碳组成,是同素异构体,因而金刚石和石墨之间在合适的物理化学条件下可以相互转化。为了更好地实现石墨转化成金刚石,首先必须了解石墨的原子结构。由图2-8可知:石墨是由三种键构成的。一个碳周围有3个碳原子,形成六角平面网状结构;其次,每个碳原子周围多余一个电子,从而在平面结构上又重叠了一个金属键;而平面网状结构之间靠分子键连接。而金刚石的碳原子是由四个共价键相连接。只要把石墨原子结构转变为金刚石原子结构,石墨就转变成为金刚石,这就是结构转变机理,如图2-9所示。

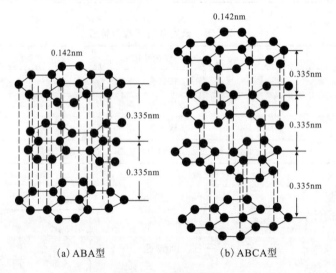

图2-8 石墨结构图

实际上,石墨结构转变为金刚石结构就是使3个sp^2杂化轨道及一个$2p_z$轨道相互作用变成4个sp^3杂化轨道,其条件是加温加压。当温度、压力加到一定程度,自由电子sp^2与$2p_z$轨道结合起来则变为sp^3杂化轨道,这样石墨就变成了金刚石。实践与理论证明,其转变压力需12.5GPa,温度约需要2973K。并且试验得知,ABA型石墨可转变AAA型金刚石,这时需加13GPa和1273K以上的温度,这就是所谓的六方金刚石。

这种结构转变机理,对固相转化或爆炸法获得金刚石的解释是很有说服力的,因为爆炸的瞬间产生了石墨转化为金刚石所需的足够温度和压力。但是,要注意金刚石的逆转化,因为瞬间的热力学条件和动力学条件可使石墨和金刚石互为转化,只有当爆炸能释放到体系平衡点时,这个过程才稳定下来。

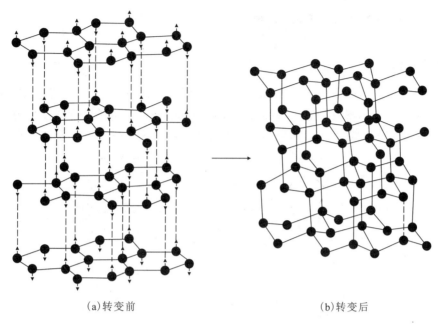

(a)转变前　　　　　　　　　　　　(b)转变后

图 2-9　石墨结构变为金刚石结构的转变图

众所周知，在静压法中无不利用"触媒"合金来降低金刚石的合成温度、压力，即所谓的**静压触媒法**。在"触媒"条件下，石墨转化为金刚石结构的转化机理见图 2-10。在有"触媒"条件下，合成压力仅 5.6～6GPa，其温度约为 1573K，可见合成压力和温度显著下降，这与图 2-10 的结构转化有密切的关系。

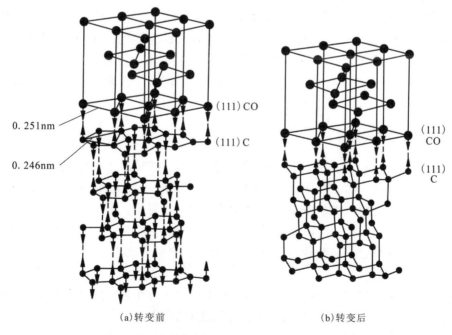

(a)转变前　　　　　　　　　　　　(b)转变后

图 2-10　在触媒条件下石墨向金刚石结构转化图

二、人造金刚石单晶合成理论

1. 碳的相图

1947 年 Bridgman 首先得出了金刚石与非金刚石碳的平衡曲线,随后 R. Berman 与 F. Simon 作出了金刚石与石墨的平衡曲线,F. P. Bundy 进行了修正,得到了碳的经验相图,如图 2-11 所示。图中横坐标 P 表示压力,单位为 GPa,纵坐标 T 表示温度,单位为 K。

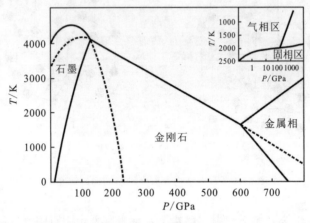

图 2-11 碳的 $T-P$ 相图

从碳的相图可知,在不同 $T-P$ 范围内碳以不同形式存在,有固相区、液相区和气相区,以及石墨、金属碳和金刚石等。在金刚石稳定区与石墨稳定区之间的分界线称为石墨-金刚石平衡曲线,在石墨-金刚石平衡线以下(右侧)的 $T-P$ 范围内金刚石是稳定相,石墨是亚稳相;在此平衡线以上(左侧)的 $T-P$ 范围内石墨是稳定相,金刚石是亚稳相。实验表明,在室温及室温以下的温度,金刚石可以长期存在着,当温度达到 1300~2100K 时才开始石墨化。石墨在金刚石稳定区的压力条件下并不能直接转变为金刚石,在较高压力下还须有一定温度,在略低的高压下还须触媒催化剂。

2. 金刚石合成机理简述

1954 年 12 月 16 日,美国 G.E. 公司用金属粉末与石墨粉末的混合物作反应物,采用静态高温高压法,在一台 450t 的两面顶液压机上,用 $\phi 2mm \times 10mm$ 的高压反应腔首次人工合成了世界上第一颗金刚石,从而开辟了超硬材料发展的新纪元。我国于 20 世纪 60 年代初开始人造金刚石的研究。1963 年 12 月,采用六面顶压机成功实现了人造金刚石的合成,并于 1964 年、1965 年相继合成出粒径达 2mm、3.5mm 的单晶金刚石,开始了磨料级人造金刚石的生产推广应用工作。

金刚石合成的成功实验昭示着人们在该行业领域将大有作为,随之而来的便是人造金刚石工业化以及金刚石合成技术、合成机理、生长规律的研究。

长期以来,国外学者将金刚石合成机理主要分为两种情况。

(1) 在触媒金属或合金参与下的石墨向金刚石转变的机理,有溶剂说、催化剂说、固相转化说三种观点。

溶剂说观点认为所有金属起着碳的溶剂作用。金刚石的生成过程就是由碳在熔融金属溶剂中溶解形成过饱和溶液析出金刚石的过程，其过程如下：

$$石墨 + 溶剂 \xrightarrow{溶解} 溶液 \xrightarrow{过饱和、析出} 金刚石$$

催化剂说观点认为所用金属是一种催化剂，在高温高压下，石墨与金属发生溶解，碳原子通过起催化作用的活性金属膜析出金刚石，其过程如下：

$$石墨 + 催化剂 \xrightarrow{溶解} 溶液 \xrightarrow{金属膜催化、析出} 金刚石$$

该学说对金属的作用进行了较深入的研究，也观察到了许多现象，比溶剂说进了一步，但目前尚无最后定论。

固相转化说观点认为石墨和金刚石有某种结构上的相似之处，所以石墨晶体无须破坏键，只要通过简单的晶格形变就能形成金刚石结构，在此过程中石墨以固相方式转变为金刚石。该学说来源较久，但研究深度不够。

（2）无触媒金属存在时的石墨变金刚石直接转化机理，关于这种直接转化机理也有三种转化观点，即熔融冷凝说、固相转化说、气相外延生长（低压）说。

我国从20世纪60年代以来就开始金刚石研究，广大研究者们在金刚石合成方面做了大量深入的研究工作，对不同条件下金刚石形成机理、生长机制进行了详细分析，大致可归纳为直接法（结构转化）、溶剂-触媒法、外延法三种，其中多数研究者持溶剂-催化剂观点，他们认为上述方法都具有金刚石的成核和长大过程。直接法以自发生核为主，溶剂-触媒法和外延法是非自发生核为主，这种非自发生核，既可以是反应过程前就存在的，也可以是反应过程中形成的或是两种情况综合而成的。视过压度、过冷度和浓度起伏等情况不同，或金刚石晶胚在晶核和基底上外延长大成单晶体，或晶核晶粒聚集长大成晶体。

近年来，有人依据化学键变化情况的不同，把具有代表性的典型学说划分为两类：①破键观点，包括溶剂说、催化剂说、溶剂-催化剂说等；②不破键观点，包括固相转化说、结构转化说等。破键观点认为，石墨化学键先经破裂然后重建为金刚石键，经过了一个由碳原子键打开到重新组合成新键的过程。它包含碳原子的溶解、扩散和再结晶等几个步骤，是固-液-固转变，遵守从溶液中结晶一般规律。不破键观点认为碳源无须经过碳原子拆散过程，石墨键不发生断裂，由石墨结构直接变形成金刚石结构，是固-固转变。

综上所述，溶剂法简单，具明显的局限性，而直接法（固相转变）又大大增加了金刚石合成难度，只有溶媒法的提出不仅清晰地说明了金属的作用，又充分说明了金刚石成核、长大过程，使金刚石合成较为容易，因而它是上述所有观点中最具代表性和影响力的一种观点，已为大家所公认。实际上，目前，世界上金刚石合成大多是采用金属和碳源作反应物。

3. 金刚石合成曲面理论

20世纪40年代后期，由Bridgman、Simon、Bundy等研究得出的石墨-金刚石平衡曲线，虽然对金刚石合成起了一定的指导作用，但其所表达的只是不同热力学条件下石墨-金刚石的不同状态，没能体现金刚石合成的动力学过程和规律。下文介绍的合成曲面理论形象深刻地阐述了这一点，在合成曲面理论中，压力等高线（β-T）、等温线（β-p）在β-T-p空间构成空间曲面即合成曲面，它建立了人造金刚石合成规律数学模型，体现了金刚石合成的动力学过程,揭示了金刚石产量、质量随温度、压力变化的规律。

1) 有关概念

压力等高线(等压线):合成压力 p 不变,石墨向金刚石的转化率 β 随合成温度 T 变化的曲线称压力等高线,如图 2-12 所示。

温度等高线(等温线):合成温度 T 不变,石墨向金刚石的转化率 β 随合成压力 p 变化的曲线称等温线,如图 2-13 所示,可近似直线。

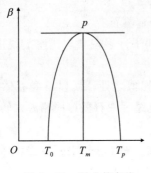

图 2-12 压力等高线

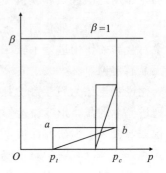

图 2-13 温度等高线

脊线:在压力等高线上,转化率 β 取最大值 β_m 的点的连线称为脊线,如图 2-14 所示。

合成曲面:特性曲线压力等高线、等温线在 β-T-p 空间构成空间曲面即合成曲面,如图 2-15 所示。

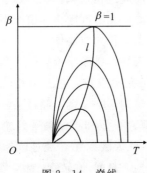

图 2-14 脊线

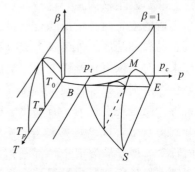

图 2-15 金刚石合成曲面示意图

2) 合成曲面方程与质量方程

如图 2-15 所示,在金刚石稳定区的某一合成压力 p 合成金刚石,转化率 β 将随温度 T 变化。必存在闭区间 $[T_0, T_p]$,且满足 $T \leqslant T_0$ 时,$\beta = 0$;$T \geqslant T_p$,$\beta = 0$,根据问题的物理属性,在区间 $[T_0, T_p]$ 上必然存在一点 T_m 使函数 $\beta = \beta(T)$ 取得唯一极大值 β_m($\beta_m \leqslant 1$)。图 2-12 所示曲线即压力等高线,T_0 由触媒材料与石墨的共熔线确定,近似为常量,T_m 由 $\dfrac{d\beta}{dT}\bigg|_{T_m=0}$ 确定。不同压力条件,具有不同等高线,如图 2-16 为压力等高线簇。

将 $\beta = \beta(T)$ 在极值点 T_m 处按泰勒级数展开可得:

$$\beta = 4\beta_m \frac{(T_p - T)(T - T_0)}{(T_p - T_0)^2} \tag{2-7}$$

式（2-7）即转化率 β 与温度 T 的近似函数关系，曲线为抛物线。压力不同则得到一系列抛物线构成一簇曲线。考虑在金刚石与石墨平衡线上，当 $T>1200K$ 时，下式成立：

$$p = A + BT \tag{2-8}$$

式（2-7）可变为：

$$\beta = 4\beta_m \frac{(p - p_T)(p_T - p_0)}{(p - p_0)^2} \tag{2-9}$$

式（2-9）即转化率 β 与压力的近似函数关系，表示这种关系的曲线即等温线。据理论推导，等温线近似一直线。

式（2-7）、式（2-8）所表示的曲线在 $\beta\text{-}T\text{-}p$ 空间即构成曲面。由于 β_m 仅与压力有关，$\beta_m = \beta(p)$，所以式（2-7）实际上是包含两个变量 p、T 的 β 函数，可写成：

$$\beta = 4\beta_m(p) \frac{(T_p - T)(T - T_0)}{(T_p - T_0)^2} \tag{2-10}$$

即为合成曲面方程。

由于压力的连续性，不同的连续抛物线（压力等高线）在 $\beta\text{-}T\text{-}p$ 空间的表现即是合成曲面，见图 2-17。

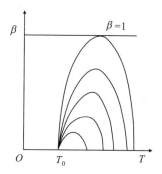

图 2-16　压力等高线簇图

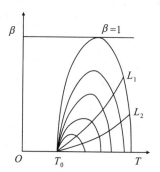

图 2-17　质量方程曲线

根据对合成曲面的分析可得出如下方程：

$$p = K(T - T_0)^2 + p_0 \tag{2-11}$$

它表示在金刚石合成中，获得一定质量金刚石的合成点在合成曲面上的集合构成彼此不相交曲线，也就是 β、p、T 之间存在某种对应关系，即式（2-11）。它是通过顶点（p_0，T_0）的一系列类似脊线的放射状抛物线曲线，见图 2-17 中 L_1、L_2 曲线，其中 K 为质量因子。式（2-11）即为质量方程。

三、人造金刚石合成方法

1. 金刚石合成方法

超高压技术的发展，促进了金刚石合成方法的不断发展和完善。目前，按金刚石的合成特点和晶体生长机制将金刚石合成方法主要分为两类，见图 2-18。这是目前世界各国用于超硬材料生产的主要方法，其中静压法应用最为广泛，此外，外延生长法也日渐引人瞩目。

下面简要介绍常见的静压法、动压法。

1) 静压法

静压法即静态超高压高温法。静压法是采用静态超高压高温设备,通过 3～8GPa 的超高压压缩传压介质,并利用交流(或直流)电流通过发热体,以直接或间接的方法对合成腔加热而产生 1000～2000℃高温的方法。主要用于金刚石、立方氮化硼等超硬材料的合成。其主要优点是:能较长时间地保持稳定的超高压高温条件,且易于控制。但制造设备技术要求较高,而且硬质合金、钢材等材料消耗也大。静态超高压高温法又可分为静态超高压高温触媒法和静态超高压高温直接转变法,前者是目前生产金刚石的主要方法。

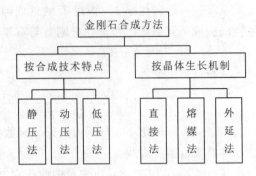

图 2-18 金刚石合成方法

静压法中还有一种晶种法,即以晶种为基底,借助合成腔中适当的温度梯度,使原料以晶格的形式沉析在晶种上,从而使晶体长大的一种方法。用晶种法生长金刚石时,通常用小颗粒金刚石为晶种,金刚石粉或石墨为碳源。它主要用于生长优质大单晶金刚石,但它的生长速率比较慢,工艺技术条件要求严格,因此,生产成本高。

2) 动压法

动压法即动态超高压高温法。它是利用动态冲击波技术,使含碳物质直接转变成金刚石的一种方法。常见的是爆炸法,当烈性炸药爆炸时,产生的动态冲击波在介质中高速传播,进而产生很高的压力和温度。压力是通过测量冲击波在介质中的传播速度、介质质点的速度和介质的初始密度等来确定的,一般可达几十至几百吉帕,甚至更高。而温度测量则较为困难,一般采用估算方法,例如可用热力学方法推出介质温度等。

2. 金刚石合成条件

金刚石合成是一个系统工程,涉及诸多方面因素。金刚石合成质量的优劣除了正确的理论指导外,还与设备、原料、合成工艺等有着密不可分的联系。

1) 设备

人造金刚石合成设备通常称为人造金刚石压机。它通过液压产生高压,并通过低电压高电流产生高温,为石墨转变金刚石提供所需的压力和温度。根据产生高压方式的不同,可分为二面顶、四面顶和六面顶压机。目前,国外压机以二面顶为主,而国内则以六面顶压机为主,如图 2-19 为桂林桂冶机械股份有限公司研制的六面顶压机。

下面以 DS-029B5.88/35MN 铰链式六面顶压机为例,介绍静压触媒法合成单晶金刚石的设备结构。

(1) 主机。

主机由铰链结构的机体和六组超高压工作缸组成。每个工作缸能产生 5.88MN(600t)压力,六缸压力为

图 2-19 六面顶压机

6×5.88MN=35MN。工作缸产生的压力通过活塞、垫块和顶锤传递到压块。

(2) 增压器。

增压器是设备中产生超高压压源，同时也是保证 6 个工作活塞在工作行程范围内同步运动的机构。其原理是采用一个大活塞推动一个增压缸的增压活塞，将油从 16MPa 增压到 150MPa，然后由一个七通阀分别与主机的六组工作缸相应连通，以保证主机活塞在超高压液体作用下，具有相等的行程和压力。但由于实际运动过程中各高压缸内及油管长短不同导致油量和内阻力产生差异，因此六面顶的严格同步性受到了影响，所以在实际使用过程中应特别注意安装的合理性。

(3) 液压传动装置。

6 个顶锤中，其中 3 个相邻的顶锤没有空行程，调整后作为安放压块的基准，另 3 个有空行程的顶锤，在空行程之末，则接触到压块便分别停止，然后进行充液，并产生一个较小的预压力后进行超压、保压，此时 6 个顶锤形成超高压空间，待合成完成后，卸压、回程直至活塞停止。液压传动全部采用电液控制。液压传动系统按其油路来分，可分为主油路和控制油路。主油路又分为普通油路和超高压油路两个部分。控制油路的油压为 2.5MPa，由轴向柱塞泵一个支流及低压液压元件组成。普通高压油路的油压为 16MPa，由轴向柱塞泵及通用的中、高液压元件组成。超高压油路的油压为 150MPa，由超高压可操纵单向阀、增压器、工作缸等组成。

(4) 控制台。

全部液压元件（超高压二位七通阀、超高压单向阀除外）都装在其中的油箱上，油箱与控制台面焊成一整体。所有压力表、电器控制按钮和加热设备及仪表，均装在控制台的正面。

(5) 高温系统。

高温系统通常以压块中的石墨作为电阻（发热体），通以电流而产生高温。由于目前压机吨位的提高，腔体不断扩大，加热系统也随之增大，常用的是 30kVA 变压器配套。

(6) 硬质合金顶锤和钢环。

铰链式六面顶压机由 6 个顶锤前端的 6 个面构成一个正六面体，加以传压介质如叶蜡石块等形成高温高压反应腔。根据所研制或生产的产品不同，反应腔除了常用叶蜡石粉压成型块作为传压介质外，根据所生产的产品不同，还可能用到 NaCl、Ti、Al_2O_3 管等进行增压、屏蔽或导热。

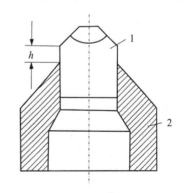

1. 顶锤；2. 钢环。

图 2-20 DS-029 型压机顶锤和钢环配合

硬质合金顶锤是压机构成超高压腔的主要部件，钢环主要起支撑和保护顶锤的作用。顶锤经过磨加工后装在钢环内，见图 2-20。顶锤顶面积与最大截面积比，在以往总有一个底面支撑的观念而采用 1:10，经过多年验证现在大多数采用 1:7，并有向 1:4 发展的趋势，这主要是为了满足向超高压技术发展的需求。

(7) 六面顶压机的调整。

压机安装完毕后要进行调整，其目的是使装在压机上的 6 个顶锤充液后行程速度相同，即使压机同步，这样可以保证超高压腔有足够的密封力，避免高压高温"放炮"。调整方法是利用6个节流阀开闭的大小来调节，衡量压机的同步性看高压后叶蜡石密封边是否均匀，钢圈是否在叶蜡石块的中心并且不变形等。

调整顶锤时，先装下顶锤，以它为基准再装后、左（或右）、上三顶锤，放上压块，当上下顶锤夹紧压块时，固紧螺钉，退回上顶锤。用校正块检查后、左（或右）顶锤，用松紧螺钉或用铜棒敲打，使顶锤面与校正块棱齐，固定大螺帽，再装前、右（或左）顶锤，用同样方法对齐后，调整上、右（或左）顶锤的行程开关，使3个顶锤接触压块时，电磁铁6CT、7CT和8CT（或11CT）正好跳开为宜，充液到10～15MPa表压时停车，把所有的螺钉上紧。回程后用校正块进行核对，看顶锤是否有变动，再用叶蜡石块试压30～50MPa表压，若压出试块的钢圈正，密封边均匀，各相对顶锤邻边相同，即可进行合成。

(8) 主要技术参数。

DS-029B5.88/35MN铰链式六面压机的主要技术参数列于表2-12。

表2-12 DS-029B5.88/35MN铰链式六面压机的主要技术参数

单缸压力/MN	六缸压力/MN	工作油压/MN		活塞超高压的行程速度/mm·s^{-1}	活塞最大行程/mm	增压器增压比	驱动电动机功率/kW	电加热系统功率/kVA
		高压	超高压					
5.88	35	15.7	147	0.15	65	10.8:1	7.5	20

2) 原材料

(1) 传压介质。

金刚石合成所需的高温高压条件是通过超高压装置内的传压介质来实现的。选择理想的固体传压介质材料的原则是：①具备传递压力的流体静力特性。即通过该传压介质，可将压力传递到各个位置，并且相等。②可压缩性应尽量低。减少压力在传压介质内的消耗，使高压腔的设计更加可行。③热传导性应尽量低。④导电性应尽量小。⑤熔点尽量高。具备热稳定性，在高温下不相变，不分解。⑥具有化学惰性。⑦良好的机械加工性。

近几十年来，用于高压金刚石合成的固体传压介质主要有叶蜡石、滑石、白云石、食盐等。其中叶蜡石是应用最为广泛的传压密封介质。叶蜡石具有良好的传压性、机械加工性、热稳定性、绝缘性及良好的密封性能，在我国金刚石生产中，尤其在六面顶压机上被广泛采用。

叶蜡石是具有四面体（SiO_2）连续层状结构的含水铝硅酸盐，化学式为：$Al_2O_3 \cdot 4SiO_2 \cdot H_2O$。其物理性质见表2-13。这种叶蜡石矿物，国外主要是产于南非。我国主要在北京、浙江、福建、内蒙古、河北等地产出，因产地不同，它们的性能和化学成分存在一定的差异，其中，以北京门头沟的叶蜡石为最好。在使用时，一般是先将叶蜡石粉压成型，然后进行焙烧（烘干），才可以应用。

表2-13 叶蜡石的物理性质

密度/g·cm^{-3}	内摩擦系数	导热率/W·m^{-1}·k^{-1}	电阻率（常温）/Ω·cm	热膨胀系数/K^{-1}	极限抗压强度/MPa
2.95	0.25	0.83	$10^6 \sim 10^7$	7.9×10^{-6}	>50

(2) 石墨。

石墨是金刚石合成的主要原料，是影响人造金刚石质量、产量的重要因素之一。

石墨是由碳原子组成的，属于六方晶系，六角平面网状结构。层内的碳原子呈六方形排列，以共价键联结，层与层之间则由分子键联结。在合成金刚石的过程当中，它的作用是：①为合成金刚石提供碳源；②用作高温发热体。几十年的实践证明，高纯度、高密度、高石墨化度、大晶粒的石墨是合成金刚石用的理想材料。目前，国内提供石墨材料的主要厂家有四川自贡东新电碳厂和哈尔滨电碳厂等。它是由优质的石油焦经过一系列加工处理而成，被广泛用作合成金刚石碳源的石墨有 T64p（T641）和 G-4 高纯碳片。石墨可以是粉状和片状，石墨片一般要经烘干（120℃左右）处理方能使用。

在选用合成金刚石的石墨时，要考虑如下性能：石墨灰分含量（即纯度）；石墨化程度；石墨片压制方法（是模压还是挤压）；石墨密度（即气孔率）；石墨的晶粒尺寸；是否有微量掺杂物等。

(3) 触媒。

在超高压高温条件下，凡是能促使石墨向金刚石转变，并能降低合成金刚石压力和温度的金属或合金材料，称为触媒。其作用主要是降低合成金刚石所需的压力和温度。触媒选择的理论依据是：晶体结构与金刚石相似，点阵常数与金刚石接近以及具有吸引电子的能力。触媒的选择原则是：①结构对应原则；②定向成键原则；③低熔点原则。

据此，触媒材料可分为三大类：①单元素触媒。元素周期表第Ⅷ族及其相邻元素，如 Fe、Co、Ni、Cr、Mn、Pt 等。②二元或多元触媒。Ni-Fe、Ni-Mn、Ni-Cr-Fe、Ni-Mn-Fe、Ni-Mn-Co、Ni-Mn-Cu 等。③协同触媒。Nb-Cu、NbC-Cu、Mo-Ag、Ti-Cu、Ti-Au 等。表 2-14 是部分触媒的晶体结构和物理性能。

表 2-14 部分触媒的晶体结构和物理性能

名称	晶体结构	密排晶面	点阵常数/nm	外层电子结构	熔点/K（常压）
金刚石	面心立方	(111)	35.67		>2632
γ-Mn	面心立方	(111)	38.54	$3d^5 4s^2$	1517
γ-Fe	面心立方	(111)	36.47	$3d^6 4s^2$	1808
β-Co	面心立方	(111)	35.37	$3d^7 4s^2$	1766
β-Ni	面心立方	(111)	35.169	$3d^8 4s^2$	1728
Cu	面心立方	(111)	36.074	$3d^{10} 4s^1$	1356
Ni-Mn	面心立方	(111)	35.8		1473
Co-Cu	面心立方	(111)	35.0~36.1		
Ni-Cr-Fe	面心立方	(111)			1703
Ni-Mn-Fe	面心立方	(111)	35.3		1523
Ni-Mn-Fe	面心立方	(111)	35.9		
Ni-Mn-Fe	面心立方	(111)			
Ni-Mn-Co	面心立方	(111)			

触媒的制备方法主要是冶炼加工、粉末制取和电沉积等。其形状有片状、粉状、管状

等,因作用而异。目前,以片状、粉状为主,其他已很少应用。片状触媒用酒精或丙酮清洗烘干备用。

(4) 合成块组装。

采用上述三种材料以及其他材料构成金刚石合成块,其基本结构如图 2-21 所示。

3) 工艺因素对金刚石合成的影响

在原材料、设备一定的情况下,影响金刚石合成质量的关键是工艺因素,包括压力、温度、时间等。下面通过热力学分析及实践经验对该问题作一说明。

与其他晶体生长一样,金刚石生长也包括两个过程:一是形核过程;二是长大过程。

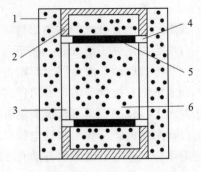

1. 叶蜡石块;2. 堵头;3. 白云石管;
4. 叶蜡石圈;5. 保温片;6. 反应物。

图 2-21 合成块组装基本结构示意图

在金属(溶媒)参与下,金刚石合成早期形核的原位观察目前还存在许多实际困难,而只能对经过合成反应后的金刚石合成棒中金刚石的生长情况进行研究分析,并由此提出了一系列的形核模型。其中存在三种有代表性的形核模型,即固态形核、均匀形核和非均匀形核模型。

根据晶体生长理论,晶体生长过程中,若合成体系存在某种不均匀性,则形核是一个非均匀形核过程。非均匀形核的形核功 ΔG_1 与均匀形核的形核功 ΔG_2 存在关系:$\Delta G_1 < \Delta G_2$。由关系式可知,非均匀形核所需要的能量较小,它可以在较小的过饱和度(过剩压)下发生,体系中非均匀形核优先发生。

非均匀形核作用需要一定的物质基底,而体系中可作为基底的物质包括加入的晶种、添加剂以及其他微量杂质,它们的存在能有效地降低成核时的表面能位垒(成核位垒),因而有利于成核,这些物质称为成核催化剂。这些可作为基底的物质对晶体形核的促进催化作用是不相同的。根据点阵匹配原理,两个相互接触的晶面结构越相似,它们之间的表面能越小,即便只在接触面的某一方向上结构排列配合比较好,也会使表面能有所降低。因此,晶种对成核的促进催化作用最强,晶核优先在晶种表面上发生,无晶种时,则以其他异质粒子优先。

事实上,金刚石合成体系内由于反应物中的杂质、微孔洞以及合成过程中形成的中间物等的存在而造成金刚石合成体系出现较严重的不均匀性,因此,金刚石合成过程中,金刚石非均匀形核将占主导地位,且以非金刚石之异质为主对金刚石发生形核作用。

合成金刚石,实质上就是创造一定条件(如金属参与),使石墨中碳原子 sp^2 结构转变为金刚石中碳原子 sp^3 结构,即自由能降低的过程。这种转变过程如图 2-22 所示。在这种转变过程中,碳原子的运动和重新键合是变化的主体,而高温、高压及触媒等则是相变的条件。因此,金刚石的形核过程既遵守一般的相变成核和生长规律,又具有特殊性。

假设金刚石从熔融溶媒金属中形核及长大过程与一般的溶液晶体生长过程近似,如图 2-23 所示。则溶液晶体生长的基本热力学理论,金刚石在液相溶媒中的平面固态基底上形成球冠形晶核的临界晶核大小 r^*,临界晶核形成能 ΔG^*,金刚石的形核率 I 分别为:

$$r^* = \frac{2M\sigma_{df}}{kT[\ln(C/C_d)]\rho} \tag{2-12}$$

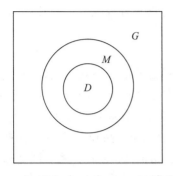

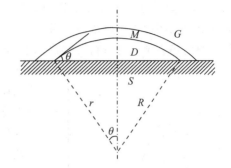

D. 金刚石晶核；G. 石墨；M. 金属溶媒。

图 2-22 石墨-金刚石转变示意图

S. 基底；D. 金刚石晶核；G. 石墨；M. 金属溶媒。

图 2-23 金刚石在熔融溶媒中形核示意图

$$\Delta G^* = \frac{16\pi M^2 \sigma_{df}^3}{3k^2 T^2 [\ln(C/C_d)]^2 \rho^2} f(\theta) \tag{2-13}$$

$$f(\theta) = \frac{(2+\cos\theta)(1-\cos\theta)^2}{4} \tag{2-14}$$

$$I = I_2 \exp[-(\Delta G^* + u)/kT] \tag{2-15}$$

式中：M 为金刚石摩尔质量；σ_{df} 为金刚石晶核在溶媒中的表面能；ρ 为金刚石密度；u 为碳原子穿越溶媒/金刚石相界的扩散激活能（势垒）；k 为玻尔兹曼常数；θ 为金刚石晶核与基底物质的接触角（浸润角）；I_0 为常数；C 为溶媒中的金刚石晶核周围的实际碳摩尔浓度；C_d 为溶媒中金刚石晶核周围的碳原子平衡摩尔浓度，即金刚石碳的平衡溶解度。

在金刚石的合成温度、合成压力条件下，由于碳液相溶媒中的溶解度较小（<5%），可作溶液处理，即有：

$$\frac{C_d - C_g}{C_d} = \frac{\Delta V}{kT} \delta_p \tag{2-16}$$

式中：C_d 为金刚石在溶媒中的平衡摩尔浓度（溶解度）；C_g 为石墨在溶媒中的平衡摩尔浓度（溶解度）；δ_p 为合成系统过压度，即实际合成压力与 D/G 平衡压力之差。

根据 Berman 和 Simon 计算的金刚石-石墨平衡线，在 $T>1200$K 时，有近似公式：

$$p = a + b \cdot T \tag{2-17}$$

其中，$a=723$MPa，$b=2.73$MPa·K^{-1}。

由式（2-17）得：

$$\delta_p = P - a - b \cdot T \tag{2-18}$$

由式（2-16）、式（2-18）得：

$$\frac{C}{C_d} = \frac{C}{C_g}\left[1 - \frac{\Delta V}{kT}(P - a - bT)\right] \tag{2-19}$$

将式（2-19）代入式（2-12）、式（2-13）得：

$$r^* = \frac{2M\sigma_{df}}{kT\rho \ln\left\{\frac{C}{C_g}\left[1 - \frac{\Delta V}{kT}(P-a-bT)\right]\right\}} \tag{2-20}$$

$$\Delta G^* = \frac{16\pi M^2 \sigma_{df}^3}{3k^2 T^2 \rho^2 \left\{\ln\left\{\frac{C}{C_g}\left[1 - \frac{\Delta V}{kT}(P-a-bT)\right]\right\}\right\}^2} f(\theta) \tag{2-21}$$

从式（2-20）可以看出，金刚石的临界晶核大小不仅与合成温度、合成压力有关，而且与晶核形成处溶媒中的碳浓度有关。

从上面的热力学条件分析可得出以下结论。

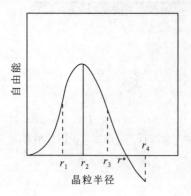

图 2-24 晶粒半径与系统中自由能 ΔG 的变化关系

①金刚石晶核临界半径公式表明，不是任何大小的晶粒都能稳定存在和长大，由于金刚石合成是系统自由能降低的过程，只有满足晶粒半径 $r>r^*$，使得系统自由能变化 $\Delta G<0$，晶粒才能得以存在和长大。晶粒半径与系统自由能 ΔG 变化关系见图 2-24。

②金刚石合成虽然是系统自由能降低的过程，但是由石墨碳原子 sp^2 转变为金刚石碳原子 sp^3，形成金刚石晶核还必须具备一定的能量，以克服转变过程中的不同势垒（能量起伏）。因此，金刚石晶核形成便具有一定的临界形核能（临界晶核形成能）。这与反应物碳浓度、合成温度、合成压力有关，实际过程中形成金刚石晶粒（核）具备的能量必须大于该临界晶核形成能方能形核。ΔG^* 越低，越有利于形核。

③在式（2-13）中，若 $\theta=0°$，则 $f(\theta)=0$，$\Delta G^*=0$ 相当于需要成核。若 $\theta=180°$，则 $f(\theta)=1$，式（2-13）变为：

$$\Delta G^* = \frac{16\pi M^2 \sigma_{df}^3}{3k^2 T^2 \rho^2 [\ln(C/C_d)]^2} = \Delta G_r^* \tag{2-22}$$

式（2-22）即金刚石发生均匀形核时临界晶核的形成能 ΔG_r^*，此时对应的 r、I 即均匀形核时的临界值。存在：$\Delta G^* \leqslant \Delta G_r^*$，并且 θ 越小，ΔG^* 越小，也就是说在金刚石非均匀形核过程中，其所需要的形核功要低于（不超过）在石墨碳质原料中均匀形核的形核功，并且形核率增加。由于石墨（001）面和金刚石（111）面以及溶媒的密排面之间的表面张力较小，所以这些部位是金刚石形核的基底部位，是溶媒能激活石墨 sp^2 转变为金刚石 sp^3 的一个重要原因。

④上述式子表明，不论是均匀形核，还是非均匀形核，一定情况下，温度、压力、碳浓度对金刚石形核 (r^*，ΔG^*，I) 作用明显。在上述讨论范围内，其他条件一定，保持温度、压力不变，当溶媒中的碳浓度 $C<C_d$，则金刚石晶核临界半径 $r^*<0$，说明金刚石不能形核，$C=C_d$ 时，式（2-12）无意义，此时，金刚石晶核临界半径 $r^* \to \infty$，金刚石的形核率也趋于零，当 $C>C_d$ 时，金刚石方可能形核，并且随着碳浓度的增加，金刚石形核的临界半径 r^* 减小，形核率 I 增加。

若温度 T 与溶媒中碳浓度 C 不变，由式（2-16）、式（2-20）、式（2-21）可知，随着压力的升高，金刚石形核的临界半径 r^* 及形核能 ΔG^* 减小，金刚石形核率 I 则得到提高。实践表明：金刚石的产量增加，金刚石形核率 I 则得到提高；金刚石粗粒度比例先增加，后减少；抗压强度随压力的升高而降低。

金刚石晶体生长的温度与压力密切相关，它随压力增加而增大。也就是说，压力低，温度范围窄；压力高，温度范围宽。因此，温度对金刚石形核作用更为复杂。在压力 p 与溶媒中碳浓度 C 不变的情况下，当温度达到石墨-金刚石平衡线温度时，系统处于平衡状态，金刚石临界晶核半径无限大，形核率为零。若温度继续升高，则进入石墨稳定区，金刚石不会形核。若温度降低，则 r^*、ΔG^* 会相应减少。研究表明，此时，金刚石形核表现出一定特点，在靠近石墨-金刚石平衡线温度（高温）时，金刚石形核少，形核率低；在溶媒金属熔融线和溶媒金属与碳组成的共晶线之间（低温）形成的晶核少，形核率低；而介于两者之间区域，晶粒形成多，形核率高。金刚石实际合成过程也证明了这一点。初始阶段，金刚石产量低，随着合成温度的升高，金刚石产量增加，但当达到一定温度后，若继续升高温度，则金刚石产量减少；继续升温进入石墨稳定区时，金刚石不再生长。该过程中金刚石粗粒度比例增，抗压强度得到提高。

不难理解，在金刚石合成过程中，在温度、压力较稳定的情况下，人造金刚石长大与合成时间成正比。实践表明，随着保温时间的延长，金刚石粗粒度比例增加，抗压强度提高。实际合成过程中，由于反应腔的温度、压力及其梯度的影响，合成金刚石粒径往往大小不一。

因此，温度、压力、时间的匹配很重要。一般来说，合理匹配的 T、P、t 是获得理想金刚石的决定性条件。

目前，国内静压触媒法的合成工艺参数一般为：合成反应腔的压力为 5500~6000MPa，温度为 1573~1673K，保温时间视合成产品的需求相差较大，如超细颗粒在 1min 左右，而高强度晶粒工艺由原来 5~6min 延长到 8~10min，甚至更长。由于合成时间延长，腔体温度有向上漂移现象，在合成过程中应严格控制，以免过烧。

4) 金刚石合成工艺及合成效果

静压法金刚石合成，其升温升压工艺有多种方式，如提前加热升温、一次升压工艺、二次升压工艺和慢速升压工艺等。一般常采用的是升压升温方式，见图 2-25，用可控硅恒功率仪自动控制加热系统，实行自动保压方式维持压力稳定，合成前将原材料置于真空炉中抽取真空 1h 左右，然后置于烘箱中进行 130℃、8h 焙烧。

无论采用何种工艺合成金刚石，温度、压力的配合均非常重要。不同的温度压力条件，具有不同的合成效果，见表 2-15。

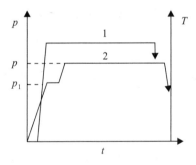

1. 温度曲线；2. 压力曲线。

图 2-25 金刚石合成升压升温曲线

5) 金刚石提纯

金刚石提纯就是将合成块中的剩余触媒合金、石墨和叶蜡石碎块清除，以获得纯净的金刚石。

在目前的提纯工艺中，主要用电解法去除金属，用无毒重液法除去石墨和叶蜡石。采用电解法和重液法对环境污染少、经济。

较早期使用的金刚石提纯工艺方法有以下三种。

(1) 王水处理触媒合金。

金属易和酸起反应，也易被电解。王水是一种强酸，它由浓盐酸和浓硝酸按 3∶1 的比例混合而成。

(2) 用硫酸和硝酸的混合酸处理石墨。

表 2-15 金刚石合成效果

压力	温度	特征效果
压力偏高	温度高	压块很难砸开,砸开后断、碎、烧结现象严重,金刚石多而细,电流下降
	温度偏高	压块能砸开,金刚石多而小,多三角形,电流下降
	温度适中	压块能砸开,有击穿现象。金刚石仍成核多,生长细小
压力适中	温度高	压块易砸开,中间呈微"瘤",总的粗粒度尚均匀,电流略升
	温度偏高	压块易砸开,粗粒度明显呈小球,有"瘤",整片分布均匀
	温度适中	压块易砸开,颗粒较粗,呈小球且分布均匀,电流上升
	温度偏低	压块易砸开,中间长,周围不长
压力偏低	温度高	压块易砸开,颗粒少而粗,有细"瘤",均匀
	温度偏高	压块易砸开,颗粒甚多,粗,有"瘤",分布均匀
	温度适中	压块易砸开,颗粒较多,粗而均匀,有时有"瘤"
	温度偏低	压块易砸开,中间甚多,周边少,难控制

国内曾广泛利用 $HClO_4$ 处理石墨,它是强氧化剂,加热后能使石墨全部氧化。采用硫酸和硝酸的混合酸处理,一般硫酸多于硝酸,其中主要依靠硝酸的氧化作用,加硫酸可提高反应的温度,使反应加快。

(3) 用 NaOH 处理叶蜡石。

叶蜡石($Al_2O_3 \cdot 4SiO_2 \cdot H_2O$)为层状硅酸盐,加热后与 NaOH 反应生成易溶于水的硅盐和偏铝酸钠。

四、人造金刚石的基本表征

金刚石合成后需经过处理,如提纯、筛分、选型及相关测试,方能备用。人造金刚石主要从以下几方面进行表征。

1. 形貌和颜色

纯净的金刚石是无色、透明晶体,晶形各异。由于杂质,缺陷的存在,使得金刚石呈现不同的颜色,有黄色、绿色、蓝色、黑色等,其晶形主要有六八面体、八面体、十二面体以及立方体等。金刚石是否具备良好完整的晶形结构以及自形晶比例是衡量金刚石质量的一个重要参数。一般认为高品质金刚石为黄色或金黄色,高品级金刚石形貌和颜色见图 2-26。人造金刚石的颜色以黄色为主,且呈规则的聚形单晶,以六八面体为多,晶形完整,晶面、晶棱发育较饱满,颜色较纯,缺陷相对较少,透明度较高。而图 2-27 则是较低品级金刚石形貌,显然前者质量要好。

金刚石晶体形态的检查项目主要包括等积体、自形晶单晶体、非自形晶单晶体、他形单体和连晶体,以及它们各占的百分比含量。

等积体是指长轴与短轴之比不大于 1.5∶1。自形晶单晶体是指晶面、晶棱生长丰满、

图 2-26 高品级金刚石（ZND 2290 30/35 目）　　图 2-27 较低品级金刚石（ZND 2230 30/35 目）

完整，晶面没有严重熔蚀现象的六八面体、八面体、十二面体、立方体等单晶。非自形晶单晶体是指晶面、晶棱生长不丰满、不完整，部分晶体的晶面或晶棱有严重熔蚀现象的六八面体、八面体、十二面体、立方体等单晶。他形晶单晶体是指晶体没有所固有的形态，如剑状、扁条状和树枝状等。连晶体是指具有一定晶棱的两个或两个以上的不完整单晶连生在一起，及许多小晶体组成的晶簇。自形晶单晶体所占的百分比越高，则金刚石品级越好。

2. 粒度分级

人造金刚石粒度分级可分为 25 个等级，从 16/18～325/400 不等。可应用于不同领域，其详细情况参见表 2-16。

表 2-16　人造金刚石单晶品种及适用范围

品种代号	粒度范围		用途
	窄范围/目	宽范围/目	
RVD	60/70～325/400	60/80～270/400	树脂、陶瓷结合剂磨具或研磨等
MBD	50/60～325/400	60/80～270/400	金属结合剂磨具、电镀制品、钻探工具或研磨等
SCD	60/70～325/400	60/80～270/400	钢或钢和硬质合金组合件等
SMD	16/18～60/70	16/20～60/80	锯切、钻探及修正工具等
DMD	16/18～40/45	16/20～40/50	修正工具或其他单粒工具等

中国与其他主要国家或地区的金刚石粒度尺寸对照见表 2-17。

3. 强度

金刚石抗压强度测量的方法采用国产的单粒抗压强度测定仪。对于不同品种和粒度的金刚石强度其平均值应不低于表 2-18 的规定。

金刚石抗压强度测量的方法采用国产的单颗粒抗压强度测定仪。每个试样需连续测定 40 个颗粒，取破碎负荷的平均值。按下式计算：

$$P = \frac{\sum_{i=1}^{40} Q_i - \sum_{i=1}^{n} Q_n}{40 - n} \qquad (2-23)$$

式中：P 为单颗粒抗压强度，N；Q_i 为每颗粒的破碎负荷，N；n 为负荷超过平均值 2 倍的颗粒数；$\sum Q_n$ 为负荷超过平均值 2 倍的颗粒的破碎负载之和；40 为测量颗粒数。

表 2-17 中国与国外的金刚石粒度尺寸对照表

中国		西欧		美国		日本		德国	
粒度号	颗粒尺寸/μm	粒度号	颗粒尺寸/μm	粒度号	颗粒尺寸/μm	粒度号	颗粒尺寸/μm	粒度号	颗粒尺寸/μm
35/40	500/425	D501	500/425	35/40	500/425			D450	400/500
40/50	425/355	D427	455/302	40/50	455/302	46#	420/350	D350	315/400
50/60	300/250	D301	322/255	50/60	322/255	60#	290/250	D280	250/315
60/70	250/212	D251	271/213	60/70	271/213	70#	250/210	D220	200/250
70/80	212/180	D213	227/181	70/80	227/181	80#	210/177	D180	160/200
80/100	180/150	D151	165/127	100/120	165/127	100#	148/125	D140	125/160
120/140	125/106	D126	139/107	120/140	139/107	120#	125/105	D110	100/125
170/200	90/75	D91	97/75	170/200	97/75	150#	105/74	D90	80/100
200/230	75/63	D76	85/65	200/230	85/65	180#	88/63	D65	63/80
230/270	63/50	D54	65/49	270/325	65/49	280#	53/44	D55	50/63
325/400	45/38	D46	57/41	325/400	57/41	320#	44/37	D45	40/50
W40	40-20	M63	42/84			400#	37/34	D35	32/40
W28	28-14	M40	27/53			500#	34/28	D25	25/32
W20	20-10	M25	16/34			600#	28/24	D20	25/40
W14	14-7	M16	10/22			700#	24/20	D20B	30/40
W10	10-5	M10	6/14			800#	20/16	D20A	25/30
W7	7-3.5	M6.3	4/9			1000#	16/13	D15	10/25
W5	5-2.5	M4.0	2.5/5.5			1200#	13/10	D15C	20/25
W3.5	3.5-1.5	M2.5	1.5/3.5			1500#	10/8	D15B	15/20
W2.5	2.5-1	M1.6	1/2.5			2000#	8/6	D15A	10/15
W1.5	1.5-0.5	M1.0	0.5/1.5			2500#	6/5	D7	5/10
W1	1-0					3000#	5/4	D3	2/5
W0.5	0.5-0					4000#	4/3	D1	1/2

表 2-18 不同品种和粒度金刚石强度的平均值规定表　　　　　　单位：N

品种代号	120/140	100/120	80/100	70/80	60/80	60/70	50/60	45/50	40/50	40/45	35/40
RVD				19.5 (2.0)							
MBD_4	23.52 (2.4)	28.42 (2.9)	33.32 (3.4)	39.20 (4.0)	43.12 (4.4)	46.06 (4.7)	53.90 (5.5)	63.70 (6.5)			
MBD_6	32.26 (3.7)	42.14 (4.3)	49.98 (5.1)	58.80 (6.0)	64.68 (6.6)	69.58 (7.1)	83.32 (8.4)	97.02 (9.9)			
MBD_8	48.02 (4.9)	56.84 (5.8)	66.64 (6.8)	78.40 (8.0)	85.26 (8.7)	92.12 (9.4)	108.78 (11.1)				
MBD_{12}	71.54 (7.3)	84.28 (8.6)	99.96 (10.2)	117.60 (12.0)	128.38 (13.1)	139.16 (14.2)	158.76 (16.2)				
SMD					98.00 (10.0)	105.85 (10.8)	125.44 (12.8)	147.98 (15.1)	161.70 (16.5)	174.44 (17.8)	205.8 (21.0)
SMD_{25}					116.2 (11.9)	126.42 (12.9)	148.96 (15.2)	176.40 (18.0)	192.08 (19.6)	207.76 (21.2)	245.0 (25.0)
SMD_{30}					140.14 (14.3)	151.90 (15.5)	179.34 (18.3)	210.70 (21.5)	230.30 (23.5)	248.92 (25.4)	294.0 (30.0)
SMD_{35}					163.66 (16.7)	177.38 (18.1)	208.74 (21.3)	245.98 (25.1)	268.25 (27.4)	291.06 (29.7)	343.0 (35.0)
SMD_{40}					192.08 (19.6)	207.76 (21.2)	245.00 (25.0)	289.10 (29.5)	315.16 (32.2)	341.04 (34.8)	401.8 (41.0)
DMD								338.10 (34.5)	368.48 (37.6)	398.86 (40.7)	470.4 (48.0)

4. 杂质

自然界中不含杂质的金刚石是不存在的，人造金刚石同样如此。杂质是影响金刚石主要性能的一个关键因素。热稳定性是金刚石重要性质之一，在国外被作为确定金刚石应用领域的最重要依据，杂质的存在直接影响了金刚石的强度和热稳定性。

一般来说，杂质含量以颗粒的百分数表示，粒度 120/140 目以粗者不多于 0.5％，粒度 140/170 目及其以下者不多于 1.0％。检验方法是采用实体显微镜（100×），自试样一端起沿直线方向检查至另一端，共检 500 颗，以求得杂质的百分比含量。

5. 堆积密度

堆积密度是指人造金刚石单晶在自然堆积的情况下，在空气中单位体积内所含金刚石单晶的质量，以 g/cm³ 表示。每种牌号金刚石的堆积密度应符合以下规定：RVD 为 1.35～1.70；MBD 为 1.85；SMD 不低于 1.95；DMD 不低于 2.10。

6. 热稳定性

热稳定性是指金刚石被加热到某温度所发生的状态及其力学性能的变化，变化程度越低，热稳定性越好；反之越差。研究表明：同粒径金刚石，片状工艺与粉末工艺相比，前者呈数量级差别高于后者。

人造金刚石的热稳定性一般是在有保护气氛下进行测定的，其测定方法基本同天然金刚石热稳定性的测定方法。我国规定：测定时采用氨分解气体作为保护气氛，从 700℃ 开始到 1300℃ 为止，每升高 100℃ 保温半小时，待冷却到室温后，测定其单颗粒抗压强度。人造金刚石的热稳定性越好，其耐热温度越高。国产金刚石当加热至 900℃ 后，其强度才出现较明显的下降。

7. 冲击韧性（TI）和热冲击韧性（TTI）

金刚石在工作过程中大多会受到动载荷的作用，因此金刚石在动载荷作用下所表现的性质就显得非常重要。冲击韧性和热冲击韧性是金刚石在动载荷作用下的重要性质。冲击韧性的测试方法：称取经筛分的 0.4g 金刚石试样，放入装有钢球的容器中，进行一定时间的振动，筛分并记录筛网上未破碎的金刚石质量，则冲击韧性 TI 值＝未破碎金刚石质量/起始金刚石质量。热冲击韧性是将金刚石在 1100℃ 的氩气气氛中灼烧 10min，然后重复 TI 的测试过程，得 TTI 值。

8. 磁性

由于人造金刚石含有"触媒"合金杂物，如 Ni、Co、Fe 等，因而具有电磁性。随杂质包裹体含量增多，电磁性增大，其强度也较低。因此，应采用磁选机进行磁选，磁选出的金刚石还可以进行破碎、整形，除去包裹体等杂质，作为低品级使用。

目前国内规定的人造金刚石质量检测标准主要包括：①粒度组成；②抗压强度；③堆积密度；④杂质含量；⑤冲击韧性。而实际上常用的人造金刚石质量检测标准主要包括：①冲击韧性（TI）；②热冲击韧性（TTI）；③偏心率（ECC）；④抗压破碎强度（CFS）；⑤晶形系数 τ 值；⑥每克拉金刚石颗粒数（PCC）。实际上，国内目前仍主要以单颗粒抗压强度为标准，而国外则将 TI、TTI 值作为最基本的性能检测指标。因此，具体从哪些方面对人造金刚石进行表征，可依据实际而定。

第四节 金刚石烧结体

金刚石烧结体俗称聚晶金刚石，它是在人们为了解决"大金刚石"的实验研究中发展起来的一种合成金刚石产品。在自然界中也存在着一种天然的金刚石聚晶，它呈黑色，原名"卡邦纳多"，俗称黑金刚石。经研究，这种黑金刚石是由微米级的单晶金刚石和微量杂质结合而成的。这种金刚石很硬，强度也很高，但没有完整规则的外形及透明、鲜艳的色泽，因此没有装饰价值，可是有作为地质钻头应用的优良工业用途。

金刚石烧结体分两大类别：聚晶金刚石（PCD）和金刚石复合片（PDC）。它们都是由细颗粒的人造金刚石在静态超高压合成设备中二次合成的。

金刚石烧结体作为金刚石的一大系列产品，具有极广阔的发展前途和极大的市场容量，特别是在制造油气井钻头和工程地质钻头方面占据着更为重要的地位。

一、聚晶金刚石

聚晶金刚石（Polycrystalline Diamond，简称PCD）是由许多细颗粒单晶在高温高压下烧结而成。人们又将人造金刚石聚晶和复合体统称为烧结体，前者无衬底，后者带硬质合金衬底。聚晶中的晶粒呈无序排列，其硬度、耐磨性在各方向相对接近，同时具有良好的断裂韧性，因此，可根据不同的使用条件制成不同的形状。常见形状有三角形、立方体、圆柱体等。

合成方法有直接聚合法和二次聚合法等，其中，二次聚合法被国内外广泛采用。直接聚合法首先是按一定比例配制石墨和触媒合金粉末混合物，然后用超高压设备合成聚晶。而二次聚合法是利用金刚石微粉合成聚晶。聚晶的物理机械性能包括密度、抗压强度、断裂韧性、耐磨性以及热稳定性等，其中耐磨性用磨耗比来表征，它是衡量聚晶质量的一个重要指标。

1. 聚晶生产工艺

聚晶生产工艺方框图见图2-28。

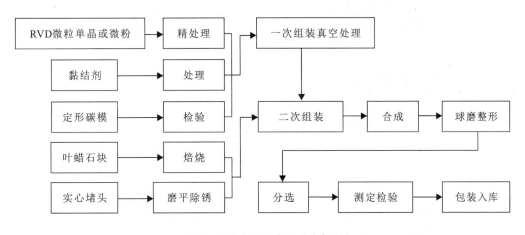

图2-28 聚晶生产工艺方框图

2. 聚晶合成方法

1）直接聚合法

首先按一定比例配制碳素（石墨）和触媒合金粉末混合物，然后在超高压机上合成聚晶。由于它的合成压力比一般合成单晶的压力大（高达10GPa以上）。因此国外常用两面顶压机，并采用增压传压介质和屏蔽层介质，如NaCl、Al_2O_3、BeO、MgO等，这些介质受压后自身产生相当大的内压，以补偿石墨在转化为金刚石过程中所造成的压力损失，使体系压力保持在石墨-金刚石平衡线以上。图2-29为直接聚合法组装示意图。

2) 二次聚合法

它是利用金刚石微粉合成聚晶。先将金刚石粉（40μm 以下）清洗除去有害杂质和吸附层，然后加入一定比例的黏结剂（如 Co、Si、B）装入石墨或难熔金属制作的套管中，在 7GPa 左右和 1873K 左右的高温高压下合成。合成的组装见图 2-30、图 2-31、图 2-32，金刚石聚晶见图 2-33。目前国内外生产金刚石聚晶主要采用二次聚合法。

3. 聚晶机械性能

1) 磨耗比

磨耗比是我国衡量聚晶和复合片质量的主要指标，它表征超硬材料的耐磨性。

在规定条件下，使聚晶和 80 目粒度的碳化硅标准

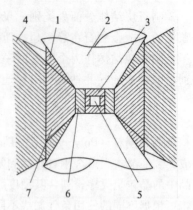

1. 叶蜡石套；2. 顶锤；3. 叶蜡石；
4. 压缸；5. 混合料；6. MgO；
7. 无气孔 Al_2O_3。

图 2-29 直接聚合法组装示意图

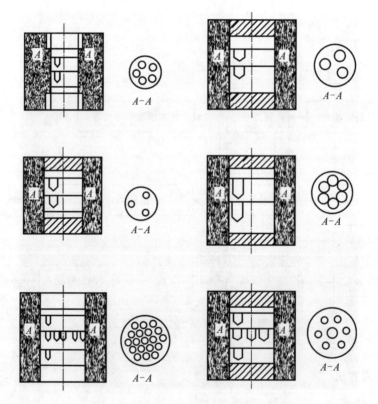

图 2-30 国内几种烧结体组装示意图

砂轮在规定的装置上相互磨削，以砂轮磨耗量 M_s 和聚晶磨耗量 M_j 之比表示。该比值称为聚晶的磨耗比 E。

磨耗比是按 JB 3225—83 标准采用 JS71-A 型磨耗比测定仪进行测定的。磨耗比测定的原理见图 2-34。测试参数为：

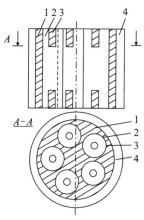

1. 石墨加热体；2. 石墨坯体；
3. 触媒；4. 烟斗泥制容器。

图 2-31 乌克兰烧结体反应示意图

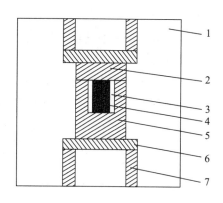

1. 叶蜡石块；2. 石墨盖；3. Ti 管；
4. 原料；5. 石墨管；6. 导电片；7. 钢圈。

图 2-32 一种加屏蔽管反应腔示意图

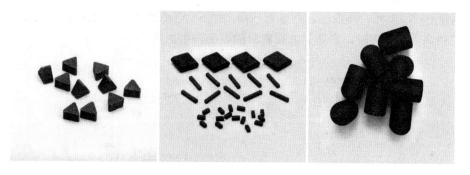

图 2-33 典型的金刚石聚晶产品

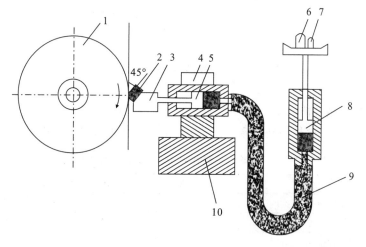

1. 磨耗比标准砂轮；2. 烧结体试样；3. 水冷卡头；4. 固紧夹座；5. 被动缸活塞；
6. 负荷；7. 负荷托盘；8. 主动缸活塞；9. 塑料油管；10. 摆动工作台。

图 2-34 磨耗比测定仪原理示意图

①工作台摆频 34~40min^{-1}。
②砂轮线速度 25m/s。
③磨耗量,砂轮磨耗量不低于 25g,试样磨耗量不低于 0.2mg。
④给进压力,见表 2-19 规定,给进误差±5%,重复精度±3%。
⑤固定砂轮转轴的转速应在 4000~10 000 r/min 之间。
⑥环境温度 20±10℃,相对湿度<80%。

表 2-19 磨耗量测定给进压力

聚晶直径/mm	1.5~2.5	3.0~4.0	4.5~5.5	≥6.0
给进压力/N	1	2	3	4

2)热稳定性

聚晶的热稳定性是指聚晶在不同温度条件下,热处理后的切削(研磨)能力的变化程度。图 2-35 是元素六公司生产的 SYN-DAX$_3$ 和 SYNDRILL(钴黏结剂)聚晶在不同温度下处理后,车削花岗岩棒时的热稳定性对比。可见,钴黏结剂的 SYNDRILL(PCD)的热处理温度达 973K 时,其热稳定性显著下降,而 SYNDAX$_3$ 热处理温度达 1473K 时,其研磨能力也很高。热处理时,聚晶是放在密封的石墨舟中加热,保温 30min。

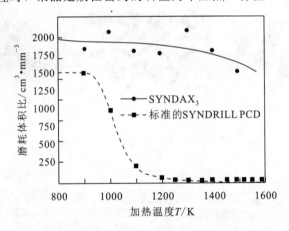

图 2-35 聚晶的热稳定性对比

3)其他物理机械性能

表 2-20 为聚晶、单晶和硬质合金(K10)的某些物理机械性能的对比资料。

表 2-20 聚晶、单晶和硬质合金物理机械性能对比

特性	SYNDAX$_3$	单晶金刚石	硬质合金(K10)
密度/g·cm^{-3}	3.43	3.52	14.7
抗压强度/GPa	4.74	8.68	4.5
断裂韧性/MPa·m$^{0.5}$	6.89	3.4	10.8
诺氏硬度/GPa	50	57~104	13
热膨胀系数/10^{-6}·K^{-1}	3.8	1.5~4.8	5.4
抗磨损系数	2.99	2.14~5.99	0.79

第二章 金刚石及金刚石预处理

由表 2-20 可见，SYNDAX$_3$ 聚晶的断裂韧性高于单晶金刚石而低于硬质合金；抗磨损系数和单晶金刚石接近；加之它具有较好的热稳定性，所以是比较理想的超硬材料。

二、金刚石复合片

金刚石复合片（Polycrystalline Diamond Composite or Compacts，简称 PDC）是由金刚石层和硬质合金基底（衬底）复合而成，具有金刚石耐磨性高和硬质合金韧性好的优点。

金刚石复合片分为两大类：混合型和聚晶型。常见形状有圆片形、楔形等。混合型复合片是将造球的金刚石粉装入圆盒状硬质合金压坯中，然后进行烧结而成。聚晶型复合片的制备方法有两种：一是直接合成，即人造金刚石层与硬质合金基体一次合成；二是间接合成，即先压制人造金刚石层，然后焊接在硬质合金基体上。前者工艺简单、成本低、产量高，但耐热性差；后者工艺复杂、成本高，但耐热性好。目前，国内一般采用直接合成法制造复合片。金刚石复合片的物理机械性能包括耐磨性、断裂韧性、热稳定性以及最大拉伸强度、横向断裂强度等，其中耐磨性、断裂韧性、热稳定性最为重要。

1. 混合型复合体

混合型复合片以苏联的斯拉乌季奇（СЛАВУГИЧ）和德维萨列（ТВЕСАЛЫ）为代表。两者不同之处是前者采用天然金刚石，后者采用人造金刚石。

1）型号

有圆柱形平头（01 型）、圆柱球头（02 型）和楔形（03 型），见图 2-36。

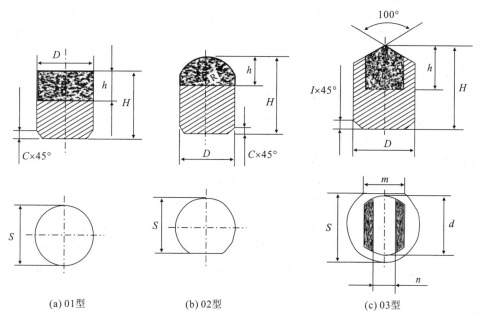

(a) 01型　　　(b) 02型　　　(c) 03型

图 2-36　斯拉乌季奇复合片型号

2）制造方法

复合片制造方法为：①用 WC94%，Co6% 的混合料在钢模中冷压制成硬质合金外壳；②将造球的金刚石装入外壳中，然后用 WC-Co 混合料覆盖，制成复合片毛坯；③将毛坯放入有氢气保护的炉中烧结。

3) 复合体结构

烧结后的复合片结构如图 2-37 所示。从图 2-37 看出，复合片结构具有下列特点：①金刚石分布是均匀的；②金刚石粒度较粗，为 $250/200\sim800/630\mu m$；③金刚石浓度不高，为 $50\%\sim70\%$。

2. 聚晶型复合片

以元素六公司产品 Syndite 和美国产品 Stratapax 为代表。

聚晶型复合片的制造方法有两种：一种是直接合成方法，即人造金刚石层与硬质合金基体一次合成，其工艺简单，成本低，产量高，但耐热性较差。另一种是间接合成法，即先压制出人造金刚石层，然后焊接在硬质合金基体上，该方法的合成工艺较复杂，成本高，但其耐热性较好。

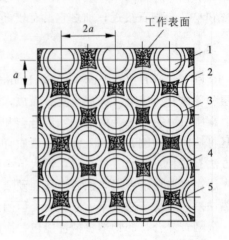

1. 金刚石；2. 硬质合金胎体；3. 塑性材料区域；
4. 硬质合金等强区域；5. 相互作用接触带。

图 2-37 复合片结构示意图

3. 复合片的机械性能测定

评价超硬材料最为重要的指标为其耐磨性、断裂韧性和热稳定性。而耐磨性（磨耗比）、热稳定性的测定方法前面已作了介绍，现就测定断裂韧性、横向断裂强度、最大拉伸强度的方法介绍如下。

1) 断裂韧性

超硬材料具有耐磨的特点，但其内部总存在诸如孔隙、夹杂物、微裂纹等缺陷。通常表现为微裂纹，这种微裂纹正是材料发生脆性断裂的根源。材料抵抗裂纹扩展的能力称为断裂韧性。对于平面问题通常以 KlC 表示，其单位为 $MPa\cdot m^{1/2}$ 或 $MN\cdot m^{-3/2}$。对于金属材料，KlC 值的测定常用三点弯曲和紧凑拉伸方法。按 SATM 规定，这两种方法需要较大尺寸的试件，还要进行试件疲劳预裂纹和测定材料的 $\sigma_{0.2}$，这对超硬材料来说是困难的。近年来，国内外采用小尺寸试件测定 KlC 值。在圆盘试件上用激光或电火花造成穿透裂纹。其测定的加载系统见图 2-38。可按下式计算 KlC 值：

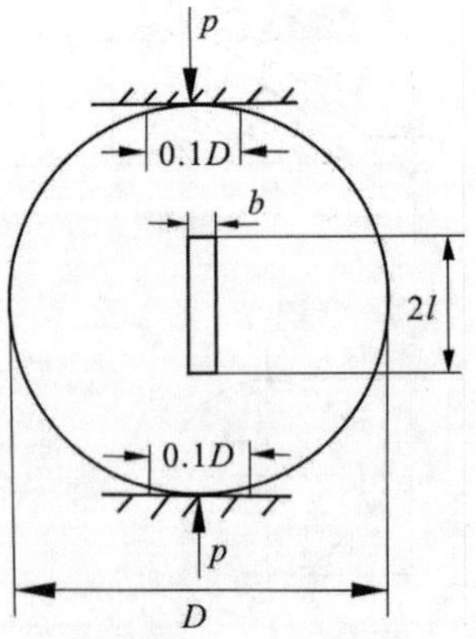

$$KlC = \frac{P_{kp}(\lambda)^{1/2}}{t(\pi R)^{1/2}}Y \qquad (2-24)$$

$D=20mm; 2l=5mm;$
$t=4mm; b=85\mu m。$

图 2-38 试件加载系统

$$Y = \frac{1.01227}{(1-\lambda)}(1 - 0.6038\lambda + 1.67239\lambda^2 - 1.16989\lambda^3) \qquad (2-25)$$

式中：P_{kp} 为断裂载荷，N；t 为试件厚度，m；R 为试件半径，m；l 为裂纹长度的 1/2，m。

表 2-21 为按上述方法测定的 BK-6 硬质合金和以 BK-6 为基的复合片的 KlC 值。

表 2-21 BK-6 硬质合金和以 BK-6 为基的复合片的 KlC 值

裂纹加工方法	材料种类	裂纹宽/μm	KlC/MN·m$^{-3/2}$
激光	BK-6	85	9.8±0.6
	BK-6) ACC (1)	85	8.4±0.8
	BK-6) ACC (2)	85	4.7±0.8

注：ACC (1) 比 ACC (2) 的质量好。

2) 横向断裂强度

采用圆盘试件，试件承受三点弯曲。按下式计算横向断裂强度：

$$\sigma_B = \frac{3PL}{DS^2} \tag{2-26}$$

式中：P 为载荷，N；L 为跨距，mm；S 为圆盘厚度，$S=0.7$mm；D 为圆盘直径，$D=9.52$mm。

按上述方法所测定的 σ_B 值见表 2-22。

3) 最大拉伸强度

测定亦采用上述尺寸的圆盘试件。加载方式类似图 2-38。按下式计算：

$$\sigma_t = \frac{2P}{\pi DS} \tag{2-27}$$

表 2-22 横向断裂强度测定结果

试件品种	σ_B/GPa
Syndite (010)	1.15
刚玉	0.32
硬质合金 (K50)	2.29

按上述方法测定的 σ_t 值：对于 Syndite (010) 为 1.34GPa，对于刚玉为 0.21GPa，对硬质合金 (K50) 为 1.7GPa。

第五节 机械方法处理金刚石

金刚石预处理是指对有缺陷的或有其他要求的金刚石通过机械或物理化学方法进行处理，使之达到较理想的形状和表面状态，减少金刚石的内应力，活化金刚石表面，以提高它的强度和黏结性或满足其他性能要求。

一、整粒

整粒即通过机械的方法把金刚石边角薄弱部分和裂纹较明显的部分剥落下来，整粒机的结构见图 2-39。把一定量的金刚石放入金属缸内，通过螺杆旋转，对金刚石产生压力和冲击力。压力和冲击力的调节是通过改变螺旋角和弹簧特性确定的。

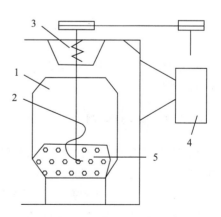

1. 金属缸；2. 螺旋杆；3. 弹簧；
4. 电动机；5. 金刚石。

图 2-39 整粒机示意图

二、浑圆化处理

浑圆化处理是将不规则的金刚石颗粒毛尖磨钝,达到近似的圆粒或椭圆粒。图2-40为金刚石浑圆化的示意图。压缩空气通过喷嘴吹入圆筒内,使金刚石以近似等边多边形轨迹与筒壁碰撞,同时金刚石之间也产生摩擦,使之浑圆化。浑圆化时间一般为3～8h。

三、抛光处理

经过整粒和浑圆化处理的金刚石表面粗糙,失去了原有的光泽。这种表面粗糙的金刚石在加工过程中表面容易产生碳化,并且工作面的摩擦力增大,因此需要进行抛光处理。一般采用机械法进行抛光处理,其装置见图2-41。在圆筒内放入金刚石、水和金刚石微粉,由于翼轮旋转,推动筒内的水高速转动,金刚石和金刚石微粉在离心力作用下,沿着贴有羊毛毡的筒壁滚动和滑动,彼此之间发生摩擦,从而使金刚石抛光。机械方法处理主要用于天然金刚石。通过该方法处理后,可以提高金刚石的质量等级和发挥其处理后的特性。

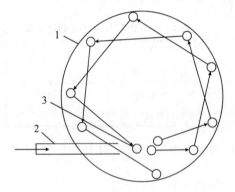

1. 圆筒;2. 喷嘴;3. 金刚石。

图2-40 金刚石浑圆化示意图

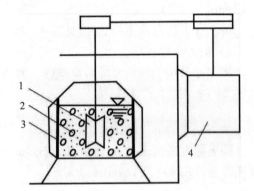

1. 翼轮;2. 金刚石;3. 羊毛毡;4. 电动机。

图2-41 抛光示意图

第六节 金刚石表面金属化处理

采用物理-化学方法对金刚石进行表面处理,目前主要的方法是对金刚石表面覆以金属膜(简称覆膜)。

一、覆膜的作用

对金刚石表面覆以金属膜,主要有提高胎体对金刚石的包镶能力和提高金刚石强度两方面的作用。金刚石钻头在制造过程中,由于金刚石和胎体线胀系数不同,在金刚石与胎体的接触区(图2-42)会产生热应力。该热应力可使金刚石与胎体接触带产生微裂纹,从而降低胎体包镶金刚石的能力。胎体体系中的热应力可根据弹性理论进行计算,其计算公式如下:

$$(\sigma_{ij}^1)_T = -\left[\beta_1 - \frac{K_1}{C_1 K_3}((\beta) - 3K_2 \alpha^*)\right] T \delta_{ij} \qquad (2-28)$$

$$(\sigma_{ij}^2)_T = -\left[\beta_2 + \frac{K_2}{C_2 K_3}((\beta) - 3K_1\alpha^*)\right]T\delta_{ij} \quad (2-29)$$

$$(\beta) = C_1\beta_1 + C_2\beta_2 \quad (2-30)$$

式中：$(\sigma_{ij}^1)_T$、$(\sigma_{ij}^2)_T$ 为 1、2 组分的热应力；β_1、β_2 为 1、2 组分的热应力系数；C_1、C_2 为 1、2 组分的体积浓度；K_1、K_2、K_3 为对应 1、2 和 3 组分的容积压缩模量；α^* 为材料的热膨胀系数；T 为加热温度；δ_{ij} 为克罗内克 δ，当指数 $i=j$ 时，$\delta_{ij}=1$。

$(\sigma_{ij}^2)_T$ 值的计算结果列入表 2-23。计算时，T 为 1000K，胎体为 YG_6，金刚石的粒度为 $400/315\mu m$；单向压缩试样的直径为 10mm。胎体中金刚石浓度、热应力 $(\sigma^2)_T$ 和抗压强度 σ 的关系见图 2-43。

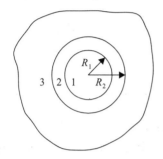

1. 金刚石；2. 胎体；3. 纯胎体。

图 2-42 胎体体系

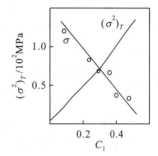

图 2-43 胎体 $(\sigma^2)_T$、σ 和金刚石体积浓度 C_1 的关系

表 2-23 胎体内热应力的计算结果

体积浓度 C_1	热膨胀系数 $\alpha^*/10^{-6} \cdot K^{-1}$	胎体中热应力 $(\sigma^2)_T$/MPa	试块抗压强度 σ/MPa
0.06	4.75	135	1180
0.13	4.51	275	1150
0.19	4.27	417	1120
0.25	4.02	563	820
0.31	3.79	712	680
0.38	3.55	865	660
0.44	3.31	1022	390
0.50	3.08	1183	340
0.56	2.85	1348	—

由表 2-23 和图 2-43 可见，当金刚石体积浓度超过 0.31（浓度为 125%）时，$(\sigma^2)_T > \sigma$。说明在这种情况下，胎体不受外载作用，仅由于热应力就产生了破坏，从而降低了胎体包镶金刚石的能力。据国内外资料报道，在胎体工作层上脱落和破碎的金刚石占总出刃量的 35%~38%。如何提高胎体对金刚石的包镶能力，改善金刚石与胎体界面的物理化学性质，引起了研究者的关注和思考。金刚石表面覆膜是改善金刚石与胎体界面的物理化学性质的一种常见措施。采用 PAI595 型扫描俄歇电子能谱仪进行分析证实，薄膜中的金属碳化物成分从内到外是逐步过渡为金属元素的，称之为 MeC-Me 薄膜。金刚石表面与薄膜靠化学键结

合,只有这样才能提高胎体对金刚石的包镶能力。经测定,金刚石表面覆膜后,胎体对其包镶能力可提高48%。

由于金刚石晶体往往存在诸如微裂纹,微小空洞等内部缺陷,在覆膜过程中,晶体中的这些内部缺陷可通过充填MeC-Me膜而得到弥补。对几种磨料进行合金覆膜,其抗压强度变化见表2-24。

表2-24 几种常见磨料覆膜前后的强度变化

磨料类型	粒度/μm	抗压强度/MPa			
		原始强度	覆膜后的强度		
			Cr	Cu-Sn-Ti	Sn-Ti
人造金刚石	315/250	7400	8300		
刚玉	100/80	2840		4230	
碳化硼	100/80	2910		4500	
碳化硅	250/200	1245			1680

由表2-24可见,几种覆膜磨料的强度较覆膜前分别提高了12%、49%、55%和35%。苏联对ACO和ACP型破碎金刚石进行覆铬薄膜处理后,其强度提高了约一倍;对天然金刚石覆膜后,其强度提高了约40%。

二、覆膜基本原理

1. 金属或合金液对金刚石表面的湿润性

为了使金属或合金能覆在金刚石表面上,要求液态金属或合金对金刚石表面具有良好的湿润性,使金属或合金能连续均匀分布于金刚石表面上。因此,金属合金液相对金刚石固相的湿润性是覆膜的必要条件。

当液相和固相接触后,可能出现三种情况:
(1) 固体完全被湿润,如图2-44(a)所示,水能完全湿润云母。
(2) 固体部分被湿润,如图2-44(b)所示,水能部分湿润玻璃。
(3) 固体完全不被湿润,如图2-44(c)所示,水不能湿润石蜡。

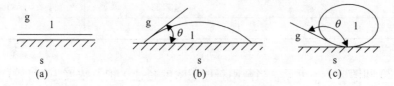

g. 气相;l. 液相;s. 固相;θ. 湿润角(接触面)。
图2-44 湿润的三种情况

可见液相对固体的湿润性取决于两者的亲和性。如上述情况,云母叫作亲水物质,石蜡叫作疏水物质。金刚石属于疏水物质,但对某些金属或合金则具有良好的湿润性。衡量物质的湿润程度常用湿润角θ值来量度,θ值愈小,湿润性愈好。固体为什么能被湿润可以根据热力学第二定律来解释。热力学第二定律：一种过程是否能进行，取决于该系统的自由能变化。凡是系统自由能减少的过程，就能自发进行。系统自由能减少越多，则过程自发进行倾向越大。图 2-45 显示了金刚石覆膜前后的湿润性变化情况。

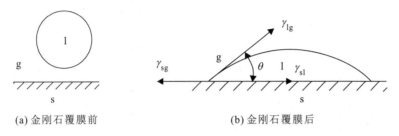

(a) 金刚石覆膜前　　　　(b) 金刚石覆膜后

图 2-45　金刚石镀覆前后的湿润性

由图 2-45 (a) 可知金刚石表面未覆膜以前的自由能为 E_a 为：

$$E_a = \gamma_{lg} S_1 + \gamma_{sg} S_s \tag{2-31}$$

式中：γ_{lg}，γ_{sg} 为液-气、固-气相界面的自由表面能或界面张力；S_1，S_2 为液相、固相表面积。

假定液、固相接触面积 S_{ls} 为单位面积（$1 cm^2$），由图 2-45 (b) 可知金刚石表面覆膜以后的自由能 E_b 为：

$$E_b = \gamma_{lg} S_1 - \gamma_{lg} + \gamma_{sg} S_s - \gamma_{sg} + \gamma_{sl} \tag{2-32}$$

式中：γ_{sl} 为固-液界面的自由表面能。

则自由能变化：

$$\Delta E = E_a - E_b = \gamma_{sg} + \gamma_{lg} - \gamma_{sl} \tag{2-33}$$

该过程能自发进行的条件为：

$$\Delta E = \gamma_{lg} + \gamma_{sg} - \gamma_{sl} > 0 \tag{2-34}$$

从图 2-45 中也可以看出：γ_{sg} 力图把液体拉开，使液体往固体表面铺开；而 γ_{sl} 力图使液体紧缩，阻止液体往固体表面铺开；γ_{lg} 的作用视 θ 值的大小而定，当 $\theta < 90°$ 时使液体紧缩，$\theta > 90°$ 时使液体铺开。一般来说，为了改善其湿润性，应选择具有最小的 γ_{sl} 的金属或合金作为覆层成分。湿润角（接触角）的大小与三相界面张力的定量关系，由图 2-45 (b) 可知，接触点 A 平衡的力学条件为：

$$\gamma_{sl} + \gamma_{lg} \cos\theta - \gamma_{sg} = 0 \text{ 即 } \cos\theta = (\gamma_{sg} - \gamma_{sl}) / \gamma_{lg} \tag{2-35}$$

从式 (2-35) 可得：当 $\gamma_{sg} - \gamma_{sl} = \gamma_{lg}$ 时，$\cos\theta = 0$，$\theta = 0$，这时固体完全被湿润；当 $\gamma_{sg} - \gamma_{sl} < \gamma_{lg}$ 时，$0 < \cos\theta < 1$，$0 < \theta < 90°$，这时固体被部分湿润；当 $\gamma_{sg} - \gamma_{sl} < 0$ 时，$\cos\theta < 0$，$\theta > 90°$，这时固体完全不被湿润。

元素周期表中，Ⅳ-ⅥB 族元素如 Cu、Sn、Ag、Zn、Ge 等对金刚石的亲和性差，湿润角 θ 值为 110°～145°，但在 Cu、Sn 等金属中添加某些过渡族金属可以降低 θ 值，如图 2-46 和图 2-47 所示。图 2-46 显示了 Cu-Sn 合金中随着添加 Ti 含量的增加，合金对金刚石的湿润角逐渐减小。图 2-47 显示了 Cu 中添加 Cr 后，其对石墨和金刚石的湿润角均有所减小。图中横坐标均为所添加金属的质量百分含量。

表 2-25 为周期表中过渡族金属的 3d 层电子布数。由于金刚石为 sp^3 杂化形成的共价

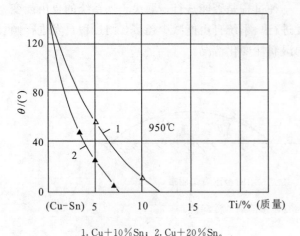

1. Cu+10%Sn; 2. Cu+20%Sn。

图 2-46 Cu-Sn 中添加 Ti 对金刚石 θ 的影响

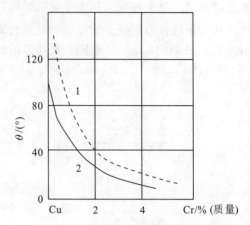

1. 石墨（1250℃）; 2. 金刚石（1150℃）。

图 2-47 Cu 中添加 Cr 对湿润性的影响

键结合，其表面的碳原子有一个空键，在合适的条件下易与一些过渡族金属原子结合。其结合的难易程度取决于过渡族金属 3d 层未充满的电子数目，3d 层未充满的电子越多，越易结合，从而使 θ 角减小。此外，加热温度对 θ 角值也有较明显的影响，见图 2-48。

表 2-25 过渡组金属的 3d 层电子数

元素	Ti	V	Cr	Mn	Fe	Co	Ni
3d 层电子分布数	3d-2	3d-3	3d-5	3d-5	3d-6	3d-7	3d-8

影响湿润性的因素是多方面的，根据热力学分析，湿润过程是由黏附功决定的。黏附功是指单位截面液、固黏附时，整个体系对外所做的最大功。黏附功值越大，液体愈容易润湿固体，液、固界面结合得愈牢固。黏附功 W_{sl} 计算公式如下：

$$W_{sl} = (\gamma_{sg} + \gamma_{lg}) - \gamma_{sl} \quad (2-36)$$

将式 (2-35) 代入式 (2-36) 得：

$$W_{sl} = \gamma_{lg}(1 + \cos\theta) \quad (2-37)$$

当 θ=0° 时，$W_{sl} = 2\gamma_{lg}$ (2-38)

式 (2-38) 中即是液体的内聚功。所谓内聚功是指将两个单位截面的液-气界面转变成一个液柱时，整个体系对外所做的功，是液-气界面表面能值的 2 倍。

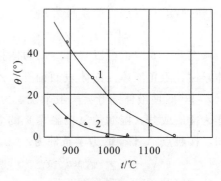

1. (Cu+20%Sn) +5%Ti;
2. (Cu+25%Sn) +5%Ti。

图 2-48 加热温度对金刚石 θ 值的影响

由式 (2-36) 和式 (2-37) 可知，只有当 $(\gamma_{sg}+\gamma_{lg}) > \gamma_{sl}$ 即 $W_{sl} > 0$，液相才能湿润固相表面，这进一步说明了减少 γ_{sl} 对湿润性有利。而企图增加 γ_{sg} 以达到改善湿润性的目的是不可能的，实验证明随着 γ_{sg} 增大，γ_{sl} 和 θ 也同时增大，因此减小 θ 值对湿润性同样有利。虽然所研究的对象是发生在 3 个界面上，但其湿润性一般取决于液相本身的表面张力。

2. 应用热力学生成自由能来判断过程的趋向

在覆膜过程中，总是有热现象相伴随。电镀金属膜是在常温下进行的，而采用粉末冶金法覆膜，其温度较高。前面介绍的湿润性着重于讨论其物理过程，这是覆膜的必要条件。然而对于在较高温度条件下覆膜，要求在金属膜与金刚石界面上发生化学反应，使之生成一层很薄的稳定的金属碳化物，从而使覆膜与金刚石表面结合牢固，然后再通过覆膜外表金属层与金刚石工具的胎体成分相结合，以达到提高胎体包镶金刚石的能力。金刚石和 Fe、Ni、Mn 及 Co 能生成不稳定的碳化物，而和 Ti、Cr、Zr、W、Mo、V、Ta、Nb 以及 Si、B 等则能生成稳定的碳化物。

热力学规定：在标准状态下，由稳定的单质生成 1mol 化合物时，系统的标准吉布斯自由能变值 $\Delta_r F^\theta_{298}$，称为该化合物的标准生成自由能，并用符号 ΔF^θ_{298} 表示，其单位是 kJ/mol。化合物的标准摩尔生成吉布斯自由能可于热力学函数表中查找得到。

一个化学反应的标准自由能变化，等于该产物的标准生成自由能之和减去反应物的标准生成自由能之和。对任意化学反应的 ΔF^θ_{298}，可以按下式进行计算：

$$\Delta F^\theta_{298} = \sum (\Delta F^\theta_{298})_{产物} - \sum (\Delta F^\theta_{298})_{反应物} \tag{2-39}$$

当 $\Delta F^\theta_{298} = \sum (\Delta F^\theta_{298})_{产物} - \sum (\Delta F^\theta_{298})_{反应物} < 0$ 时，则该反应能自动进行（恒温、恒压条件）。标准自由能 ΔF^θ_{298} 仅适用于判断化学反应能否在 25℃ 条件下进行。而覆膜通常是在较高的温度条件下进行的，因此为了计算出在高温条件下的 ΔF^θ_T 值，必须求出温度对自由能变化值 ΔF^θ_T 的关系式，该关系式的理论计算比较麻烦，通常以下列经验公式表示：

$$\Delta F^\theta_T = A + BT \tag{2-40}$$

式中：A，B 为实验常数，取决于化学反应过程中反应物的成分；T 为温度。

[例 1]　获得 TiC 的化学反应式为：

$$TiO_2 + 3C = TiC + 2CO \tag{2-41}$$

相应的 ΔF^θ_T 与 T 的关系式为：

$$\Delta F^\theta_T = 122\,700 - 78.46T \tag{2-42}$$

当 $\Delta F^\theta_T = 0$ 时，$T = 1564K$（1291℃）。可见，当温度超过 1564K 时，产物的自由能低于反应物的自由能，即 $\Delta F^\theta_T < 0$，获得 TiC 的化学反应是可以自动进行的。在真空条件下，获得 TiC 的最低温度为：

$$T_{真空} = \frac{122\,700}{78.46 - 2R\ln P'_\infty} \tag{2-43}$$

式中：R 为气体常数；P'_∞ 为真空度。

设取真空度为 10^{-2}mm 汞柱，即 1.32×10^{-5}Pa，计算结果：

$$T_{真空} = \frac{122\,700}{78.46 - 9.15 \times \ln(1.32 \times 10^{-5})} \approx 996K$$

[例 2]　获得铬的碳化物所需的最低温度：由于碳化铬有高价碳化铬 Cr_3C_2 和低价碳化铬 Cr_7C_3、$Cr_{23}C_6$ 之分，其化学反应式分别如下：

$$2Cr_2C_3 + 13C \rightarrow 2Cr_3C_2 + 9CO \tag{2-44}$$

$$7Cr_2C_3 + 17C \rightarrow 2Cr_7C_3 + 21CO \tag{2-45}$$

$$23Cr_2C_3 + 81C \rightarrow 2Cr_{23}C_6 + 69CO \tag{2-46}$$

相应的 ΔF_T^θ 与 T 的关系分别为：

$$\Delta F_1^\theta = 514\,850 - 373.71T \tag{2-47}$$

$$\Delta F_2^\theta = 1\,211\,450 - 882.66T \tag{2-48}$$

$$\Delta F_3^\theta = 4\,080\,250 - 2\,820.51T \tag{2-49}$$

若生成 1mol 碳化铬，式（2-47）、式（2-48）和式（2-50）中的 ΔF_T^θ 与 T 的关系分别为：

$$\Delta F_{-1}^\theta = 257\,425 - 186.85T \tag{2-50}$$

$$\Delta F_{-2}^\theta = 605\,725 - 441.34T \tag{2-51}$$

$$\Delta F_{-3}^\theta = 2\,040\,125 - 1\,410.26T \tag{2-52}$$

根据 ΔF_{-1}^θ、ΔF_{-2}^θ 和 ΔF_{-3}^θ 对 T 作图，如图 2-49 所示。从图 2-49 可知，高价碳化铬 Cr_2C_3 的碳化温度最低。同时，ΔF_{-3}^θ 随温度升高较快地降低，这将给生成低价碳化铬造成较好的热力学势。

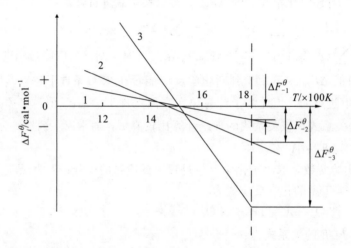

1. $\Delta F_{-1}^\theta = 257\,425 - 186.85T$；2. $\Delta F_{-2}^\theta = 605\,725 - 441.34T$；3. $\Delta F_{-3}^\theta = 2\,040\,125 - 1\,410.26T$。

图 2-49 ΔF_i^θ 与 T 的关系图

当有保护气氛或在真空条件下，生成碳化铬所需的最低温度按下式计算：

$$T' = \frac{A}{B - nR\ln P_\infty'} \tag{2-53}$$

式中：A，B 为实验常数；n 为产物的摩尔分子数，Cr_3C_2、Cr_7C_3 和 $Cr_{23}C_6$ 的依次为 9、21 和 69。

设 $P_\infty' = 0.01\text{bar}$，将有关值代入式（2-53）则

$$T' = \frac{257\,425}{186.85 - 9R\ln P_\infty'} = 956K$$

同样可以求得，$T_2' = 956K$，$T_3' = 1\,181.6K$。

综上所述以及通过热力学计算，碳化反应的顺序为：$Cr_{23}C_6 > Cr_7C_3 > ZrC > TiC > Cr_3C_2 > WC > MoC$。

三、覆膜方法

1. 真空熔浸法

真空熔浸法是在真空条件下，将对磨粒有活性的金属或合金加温使之呈熔融状态而浸润磨粒表面，并在毛细管力的作用下渗入晶粒的微孔隙和裂纹中，在磨粒表面形成一层金属或合金化合物薄膜。该方法必须选择一种表面活性剂作为熔剂，且该熔剂既可以改善润湿条件，同时也是还原剂。多数熔剂为氯化物，它水解后可以产生盐酸，如式（2-54）所示。也可以采用高熔点的有机脂肪酸。

$$ZnCl_2 + H_2O = Zn(OH)Cl + HCl \quad \text{或} \quad ZnCl_2 + H_2O = Zn(OH)_2 + 2HCl \tag{2-54}$$

通过上述方法对金刚石表面进行覆膜 Cu-Cr 合金后，在金属膜与金刚石表面之间生成了中间相界面。界面中的金属碳化物为 Cr_3C_2、Cr_7C_3 和 $Cr_{23}C_6$，界面厚度为 $10\sim12\mu m$，见图 2-50。在中间相界上，Cu、Cr 的含量分布是变化的，见图 2-51。由图可见：靠近金刚石表面，主要金属成分为 Cr，在覆膜表面主要金属成分为 Cu。

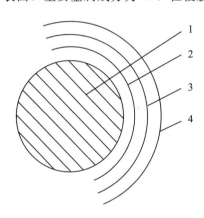

1. 金刚石；2. Cr_3C_2 (52.5%)；3. Cr_7C_3 (22.1%)；
4. $Cr_{23}C_6$ (17.4%)。

图 2-50 中间相界面

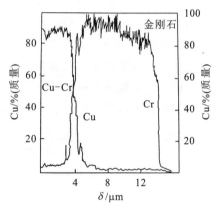

图 2-51 中间相中的 Cu、Cr 分布

2. 真空混料沉积反应法

该方法是将金属粉末和金刚石混合，加热至一定温度使金属蒸发（汽化）而沉积在金刚石表面，并在两相界面生成 MeC-Me 薄层，覆层厚度为 $0.5\sim10\mu m$。薄膜与金刚石的结合强度达 $90\sim170$ MPa。

1）影响覆层的主要因素

（1）金属粉末的蒸气压。

液体中能量较高的分子有脱离液面进入气相的倾向（逃逸倾向 escaping tendency），这是产生气态分子的原因，是液体的本性。蒸气压正是用来衡量这一倾向程度的量，它是液体的自有属性，外界条件（温度、压力）一定，就有确定的数值。蒸气压越大表示液体内分子的逃逸倾向越大，即越容易挥发。金属粉末的蒸气压是生成 MeC-Me 层的先决条件。纯金属的蒸气压计算公式如下：

$$\ln \frac{P}{P_0} = \frac{2\sigma}{r\rho} \cdot \frac{M}{RT} \tag{2-55}$$

式中：P 为半径为 r 的粉末的蒸气压；P_0 为平面（$r \to \infty$）金属原材料的蒸气压；σ 为原材料的表面能；ρ 为原材料的密度；M 为物质的摩尔质量；R 为标准气体常数；T 为温度。

由式（2-55）可知，对于一种挥发性物质，在一定温度下，其大颗粒的蒸气压小于小颗粒的蒸气压。即粉末粒度愈小，蒸气压愈大。因此应采用粒度细的金属粉末作为原料，这样当加热温度不高的条件下也有一定的挥发量。

（2）粉末成分。

蒸发是原子摆脱周围原子引力的过程，因而物质的表面能（表面张力）可以反映物质的蒸发难易程度。物质表面能愈小，则愈易蒸发。表 2-26 为某些金属液态时的表面张力值。表面张力小的元素，蒸气压大，对沉积反应有利。所以金属元素蒸气压大小的顺序为：Cr>Co（Ni）>Ti>Zr>Mo>W。

表 2-26 部分金属液态时的表面张力值

金属元素	表面张力/N·m^{-1}	加热温度/℃
Si	0.725	1420
Cr	1.590	1540
Co	1.886	1550
Ni	1.934	1550
Ti	1.510	1670
W	2.310	2380

（3）保温时间。

在覆膜中，当选定覆膜材料和确定合适的温度后，还需根据对覆层的要求，确定合理的保温时间。图 2-52 显示了随着保温时间的延长，金属膜的厚度 δ 增加。图 2-53 显示了随着保温时间的延长，薄膜结合强度 σ 先增加，而后缓慢降低。

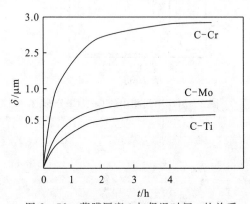

图 2-52 薄膜厚度 δ 与保温时间 t 的关系

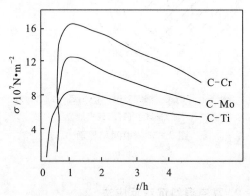

图 2-53 薄膜结合强度 σ 与保温时间 t 的关系

2）真空混料沉积反应法的装置

真空混料沉积反应法的装置见图 2-54。将金属粉末和金刚石混合放入陶瓷舟内，然后将陶瓷舟放入石英管中，依次开动前级泵和次级扩散泵，待系统压力低于 10^{-3} mmHg（1mmHg=133.322Pa）后通电使加热炉升温，当温度达到要求值后保温。保温时间到后切断电源，冷却至 200℃关掉真空泵。

3）测试与分析

金属覆膜后，必须进行测试与分析，检验其质量。可采用 X 射线衍射法测试、了解覆层

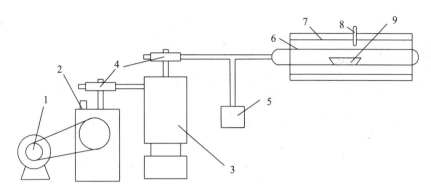

1. 电动机；2. 机械真空泵；3. 扩散真空泵；4. 三通；5. 真空规；6. 石英管；7. 加热炉；8. 热电偶；9. 陶瓷舟。

图 2-54 真空气相沉积法装置示意图

的化学成分。表 2-27 列出了部分覆膜金属的覆层化学成分，可见 W、Mo 覆层中金属成分比例较大，而 Ti、Zr 覆层中碳化物比例较大。这说明前者加热温度偏低，而后者的加热温度偏高。因此通过覆层物相分析，有助于覆层工艺参数的调整。其次，采用电子探针显微分析仪可获得界面上金属成分的分布状态，由此可知碳化物的分布规律是其峰值靠近磨粒的外侧面，证实覆层是 MeC-Me 结构。

表 2-27 金刚石表面部分覆膜金属的覆层化学成分

原材料	覆层的化学成分
Mo	$MoC+Mo_2C+Mo+MoO_2$
W	$WC+W_2C+W+WO_2$
Cr	$Cr_3C_2+Cr_7C_3+Cr$
Ti	$TiC+TiC_x+Ti$
Zr	$ZrC+Zr+Zr_3O_{1-x}$

3. 化学镀-电镀法

化学镀是在不外加电流的情况下，利用还原剂使溶液中的金属离子在金刚石表面上还原析出金属，使磨粒表面具有一层导电薄膜。可用于化学镀的金属有 Cu、Ni、Co、Cd、Ag、Pb、Sn 和 Pt 等，而目前常用的为 Ni。化学镀镍工艺：镀镍液成分主要有硫酸镍（主要成分）、醋酸钠（添加剂）、柠檬酸钠（添加剂）和次磷酸钠（还原剂）等；溶液的 pH 值为 5.5～5.8，温度为 70～90℃。

金刚石经化学镀以后，已成为导体，可以在特制的镀槽中进行电镀，得到镀层较厚的金刚石。

1) 电镀槽

用于金刚石电镀的镀槽有搅拌式、转动式和超声波式三种类型，如图 2-55 所示。

搅拌式电镀槽的槽底有一固定的金属板作阴极（或有几个导电触电），阳极排布四周，欲镀金刚石放在金属板上。每镀槽 5～10min，用搅拌器搅拌镀液一次，使金刚石翻动，以防沉积在阴极上。这种方法的缺点是镀层厚薄不均匀，效率低，目前已被转动式电镀槽逐渐代替。

转动式电镀槽一般做成六角形，槽底也有一个固定的金属板作阴极。镀槽转动轴与垂直方向成 45°倾角，转速为 5～15r/min。利用镀槽转动使金刚石在槽中翻动，从而达到均匀滚镀的目的，可获得厚度一致的均匀镀层。

超声波震荡电镀金刚石是利用强烈的超声波，使金刚石不停地振动而进行电镀。其优点

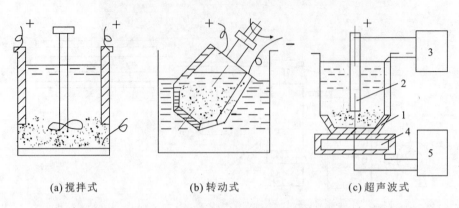

(a) 搅拌式　　　　(b) 转动式　　　　(c) 超声波式

1. 镀槽；2. 阳极；3. 整流器；4. 超声波换能器；5. 超声波发生器。

图 2-55　三种形式镀槽

是电镀速度快，生产效率高，镀层较为均匀等。

2）电镀镍钴合金镀层

（1）电镀时间

电镀时间根据增重需要而定，在一定的电流密度下，增重越大，所需时间越长。图 2-56 为镍沉积量与电镀时间的关系。从图中可以看出，超声波式电镀速度远高于搅拌式电镀，在增重相同的情况下，用超声波式电镀可缩短时间 80%。

（2）电流密度。

采用的电流密度与金刚石投量有密切关系：金刚石投量越多，阴极面积大，电流密度就小。若加大电流，则可能造成阳极钝化，使电镀不能顺利进行。一般情况下，搅拌式或转动式电镀，电流密度采用 $1.0 \sim 1.5 \text{A/dm}^2$，而超声波式电镀，电流密度可达 5A/dm^2。

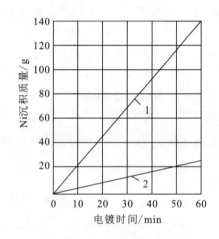

1. 超声波式电镀；2. 搅拌式电镀。

图 2-56　镍沉积量与时间的关系

（3）金刚石投量。

金刚石投量的多少，应视镀槽大小而定。镀槽大、多投料，直接影响镀覆金属沉积量。在电流一定情况下，金刚石投量多，则金属沉积量少，电镀时间长，反之则短。一般为 25g/L 左右。

3）电镀铜金属覆层

金刚石镀铜有两种工艺方法，即硫酸盐镀铜和焦磷酸盐镀铜。硫酸盐镀铜的镀液为单金属盐，其阴极极化作用不大，镀液分散能力差，镀层结晶粗糙，只适用于粗颗粒金刚石的电镀。焦磷酸盐镀铜采用一种络盐金属电镀液，阴极极化作用大，镀液分散力强，对于表面积大的细粒金刚石电镀比较适合。

两种镀铜的镀液组成及工艺规范分别见表 2-28 和表 2-29。

此外，国内外引用离子注入技术来提高磨料的表面活性，即把离子注入金属晶格以提高它的表面活性。离子注入是将预先选择的元素的原子离子化后，经电场加速，使其获得高能

表 2-28　硫酸盐镀铜液成分和工艺规范

成分	含量/g·L^{-1}		
	编号 1	编号 2	编号 3
硫酸铜	175～250	180～250	175～250
硫酸	45～70	35～50	40～70
葡萄糖	20～30		
明胶		0.1～0.2	
酚磺酸			1.0～1.5
温度/℃	18～25	15～35	20～30
阴极电流密度/A·dm^{-2}	1.0～1.5	1.0～1.5	1.0～2.0

表 2-29　焦磷酸盐镀铜配方

成分	含量/g·L^{-1}	
	编号 1	编号 2
焦磷酸铜	59	
焦磷酸钾	230	175～185
硫酸铜		37～43
柠檬酸钠	20	
磷酸氢二钠	30	20～30
硝酸铵	12	10～14

量，然后将其打入材料中的过程。高速离子注入金属后，与金属中的原子、电子发生碰撞，逐渐把离子的动能传递给反冲原子和电子，完成能量的传递和沉积。如果晶格原子从碰撞中获得足够的能量，则被撞击原子将越过势垒而离开晶格位置进入原子间隙成为间隙原子；如果反冲原子获得的反冲能量远超过移位阀功，它会继续与晶格原子碰撞，产生新的反冲原子，发生"级联碰撞"。在"级联碰撞"中，金属原来的晶格位置上会出现许多"空位"，形成辐射损伤，即损伤强化；离子注入金属表面后，有助于析出金属化合物和合金相，形成离散强化相、位错网；灵活地引入各种强化因子，即掺杂强化和固溶强化。另一方面，人造金刚石由于其表面的悬键原子造成表面不稳

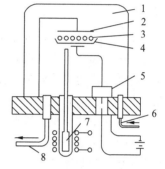

1. 钟罩；2. 阳极；3. 金刚石；
4. 阴极钛盘；5. 绝缘套；6. 输入 Ar 气管；
7. 线圈振荡器；8. 真空抽吸管。

图 2-57　离子注入法活化金刚石

定性，在常温下表现为亚稳态并容易被氧化及在高温时向石墨转化，离子注入方法能够被用以改善其稳定性。通过注入 Ti 离子对人造金刚石进行表面改性，可提高金刚石的抗压强度，并使金刚石工具的寿命大大提高。离子注入示意装置见图 2-57，工作时，振荡器产生高压高频振荡击穿电极间的气体介质，使之电离，而使离子注入金刚石晶格，使金刚石表面活化。

第三章 金刚石工具加工模型及影响其使用的基本因素

在金刚石工具设计和制造过程中,了解工具与机器及其应用条件之间的复杂关系非常重要。在不同切割和钻孔工作条件下,有必要分析描述金刚石工具加工模型。由于金刚石工具的切割和钻孔,一般可认为是金刚石刀刃的磨削过程,故下文的模型同样可适合于大多数真实的磨削加工。

第一节 圆型锯切模型

金刚石锯片切削石材、混凝土和陶瓷等工件时,表面出露的金刚石不断磨削工件,金刚石在加工过程中亦会不断磨耗,同时胎体的磨耗使得新的金刚石颗粒得以逐渐出露。

为了获得最佳的切削效果,需要改进工具寿命和切削速度之间的平衡关系。通常对于难切削的工件,应选取高强度的金刚石,同时要保证胎体的磨损与金刚石磨损相协调,使工具能有效地切削并正常磨损。因此对金刚石工具胎体,金刚石类型、尺寸和浓度的不当选择都会导致工具的非正常磨损或失去切削功能。

除了金刚石和胎体选择之外,还有一些其他的因素会对锯片的锯切性能产生重要影响,包括:①刀头或切削刃的制造方法与工艺参数;②工件的性能;③锯切条件;④冷却效率;⑤刀头和锯片基体的结合质量;⑥锯片基体的结构和张力状况;⑦锯切工艺和操作者的技术水平。

锯切过程中,圆锯始终沿着一个方向以恒定的线速度 25～65m/s 转动,使得单颗金刚石后面形成胎体尾部支撑,如图 3-1 所示。

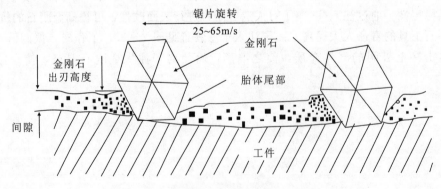

图 3-1 圆锯中切削区的图形表示

为有足够空间排除切屑,锯切工艺参数必须与切削刃及加工工件性能相适应,并使含有切屑的冷却液保持在一定稠度之内,从而避免基体处于恶劣的磨损条件之中。切削方向的改变也会影响到工具的性能,应根据运动方向、锯片规格和技术参数进行适当调整。

首先，在上下切削过程中，切削合力的相对方向因支撑框架不同而不同，如图3-2所示。在向上或向下的切削方式下，当合力偏离最大刚度方向过多时，将出现不稳定的切削状态，导致切削过程中产生有害的振动。如果主轴支撑力处于垂直方向，则增大切向力与法向力的比例 F_t/F_n 时，将在向上切削时导致较低的稳定性，而在向下切削时则起到相反的效果。

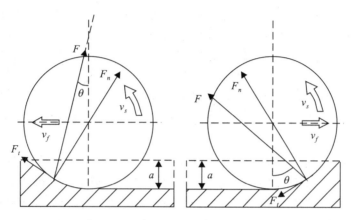

图3-2 向下切削（左）和向上切削（右）方式下加载在锯片上的作用力

其次，当锯片以不同的方向旋转时，如图3-3所示，金刚石载荷状况将发生很大的变化。在向下切削条件下，当金刚石与工件相接触时，将以最大深度压入到工件中。随后，金刚石颗粒陆续沿着已磨损过的工件表面层逐渐突显出来，最后与工件相脱离。与向下切削相反，在向上切削时，金刚石切入深度逐渐增大，最后在离开切槽时达到最大值。由此可见，向下转动锯片时，容易导致金刚石崩刃。

实验证明，锯片圆周上的磨损形式还取决于切削方式。向上切削时，整个金刚石节块承受着完全相同速度的磨损；而向下切削时，单个金刚石节块的磨损速度是变化的，易于使磨损部位趋向于锯片

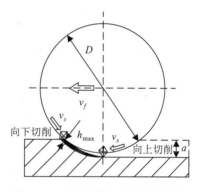

图3-3 向下切削和向上切削方式下的金刚石运动图

外围，与旋转前进的方向相反。由于上述原因的影响，切削金刚石颗粒的附加载荷使材料的切削量在有序的切痕中不断增加，从而形成螺旋式的磨损过程，这就使得紧随其后的金刚石不能参与切削工作。

如果采用薄锯片对工件进行切削，该锯片可认为由一系列单个等距分布的金刚石刀刃组成，其宽度与钢体相同且等高固定在钢体上。则由单颗金刚石获得的最大切削厚度 h_{max} 为：

$$h_{max} \approx \frac{Z_A}{v_S C w} \sqrt{\frac{1}{aD} - \frac{1}{D^2}} \tag{3-1}$$

式中：Z_A 为切削速度（进给速度 v_f 和切削深度 a 的乘积），mm^2/min；v_S 为锯片水平速度，mm/s；w 为刀刃宽度，mm；C 为刀刃表面金刚石浓度；D 为锯片直径，mm；a 为切削深度，mm。

值得注意的是，通过将许多锯片叠合在一起，并使它们以随机的角度沿着主轴旋转，则可构建出一个具有连续轮辋的锯片简化模型，这些锯片在其外围随机分布着切削刃，如图3-4所示。

式（3-1）虽然很难得到 C 和 w 的实际数值，但仍具有重要的实践意义。它量化了金刚石相关的参数、切削条件和工具尺寸与最大切削厚度之间的综合关系，因此有助于工具生产者优化组分配方。虽然在实践领域中，金刚石节块磨损状态的严重性取决于许多因素，且特定情况需要使用相对独立的判断，但是最大切削厚度作为一项初始指标仍然具有一定的指导意义。

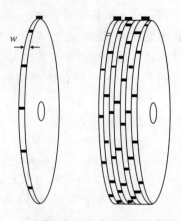

图3-4 模拟锯切操作的连续轮辋锯片

另一个重要参数是节块累积切削深度 H，即在切削具边缘与工件之间的某一位置聚积的总的瞬时切削厚度。切削深度 H 值取决于切削方向、刀刃角间距和刀刃位置。

如果冷却液随着切屑与锯片沿着相同的方向，以匀速 v_s 前进，则聚积的切屑厚度在整个切削区的分布，对应于向上或向下切削状态时是不同的，如图3-5所示。

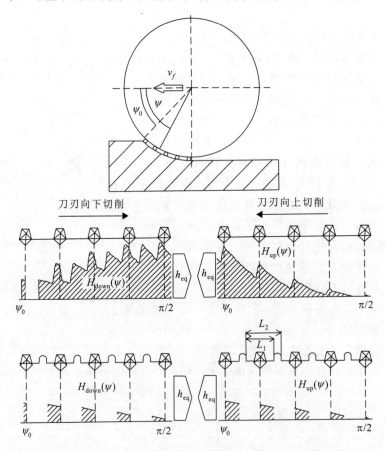

图3-5 连续轮辋（中心）和节块式（底部）刀刃在向下切削（左）和向上切削（右）中产生的累积切削深度分布图

在向下切削时,大量的切屑在金刚石进入切削区产生,因此导致了冷却液快速增稠,这对基体造成了较恶劣的磨损环境。在向上切削时,冷却液增稠的过程较慢,这是由于当金刚石离开切削区时,达到最大材料切除量。更重要的是,对于具有连续轮辋式锯片,在切削区的出口处,平均聚积切屑厚度不取决于切削方式,它能够从下面的式子中得出:

$$\overline{H}_{down}(\pi/2) = \overline{H}_{up}(\psi_0) \approx \frac{Z_A}{V_s} = h_{eq} \tag{3-2}$$

式中:h_{eq} 通常指当量切屑厚度。

当节块式锯片对工件进行切削时,情况就会发生很大的变化。所有工作刃随着节块的轨迹同时产生切屑,然后分别排到其后面的水口中。在这种情况下,由于根据锯片设计的切削量陷入到水口中,平均聚积切屑厚度取决于节块轨迹的长度,式(3-2)将不再成立。这也表明当发生基体的过度磨损时,在相同轮辋间隔率(L_1/L_2)条件下,较短节块将更具优势。

必须强调的是,锯片轮辋上的水口将阻止过多的切屑聚集在切削区。然而在这种特殊情况下,由于无法确定随着水口吸入到下一个节块切削区的切屑量,从而影响对 H 的定量估算精度。

第二节 框架锯切模型

框架锯在石材锯切方面已经得到了广泛的应用,这些锯片承受着周期性切削作用,在以正弦变化的较低速度下,其最大的速度为 2m/s,锯片周期性移动降低了石材从切口的出屑速度。对基体来说,这构成了严酷的磨损环境,容易导致金刚石非正常拔出。这主要是由于胎体没有对金刚石形成尾部支撑,且作用在金刚石颗粒上的力发生了变化而造成的。框架锯切削区的原理特征如图 3-6 所示。

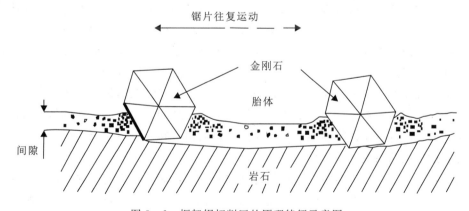

图 3-6 框架锯切削区的原理特征示意图

与圆锯相类似,在框架锯模型中,假定石材是被薄的线性锯片所切削。该线性锯片由一系列单个等距分布的刃刀组成,其宽度与锯片相同且等高固定在锯片上。由图 3-7 可以明显看出,锯片的瞬时水平速度取决于飞轮的位置。在此条件下,改变移动方向将获得最大切屑厚度,可以通过式(3-3)进行估算:

$$h_{\max} \approx \frac{v_f}{n_s}\arccos\left(\frac{l_s - 2L_3}{l_s}\right) \tag{3-3}$$

式中：n_s 为飞轮转速，r/min；l_s 为冲程长度，m；L_3 为刀刃间距，m。

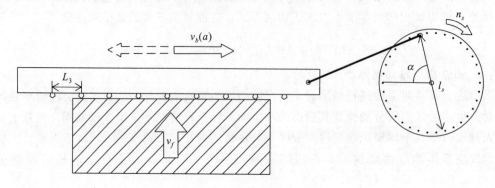

图 3-7 框架锯锯切运动图

与圆锯相比，由于框架锯以较小的水平速度进行切削，从而对金刚石刀刃的影响较小。因此，相对金刚石强度而言，应该更多考虑基体的耐磨性。

显然，对于出刃不够的大量切削刃来讲，采用高的进给速度将导致其高的吃入深度，从而缩短金刚石工具的使用寿命。同时，由式（3-3）可知，在所谓的慢速状态，即低飞轮转速和短冲程长度条件下，工具的磨损状态将变得恶劣。

第三节 绳锯锯切模型

金刚石绳锯能够适应大多数的锯切任务，且可以改善锯切表面的结构，降低噪声和振动，因而已作为石材开采的标准工具被广泛应用于石材和混凝土的加工中。与其他任何金属黏结剂工具相比，绳锯中的孕镶金刚石串珠被有规律地、按照一定的间隔黏结在富有弹性的支撑构件绳上。该支撑构件是由许多高强度不锈钢钢绳扭转在一起而形成的钢索。切削力是通过牵引具有一定预张力的锯绳磨削加工件表面而产生的，其原理如图 3-8 所示。

为在整个加工件表面采用相同的方式进行磨削，应使绳锯在锯槽中旋转但串珠在钢索上不旋转，因此金刚石串珠必须牢牢地固定在钢索上。连续回路组装前，正确的串珠设计和对钢索围绕其中心轴进行预扭转将有利于串珠的均匀磨损。在实际应用中，正确地选择锯切方式是获得满意加工结果的必要条件。

与圆锯和框架锯相反，金刚石串珠没有具体的形状，而且具有完全的弹性，故用于推导式（3-1）和式（3-3）的简单模型不能应用于绳锯加工。除了如图 3-8（a）所示的情况外，绳锯加工的最大切削厚度可以通过式（3-4）进行计算：

$$h_{\max} = v_f \cdot L_3 / v_s \tag{3-4}$$

式中：v_s 为钢索线速度，m/s。

需要注意的是：只有当钢索已经完全进行锯切，而且其偏移量足够小并可持续地稳定在一个近常数值时，上式才成立。

在石材开采机器中，如图 3-8（b）和图 3-8（c）所示，切削区的长度和形状随时间

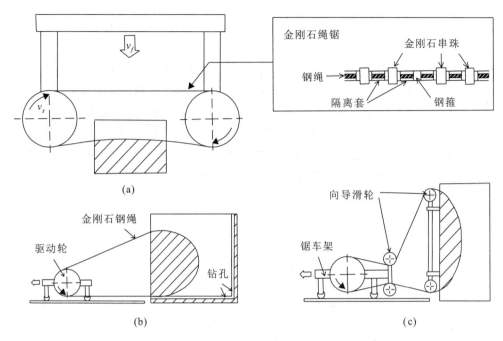

图 3-8　固定式机器和采石机器绳锯操作布局图

会发生显著的变化,因此没有一个简单的算法可对 h_{max} 进行估算。在金刚石绳锯切削区的简化模型中,如图 3-9 所示,假定加载在单个切削点上的作用力相等,由于 α 值较小,法向金刚石加载力 F_l 可通过如下公式进行近似估算:

$$F_l \approx 2F_t \sin(\alpha) - F_c \tag{3-5}$$

$$F_c = \frac{m_l L_3 v_s^2}{r}, \quad \sin(\alpha) = \frac{L_3}{2r}$$

式中:F_t 为钢索张力,N;F_c 为离心力,N;m_l 为单位长度质量,kg;r 为切削区局部曲率半径,m。

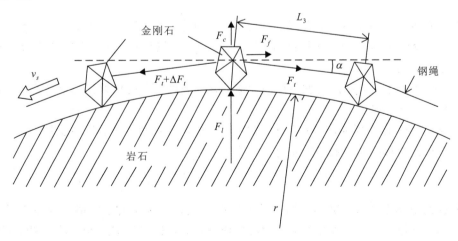

图 3-9　加载在金刚石绳上的作用力

加载力最终可以通过式（3-6）进行估算：

$$F_l = (F_t - m_l v_s^2) \frac{L_3}{r} \tag{3-6}$$

有文献通过实验数据认为，加载力与金刚石切入深度有直接的关系，且呈完全的线性关系。从式（3-6）可以看出，当操作变量确定后，理论局部切削厚度将取决于绳锯的曲率。

最初，如图 3-10 所示，钢索在转角 A 处发生了明显的弯曲；当锯切不断行进时，渐渐趋向较规则的形状（B）。当绳锯滑刀架接近轨迹终点时，切割往往还没有完成，因此需要缩短绳锯的长度，然后重新开始切割。当绳锯进入切削区 B' 时，迫使钢索远离其线性运动，此后绳锯在平滑区 C 环绕，其曲率在 D 状态下不断增大。

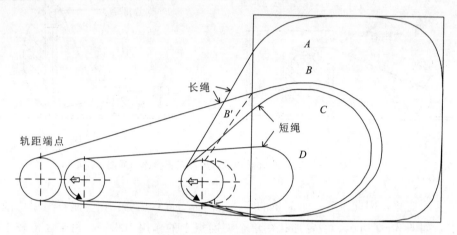

图 3-10 金刚石绳锯切进程

从上面的例子可以看出，切削区的构造是复杂的，而且随着时间变化而变化，因此没有一个简单的方法可对整个切削区的切屑厚度分布进行估算。

第四节 取心钻进模型

在取心钻削过程中，钻头沿着同一方向以外径线速度 1～10m/s 转动，且与被切削材料呈持续有效接触。钻头唇面金刚石尾部与圆锯切割过程相似，形成蝌蚪状基体支撑，如图 3-11 所示。

图 3-11 表明了取心钻削过程中切屑形成的运动条件。与前面讨论的金刚石锯切技术相比，该条件相对比较简单。

假定钻头冠部由一系列单个等距分布的刀刃组成，其宽度与取心筒厚度相同且被等高固定，则单颗金刚石移除的切屑厚度 h 是一个定值：

$$h = h_{max} = \frac{v_f}{v_s C w} \tag{3-7}$$

切屑区的闭环几何构型阻碍了切口处钻屑的疏散。为避免由于摩擦而导致工具过度磨损，需采用足够量的冷却液并使其流过取心钻筒的中心，以将岩屑清除。通常情况，采用水作为冷却循环介质。为保证良好的液体流动循环，钻头冠部必须具有节段性或者加入特殊水

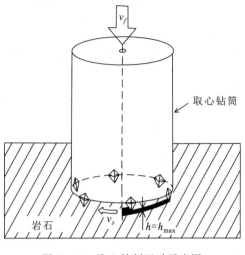

图 3-11　取心钻削运动示意图

口的准连续性的胎环设计。

第五节　影响金刚石锯片使用的基本因素

一、岩石性能对锯片锯切的影响

D. N. Wright 等于 20 世纪 80 年代开始对该问题进行了试验研究。他们用金刚石锯片对 8 种岩石进行了室内锯切试验,不同岩样和锯片的单位磨耗之间的关系见图 3-12。试样的岩石名称、硬度和矿物成分见表 3-1。

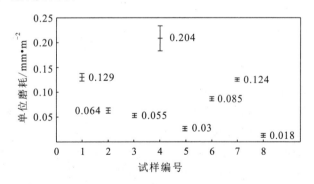

图 3-12　不同岩样与锯片的单位磨耗关系

试验锯片的性能参数:锯片直径为 600mm,采用 SDA100 型人造金刚石,粒度为 40/50 和 50/60 美国目,金刚石体积浓度为 25%。

锯切参数:锯片的线速度为 35m/s,走刀速度为 3m/min,进刀量为 10mm,采用交替锯切方式。试验结果表明:4 号试样的单位磨耗量最大,8 号试样的单位磨耗量最小。此外,矿物颗粒大小对单位磨耗量的影响也较明显。

表 3-1 岩石试样名称、硬度和矿物成分

试样编号	平均莫氏硬度	岩石类型	矿物成分及含量、矿物粒度						
			石英/%	粒度/mm	斜长石/%	粒度/mm	正长石/%	粒度/mm	其他/%
1	5.86	灰色花岗岩	15	1~4	40	1.5	35	3~10	10
2	6.05	粉红色花岗岩	30	0.5~5	20	0.7~2	/	/	50
3	6.63	正长岩	/	/	/	/	80	4.7	20
4	6.05	粗粒红色花岗岩	30	3~8	13	1~6	50	1.5	7
5	4.76	片麻岩	20	0.1~0.4	45	0.5~1.5	/	/	35
6	6.35	辉长岩	/	/	50	1~8	/	/	50
7	6.32	红色花岗岩	25	0.5~3	25	1~8	/	/	50
8	3.41	砂岩	40	0.125~0.25	30	/	/	/	30

在此基础上，进一步研究锯片的单位磨耗与岩石的力学性质之间的关系，其结果见表 3-2。从表 3-2 可以看出，只有肖氏硬度（回弹硬度）与锯片的单位磨耗的相关性好，其

表 3-2 锯片单位磨耗与岩石力学性质的关系

试样编号	单位磨耗/mm·m^{-2}	试样编号	肖氏硬度(shore)	试样编号	压痕硬度(NCB)	试样编号	岩石研磨性(cerchar)	试样编号	岩石抗压强度/MPa	试样编号	岩石抗张强度/MPa
4	0.204	4	98.9	4	16.04	7	3.98	6	211.8	6	12.51
1	0.129	7	97.7	6	14.04	6	3.75	5	194.77	5	11.89
7	0.124	2	94.4	3	13.84	2	3.60	3	192.27	7	10.89
6	0.085	3	92.0	1	12.49	3	3.58	7	190.66	3	8.78
2	0.064	1	91.77	7	12.43	1	3.46	2	174.7	1	8.06
3	0.055	6	82.00	5	9.89	6	3.32	1	166.5	2	7.52
5	0.030	8	81.08	2	7.89	4	2.84	4	158.88	4	6.87
8	0.019	5	42.5	8	2.77	8	2.2	8	83.65	8	4.52

他的岩石性能指标与锯片的单位磨耗没有较大相关性。为此，采用模拟装置来测定锯切时的垂直切削力，以反映岩石锯切的难易程度。图 3-13 为测量切削力的模拟装置示意图，试验结果如图 3-14 所示。由图 3-14 可知，垂直切削力与锯片单位磨耗的相关性相当好，能综合地反映出岩石锯切的难易程度。

二、锯切工艺及参数

1. 锯片线速度

如果进刀量和走刀速度不变，金刚石

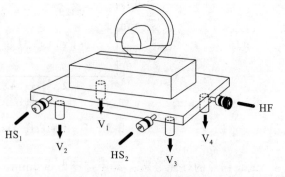

V_1、V_2、V_3、V_4. 测垂直力的传感器；
HF. 测量水平力的双向传感器；
HS_1、HS_2. 水平位移传感器。

图 3-13 模拟装置示意图

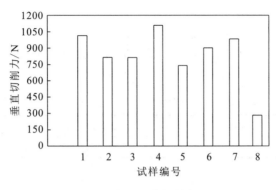

图 3-14 垂直切削力

锯片的单位径向磨耗 q 取决于锯片的圆周速度 V（线速度）。对于大多数岩石而言，金刚石锯片的单位径向磨耗存在着一个最佳线速度。如图 3-15 所示为采用 SDA85 型、40/50 美国目的金刚石切割黑色花岗岩时所获得的典型结果。当切割效率为 $200cm^2/min$ 时，最佳切割线速度为 35m/s。

金刚石锯片的单位径向磨损 q 有以下两种形式。

① 冲击磨损：由于金刚石与岩石的冲击而造成的磨损。

② 机械磨损：由于金刚石切削岩石所产生的磨耗，见图 3-16。

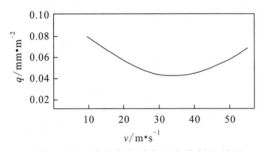

图 3-15 线速度与单位径向磨耗的关系

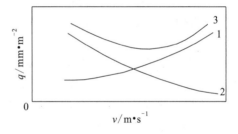

1. 冲击磨损；2. 机械磨损；3. 总磨损。

图 3-16 金刚石的磨损形式

切割硬岩时，冲击磨损是主要因素，导致最佳线速度在较低的区段内。反之切割软质岩石时，冲击磨损就显得不突出了，最佳线速度就处于较高的区段内。对于切割不同材料的线速度可参考表 3-3。

表 3-3 切割不同材料时锯片的最佳线速度参考表

材料名称	电瓷、刚玉、石英、硬花岗岩	软花岗岩、铸石、陶瓷	大理石、玻璃	混凝土
线速度/$m \cdot s^{-1}$	25～30	35～40	40～50	40～45

2. 走刀速度和进刀量

切割速率等于走刀速度和进刀量之积，即

$$F_s = V_t \cdot Z_t \tag{3-8}$$

式中：F_s 为切割速率，m^2/s；V_t 为走刀速度，m/s；Z_t 为进刀量（切割深度），m。

走刀速度或送料速度可参考表 3-4。进刀方式通常采用分层切的方式，进刀量 Z_t 为 3cm 左右。

表 3-4 不同材料的走刀速度参考范围

材料名称	硬花岗岩	大理石	混凝土	刚玉	玻璃钢、石棉、水泥板
走刀速度 V_t/mm·min^{-1}	500~1500	2000~3000	500~1500	70~125	3000~5000

3. 冲洗液

1) 冲洗系统

石材锯切作业几乎全部采用"U"形冲洗系统，这种两面冲洗冷却系统由弯头和穿孔管道组成。对这种冲洗液供给系统的要求包括以下几个方面。

①管道系统必须引入锯片中心部分，使管道中流出的冲洗液流可以从锯片的切向方向流到锯片上。

②管子上的孔眼必须被定位，使冲洗液不是以直角而是以 45°~60°的角度冲洗锯片中心部分。

③必须选择合适的孔眼数，以便冲洗液不断地流过管子整个长度，并以 0.01~0.05MPa 的压力喷到锯片中心部分。

④为了交替深切，使冲洗液覆盖成 130°的扇形面积，见图 3-17。可通过改变叉形接头长度，"U"形管的形状或孔眼的分布，使冲洗液覆盖较小的扇形面积或成为单面扇形冲洗面积。

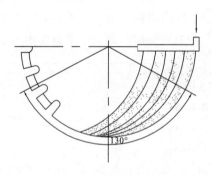

图 3-17 冲洗液量覆盖 130°的系统

2) 冲洗液量计算

冷却液量 V_k 可以按下式进行计算：

$$V_k = \mu \cdot \eta \cdot F \cdot \sqrt{\frac{2gP}{\rho}} \tag{3-9}$$

式中：μ 为液体的摩擦阻力系数，对于水 $\mu=0.97$；η 为面积减小系数（$\eta=0.6$）；F 为管子横断面积，$F=\pi d_R^2/4$，m^2；d_R 为管径，m；g 为重力加速度，$9.8m/s^2$；P 为孔眼的出口压力（实际中，P 为 0.01~0.05MPa）；ρ 为冲洗液密度（对于水 $\rho=10^3 kg/m^3$）。

按上式计算的冲洗液量结果见表 3-5。

此外，生产中常采用式（3-10）所示的经验公式进行粗略计算：

$$V_k = D_s/2.5, \text{L/min} \tag{3-10}$$

式中：D_s 为锯片直径，cm。

表 3-5 不同管径条件下的冲洗液计算量

管径/inch*	冲洗流量/L·min^{-1}	附注
1/2	40	
3/4	100	$P=0.05MPa$
1	170	

注：* 1inch（英寸）= 25.4mm。

4. 冲洗液类型及配制

在石材锯切作业中，相当长的时间内几乎全部使用自流或循环水冷却锯片及排除岩屑，至 20 世纪 60 年代 Linholm 第一次提出使用软皂添加剂的试验报告，而后，Bttner 提出了 7 种不同的冷却液添加剂系列报告。中南大学于 1987 年在花岗岩锯切作业中开始试验采用润滑冲洗液，即在清水中加入少量的润滑剂，以减少锯片与岩石的摩擦阻力和锯切机的功率消耗，使锯片寿命和锯切速率得到了明显的提高。

润滑冲洗液在我国人造金刚石钻进中自 20 世纪 70 年代以来得到了广泛使用，目前使用的润滑剂种类繁多，可以分为两大类。

①水溶性润滑剂：可溶于水中的钠皂，如葵脂钠皂、松香钠皂等。

②乳化型润滑剂：其主要成分为表面活性剂和基础油，如目前工业上常用的皂化溶解油。

乳化型润滑剂加入水中即成为水包油型乳状液，其润滑剂用量一般为冲洗液量的 0.3%～0.5%。

对于锯切花岗岩，普遍采用阴离子型表面活性剂，表 3-6 即为常见的阴离子表面活性剂。

表 3-6 常见的阴离子表面活性剂及其成分和化学式

名称	成分及化学式	名称	成分及化学式
油酸钠	$C_{17}H_{33}COONa$	十二基苯磺酸钠（ABS）	$C_{12}H_{25}C_6H_4SO_3Na$
松香酸钠	$C_{19}H_{29}COONa$	十二烷基苯磺酸钙	$(C_{12}H_{25}C_6H_4SO_3)_2Ca$
环烷酸钠	$CH_3-(CH_2)_n-COONa$ $n>10$	石油磺酸钠	$R-SO_3Na$ $R=C_{21-25}$
蓖麻酸钠	$CH_3(CH_2)_5-CH-CH_2CH=$ $\underset{OH}{\|}$ $CH(CH_2)_7-COONa$	硫酸钠皂	一般式 $R-O-SO_3Na$
十二烷基磺酸钠（AS）	$C_{12}H_{25}SO_3Na$		

1) 乳化型润滑剂的配制

（1）乳化型润滑剂的组成。

①基础油：一般采用矿物油，如常用的 5#、10#、15#、20# 机油外，各种重柴油、重油、燃料油等也可以作基础油。

②乳化剂：即表面活性剂，由表 3-6 中选用。使用较广泛的有油酸钠、松香酸钠和十二烷基苯磺酸钠等。乳化剂的碳数与基础油碳数相接近时，乳化效果才好。乳化剂用量为总量的 25%～30%。

③稳定剂与防锈剂：稳定剂有醇类及醇胺类，如乙醇、三乙醇胺等；常用的防锈剂有石油磺酸钡（钠）、亚硝酸钠等，其加量均为 1% 以下。

④加水量：一般占总量的 20%～40%。

（2）乳化型润滑剂的配制。

配制时，一般采用"剂在油中法"，即将乳化剂溶于油中，然后加热并将混合物直接加入水中，在保温条件下搅拌，便可得水包油型乳化油（乳化型润滑剂）。

2）水溶性润滑剂皂化工艺

先将原料如油酸或松香加热使之熔化，然后把预热所需要的氢氧化钠溶液以细流的方式徐徐加入并充分搅拌，即可皂化。例如

$$C_{17}H_{33}COOH + NaOH \xrightarrow{\Delta} C_{17}H_{33}COONa + H_2O \qquad (3-11)$$

$$C_{19}H_{29}COOH + NaOH \xrightarrow{\Delta} C_{19}H_{29}COONa + H_2O \qquad (3-12)$$

最后加稳定剂、防锈剂和水并搅拌，使钠皂冲淡，使之达到所需浓度。

三、切削过程与切削比能

在实际情况中，刀刃往往没有固定在相同的高度，而是随机排布的，因此工具表面只有一小部分金刚石与工件发生作用。在金刚石破碎和切削循环过程中，出刃高度和刀刃的几何结构逐渐发生改变。因此切削过程通常受以下因素的影响：①加工表面的瞬时形貌；②工件性能（矿物组成，强度，硬度，粒度等）；③工具与工件之间力的大小；④工件内的应力分布；⑤整个切削区产生的温度及其分布；⑥其他一些系统相关变量和偶发性事件。

天然石材和陶瓷材料的现有切割理论区分了切屑初始产生过程和二次形成过程，并认为：切屑最初产生于金刚石刀刃前部，是由于金刚石在工件表面移动时所交替产生的张应力和压应力所导致的。切屑初始产生过程中，在每颗切削金刚石后面产生前沿凹坑和蝌蚪状支撑，如图3-18所示。

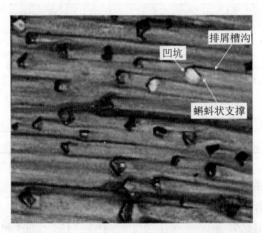

图3-18 圆形锯片节块下的表面形貌

同时，产生于金刚石刀刃下方的压应力使得工件材料发生变形。当载荷被移除后，弹性恢复将导致临界张应力的产生，引起脆性断裂，从而在金刚石后面产生二次切屑。

该理论在现实当中得到了较好的验证。当对脆性陶瓷进行划痕试验时，材料的去除是通过塑性流变和脆性裂变形成的切屑来实现的。当金刚石切入深度足够引发裂纹的产生时，由于材料脆性裂变从而产生切屑，原理如图3-19所示。在研磨材料切向运动产生的槽沟底部，沿着磨损面方向存在着不可逆塑性形变区，其中包含着径向和横向两条裂纹系。

引起脆性材料强度降低的径向裂纹，是由"V"形磨粒在法向作用力下产生的。当去除

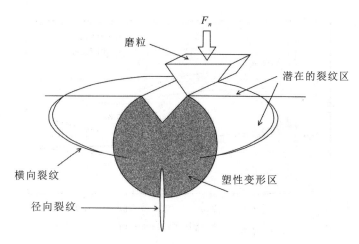

图 3-19 "V"形磨粒对脆性材料划痕产生的径向裂纹、横向裂纹和塑性变形区示意图

外载时,由于裂纹尖部仍存在残余张应力,裂纹可继续扩展。当去除加载力时,将产生横向裂纹;随着残余应力的不断松弛减小,横向裂纹可继续扩展。如果加载在"V"形压头的作用力高于一定的临界值,材料将产生断裂。该临界压力值取决于工件材料的物理机械性能,而由断裂引起的材料切除一般与横向裂纹有关。

通过实验发现,材料切削比能如式(3-13)所示:

$$E_{sg} = \frac{F_n}{wh_{eq}} \tag{3-13}$$

式中:E_{sg} 为材料切削比能,N/m^2;F_n 为刀刃所受法向压力,N;w 为刀刃宽度,m;h_{eq} 为平均切屑厚度,m。

该切削比能主要取决于等式中的切削厚度:对于 h_{eq} 值较小时,主要切削机制为韧性流动,没有裂纹形成。随着金刚石颗粒被逐渐磨损而变平,摩擦作用使得加工面产生较大热量和较大的切向力;而当 h_{eq} 值较大时,将在径向和横向产生严重的裂纹,导致工件强度降低,使材料较易被切除。因此,当被加工件为脆性材料时,材料去除部分是由刮削作用所去除的,这样可降低切向力。

式(3-13)是基于平均切屑厚度 h_{eq} 来描述材料的切削过程,没有考虑到影响切削力的因素,因而存在严重的缺陷。

首先,当达到一定的临界切屑厚度时,脆性裂纹区才出现,而且裂纹的形成过程受作用于工件的冲击力大小影响。因此,认为 F_n 和 E_{sg} 取决于最大切屑厚度,也即取决于切削过程中的运动学,这是具有一定合理性的,实际工业生产也证明了这一点,如图 3-20 所示。在圆锯切削花岗岩过程中,给定圆锯的切削速度和圆周速度,且使 h_{eq} 维持为一常数,则进行较深切削时,h_{max} 将减小而能量消耗将增加。这种能量消耗是 F_n 和 v_S 共同作用的结果。

其次,对圆锯片的受力情况作详细分析表明,法向力与切向力比率的大小主要取决于加工参数,如表 3-7 数据所示。接触面上单位长度的切向力几乎不受切削条件的影响,然而法向力明显受切削条件的影响较大。

值得注意的是,接触面上单位长度法向力在理想状况下与最大切屑厚度有关,且呈理想的反比例关系,这意味着在金刚石切入厚度较小时,将钝化切削点。

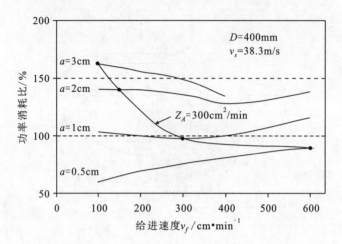

图 3-20 功率消耗与给进速度和切削深度的关系

表 3-7 在花岗岩中进行锯切的试验结果

切屑率 Z_A/ cm² · min⁻¹	切深 a/ mm	接触长度 l_g/ cm	F_n/l_g/ N·cm⁻¹	F_t/l_g/ N·cm⁻¹	功率/ kW	h_{max}/ mm
150	7.5	3.9	120	11.1	1.27	1.00
300	10	4.5	73	11.6	1.53	1.72
300	7.5	3.9	56	11.4	1.29	2.00
450	15	5.5	50	12.4	2.14	2.08

第六节 影响金刚石钻头使用的基本因素

一、钻具组合

钻具包括钻杆、岩心管、扩孔器及金刚石钻头等，它们之间的合理组合称为钻具级配。我国现行的钻具级配主要有下列两种。

（1）地质系列金刚石岩心钻探钻具级配（附录1）；

（2）冶金系列金刚石岩心钻探钻具级配系列（附录2）。

从附录中可以看出，金刚石钻具级配具有以下特点。

①钻头与钻杆之间间隙一般不超过 2～4mm，有利于采用高转速钻进。钻孔中存在三种摩擦副：即钻杆全身与孔壁；岩心管与孔壁，岩心管与岩心；扩孔器与孔壁，钻头与孔底。随着钻孔的延深，钻杆全身与孔壁的摩擦将起主导作用。

钻具的回转阻力可按以下公式计算

$$F = \mu \cdot i \cdot \frac{2}{\pi} m R L \omega^2 \tag{3-14}$$

式中：μ 为钻杆与孔壁的摩擦系数，水介质 $\mu = 0.4 \sim 0.6$，润滑冲洗液 $\mu \approx 0.1$；i 为钻杆半波个数；m 为钻杆单位长度质量，kg/m；R 为正弦波峰值，m；L 为钻杆半波长，L 值可取

5m；ω 为钻杆的回转角速度，r/s。

$$\omega = \frac{2 \cdot \pi \cdot n}{60} \quad (3-15)$$

式中：n 为钻具转速，r/min。

为了采用高转速钻进，减少钻具的回转阻力，必须采用润滑冲洗液以减小 μ 值。当使用润滑冲洗液时，μ 值可降低到 0.1 左右。另外，也必须尽量减小 R 值以及采用轻钻杆。

②扩孔器的外径一般比钻头外径大 0.3～0.5mm，具体值取决于岩性，如坚硬强研磨性岩石取小值。

③岩心卡断器（卡簧）与钻具配合较严密，岩心卡断器与钻头等的配合见图 3-21。图中：d 为钻头内径；d_1 为卡簧自由内径，d_1 比 d 小 0.3mm 左右；S_1 为卡簧座底端距离钻头内台阶距离，一般 $S_1 \approx 3\sim 4$mm；S_2 为卡簧在卡簧座内滑动距离，$S_2 \approx 12$mm。内管短截与岩心管内管插接，而卡簧座与内管短截插接。卡簧置于卡簧座内，并能相对滑动一定距离，而卡簧座底端与钻头内台阶也有一定的距离。此外，卡簧的自由内径则比钻头的内径要小些。

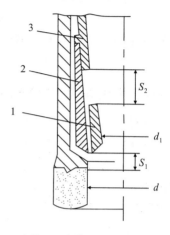

1. 卡簧；2. 卡簧座；3. 内管短截。

图 3-21 岩心卡断器配合

卡簧座的形状和规格见图 3-22 和表 3-8。

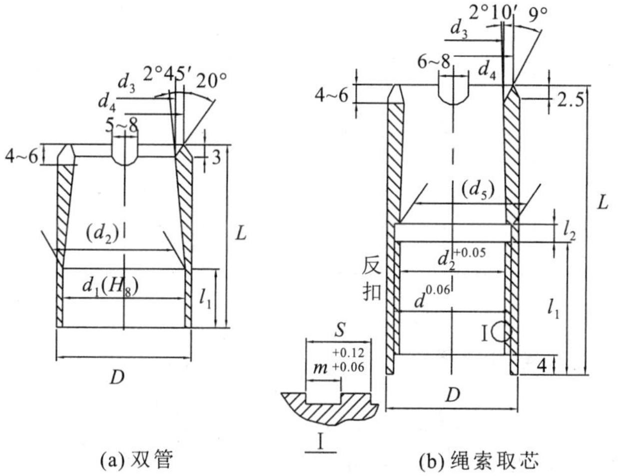

(a) 双管　　(b) 绳索取芯

图 3-22 卡簧座形状和规格

表 3-8 卡簧座的尺寸规格　　　　　　　　　　单位：mm

钻孔标称	D	d_1	d_2	d_3	d_4	d_5	S	L_1	L_2	L
60	49.5	46.5	47	43.35	45.5			20		58
60S	43.2	41	40	37.5	39	40.28	4	30	4	72
75	64	60.5	61	57.16	50			22		62
75S	56.2	54	53	50.5	52	53.54	4	30	5	75
91	79	74.5	75.5	71.37	75			24		67

卡簧性状和规格见图 3-23 和表 3-9。图中 β 为 15°，ϕ91 卡簧中 β 为 12°。加工内槽时，槽与外锥母线平行。A 处切口，绳索取心应开在凸台中间，其宽度 ϕ60、ϕ75 卡簧的分别为 3mm、3.5mm。热处理后（淬火＋回火，HRC42～45），再切 A 口。对于孕镶钻头，一般应配三种内径的卡簧，卡簧形式也可采用外槽式或切口式等。

二、温度因素对金刚石钻头使用的影响

金刚石钻头在工作过程中，由于金刚石和胎体与岩石和岩屑摩擦产生热量而升温。当金刚石和胎体与岩石的接触温度达到约 600℃ 或更高时，会引起金刚石的硬度和耐磨性显著下降，胎体发生各种变形。因此，使用者必须重视温度因素对金刚石钻头使用效果的影响。

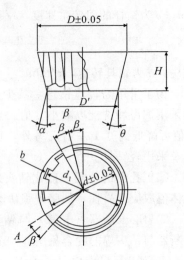

图 3-23 卡簧形状和规格

表 3-9 卡簧的尺寸规格   单位：mm

钻孔标称	类别	D	d	d_1	b	θ	α	H	D'
60	双管	46.5	41.0	41.5	42	44.5	1	2°45′	15°	22	44.39
	单管	51.5	45.5	45.9	46.3	49.5	1	2°10′	15°	22	50.14
	绳索	40	35.6	35.9	36.2	38.3	0.85	2°10′	12°	20	38.34
75	双管	60.2	54.0	54.5	55.0	58.2	1	2°45′	15°	25	57.8
	单管	66.5	59.5	59.9	60.3	64.5	1	2°10′	15°	25	64.6
	绳索	53	48.5	48.9	49.4	51	1	2°10′	12°	25	51.1
91	双管	74.5	67.5	68.0	68.5	72.1	1.2	2°45′	15°	28	77.81
	单管	82	74.5	74.9	75.4	79.6	1.2	2°10′	15°	28	79.91

注：表格中 D、d、d_1 列的对应关系需参照原表。

1. 温度沿胎体高度方向的分布

在试验台上对温度 t 沿胎体高度 h 方向的分布进行测定，其结果如图 3-24 所示。试验条件：花岗岩，钻头直径 29mm，钻头转速 $n=693$r/min，冲洗液量 $Q=42$L/h，钻压 P 分别为 3500N、2500N、1500N。由图 3-21 首先可知，离胎体唇面愈近，温度愈高。在离唇面 0.25mm 处，温度达到 150～200℃，局部达到 300～400℃，且高温点也不断变化。其次，温度随着钻压的升高而增大，二者基本成正比关系。

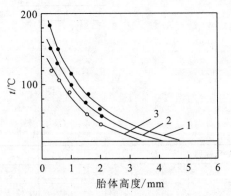

1. $P=3500$N；2. $P=2500$N；3. $P=1500$N。

图 3-24 温度沿胎体高度方向的分布

2. 转速和钻压对升温的影响

钻压和转速对金刚石钻头胎体升温影响的试验结果见表 3-10。由表 3-10 可知,虽然 $[P \cdot n] = 24.5 \times 10^5 \text{N} \cdot \text{r/min}$,但升温则不同。$n$ 值较高而 P 值较低的组合,胎体升温较低,这可以解释为钻头转速增大,引起冲洗液质点运动速度加快,有利于冷却胎体。因此,金刚石钻进采用高转速比采用高钻压有利。

表 3-10 钻压和转速对钻头胎体升温影响的试验结果

钻头编号	h/mm	P/N	n/r·min^{-1}	$P \cdot n/10^5$N·r·min^{-1}	温度/℃
6#	0.5	2500	980	24.5	125
		3500	693	24.3	140
	1.4	2500	980	24.5	70
		3500	693	24.3	80

3. 钻头热平衡时间与"烧钻"

试验结果证明:当钻头转速为 980r/min,钻压为 10MPa 时,钻头热平衡时间为 4~5s,即胎体温度先增至一定值,随后稳定不变。但是如果由于钻头冷却不良或冲洗液循环突然停止,就会使钻头发生微烧甚至"烧钻"。由于冷却不良,当胎体温度达 600℃时钻头发生微烧,金刚石表面产生暗色氧化物,胎体表面形成蓝色斑点;如果突然停止冲洗液,而钻头继续运转 40~60s,则胎体温度可达 900℃左右,就会出现"烧钻"事故,此时胎体呈橘红色,部分胎体黏附在岩石上,而水口将可能消失。

4. 胎体接触端面温度的理论计算

设胎体为半径 r 的圆柱体,在其上的载荷为 P,以速度 v 对岩石平面产生摩擦(图 3-25)。

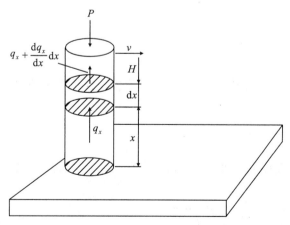

图 3-25 胎体端面与平面的摩擦模型

则胎体在单位时间内产生的热量 Q 为：

$$Q = \frac{\mu P v}{J} \tag{3-16}$$

式中：μ 为摩擦系数；P 为载荷，N；v 为速度，cm/s；J 为热功当量。

上述产生的热量 85%～90% 被传递到胎体上，而其余的则被传递到岩石内。现讨论胎体内距平面为 x 处一微小厚度 $\mathrm{d}x$ 上的热平衡。设该处的温度为 T，单位时间单位面积的热流入量为 q_x，则单位时间内流入的热量 $\mathrm{d}Q_{in}$ 为：

$$\mathrm{d}Q_{in} = \pi r^2 q_x \tag{3-17}$$

而流出的热量 $\mathrm{d}Q_{out}$ 为：

$$\mathrm{d}Q_{out} = \pi r^2 \left(q_x + \frac{\mathrm{d}q_x}{\mathrm{d}x} \cdot \mathrm{d}x \right) \tag{3-18}$$

流入和流出的热量差 $\mathrm{d}Q_1$ 为：

$$\mathrm{d}Q_1 = \mathrm{d}Q_{in} - \mathrm{d}Q_{out} = -\pi r^2 \frac{\mathrm{d}q_x}{\mathrm{d}x} \mathrm{d}x \tag{3-19}$$

根据 Fourier（傅里叶）法则：

$$q_x = -k \frac{\mathrm{d}t}{\mathrm{d}x} \tag{3-20}$$

式中：k 为物体的导热系数，W/m·℃；$\frac{\mathrm{d}t}{\mathrm{d}x}$ 为物体的温度梯度。

将式 (3-20) 代入式 (3-19) 得：

$$\mathrm{d}Q_1 = k \cdot \pi \cdot r^2 \frac{\mathrm{d}^2 t}{\mathrm{d}x^2} \mathrm{d}x \tag{3-21}$$

另一方面，设物体周围温度为 t_0，散热系数为 α（单位为 W/m²·℃），则胎体表面由于散热而消耗的热量 $\mathrm{d}Q_2$ 为：

$$\mathrm{d}Q_2 = 2 \cdot \pi \cdot r \cdot \alpha \cdot (t - t_0) \mathrm{d}x \tag{3-22}$$

热平衡状态下，$\mathrm{d}Q_1 = \mathrm{d}Q_2$，则：

$$\frac{\mathrm{d}^2 t}{\mathrm{d}x^2} = \frac{2\alpha}{kr}(t - r_0) \tag{3-23}$$

解上述方程得：

$$t - t_0 = D \cdot \mathrm{e}^{-\sqrt{\frac{2\alpha}{kr}x}} \tag{3-24}$$

式中：D 为积分常数。

为了求出常数 D，设总摩擦热中 cQ 流入胎体中，而该部分热量均由胎体表面以散热方式消耗掉，则：

$$cQ = 2\pi r \alpha \int_0^a (t - t_0) \mathrm{d}x \tag{3-25}$$

将式 (3-24) 代入式 (3-25) 求得 $D = \frac{cQ}{\pi r} \frac{1}{\sqrt{2\alpha k r}}$，则：

$$t - t_0 = \frac{cQ}{\pi r} \frac{1}{\sqrt{2\alpha k r}} \mathrm{e}^{-\sqrt{\frac{2\alpha}{kr}x}} \tag{3-26}$$

式中：c 为热量分配到胎体内的参数，其值取决岩性，一般取值为 0.85～0.9。

设 $x = 0$，则可求出胎体端面和岩石接触面的温度：

$$t_s - t_0 = \frac{cQ}{\pi r} \frac{1}{\sqrt{2\alpha kr}} \tag{3-27}$$

将式（3-16）代入式（3-27）得：

$$t_s - t_0 = \frac{c \cdot \mu \cdot P \cdot v}{J \cdot \pi \cdot r} \frac{1}{\sqrt{2\alpha kr}} \tag{3-28}$$

式中：t_s 为接触面摩擦温度，℃；t_0 为冲洗液温度，℃。

式（3-28）也可用下式表达：

$$t_s = t_0 + \frac{c\mu Pv}{J\pi r} \frac{1}{\sqrt{2\alpha kr}} \tag{3-29}$$

可见，接触面摩擦温度 t_s 值和 P、v、μ 成正比，而和 r、α、k 成反比。

三、钻进规程参数

1. 钻头转速

钻头转速可以按下式计算：

$$n = \frac{60v_n}{\pi D_0} \tag{3-29}$$

式中：n 为钻头转速，r/min；D_0 为钻头平均直径，m；v_n 为钻头线速度，m/s，对于表镶金刚石钻头，$v_n = 1 \sim 2.5$ m/s；对于孕镶钻头，$v_n = 1.5 \sim 3$ m/s。

2. 钻压

施加在钻头上的轴向压力对于表镶和孕镶金刚石钻头可以分别按下列公式计算：

$$P_{表} = \eta \cdot n_a \cdot p_0 \tag{3-30}$$

式中：$P_{表}$ 为表镶金刚石钻头的钻压，N；η 为参加破碎岩石的金刚石系数，η 值一般取2/3；n_a 为钻头唇面上金刚石粒数；p_0 为单颗金刚石上的压力，N/st，$p_0 = 30 \sim 50$ N/st，极限值为150N/st。

$$P_{孕} = p \cdot S \tag{3-31}$$

式中：$P_{孕}$ 为孕镶金刚石钻头的钻压，N；S 为钻头的唇面工作面积，cm²；p 为单位工作面积上的压力，p 值常为 $5 \sim 10$ MPa，但不得超过20MPa。

3. 冲洗液量

$$Q = 6v \cdot S \tag{3-32}$$

式中：Q 为冲洗液量，L/min；S 为钻杆与孔壁之间的环状面积，cm²；v 为冲洗液在钻杆和孔壁环状间隙的上返流速，v 值为 $0.3 \sim 0.5$ m/s。

4. 临界规程

金刚石钻进时存在临界规程，当达到临界规程时，钻头胎体的温度急剧升高，功率消耗急剧增大，如不及时调整钻进规程，则极有可能造成烧钻的严重事故。对于一定粒度的金刚石和钻进的岩石来说，临界规程中钻压与转速的乘积（$P \times n$）有一定值。换句话说，在接近临界规程时，增大钻压，就必须降低转速；反之，提高转速，就必须降低钻压。这样才能进行安全有效钻进。

第四章 金刚石钻头设计

第一节 概 述

一、金刚石钻头的类型

按金刚石的来源可分为天然金刚石钻头和人造金刚石钻头;按金刚石作为切削单元在钻头上的表现形式可分为表镶金刚石钻头、孕镶金刚石钻头和混合金刚石钻头等,其中表镶金刚石钻头的切削单元通常包括大颗粒金刚石单晶和不同性能的聚晶(如聚晶条、聚晶复合片等);按用途不同可分为地质勘探、油气钻井、工民建勘察与施工和其他各种专用钻头等;按与之配套使用的钻具组合不同可分为普通单管、双管和绳索取心钻头;按施工目的不同可分为取心钻头和不取心(全面)钻头。

二、钻头类型的使用范围

可参考我国岩心钻探岩石可钻性12级分类表确定各类型钻头的使用范围(表4-1)。

表4-1 各类金刚石钻头对岩层的适用范围

岩石可钻性等级	Ⅰ	Ⅱ	Ⅲ	Ⅳ	Ⅴ	Ⅵ	Ⅶ	Ⅷ	Ⅸ	Ⅹ	Ⅺ	Ⅻ
岩石类别	松散	较松散	软	较软	中硬	中硬	硬	硬	坚硬	坚硬	极硬	极硬
代表性岩石	冲积层砂土层	黏土	泥灰岩	页岩	细粒石灰岩	千枚岩,板岩	闪长岩	花岗岩	硅质灰岩	流纹岩	石英岩	碧玉
聚晶金刚石复合片钻头												
表镶金刚石和聚晶钻头												
孕镶金刚石钻头												

三、岩石的力学性质及其测量

钻头的工作对象是岩石,因此必须了解哪些岩石性能指标对钻头结构参数设计具有较重要的影响。对表镶、孕镶金刚石钻头而言,钻头的结构参数主要指金刚石性能参数(金刚石粒度、品级、浓度等)、胎体性能参数(胎体的耐磨性、硬度、强度等)、钻头的唇部形状(平底形、圆弧形、尖环齿形等)和冲洗系统参数(水口数目和尺寸等);对聚晶金刚石复合片钻头（PDC 钻头）而言，其结构参数主要指钻头的冠部形状、切削齿尺寸和布置、保径和水力结构等。影响上述钻头结构参数设计的岩石力学性质主要有以下 4 个方面。

1. 岩石硬度

岩石硬度是岩石表面抵抗工具局部侵入或刻划的能力，只有当作用在工具上的载荷大于岩石硬度时岩石才会变形或破坏。测定岩石硬度的方法很多，国内外常见的有以下几种。

（1）莫氏硬度和显微硬度：表 4-2 给出了标准矿物的莫氏硬度和显微硬度值。

表 4-2 标准矿物的莫氏硬度和显微硬度值

硬度名称	标准矿物									
	滑石	石膏	方解石	萤石	磷灰石	正长石	石英	黄玉	刚玉	金刚石
莫氏硬度	1	2	3	4	5	6	7	8	9	10
显微硬度/GPa	0.002 5	0.29	1.08	1.86	5.50	7.75	11	14.70	22.60	100

（2）NCB（national coal board，UK）硬度：该测量仪器采用硬质合金圆锥压头，在给定的载荷下以压头压入岩样的有效深度计算岩石的硬度指数。对于中硬-硬的细粒岩石，其硬度指数 NCB 和岩石的单轴抗压强度 σ_c 之间具有良好的相关性（图 4-1）。

（3）肖氏硬度：其测量仪器主要包含一个自由落体的重锤，其上镶有一颗金刚石。以重锤落到岩样表面后的回弹高度表示其硬度指标。其指标与单向抗压强度 σ_c 的关系见图 4-2。

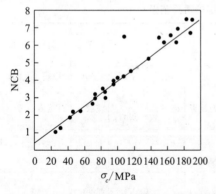

图 4-1 NCB 与单向抗压强度 σ_c 的关系图

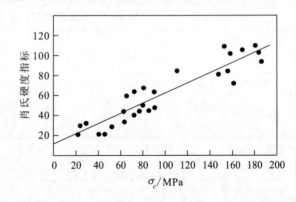

图 4-2 肖氏硬度与单向抗压强度 σ_c 的关系图

（4）平底压模硬度：亦称为史氏（Л·А·Щрсйнср）硬度，可在专用的液动压力机上进行测定。

$$HK = P/S \text{（MPa）} \quad (4-1)$$

式中：P 为产生破碎时压模上的载荷，N；S 为压模底面积，mm²。

平底压模硬度与岩石可钻性级别的对应关系见表 4-3。

据理论分析：HK 与岩石的单向抗压强度 σ_c 间有下面的近似关系：

$$HK = (1+2\pi)\sigma_c \quad (4-2)$$

西方国家在设计钻头时，常常采用莫氏硬度、肖氏硬度、NCB 硬度来选择金刚石的粒度、品级和浓度，而我国和苏联在设计钻头时主要采用平底压模硬度和岩石可钻性级别。

表 4-3　平底压模硬度与岩石可钻性级别的关系

岩石可钻性级别	1	2	3	4	5	6
HK/MPa	100	100~250	250~500	500~1000	1000~1500	1500~2000
岩石可钻性级别	7	8	9	10	11	12
HK/MPa	2000~3000	3000~4000	4000~5000	5000~6000	6000~7000	>7000

2. 岩石强度

岩石强度用来表征岩石抵抗外载整体破坏的能力。根据外载形式的不同，岩石强度可分为抗压、抗拉、抗弯和抗剪等强度，见表 4-4。

表 4-4　常见岩石的抗压、抗拉和抗剪强度值

岩石	岩石强度/MPa		
	抗压 σ_c	抗拉 σ_t	抗剪 τ_S
粗粒砂岩	142.0	5.14	
中粒砂岩	151.0	5.20	
细粒砂岩	185.0	7.95	
页岩	14.0~61.0	1.7~8.0	
泥岩	18.0	3.2	
石膏	17.0	1.9	
含膏灰岩	42.0	2.4	
安山岩	98.6	5.8	9.6
白云岩	162.0	6.9	11.8
石灰岩	138.0	9.1	14.5
花岗岩	166.0	12.0	19.0
正长岩	215.2	14.3	22.1
辉长岩	230.0	13.5	24.1
石英岩	305.0	14.4	31.6
辉绿岩	343.0	13.4	34.7

如以抗压强度 σ_c 为 1，则其他形式的相对强度见表 4-5。

表 4-5　岩石抗拉、抗剪和抗弯强度相对于其抗压强度的大小

岩石	相对强度			
	抗压	抗拉	抗剪	抗弯
花岗岩	1	0.02~0.04	0.09	0.03
砂岩	1	0.02~0.05	0.1~0.12	0.06~0.20
石灰岩	1	0.04~0.10	0.15	0.06~0.10

从钻头碎岩的观点来看,最有利的方式是拉伸,其次为剪切,因此在设计钻头结构时,如何充分发挥其拉伸、剪切岩石的作用是应注意考虑的问题。

3. 岩石的研磨性

岩石研磨性是指在钻进过程中岩石磨损工具的能力,其对于钻头设计,特别是对于孕镶金刚石钻头设计具有重要意义。目前测定的方法较多,常见的有以下几种。

(1) 圆盘磨损法:该方法是苏联学者史立涅尔等人提出的。其实质是测定金属圆盘对岩石作滑动摩擦时的磨损,见图 4-3。金属圆盘外径 30mm,内径 20mm,厚度 2.5mm。圆环可采用经淬火处理的 Y8 碳素钢或硬质合金。载荷一般为 100N,转速为 500r/min,岩石平移速度为 4mm/min,采用液流冷却圆盘。测定装置在试验过程中不断记录摩擦力矩。用岩石的研磨系数 ω 表示岩石的研磨性,其计算公式如下:

$$\omega = \frac{\Delta V}{P} \quad \text{cm}^3/\text{N} \cdot \text{m} \tag{4-3}$$

式中:ΔV 为金属圆盘单位摩擦路程的磨损体积,cm^3/m;P 为加在圆盘上的载荷,N。

对于大部分岩石来说,研磨系数 ω 能反映出其研磨性的程度。

(2) 切槽法:为我国东北大学研制的一种岩石研磨性测定仪。它的工作原理是模拟金刚石孕镶块切削岩石的状态,见图 4-4。金刚石试棒的直径为 $\phi 8\text{mm}$,单位压力 P 为 11MPa,岩石转速为 110r/min,采用冲洗液冷却,每次试验岩心转 400 圈。岩石的研磨性指标 $\Delta \omega$ 用下式表示:

$$\Delta \omega = \omega_0 - \omega_{400} \tag{4-4}$$

式中:$\Delta \omega$ 为金刚石试样的失质量,mg;ω_0 为试棒的初始质量,mg;ω_{400} 为试棒的最终质量,mg。

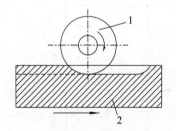

1. 旋转的金属环;2. 平移的岩样。

图 4-3　圆盘磨损法

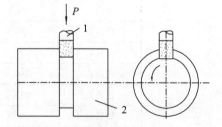

1. 金刚石试棒;2. 岩心。

图 4-4　研磨性试验原理

按 $\Delta \omega$ 将岩石按研磨性分为 4 个等级,见表 4-6。

表 4-6　切槽法判定岩石研磨性等级标准

岩石研磨性等级	1	2	3	4
$\Delta \omega$/mg	<1.0	1.0~2.5	2.5~5	>5.0

(3) Cercher 研磨性指标:在法国煤矿工业中和其他西方国家得到广泛应用。该仪器的主要组成部分为装配在摆动臂的锐利钢针。钢针在 10N 载荷下刻划岩样表面 10mm 距离,

以钢针的磨损平面面积表示岩石的研磨性指标。并规定：0.1mm^2 的磨损面等于研磨性指标为 1。表 4-7 为一些典型岩石的 Cercher 指标。

表 4-7 典型岩石的 Cercher 指标

研磨性等级	Cercher 指标	典型岩石
极高研磨性	>4.50	角闪岩、片麻岩、伟晶花岗岩、粗砂岩、花岗岩
高研磨性	4.25～4.50	闪长岩、花岗岩
一般研磨性	4.00～4.25	板岩、Darley Dale 砂岩
中上研磨性	3.50～4.00	Silty 砂岩
中研磨性	2.30～33.50	粗岩、Californian 花岗岩
低研磨性	1.20～2.50	Portland 砂岩
极低研磨性	<1.20	灰岩

岩石的研磨性和岩石的组织结构相关，一般情况下石英含量多的岩石其研磨性大。在岩石成分相接近的情况下，粗粒矿物组成的岩石其研磨性大，细粒矿物组成的岩石其研磨性弱；多棱角矿物构成的岩石比浑圆矿物构成的岩石的研磨性大；孔隙多的岩石比致密岩石的研磨性要大；胶结物弱的沉积岩比胶结物强的沉积岩的研磨性要大。

关于岩屑（粉）研磨性的测定，国内外虽然也采用了各种不同的方法，但至今尚未有一个统一的测定岩粉研磨性的标准方法。俄罗斯岩心钻探中采用球磨筒法，我国有的单位采用喷砂法。在金刚石钻头设计时应根据岩石的岩屑研磨性来选择钻头胎体的耐磨性。

4. 岩石的裂隙性

裂隙性强的岩石会导致钻头排粉困难，钻头下不到孔底而扫孔导致寿命短，岩心破碎和采取率低，以及孔壁不稳定等问题。因此，对于强裂隙性地层，一方面应改善钻头结构，另一方面也必须制定合理的生产定额和材料消耗定额。俄罗斯学者在研究岩石裂隙性基础上，提出了以下评价岩石裂隙程度的指标：①岩心成块率 K_y（块/m）；②岩心采取率 η（%）；③裂隙性指标 W（个/转），W 值即钻头转一周遇到的裂隙的平均值。W 用下式表示：

$$W=\frac{D}{\tan\beta}\cdot K_y\cdot\lambda \tag{4-5}$$

式中：D 为岩心直径，m；β 为裂隙（节理）平面与钻孔轴线的夹角，°；λ 为经验系数，$\lambda=0.7$。

美国伊利诺伊大学提出评价岩石质量的指标 RQD（Rock Quality Designation）为：

$$\text{RQD}=\frac{100\text{mm 以上的岩心累计长度}}{\text{钻进深度}}\times 100\% \tag{4-6}$$

试验技术条件为：岩心直径不小于 50mm，钻进总深度不少于 2500mm。按 RQD 指标将岩石分为 5 个级别。

根据上述指标，将岩石的裂隙性程度分为 5 级，见表 4-8。

表 4-8 岩石裂隙程度与岩石质量的等级划分依据表

裂隙性级别	岩石裂隙性程度	K_y/块·m^{-1}	η/%	W/个·转$^{-1}$	RQD指标/%	岩石质量
Ⅰ	完整的	1~5	100~70	<0.5	>90	优质地层
Ⅱ	弱裂隙性的	6~10	90~60	0.5~1	75~90	良好地层
Ⅲ	裂隙性的	11~30	80~50	1.01~2.0	50~75	一般地层
Ⅳ	强裂隙性的	31~50	70~40	2.01~3.0	25~50	差地层
Ⅴ	完全破碎的	>51	60~30	>3.01	<25	很差地层

四、钻头规格尺寸

(1) 自然资源部地质钻头规格尺寸参见《地质岩心钻探金刚石钻头》(DZ/T 0277—2015)，与其相对应的扩孔器规格尺寸参见《地质岩心钻探金刚石扩孔器》(DZ/T 0278—2015)。

(2) 采用薄壁钻头，其壁厚为 2~3.5mm，直径根据需要而定，常用直径为¾″，2½″，3″，…，8″等。不取心大口径钻头多用于油气井钻进，直径由 6″至 12½″不等。

第二节 表镶金刚石取心钻头结构参数选择

表镶金刚石钻头一般适用于Ⅴ—Ⅷ级中硬至硬的岩层中，分为天然金刚石表镶钻头和人造聚晶表镶钻头两大类。

一、天然金刚石表镶钻头

如图 4-5 所示，天然金刚石表镶钻头特别适用于碳酸盐类岩层，如灰岩、白云岩等，配合绳索取心钻进能获得明显的技术经济效果。其中，表镶天然金刚石取心钻头的结构参数主要包括钻头唇面形状、胎体性能、金刚石品级、粒度、含量、排列和钻头水路 7 个方面。

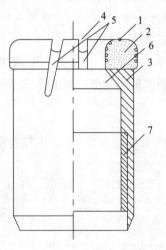

1. 金刚石；2. 胎体；3. 钢体；4. 水口；5. 内外水槽；6. 钢体内锥；7. 连接丝扣。

图 4-5 表镶金刚石钻头

1. 钻头唇面形状

唇面形状影响着载荷分布、排粉、冷却金刚石效果以及钻头制造工艺。普通单、双管表镶钻头，一般采用标准唇面，其唇面圆弧半径 R 等于或略大于唇面的宽度 b，见图 4-6（b）。这种唇面既克服了图 4-6（a）平底形边刃镶嵌不牢的缺点，又克服了图 4-6（c）圆弧形唇面顶峰区应力高度集中的缺点。

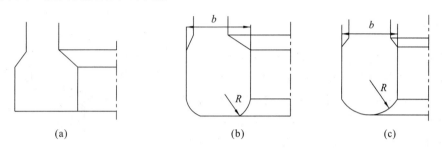

（a）平底型；（b）标准形 $R=(1.0\sim1.2)b$；（c）圆环形 $R=0.5b$

图 4-6 单管和双管表镶钻头唇面形状

对于绳索取心表镶金刚石钻头，由于钻头壁厚，一般采用阶梯形唇面和锥形唇面，见图 4-7。多阶梯唇面（3 阶梯至 7 阶梯）是绳索取心表镶钻头的标准形，为多自由面掏槽型，钻速高，同时钻头稳定性好。锥形唇面可以看作微阶梯形，其排粉效果比阶梯形唇面要好。

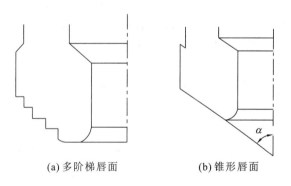

(a) 多阶梯唇面　　(b) 锥形唇面

图 4-7 绳索取心表镶钻头唇面

2. 胎体性能

表镶钻头对胎体性能的要求主要为：①能牢固地包镶住金刚石，同时和钻头钢体结合牢固；②具有足够的抗压和抗冲击强度，以适应孔底的复杂应力状态；③具有一定的硬度和耐磨性，使之与岩石相适应。

目前，国内外一般采用 WC 为胎体骨架材料，铜基合金（Cu 为基，添加一些 Ni、Co、Mn、Zn、Sn 等金属元素）为黏剂，通过烧结后可以满足上述要求。同时，采用洛氏硬度（HRC）表示胎体性能的指标，并根据 HRC 值将胎体硬度分为 3 个等级，以适用不同的岩层钻进，见表 4-9。

表 4-9　胎体性能指标及其适用岩层

胎体等级	HRC	适用岩层
软胎体	20～25	5～7级弱研磨性岩石
中硬胎体	30～35	8～9级中等研磨性岩石
硬胎体	40～45	8～9级强研磨性、裂隙性岩石

3. 金刚石品级

表镶钻头的切削刃分为边刃、底刃和侧刃，如图 4-8 所示。通常边刃受力情况最恶劣，底刃次之，侧刃主要起保径作用。为了使钻头上的金刚石在钻进中磨损趋于一致，边刃采用质量最好的金刚石，底刃次之，侧刃更次之。对于绳索取心钻头，边刃应用特级金刚石（AAA），底刃用优质金刚石（AA），侧刃用标准级金刚石（A）。

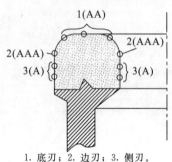

1. 底刃；2. 边刃；3. 侧刃。

图 4-8　钻头上切削刃的分布

4. 金刚石粒度

金刚石粒度根据岩石可钻性的级别及岩石的研磨性进行选择。

Ⅵ—Ⅶ级：弱研磨性、小颗粒、致密的非裂隙性岩石，如泥页岩、千枚岩、石灰岩、大理岩、白云岩，5～15st/car。

Ⅶ—Ⅸ级：弱研磨性、小颗粒、致密岩石，如磷灰岩，闪长岩、硅质页岩，20～30st/car；中等研磨性：中颗粒、裂隙性岩石，如花岗岩，30～40st/car；强研磨性：中、粗颗粒、强裂隙性岩石，如混合岩，40～60～90st/car。

一般情况下，金刚石粒径 d_z 与岩屑尺寸 d 应满足：$d_z > (2～4)d$。

5. 金刚石含量

表镶钻头唇面上的金刚石含量取决于金刚石的布满度 e、粒度和唇面工作面积。金刚石的布满度用下式表示：

$$e = \frac{S_a n_a}{S} \times 100\% \tag{4-7}$$

式中：S_a 为单粒金刚石的横截面积，$S_a \approx d_z^2$，mm²；d_z 为金刚石的粒径，$d_z = (109/z)^{1/3}$，mm；z 为金刚石粒度，st/car；n_a 为唇面上金刚石的数量，st；S 为唇面工作面积。

$$S = \frac{\pi}{4}(D^2 - d^2) - \left(\frac{D-d}{2}\right)B \cdot n \tag{4-8}$$

式中：D 为钻头外径，mm；d 为钻头内径，mm；B 为水口宽度，mm；n 为水口数，个。

e 值取决于岩性。对于 5～7 级中硬岩石，$e = 40\% \sim 50\%$，对于 8～9 级硬岩，$e = 50\% \sim 60\%$，因此：

唇面上金刚石数量，$n_a = eS/S_a$, st　　　　　　　　　　　　　　(4-9)

唇面上金刚石的含量，$P = n_a/z$, car　　　　　　　　　　　　　　(4-10)

钻头上侧刃的粒数，$n_a \approx n_a \times 30\%$，st (4-11)

对于不同地层钻进，钻头单位面积上的平均金刚石粒数可参考表 4-10。

表 4-10　钻头单位面积上平均金刚石粒数对地层适用范围参考表

金刚石粒度/st·car^{-1}	钻头单位面积上平均金刚石颗粒数/st·cm^{-2}	适用地层
15	16	5~7 级弱研磨性地层
25	21	8~9 级弱研磨性地层
40	28	8~9 级中等研磨性地层
60	33	8~9 级强研磨性地层
90	39	8~9 级强研磨性破碎地层

6. 金刚石排列

它是钻头重要的指标之一，直接影响钻进效率和钻头寿命。金刚石排列的原则：①唇面上的金刚石比较充分地覆盖孔底工作面；②唇面上各部位的金刚石在工作中的磨损程度尽量趋于一致；③排粉冷却金刚石的效果良好；④机械钻速高。

下面将具体阐述金刚石排列的步骤。

(1) 确定金刚石的出刃值。金刚石出刃值可以根据下列方法确定：

a. $\qquad h = y d_z \qquad$ (4-12)

式中：d_z 为金刚石的粒径，mm；y 为出刃系数，它取决于岩性，见表 4-11。

表 4-11　金刚石在不同岩层中的出刃系数

岩石等级	5 级	6~7 级	8~9 级裂隙性岩石
y 值	$\frac{1}{3} \sim \frac{1}{4}$	$\frac{1}{5} \sim \frac{1}{6}$	$\frac{1}{8} \sim \frac{1}{10}$

b. $\qquad h = (3 \sim 4) h_a \qquad$ (4-13)

式中：h_a 为钻头每转一周的切入深度，mm。

c. 仅按金刚石粒度确定 h 值，如表 4-12 所示。

(2) 确定唇面上切削线的数目（或一组金刚石的粒数）。金刚石是排列在切削线上的，为了保证金刚石能全面破碎孔底岩石，相邻两切削线上的金刚石必须重叠一定的尺寸，见图 4-9。

表 4-12　不同粒度金刚石的出刃平均值

金刚石粒度/st·car^{-1}	出刃平均值 h/mm
10~20	0.4
20~30	0.3
40~60	0.2
60~90	0.15

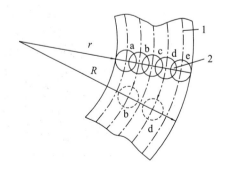

1. 切削线；2. 重叠尺寸。

图 4-9　切削线在唇面上的分布

设钻头内、外半径分别为 r 和 R,切削线数目为 n,重叠系数为 f,因为 $R-r=nd_z-(n-1)d_zf$,则:

$$n = \frac{(R-r)-d_zf}{d_z(1-f)} \tag{4-14}$$

重叠系数 f 值取决岩石可钻性等级,见表 4-13。

表 4-13 切削线上金刚石的重叠系数与岩石可钻性的关系

岩石可钻性等级	5	6~7	8~9
f	15%	20%	35%

镶嵌钻头时,径向方向的重叠金刚石必须错开,如图 4-9 所示,将 b、d 金刚石向箭头方向拉开,构成了一组金刚石的粒数。

(3) 计算唇面上金刚石的组数。设组数为 m,则:

$$m = n_a/n \tag{4-15}$$

(4) 排列方式的选择。常见的排列方式有以下几种。

①放射状排列:金刚石分布在切削线和放射线的交点上,见图 4-10,图中 5 粒金刚石为一组。其特点是内外刃的粒数相等,但外圈金刚石的间距 b 大于内圈金刚石的间距 a,因此外刃易磨损。适用于 5~7 级中硬岩石。

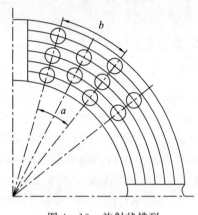

图 4-10 放射状排列

②螺旋状排列:以钻头平均半径 Rc 的 1/2 为半径(r)作基圆,将基圆分成若干等份(等份数量等于金刚石的组数),然后以 $r_1=2/3Rc$、等份点为圆心画圆,则形成了若干螺旋线。一组的金刚石等距离分布在螺旋线上,见图 4-11。这种排列虽 $b>a$,但由于一组的金

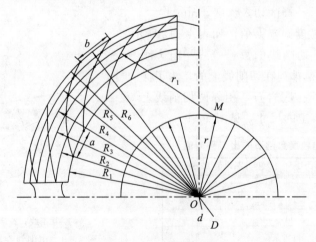

图 4-11 螺旋状排列

刚石等距离分布在螺旋线上，使得唇面上的切削线越靠外圆越密，加强了靠外圆部分的金刚石密度。这种排列是合理的，同时这种排列排粉和冷却金刚石的效果好。适用7~9级岩石。

③等距排列：金刚石分布在切削线与水口平行线的交点上。各同心圆上的切削线上的金刚石间距相等，使得外径的金刚石数量比内径的金刚石多，见图4-12，图中4粒金刚石为一组。这种排列使每粒金刚石的工作负担基本相等，适用于均质岩石。

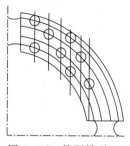

图4-12 等距排列

此外还有等面积排列等方式。

7. 钻头水路

钻头的水路包括水口和水槽，其作用是保证能通过足够的冲洗液量，以便排出岩粉和冷却金刚石。水口的数目和尺寸应根据钻头直径和岩性来确定。随着钻头直径增加，水口数目相应增加，对于软岩，水口断面应大些；对于硬岩，水口断面应小些。参见表4-14。

表4-14 不同直径钻头的推荐水口规格表

钻头直径 （钻头外径）/mm	水口数目	水口的过水断面 （宽×高）/mm×mm	水槽尺寸 （宽×深）/mm×mm
46~47	4	5×（3~4）	5×1.5
56~60	6	5×（3~4）	5×1.5
66~75	8	5×（3~4）	5×1.5
91~95	10	5×（3~4）	5×2.0

对于表镶金刚石钻头，水路的总过水断面积可按下面公式进行验核：

$$A = \pi \cdot d \cdot \frac{d_z}{2} + n \cdot a \tag{4-16}$$

式中：A 为水路的总过水断面积，mm^2；d 为钻头内径，mm；d_z 为金刚石粒径，mm；n 为水口数目，个；a 为每个水口的过水段面积，mm^2。

由
$$V_2 = Q/A \tag{4-17}$$

式中：V_2 为冲洗液在钻头过水断面的流速，为保证能顺利排出岩屑，$V_2 > 4m/s$；Q 为冲洗液量，L/s，可根据式（4-18）求得。

$$Q = \frac{\pi}{4}(D^2 - D_1^2)V_1 \tag{4-18}$$

式中，D 为钻头外径，mm；D_1 为钻杆外径，mm；V_1 为冲洗液在钻杆和孔壁环状间隙的上返流速，m/s。

"Diamont Boart"和"Christensen"公司建议，V_1 值取 0.75~1m/s。国内通常取 V_1 值为 0.5m/s。

在冲洗液量一定的条件下，为了保证 V_2 所需值，只能调节 A 值，而 A 值的调节主要是

通过 na 的变化来实现。

此外，钻头的总过水断面确定后，水口数及深度应满足唇面有效系数 K_2 的要求，即

$$K_2 = \frac{S-S_1}{S} \times 100\% \tag{4-19}$$

式中：S 为钻头底唇面的环状面积，mm^2；S_1 为水口投影面积，mm^2。

对于中硬—硬的岩石，K_2 一般在 $75\% \sim 85\%$ 的范围内。

二、人造聚晶表镶钻头

1. 圆柱形聚晶钻头

一般小颗粒聚晶用于钻头保径，大颗粒聚晶用于钻头切削刃。聚晶钻头适用于软至中硬的岩石。

1) 聚晶的选择

岩石较软的弱研磨性地层宜选用大颗粒聚晶，以发挥钻头的切削作用而获得较高的时效。岩石较硬的研磨性地层宜选用较小颗粒聚晶，使钻头能自锐，以保持钻速基本一致。

2) 聚晶数量

可根据钻头工作唇面的聚晶充填度来计算，即

$$n = \frac{K(S-S_1)}{S_g} \tag{4-20}$$

式中：n 为钻头唇面上的聚晶粒数（不包括保径聚晶），颗；S 为钻头的工作唇面面积，mm^2；S_1 为钻头唇面上水口所占的面积，mm^2；S_g 为聚晶的横截面积，mm^2；K 为充填度系数，$K \approx 40\%$。

3) 聚晶的排列

大颗粒聚晶可采用斜镶，见图 4-13。小颗粒聚晶可采用直镶，见图 4-14。

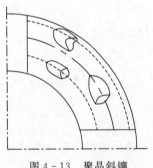
图 4-13 聚晶斜镶

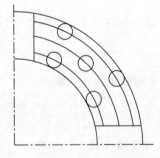
图 4-14 聚晶直镶

关于对胎体的要求和水路设计，可参考天然金刚石表镶钻头有关部分。但设计水路时，在允许的条件下应选用过水断面大的结构。聚晶钻头可采用针状合金或小片状合金保径。

2. 三角形、方形聚晶钻头

$Syndx_3$ 聚晶为三角形、方形，Geoset 聚晶亦为三角形。下面介绍三角形聚晶钻头的结构特点。

聚晶镶焊方式有径向和切向两种,见图4-15。

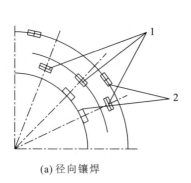
(a) 径向镶焊

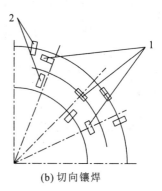
(b) 切向镶焊

1. 底刃；2. 侧刃。

图4-15 常见的三角形聚晶镶焊方式

通常采用切向镶焊,切削刃为负前角,如图4-16所示。

侧刃的镶嵌形式有两种,如图4-17所示。

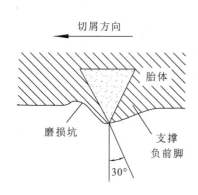

图4-16 切削刃的负前角

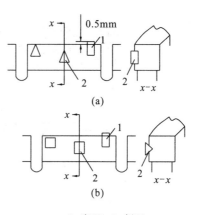

1. 底刃；2. 侧刃。

图4-17 侧刃的镶嵌形式

从图4-17中可以看出,(a)的侧刃镶嵌形式对于钻头内外的保径效果比(b)好些。聚晶的数目根据钻头直径而定,见表4-15。

表4-15 不同直径钻头的聚晶数目推荐值

钻头直径/mm	总数	底刃数	侧刃数
A (47.6)	28~36	16~20	12~16
B (59.5)	36~54	20~30	16~24
N (75.3)	40~60	24~36	16~24

三、复合片 (PDC) 取心钻头

复合片取心钻头是一种典型的切削式钻头,其结构基本上和硬质合金取心钻头相同。在设计复合片取心钻头结构时,可参考硬质合金取心钻头的设计原理,只不过是以复合片取代硬质合金切削具。复合片的规格没有硬质合金种类多,因此很多情况下,复合片须进行线切割,然后进行使用。

1. 复合片在钻头唇面上的排列

根据钻头直径和复合片尺寸可采用单环和多环排列。采用多环排列时,一组切削具的复合片数目 n 按如下公式计算:

$$n = \frac{B(K+1)}{b} \tag{4-21}$$

式中:B 为孔底切削槽宽度,mm;b 为复合片刃宽,mm;K 为复合片径向重叠系数,设计中取 25%~30%。

钻头上复合片的组数不能少于 3 组,见图 4-18。

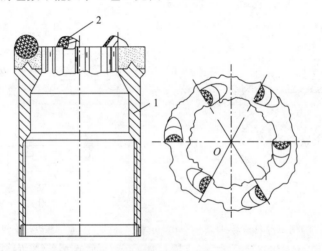

1. 钢体;2. 复合片。

图 4-18 复合片钻头结构(实物见图 1-9)

2. 切削角(后倾角)和径向角(侧转角)

(1) 切削角 α,见图 4-19。α 角通常为 $-5°\sim -25°$,α 角大则有利于保护切削刃,反之有利于提高钻速。

美国通用电气公司的 Hibbs 和 Flom 于 1977 年用 stratapax 复合片切削大理岩,其试验结果见图 4-20。由图可知,α 角为 $-10°\sim -15°$ 时所需切削力 F 较低。当 α 角为 $-10°$ 时,切削比能最低,见图 4-21。

图 4-19 复合片的切削角 α

(2) 径向角 β 为复合片向后偏离径向的角度,常用为

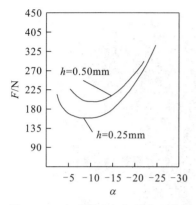

图 4-20 切削角 α 与切削力 F 的关系

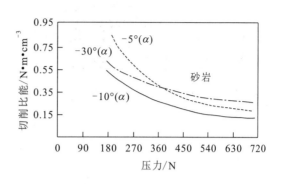

图 4-21 切削角与切削比能的关系

5°~10°，见图 4-22。其作用主要是为了加强机械清洗，以防产生"钻头泥包"。β 角可使岩屑朝外滑移。

（3）出刃的选择：根据岩石等级及复合片尺寸不同，可参考表 4-16。

表 4-16 复合片出刃高度与岩石可钻性的关系

岩石可钻性等级	底出刃/mm	内外出刃/mm
1~4	一般为复合片直径的 $\frac{1}{2}$	2~3
5~7		1~1.5

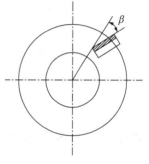

图 4-22 复合片的径向角 β

第三节 孕镶金刚石取心钻头结构参数选择

金刚石钻头的设计或选用，实质就是使钻头与所钻岩石性质相适应。不同的岩层要设计不同类型的钻头。比较典型的有坚硬致密岩石用的低耐磨性钻头，强研磨性岩石用的高耐磨性钻头等。取心钻头适用于中硬以上级别的岩石，以及用于钻钢筋混凝土、陶瓷、耐火材料、水泥板、纤维玻璃和其他硬脆性非金属材料，使用最为广泛。孕镶金刚石钻头目前主要采用人造金刚石单晶制作而成。该类钻头具有抗冲击、抗磨损性能较好等特点，且价格较低，钻头在较高转速下工作时能获得良好的技术经济效果。

一、钻头组成和工作层的尺寸

孕镶金刚石钻头由胎体和钻头钢体组成，如图 4-23（a）。胎体又分为工作层和非工作层，其中非工作层仅为混合金属粉末。工作层包含混合金属粉末和金刚石，层高 $h=5$~$6mm$，主要取决于钻头保径材料的质量。若内、外径磨损过快，h 值宜取偏低值，一般为 5mm。H 值一般为 10~12mm，该值较大时，钻头的稳定性较好，但残留岩心可能会较多。当钻头的外径和内径确定后，钻头工作层的厚度 m（壁厚）也就确定了，即 $m=(D-d)/2$。m 值较小时，钻进效率较高，金刚石耗量少，但不够耐磨，钻头寿命较短。

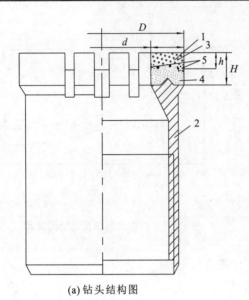 

(a) 钻头结构图　　　　　　　　　　　　(b) 外貌图

1. 胎体；2. 钻头钢体；3. 金刚石；4. 合金粉末；5. 保径材料；
D. 钻头外径；d. 钻头内径；m. 钻头壁厚；H. 胎体高度；h. 工作层高度。

图 4-23　钻头组成

二、钻头唇面形状

金刚石钻头唇面形状主要是根据岩石的物理力学性质和钻头的用途进行设计或选择，主要有六大原则：①根据钻头上的比钻压设计钻头的镶嵌面积；②使钻头保持尽可能高的稳定性，钻头的稳定性对减振和防斜有重要作用；③适当增加自由切削面，改善破岩机理以提高钻速；④加强金刚石钻头的内外保径；⑤具有一定的防斜或必要时的造斜效果；⑥钻头唇面形状应与水路相配合。

对于普通单、双管钻头，唇面形状通常为平底形，当钻头工作一定时间后，其唇面的内外刃部分就会形成一定的弧形。对于绳索取心钻头的唇面形状有同心圆尖齿形、阶梯尖齿形，如图 4-24 所示。这种唇面能造成较多的自由面，有利于提高钻进效率，并且有防斜效果。若岩石破碎或软硬互层，可以采用阶梯形底喷式水眼唇面，见图 4-25。若岩石坚硬致密，研磨性又弱，为了克服钻进效率低，可以采用交错式唇面，见图 4-26。

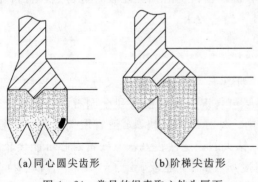 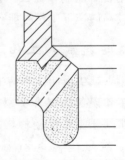

(a) 同心圆尖齿形　　(b) 阶梯尖齿形

图 4-24　常见的绳索取心钻头唇面　　　　　　图 4-25　阶梯底喷式唇面

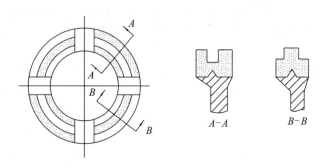

图 4-26 交错式唇面

三、钻头的工作层

孕镶金刚石钻头的工作层由金刚石和混合金属粉末组成，金刚石可随机或有规律地分布于混合金属粉末胎体之中。

孕镶金刚石钻头工作时，当钻头与岩石接触后，在轴向压力和回转力的作用下，唇面的胎体开始磨损，使金刚石出露（出刃）破碎岩石，在破碎岩石过程中金刚石本身也不断受到磨损；与此同时，被破碎下来的岩屑对胎体不断地进行磨损，以保证金刚石具有较充分的出刃。当金刚石磨损至失去了工作能力才落入孔底，这时在胎体中又出露新的金刚石，继续破碎岩石。金刚石出刃与胎体性能之间有三种情况：①在正常钻进过程中胎体的磨损速度应适当超前于金刚石的磨损，使金刚石不断出刃，表现为钻头的高效

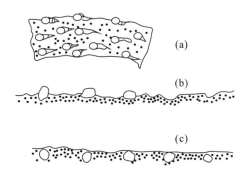

图 4-27 金刚石出刃与胎体性能之间的关系

率和长寿命 [图 4-27（a）]；②如果胎体磨损太快，则造成金刚石的过早脱粒或崩刃，从而迅速地失去钻进能力，表现为钻头的寿命短 [图 4-27（b）]；③如果胎体不磨损或磨损极慢，则金刚石出刃甚微，发挥不了它的微切削作用，表现为钻速低 [图 4-27（c）]。

国内外学者为了研究孕镶金刚石钻头的金刚石和胎体磨损规律及其机理，在试验台上进行跟踪钻进试验，对胎体进行了显微观测。表 4-17 和图 4-28 为乌克兰超硬材料研究所的试验结果。岩石为花岗岩，转速为 950r/min，钻压为 7500～15 000N，冲洗液量为 15～20L/min。由表 4-17 和图 4-28 可以看出，金刚石出刃越小，金刚石磨损越小，甚至无磨损，这表明金刚石未同岩石接触，此时出刃大的相邻金刚石承受其载荷；但是出刃小胎体磨损大，这是由于在胎体和岩石之间存在粗岩屑（磨粒）对胎体产生磨粒磨损所致。所以，金刚石和胎体的磨损在钻进过程中具有跳跃式交变的特点。

通过实验室观测发现，在正常规程条件下，金刚石的磨损方式主要为脆性破坏和磨粒磨损。当然，由于冷却不良，金刚石也可能由于摩擦生热而导致石墨化。表 4-18 为金刚石工具工作后所观测的金刚石的磨损类型。

表 4-17 金刚石出刃量与金刚石和胎体磨损关系试验结果

进尺/m	金刚石出刃量/μm	金刚石磨损值/μm	胎体磨损值/μm
0.25	15	12	20
0.50	23	16	5
0.75	12	0	24
1.00	36	27	7
1.25	16	22	6
1.50	0	0	11
1.75	11	26	64
2.00	49	金刚石破碎	

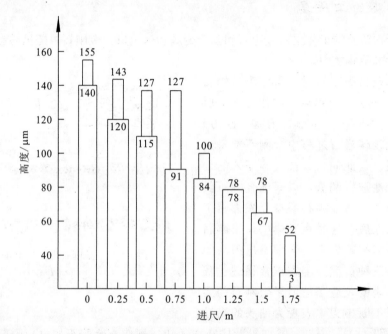

图 4-28 金刚石 1 和胎体 2 的磨损柱状图（窄柱状代表金刚石 1，宽柱状代表胎体 2；在进尺从 1.00m 到 1.25m 时，金刚石 1 磨损值为 22μm，胎体磨损值为 6μm）

表 4-18 金刚石的磨损类型

岩石	磨损类型/%					
	晶形完整	磨平	表面粗糙	碎裂	表面有缺陷	深部有缺陷
粗粒花岗岩	14.2	30.1	22.1	9.3	11.4	12.8
闪长岩	22.2	26.3	17.1	6.7	17.1	10.6
砂岩	30	35.7	5.1	3.4	13.3	12.5

可见，金刚石磨损类型所占的百分率随岩石而不同。因此，研究金刚石的磨损程度是困难的，它与金刚石本身质量、岩石力学性质、钻进规程和钻头结构等均有关。但是，可根据现场的先进技术定额、钻头结构参数和钻进规程按下式计算金刚石的磨损程度 W_d：

$$W_d = \frac{1060qV_m}{N_K(D+d)np\mu} \quad (\text{mm}^3/\text{N}\cdot\text{m}) \tag{4-22}$$

式中：q 为金刚石比耗，car/m；V_m 为机械钻速，m/h；N_K 为 1cm³ 胎体中的金刚石量，car/cm³；D、d 为钻头外径和内径，cm；n 为钻头转速，r/min；p 为轴向压力，N；μ 为金刚石与岩石的摩擦系数。

为了使工作层中的金刚石能"自锐"，金刚石的磨损程度应等于胎体的磨损程度，即

$$W_d = f_1 W_m \tag{4-23}$$

式中：W_d、W_m 为金刚石和胎体的磨损程度，cm³/N·m；f_1 为金刚石与胎体的体积比例系数。

胎体的耐磨性 ε（即胎体磨损程度的倒数）和岩粉研磨性 ω 的关系见图 4-29。因此，胎体材料的选择方法归纳为计算金刚石磨损程度，确定岩粉研磨性和选择磨损程度相应的具体胎体材料。

例如：$\varepsilon = 1/W_m = 6660 \text{N}\cdot\text{m}\cdot\text{mm}^{-3}$，$\omega = 200 \times 10^{-6} \text{mm}^3 \cdot \text{N}^{-1} \cdot \text{m}^{-1}$，由图 4-29 得知应选用 BK_6-Cu 作为胎体材料。

胎体的性能指标应以其耐磨性表示。但是，目前国内外尚无统一测定胎体耐磨性的方法。

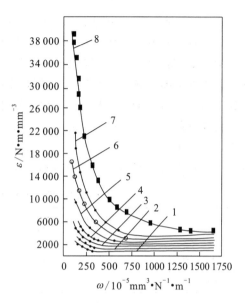

1. 铜；2. 黏着力强的铜基合金；3. Fe+Cu+10%Ni；4. 镍；5. BK_6+Cu；6. WC+Cu+10%Ni；7. BK_6+25%莱立特硬合金（颗粒度100/80）+Cu；8. WC+50%莱立特合金（颗粒度125/100）+Cu。

图 4-29 胎体材料的耐磨性与岩粉研磨性的关系

对于孕镶人造金刚石钻头，胎体的 HRC 值、耐磨性与岩层的大致适用范围见表 4-19。

表 4-19 胎体硬度和耐磨性对岩层的适用范围推荐表

胎体硬度			胎体耐磨性	适应岩层
代号	等级	HRC		
0	特软	10~20	低	坚硬、致密、弱研磨性岩层
1	软	20~30	低，中	坚硬、致密、弱研磨性岩层，坚硬、中等研磨性岩层
2	中软	30~35	低，中	硬、弱研磨性岩层，硬、中等研磨性岩层
3	中硬	35~40	中，高	中硬、中等研磨性岩层，中硬、强研磨性岩层
4	硬	40~45	高	硬、强研磨性岩层
5	特硬	>45	高	硬-坚硬、强研磨性岩层，硬脆碎岩层

四、金刚石品级和粒度

所选用金刚石的品级/质量是确定钻头中金刚石浓度和粒度等参数的前提条件，其直接影响金刚石钻头的钻进效率。金刚石质量指的是其单粒的抗破碎强度及其晶形的完整程度，

主要按岩石的单轴抗压强度进行设计，其关系一般如下式：

$$\sigma > (6 \sim 8)\sigma_c \tag{4-24}$$

式中：σ 为金刚石的抗压强度，MPa；σ_c 为岩石的单轴抗压强度，MPa。

在保证金刚石质量的前提条件下，孕镶钻头在硬和坚硬的岩层中宜采用较小的粒度，以利于胎体的磨损和失去工作能力的金刚石在钻进过程中不断脱落，新的金刚石不断投入工作，以实现金刚石钻头的自锐。而在软至中硬岩层中则相反，应采用较粗粒的金刚石，以保证钻头端面有较大的出刃及切入深度，以维持较高的钻速。

金刚石品级和粒度的选择原则是：岩石较硬，选用粒度较细和品级较高的金刚石；岩石较软则选用粗粒金刚石。见表4-20和图4-30。实践证明钻头中采用混合粒度的金刚石，更有利于扩大钻头对岩层的适应范围和提高钻速。

表4-20 金刚石品级/粒度与其适应岩石

岩石特性	中硬研磨性岩层 （7～8级）	硬-坚硬、裂隙性或破碎的强研磨性地层 （9～12级）	硬-坚硬弱研磨性岩层 （9～12级）
金刚石粒度/目	45/50～50/60	50/60～60/70	70/80
金刚石品级	MBD$_6$（JR$_4$）	MDB$_8$（JR$_5$）	MBD$_{12}$

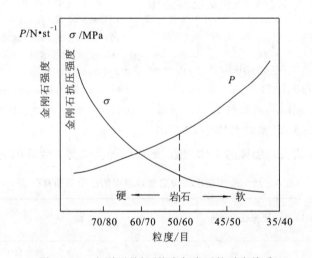

图4-30 金刚石品级/粒度与岩石的对应关系

五、金刚石浓度和金刚石在唇面上的分布

1. 金刚石浓度

孕镶金刚石钻头的金刚石浓度用体积浓度表示，即

$$K = \frac{V_d}{V_m} \times 100\% \tag{4-25}$$

式中：V_d 为金刚石在胎体中所占的体积，cm³；V_m 为胎体体积，cm³。

当 $K=25\%$ 时，砂轮工业浓度制称为该浓度的100%，这时每1cm³胎体中含金刚石的重量为：$g=1\times0.25\times\rho=1\times0.25\times3.52=0.88g=4.4car$，其中金刚石密度$\rho=3.52g/cm^3$。

不同浓度的单位胎体体积中的金刚石含量见表4-21。

表4-21 不同浓度单位胎体体积中的金刚石含量

金刚石浓度% （国际砂轮工业浓度）	50	60	75	80	90	100	110	120
单位胎体体积中的金刚石 含量/car·cm^{-3}	2.20	2.64	3.30	3.52	3.96	4.4	4.84	5.28

金刚石浓度通常分为三个等级，见表4-22。

表4-22 国外金刚石浓度分级表

国别	浓度等级		
	低	中	高
比利时	75%	90%	110%
美国、加拿大	50%	80%	100%
捷克	60%	75%	90%
波动范围	50%～75%	75%～90%	90%～110%

金刚石浓度的选择原则是金刚石浓度必须保证钻头工作唇面上的金刚石数量具有足够的切削能力，且必须使钻头具有较高的耐磨性。浓度过低，则切削能力低；浓度过高，则影响胎体包镶金刚石的能力，反而降低了耐磨性，一般金刚石浓度不得超过125%。金刚石浓度必须根据岩石性质加以合理选用，可参考如下：

①可钻性Ⅶ—Ⅸ级中硬—坚硬的中等研磨性岩石：金刚石浓度75%～90%；

②可钻性Ⅸ—Ⅻ级的硬—坚硬弱研磨性岩石：金刚石浓度50%～75%；

③可钻性Ⅸ—Ⅻ级的硬—坚硬强研磨性岩石：金刚石浓度100%～110%。

2. 金刚石在唇面上的分布

金刚石浓度与单位唇面上的金刚石数量、单位切削线上的金刚石数量成正比，苏联A.A.布加耶夫提出的理论计算公式如下：

$$n_s=0.441\frac{K}{100}\cdot z\cdot d_z \quad (st/cm^2) \quad (4-26)$$

$$m_s=0.375\frac{K}{100}\sqrt{zd_z} \quad (st/cm) \quad (4-27)$$

式中：n_s为单位唇面上的金刚石数量，st/cm^2；m_s为单位切削线上的金刚石数量，st/cm；K为金刚石体积浓度；z为金刚石粒度，st/car；d_z为金刚石的平均线性尺寸（粒径），mm。

六、钻头的保径

对于孕镶金刚石钻头，保径是一个重要问题。英国诺丁汉（Nottingham）大学对孕镶金刚石钻头的胎体磨损特征进行了室内试验，岩石试块为花岗岩。其试验结果见图4-31。

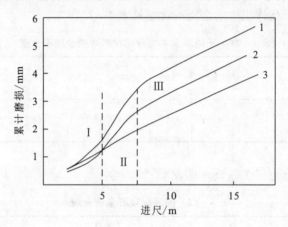

1. 内环；2. 外环；3. 中部。Ⅰ、Ⅱ、Ⅲ. 表示磨损的3个阶段。

图4-31　钻头唇面3个不同位置的累计磨损与钻进进尺的关系

从图4-31可以看出，钻头的磨损有3个不同的阶段：第Ⅰ阶段，进尺约5m，3个不同部位的磨损趋于一致；第Ⅱ阶段，内外磨损明显增加；第Ⅲ阶段，内外环磨损缓慢增加，因此必须进行钻头保径。

保径材料有小片状硬质合金、人造聚晶、天然金刚石和复合片等。保径材料一般是安放在非工作层中，同时内外保径材料不能放在同一径向方向线上，以免发生张力裂纹，见图4-32。

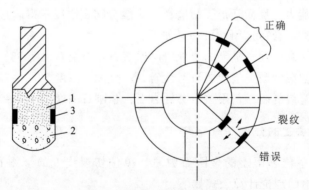

1. 非工作层；2. 工作层；3. 保径材料。

图4-32　保径材料安放位置

七、水路系统

钻头的水路系统主要由三部分组成：①水口和水槽；②因金刚石出刃而形成的胎体与孔底之间的间隙；③以及钻头外表面与孔壁之间的外环间隙和钻头内表面与岩心之间的内环间隙，见图4-33。上述三部分水路组成中，本书将重点介绍钻头水口的设计。

1）水口设计

钻头水口设计应依据所钻地层情况与所使用的钻进方法来选择不同的计算方法。

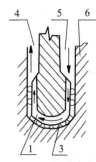 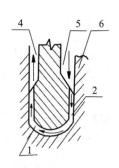

(a) 表镶钻头水路系统　　　　(b) 孕镶钻头水路系统

1. 水口；2. 水槽；3. 金刚石出刃形成的漫流区；4. 外环间隙；5. 内环间隙；6. 岩心。

图 4-33　钻头水路系统

（1）依据孔壁和钻杆之间环空携带岩粉所需的最低上返流速，设计泵量、钻头水口部分所产生的流速、水口面积及水口数量。大直径工程钻探时，因其外环空间特别大，冲洗液上返流速小，所以用上返速率来设计水口更为重要。此外，在孔壁不稳定的钻孔内，为防止高速液流形成紊流冲蚀孔壁进而引起孔内坍塌事故，须限制上返的速度，同时应按合理的外环空间上返流速来设计水口。

一般硬岩层的岩粉（如花岗岩）在清水中以 0.25m/s 的速度自由沉降，考虑到岩粉的滑移速度，携带岩粉需要大于 0.45m/s 的流速。

水口部位的冲洗液流速：

$$v_2 = \frac{\frac{\pi}{4} \cdot (D^2 - D_1^2) \cdot v_1}{A} \tag{4-28}$$

式中：v_2 为水口部位的冲洗液流速，cm/s；v_1 为所需最小上返流速，cm/s；D 为钻头外径，cm；D_1 为钻杆外径，cm；A 为钻头水路总过水断面积，cm²。

水口部位流速范围一般为 4~8m/s。

钻头水路总过水断面积：

$$A = \pi \cdot d \cdot \frac{d_z}{2} + n \cdot a \tag{4-29}$$

式中：A 为钻头水路总过水断面积，cm²；d 为钻头内径，cm；d_z 为金刚石直径，cm；a 为每个水口部分的断面积，cm²；n 为水口数，个。

（2）依据所钻地层所需的水功率，即依据所需冲洗液量和水口处流速的经验数值设计水路。

①过水总面积 A：

$$A = 10 \cdot \frac{Q}{v_2} \tag{4-30}$$

式中：Q 为冲洗液流量，L/s；v_2 为钻头水口处的流速，m/s。

按不同地层所给的单位水功率及已知的泵量，可求出钻头压力降 ΔP_b 和钻头水口处流速 v_2 的计算公式：

$$\Delta P_b = \frac{P_{bs} \cdot S \cdot 10^{-3}}{Q} \tag{4-31}$$

$$v_2 = \sqrt{\frac{200 \cdot \Delta P_b \cdot g}{\varepsilon \cdot \rho}} \qquad (4-32)$$

将所得 v_2 值代入式 (4-30) 即求得过水总面积 A。

②水口底面积和钻头唇面投影面积之比应满足端面覆盖系数 K_1:

$$K_1 = S_1/S \qquad (4-33)$$

式中：S_1 为水口总的底面积，cm^2；S 为钻头底唇投影面积，cm^2。

K_1 实际上控制了水口的总面积，其推荐值见表 4-23。

表 4-23　K_1、K_2 经验数据表

地层	K_1	K_2
中硬—硬地层	0.20~0.25	0.025~0.035
软地层	0.40~0.54	0.050~0.060

③每个水口投影面积与钻头底唇面积之比满足分布系数 K_2:

$$K_2 = S_0/S \qquad (4-34)$$

式中：S_0 为每个水口的投影面积，cm^2。

K_2 实际确定了水口的数量和宽度，其推荐值见表 4-23。

④用已求出的水口总面积 S_1 和每个水口的投影面积 S_0 算出水口数 n:

$$n = S_1/S_0 \qquad (4-35)$$

最后，求出水口的底面积、水口的数量、宽度、高度。

最终设计的水口参数，还可根据钻孔与钻杆环状间隙冲洗液的上返速度 v_1 来验证。

$$v_1 = \frac{Q}{\frac{\pi}{4}(D^2 - D_1^2)} \quad (cm/s) \qquad (4-36)$$

式中，D 为钻孔直径，cm；D_1 为钻杆外径，cm；Q 为冲洗液流量，L/s。

如果验证结果上返速度小于 $0.45m/s$，则必须提高泵量，修正过水面积和底水口的宽度，以保证钻头水口处有一定的流速。然而水口处流速过高，会增高钻头压降，使胎体易被冲蚀，且孔壁稳定性也会受到影响，故 v_1 值要结合地层和钻头两个因素加以适当选择，一般在 $0.45 \sim 1.00 m/s$ 之间。

上述钻头水口设计和计算是以孕镶钻头作为考虑对象的，具体针对表镶钻头、绳索取心钻头及底喷式钻头时，应进行适当的调整和修改。表镶钻头底唇面上有大粒金刚石出露，过水条件较好，故水口数应比孕镶钻头少，胎体扇形块可适当加长，以保证有充足冲洗液冷却金刚石；绳索取心厚壁钻头的水口数量应比普通双管钻头多，最好增加副水口，即在两条主水路之间增加一条副水路。

钻头类型不同，其水路设计方法也不尽相同，如底喷式钻头是将原来从内水槽通过的冲洗液绝大部分改为从底部水眼中通过。由钻头设计经验可知，底水眼的过水面积一般大于内水槽的截面，而底水口的过水面积与水口面积相同，所以需要设计的仅是卡簧座与钻头钢体之间的环状间隙，称为隔水间隙。此间隙值太大，冲洗液通过流量大，则隔水性能差，冲刷岩心；反之隔水性能良好，但影响内管的单动性能，搅动岩心。为求得其最佳隔水间隙值，通过地表试验，给出了隔水间隙、冲洗液量和压降三者间的关系，见表 4-24。

表 4-24 隔水间隙与冲洗液量、压降的关系

间隙 Δd, cm	0.5	0.4	0.2	0.1	0.05
冲洗液量 Q, L/min	20	13.7	7.5	5.8	2.2
压降 ΔP_b, MPa	0.004	0.012	0.024	0.117	0.44

表中，Q 为流过间隙的冲洗液量（实际测出的）；ΔP_b 为隔水间隙中所产生的压力降，该值是根据环状间隙内流动液体的压降公式计算得出的。

$$\Delta P_b = \frac{12\mu v Q}{\pi d \Delta d^3} \tag{4-37}$$

式中，μ 为黏度，Pa·s；v 为环状间隙中液体流速，cm/s；Q 为流过间隙的冲洗液，L/s；d 为卡簧座外径，cm；Δd 为隔水间隙，cm。

测定条件：冲洗液量为 45L/m，泵压为 0.4MPa，钻头直径 56mm，水眼直径 4mm，水眼数 6 个，水眼总过水面积 75.4mm²。

由表 4-24 可知，间隙为 0.1cm 时所形成的压降约为 0.2cm 时的 6 倍，只有 1/8 左右的冲洗液量从此间隙通过。若用 0.05cm 的间隙其隔水性能更好，但影响到双管的单动性能。

将实测出的间隙最佳值 0.1cm 进行生产试验，结果取心效果良好，对粉状矿无冲刷作用，岩心采取率达 85.7%～96%。为使钻头水路具有更好的排粉和冷却性能，除进行上述水路计算外，还需因地层而异设计不同型式的水口，常用的有以下几种，见图 4-34。

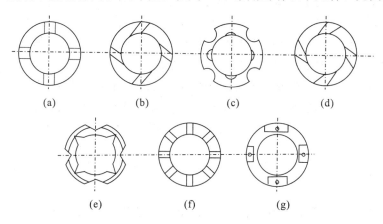

图 4-34 常用不同型式的水口

直槽型见图 4-34（a），用于软—硬地层，结构简单，容易制造，使用最为广泛。

斜槽型见图 4-34（b），适用于厚壁钻头，其特点是可以促使岩粉沿斜水口迅速排至外环状空间。

全面冲洗型见图 4-34（c），又称梅花形水口，用于表镶钻头钻进硬—坚硬地层，其特点是迫使冲洗液沿由金刚石出刃在胎体和孔底岩石之间的间隙形成液流，充分冷却金刚石。

螺旋型见图 4-34（d），用于钻进软地层，其水路结构在旋转过程中使岩粉能及时地被冲洗液沿水口携带到外环状间隙中。此外，由于水路长而且扇形之间的间隔较小，易使冲洗

液流经金刚石,从而使金刚石得到充分冷却。缺点是水口制造工艺比较复杂。

倾斜型见图 4-34 (e),主要应用于孕镶钻头,其特点是扇形块的端部呈倾斜的楔形,内外水槽间隔分布错开排列,且超过扇形块的顶点,使冲洗液可充分冷却钻头。

主副水路型见图 4-34 (f),用于钻进软地层,同时钻头壁厚比较大的情况下,副水路可以辅助主水路排粉和冷却厚壁钻头胎体的中心部分。

底喷型见图 4-34 (g),适用于硬、碎岩层及粉状岩层,钻头无内水槽,冲洗液主要由胎体中的水眼流至底唇,能防止冲洗液对岩心的冲蚀,保证岩心采取率。

2) 漫流区

表镶钻头与孔底接触后,除水口以外的过水面积称漫流区。此面积取决于金刚石在胎体上的出露量及切入岩石的深度 h。该深度 h 即为胎体与岩石之间的过水间隙(漫流区),冲洗液总量中的一部分将从此处通过,实现冷却金刚石和清洗金刚石之间岩粉的目的。如果此间隙值太小,易引起糊钻,因此在软岩钻进中出刃要大,反之在硬岩及破碎岩石中出刃可小。孕镶钻头主要靠胎体金属不断被冲蚀和研磨使金刚石保持一定的出露量。由于该出露量很小,要求孕镶金刚石钻头减少水口宽度,增加水口数量以使胎体每个扇形块有良好的冷却条件。

3) 内外环状间隙

钻头水路系统第三部分是钻头钢体外表面与孔壁之间的外环间隙,以及钢体内表面与岩心之间的内环间隙。设计此水路系统时要考虑地层特性、冲洗液类型等因素。例如钻进水敏性地层,易缩径地层并采用泥浆护壁时,必须相应增大内外环状空间,减少水力损失,否则会增大钻头压降,造成泵压增高,甚至憋泵。在钻进 1km 以深的井孔时,为减少内外环状间隙的循环压降,也应当增加上述内外环状间隙。

总的来说,孕镶金刚石钻头由于采用的金刚石粒度比表镶钻头细,金刚石在唇面上的出刃量很小,冲洗液通过岩石工作面和胎体唇面之间的间隙以达到冷却金刚石和清除岩屑的目的是相当困难的。因此,与表镶金刚石钻头相比,在钻头直径相同的条件下,孕镶金刚石钻头的水路具有水口多、水槽和水口较深的特点,一般比同径表镶钻头的水口多 2 个以上;水口和水槽的深度应多 $0.5\sim1\text{mm}$,以保证唇面上金刚石得到良好的冷却。

第四节 金刚石复合片钻头结构参数设计与选择

金刚石复合片钻头简称 PDC 钻头,是以聚晶金刚石复合片 (polycrystalline diamond compact) 作为切削单元的一种金刚石钻头。自 20 世纪 70 年代诞生世界上第一只 PDC 钻头以来,因其在软到中硬地层可获得高效钻进速度,目前在油气钻井、地质勘察和煤田勘探等行业中均已得到广泛应用。其中,油气钻井用 PDC 钻头以大尺寸($\geqslant 152.4\text{mm}$)全面钻进钻头为主,而地质勘察以小口径($\leqslant 127\text{mm}$)取心钻头为主,本节内容主要对油气钻井用 PDC 钻头结构参数设计与选择进行介绍。

一、PDC 钻头结构特征与 IADC 分类

PDC 钻头结构如图 4-35 所示,从材料组成上可分为钻头体、切削齿、喷嘴、保径和螺纹接头等,具体结构特征包括内锥、外锥、鼻部(冠顶)、肩部、保径、倒划眼齿、中心

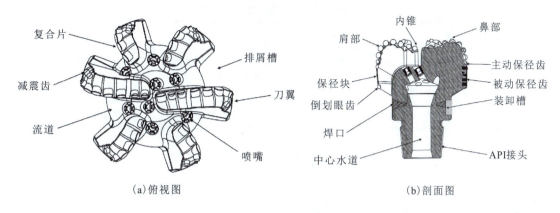

(a) 俯视图　　(b) 剖面图

图 4-35　PDC 钻头结构

水道、喷嘴、装卸槽和接头等。

PDC 钻头的冠部形状如图 4-36（a）所示，主要由钻头直径（D、OD、ID）、外锥高度（b_1）和内锥高度（b）所决定。在 PDC 钻头发展的初期（1970s—1980s），其冠部形状与传统的天然金刚石钻头基本类似。经过多年的反复试验与改进后，国际钻井承包商协会（IADC）根据 PDC 钻头的外锥长度和内锥深度与钻头直径之间的关系（表 4-25），将其归纳为如图 4-36（b）所示的 9 种基本类型，并用数字 1—9 来表示。

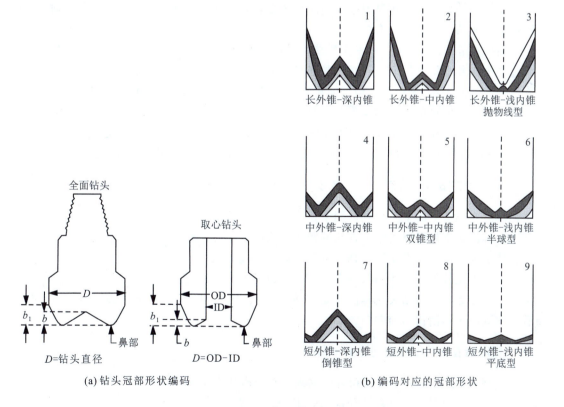

(a) 钻头冠部形状编码　　(b) 编码对应的冠部形状

图 4-36　金刚石油气井钻头冠部形状及其对应的 IADC 编码

表 4-25　钻头冠部形状的 IADC 编码

外锥高度（b_1）	内锥高度（b）		
	高：$b>1/4D$	中：$1/8D \leqslant b \leqslant 1/4D$	低：$b<1/8D$
高：$b_1>3/8D$	1	2	3（抛物线型）
中：$1/8D \leqslant b_1 \leqslant 3/8D$	4	5（双锥型）	6（半球型）
低：$b_1<1/8D$	7（倒锥型）	8	9（平底型）

注：对于不常见的钻头冠部形状，例如双中心钻头等，用"0"表示。

二、PDC 钻头基本几何参数

PDC 钻头的运动由 3 个基本运动组成，即钻头绕自身轴线的旋转运动、钻头向下钻进时的轴向平动和钻头在井底平面内的回旋运动。前两个运动合成为螺旋运动，而回旋运动在钻头轴线与井眼中心线不重合时才出现。当回旋运动的幅度很小或回旋频率很低时，PDC 钻头运动可简化为螺旋运动来处理。

1. 钻头体在井底的位置参数

不管是抗回旋 PDC 钻头还是普通 PDC 钻头，实际上钻出的井眼总是比钻头直径要大些，从而使得钻头轴线与井眼中心线不能始终重合。因此，如图 4-37 所示，可以用下述 4 个参数来定义钻头在井底的位置。

①钻头在井底的偏心距 e：钻头轴线与井眼中心线之间的距离。

②钻头在井底的方位角 θ_e：某一井底平面上，钻头中心相对于井眼中心的方位角。

③钻头标高 H_0：钻头某一横截面积相对于某一固定的井底平面的相对位置高度。

④钻头旋转位置角 θ_B：钻头的某一特定半径平面相对于井底上某一定半径平面的夹角。

上述 4 个参数在钻头工作过程中都是变量，其中 e 和 θ_e 由钻头回旋运动方式所确定，H_0 由钻头的周向进给运动所确定，而 θ_B 由钻头绕自身轴线的旋转运动所确定。

2. 切削齿在钻头上的空间位置参数

切削齿在钻头上的空间位置可用下述 3 个参数进行描述。

①切削齿定位参考点到钻头轴线的距离（或称为半径）R_c。

②切削齿定位参考点在钻头轴线方向的高度尺寸 H_c。

③切削齿定位参考点在钻头圆周方向的位置角 θ_c。

上述 3 个参数随着钻头结构的确定而确定，其中 R_c 和 H_c 取决于钻头冠部形状和径向布置，θ_c 取决于切削齿的周向布置。

3. 切削齿在钻头上的空间方向参数

①后倾角 φ：切削齿工作面和齿柱轴线（对于齿柱式切削齿，下同）或过齿定位点处的钻头表面外法线（对于复合片式切削齿，下同）所成的角。

②侧转角 β：垂直于齿柱轴线或过齿定位点处的钻头表面外法线的平面上，切削齿工作

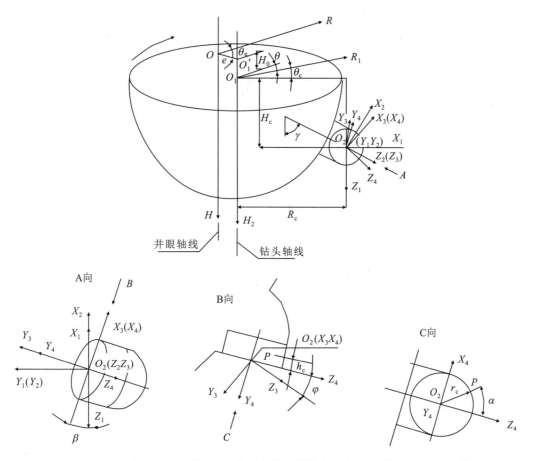

图 4-37 PDC 钻头的基本几何结构参数及坐标系统

面与钻头半径平面的夹角。

③装配角 γ：齿柱轴线或过齿定位点处的钻头表面外法线与钻头轴线夹角。

以上 3 个参数也随着钻头结构确定而确定，其中装配角取决于钻头冠部形状和径向位置，后倾角和侧转角由切削齿工作角度设计确定。

4. 切削齿上任一点的位置参数

切削齿侧面在一定条件下对切削齿甚至整个钻头的工作性能都将产生重要影响，因此，用下述 3 个位置参数来描述切削齿侧面上任一点 P 在切削齿上的位置。

①P 点在切削齿上的半径 r_c。

②P 点在切削齿上的位置角 α。

③P 点到齿定位点的周向距离 h_c。

上述 3 个参数随 P 点在切削齿上的不同部位而不同。对于圆形工作面，r_c 为切削齿半径，为一常数；而对于异形工作面，r_c 为 α 和 h_c 的函数，即 $r_c = f(h_c, \alpha)$。

上述各几何结构参数取正值的方向均已在图 4-37 中标出，与图示方向相反时则取负值。

三、PDC 钻头结构设计

PDC 钻头新产品的开发过程一般分为"设计—试制—试验"3 个阶段,并可能循环进行下去。其中,PDC 钻头设计主要包括钻头冠部剖面形状设计、切削齿布置设计、切削齿工作角设计和水力结构等几个方面。

1. 冠部形状设计

1) 冠部形状设计原则

由图 4-36 所示可知,PDC 钻头冠部形状的内锥通常由直线组成,而其外锥部分则多为曲线形式。如图 4-38 所示,设钻头某刀翼上第 i 颗齿的中心在半径 R_i 处,装配角为 γ_i,在冠部曲线上占有的曲线长度为 l_i;第 j 颗齿中心在半径 R_j 处,装配角为 γ_j,在冠部曲线上占有的曲线长度为 l_j;钻头每转进尺为 δ。根据不同的钻头设计原则,可建立相应的外锥曲线方程,从而确定冠部结构参数。

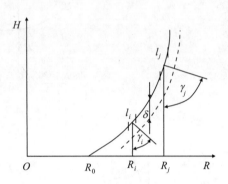

图 4-38 冠部设计原理示意图

(1) 按等切削原则设计。

根据等切削原则,两颗切削齿的切削量应相等,即

$$R_i l_i \cos\gamma_i = R_j l_j \cos\gamma_j \quad (R \geqslant R_0) \tag{4-38}$$

选取钻头冠顶处的切削齿作为参考基准,该切削齿有 $\gamma_i=0$,$R_i=R_0$,考虑切削齿沿翼片等间距布置的常见情形有 $l_i=l_j$,代入式(4-45)并写成通式为

$$\cos\gamma = \frac{R_0}{R}$$

则可得出冠部曲线在 R 处的斜率为:

$$\frac{dh}{dR} = \tan\gamma = \sqrt{(R/R_0)^2 - 1} \tag{4-39}$$

对式(4-46)积分即可得冠部曲线方程:

$$h = \int \sqrt{(R/R_0)^2 - 1}\, dR + C \quad (R \geqslant R_0) \tag{4-40}$$

式中:C 为积分常数,与 h 的参考平面有关,如设冠顶处 $h=0$,则 $C = \frac{R_0}{2}\ln R_0$。

(2) 按等磨损原则设计。

根据等磨损原则的要求,钻头表面各个切削齿的磨损速率应相等,而磨损速率与单位曲线长度上的正压力 F 和运动速度成正比,可得如下关系:

$$R_i \frac{F_i}{l_i} = R_j \frac{F_j}{l_j} \tag{4-41}$$

式中:F_i、F_j 为第 i、j 两个切削齿上的切削正压力,与切削深度之间的关系如下:

$$\begin{cases} F_i = C_1 (\delta\cos\gamma_i)^{n_r} \\ F_j = C_1 (\delta\cos\gamma_j)^{n_r} \end{cases}$$

因此，式（4-48）可变换为：

$$(\delta\cos\gamma_i)^{n_r}\frac{R_i}{l_i}=(\delta\cos\gamma_j)^{n_r}\frac{R_j}{l_j} \quad (4-42)$$

式中：n_r 为切削正压力与切削深度关系的实验指数，主要与岩石性质有关。

根据式（4-49）可得出等磨损原则下的冠部曲线方程：

$$h=\int\sqrt{(R/R_0)^{\frac{2}{n_r}}-1}\,\mathrm{d}R+C \quad (R\geqslant R_0) \quad (4-43)$$

（3）等功率原则设计。

等功率设计原则要求冠部表面每个切削齿的切削功率应相等，而切削功率正比于周向切削力与周向运动速度的乘积，采用与上述相同的推导过程，可以得出按等功率设计的冠部曲线方程：

$$h=\int\sqrt{(R/R_0)^{\frac{2}{n_c}}-1}\,\mathrm{d}R+C \quad (R\geqslant R_0) \quad (4-44)$$

式中：n_c 为周向切削力与切削深度关系的实验指数，主要与岩石性质有关。

综合以上三种情况，可以得出理论冠部曲线方程的通式：

$$H=\int_{R_0}^{R}\sqrt{(R/R_0)^{\frac{2}{n}}-1}\,\mathrm{d}R+C \quad (R\geqslant R_0) \quad (4-45)$$

参数 n 的不同取值对应着不同的设计原则，按等切削设计时 $n=1$，按等磨损和等功率设计时 n 的数值分别取为正压力和周向切削力随切削深度变化的实验指数 n_r 与 n_c。

2）冠部曲线组合模式

从设计上讲，无论采用何种冠部剖面形状，最终都是为了满足"易于布齿，便于加工，保证质量，提高效率"的原则。从使用上讲，无论选用何种冠部剖面形状，最终都是为了满足特定地层要求和适应特定使用条件。因此，为使钻头的设计理论更加完善和便于加工制造，可将钻头的冠部形状简化为各种光滑组合曲线以钻头中心线为轴的旋转面（图4-39）。

根据生产经验，设计者可以通过图4-36首先确定拟设计 PDC 钻头的冠部形状，并根据表4-25获得其冠部形状外锥高度、内锥深度与钻头直径之比的取值范围。因此，在已知拟设计钻头直径的情况下，即可获得钻头外锥高度 b_1 和内锥深度 b 的合理取值范围。

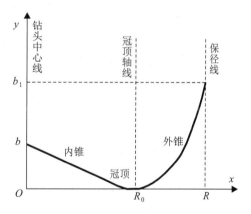

b_1. 钻头外锥高度；b. 钻头内锥高度；R_0. 冠顶半径，也即下文曲线组合模式中圆弧圆心及抛物线轴线所在半径。

图4-39 钻头冠部组合曲线示意图

同时，为了便于设计和类比，令：

$$f_0=R_0/R$$
$$f_b=b/R$$
$$f_a=R_a/R$$

式中：f_0 为冠顶半径综合系数；f_b 为内锥深度综合系数；f_a 为冠顶圆弧半径综合系数，均需根据经验或类比同型钻头来确定（表4-26）。f_0 越小，所设计钻头适应的地层越软，反之所设计钻头适应的地层越硬；f_b 越小，内锥深度越小，钻头越不稳定，但载荷分布越均匀，反之内锥深度越大，钻头越稳定，但载荷分布越不均匀；f_a 越小，所设计钻头适应的地层越软，反之所设计钻头适应的地层越硬。

表 4-26 冠部剖面形状设计系数参考值

地层性质		设计系数		
硬度	可钻性	f_0	f_1	f_2
软	$K_d<3$	0.2~0.25	0.06~0.1	0.2~0.25
中	$3 \leqslant K_d<5$	0.25~0.3	0.1~0.15	0.25~0.3
中硬	$5 \leqslant K_d<7$	0.3~0.35	0.15~0.2	0.3~0.35
软硬交错	—	0.25~0.3	0.1~0.15	0.25~0.3

在确定好 b、b_1 和 R_0 之后，可将钻头冠部曲线由直线和曲线等形式进行组合，通常包括三段式组合模式和两段式组合模式。

- 直线-圆弧-直线组合

$$\begin{cases} y=kx+b \\ (x-R_0)^2+(y-R_a)^2=R_a^2 \\ y=k_1(x-R)+b_1 \end{cases}$$

式中：R_a 为冠顶圆弧半径；k 为内锥直线斜率；k_1 为外锥直线斜率。

冠顶圆弧半径直接影响钻头对地层的适应性和钻头寿命。冠顶圆弧部分工作环境恶劣，钻头往往因其先期损坏而报废。因此应设计出合适的冠顶圆弧半径，尤其是用于硬地层和研磨性地层钻进的钻头。

- 直线-圆弧-抛物线组合

$$\begin{cases} y=kx+b \\ (x-R_0)^2+(y-R_a)^2=R_a^2 \\ y=p_1(x-R_0)^2+b_2 \end{cases}$$

式中：p_1、b_2 为钻头外锥抛物线经验参数。

- 直线-圆弧组合

$$\begin{cases} y=kx+b \\ (x-R_0)^2+(y-R_a)^2=R_a^2 \end{cases}$$

式中：$R_a = \dfrac{(R-R_0)^2}{2b_1} + \dfrac{b_1}{2}$

- 直线-抛物线组合

$$\begin{cases} y=kx+b \\ y=p_2(x-R_0)^2 \end{cases}$$

式中：p_2 为钻头外锥抛物线参数，$p_2 = \dfrac{b_1}{(R-R_0)^2}$。

2. 径向布齿设计

切削齿的径向布置是在钻头半径平面内沿冠部外形轮廓布置切削齿，需要确定各切削齿

在钻头上的半径 R_c、轴向尺寸 H_c 和装配角 γ 3 个空间方位参数。径向布齿得到的结果是径向布齿图,反映切削齿在钻头上的径向布置和在井底半径方向的覆盖情况。切削齿径向布置分为 3 个步骤:①确定经验参数;②确定中心齿和规径齿的位置;③确定各切削齿的径向位置。下面分别讨论各个步骤的具体内容。

1) 经验数据

径向布齿时需由设计者凭经验确定的参数有切削齿直径、出露系数 f_c 和规径齿磨削量 g_h。

国内外复合片厂家提供了多种外形和尺寸的 PDC 切削齿供钻头厂家使用。目前钻头市场上采用的切削齿仍然以圆形为主,包括 $\phi19.05$mm、$\phi16.10$mm、$\phi13.44$mm 和 $\phi8$mm 等多种规格。

生产实践表明,切削齿直径越大,所适应的地层越软,可获得的机械钻速也越高。根据钻井现场经验,PDC 钻头主切削齿的尺寸与地层可钻性级值间的经验关系如表 4-27 所示。

表 4-27 PDC 切削齿尺寸与地层可钻性的经验关系

地层分类	软	中	中硬	硬
可钻性(K_d)	$K_d \leqslant 3.5$	$3.5 < K_d \leqslant 5$	$5 < K_d \leqslant 7$	$K_d > 7$
切削齿直径/mm	19.05	16.10	13、8	13~16+双排齿/异型齿

定义出露系数 f_c 为:

$$f_c = \frac{h_c}{r_c}$$

式中:h_c 为齿中心的出露高度;r_c 为切削齿半径。

显然,齿中心的出露高度 $h_c = f_c \cdot r_c$,具体含义如图 4-40(a)所示。

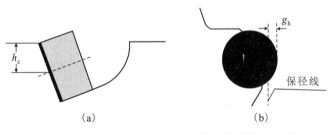

图 4-40 齿中心出露高度(a)和规径齿磨削量(b)的定义

规径齿磨削量 g_h 是指钻头加工磨规径时,要求在规径齿工作面内半径方向的磨削量,如图 4-40(b)所示。用规径齿磨削量可以控制规径齿与井壁接触面的大小,且规径齿的径向位置也由 g_h 决定。

2) 中心齿与规径齿定位

中心齿和规径齿是钻头冠部上处于最靠里和最靠外的两个特殊位置上的切削齿。在采用等切削布齿原则时,确定中心齿和规径齿的位置是确定其他齿径向位置的前提。需要说明的是,在下文中切削齿的位置,均指的是切削齿工作面中心的位置。

确定中心齿位置的原则是使中心齿处于能切削掉钻头中心的岩石的最靠外的位置,而确定规径齿位置的原则是要保证规径齿工作面超出规径线的部分与加工要求的磨削量相等。

此外，在确定中心齿和规径齿的位置时，先把切削齿与井底半径平面相交的椭圆视为圆形，从而初步定出中心齿和规径齿的大致位置，然后根据 PDC 钻头冠部形状的几何曲线方程进行计算来精确定位。

3) 各切削齿的径向布置

径向布齿设计应保证在设计钻速水平下，井底切削覆盖良好，且各切削齿磨损相对均匀，从而提高切削齿的利用率。常见的布齿方式包括等切削布齿、井底切削覆盖布齿和均匀磨损布齿三种。

(1) 等切削布齿设计。

确定了冠部形状、出露高度、中心齿和规径齿的位置后，所有切削齿中心的连线也就确定了，即冠部曲线的等距线，两曲线间的距离为齿中心出露高度 h_c。

如图 4-41 所示，设冠部上切削齿中心连线为 $\widehat{1245}$，中心连线长度为 L_c。在此需要定义布齿密度系数 f_d：

$$f_d = \frac{2r_c}{\Delta l_0}$$

式中：r_c 为切削齿半径；Δl_0 为冠顶处齿间距。

按照等切削原则，切削齿在冠部轮廓上均匀分布，可初步获得布齿密度系数 f_d 与齿数 N 有如下大致关系：

$$f_d \approx \frac{2(N-1)r_c}{L_c}$$

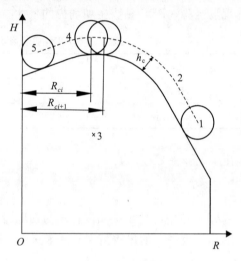

图 4-41 切削齿径向布置示意图

布齿密度系数 f_d 是表征切削齿密度的系数。f_d 越大，说明钻头上切削齿密度越大，齿数越多；反之亦然。

假设第 i 个切削齿的中心 O_i 在钻头上的半径为 R_{ci}，则可根据等切削原则，可推导第 $i+1$ 个切削齿的中心 O_{i+1} 在钻头上的半径 R_{ci+1} 的递推公式：

$$R_{ci+1}(R_{ci+1} - R_{ci}) = R_0 \cdot \Delta l_0 = R_0 \cdot \frac{2r_c}{f_d}$$

$$R_{ci+1} = \frac{R_{ci}}{2} + \frac{1}{2}\sqrt{R_{ci}^2 + \frac{8R_0 r_c}{f_d}} \quad (i=1, 2, \cdots, N-1) \quad (4-46)$$

由于 f_d 是按冠顶齿间距 Δl_0 初定的系数，用它布出的齿数与前面确定经验数据时确定的齿数不一定相同，规径齿的径向位置也不一定合适，但经过几次调整 f_d 之后就可以确定出最终的布齿密度系数 f_d。

对于内锥上靠近中心区域的齿按式 (4-53) 确定径向位置时，齿间距可能会过大，因此必须对齿间距的最大值进行人为限制。这样虽不能在该局部区域做到等切削，但能保证井底覆盖良好。

确定了各切削齿的径向位置，即可通过求解直线 $r=R_{ci}$ 与切削齿中心连线 $\widehat{1245}$ 的焦点坐标 $O_i(R_{ci}, H_{ci})$，并求得齿中心连线在 O_i 处的法线与 OH 轴的夹角 γ_i，也即第 i 个齿的装配角。由于齿中心连线在一般情况下都是由圆弧段和直线段组成,因而求解并不困难,在此处略去求解过程。至此,通过上述方法即可确定出切削齿在钻头上的三个方位参数(H_{ci},R_{ci},γ_i)。图4-42即为PDC钻头的径向布齿图案例。

(2) 井底切削覆盖设计。

PDC钻头使用过程中,其中心附近的切削齿一般都没有明显的磨损。因此,在PDC钻头设计中,中心部位一般设计较少的切削齿,布齿密度最低,由中心向外,布齿密度越来越大(图4-42)。这就是说,只要钻头中心附近切削齿的切痕在设计钻速下能够覆盖井底,则其他部位(冠顶、外锥等)切削齿肯定能满足完全覆盖井底的要求。因此,井底切削覆盖设计事实上是钻头中心部位切削齿的布齿设计。

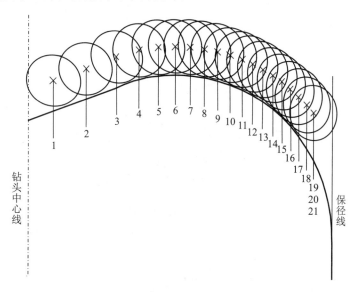

图4-42 切削齿径向布齿示例

采用井底切削覆盖方式设计径向布齿时,一般在钻头中心部位首先布置3~4个切削齿(按径向半径由小到大的次序依次编号为1、2、3……)。在设计钻速下,4个切削齿应满足覆盖井底的要求。图4-43所示分别为在钻头每转吃入深度为δ的条件下,钻头中心部位4颗切削齿布齿密度不同时的对井底的覆盖情况。

由图4-43(b)所示,要使井底切削覆盖良好,钻头中心部位切削齿的布置必须满足式(4-54):

$$\sqrt{r_c^2 - \frac{(R_{ci+1} - R_{ci})^2 + (H_{ci+1} - H_{ci})^2}{4}} = \xi(r_c - \delta) \tag{4-47}$$

式中:ξ为等于或大于1的系数,称为最小井底切削覆盖系数。

PDC钻头内锥剖面一般为直线。将式前述冠部组合曲线中的内锥方程代入式(4-54)并整理后可得:

$$R_{ci+1} = R_{ci} + 2\sqrt{\frac{r_c^2 - \xi^2(r_c - \delta)^2}{k^2 + 1}} \quad i = 1,2,3,\cdots \tag{4-48}$$

式(4-55)即为井底切削覆盖设计模型,也就是钻头中心部位切削齿径向布齿公式。

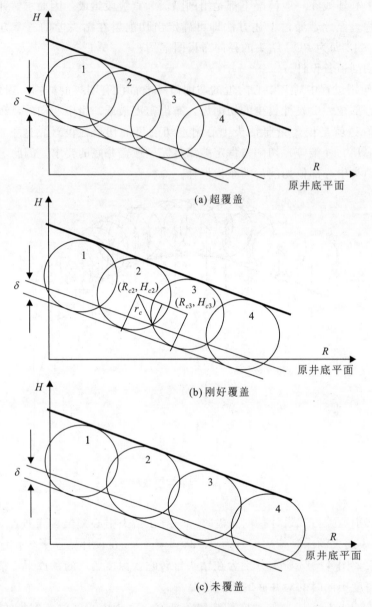

(a) 超覆盖

(b) 刚好覆盖

(c) 未覆盖

图 4-43 井底切削覆盖示意图

只要确定 1 号（中心齿）的径向坐标，即可依次确定满足井底覆盖要求的其他切削齿的径向坐标。

由式（4-55）可知，当切削齿尺寸和每转吃入深度一定，布齿间距越小，最小井底覆盖系数越大，布齿密度越高。布齿密度越高，对钻速的负面影响越大。因此，从提高钻速的角度考虑，最小井底覆盖系数的取值不应过大，建议取 $\xi=1.1\sim1.2$。需要说明的是，式（4-54）和式（4-55）没有考虑切削齿的后倾角的影响，这样的布齿结果将使实际井底切削覆盖程度比设计更大一些。

（3）均匀磨损设计

均匀磨损设计的目的是通过合理地布置切削齿，使钻头各部位切削齿的磨损相对均匀，避免因个别切削齿磨损严重而导致钻头失效，使钻头寿命获得最大值。由于切削齿的磨损速率与其受到的正压力和运动速度成正比，等磨损布齿公式可表示为：

$$[(a_2 A_c S_c + b_2)R_c]_i = [(a_2 A_c S_c + b_2)R_c]_r, \quad i = 4, 5, \cdots, N \tag{4-49}$$

式中：A_c 为切削齿的切削面积；S_c 为切削齿接触弧长；a_2、b_2 为切削齿正压力的经验系数（通过切削试验确定）。

若选定设计参考齿（如 3 号齿，$r=3$），按式（4-56）可依次确定出 4～N 号齿的径向位置。

若假定切削齿正压力 F_n 仅与切削面积成正比关系，则式（4-56）可简化为：

$$(A_c R_c)_i = (A_c R_c)_r, \quad i = 4, 5, \cdots, N \tag{4-50}$$

采用本方法进行径向布齿时，需要借助计算机对每颗切削齿在井底与岩石的接触弧长、接触面积等进行计算，在此不进行详细展开。

3. 周向布齿设计

周向布齿设计是将一定数量的切削齿按特定方式分布在钻头冠部表面上，一般应遵循以下原则：刀翼数量应能满足布齿要求；同一刀翼上的切削齿在安装时互不干涉；切削齿以一定的间距均匀地分布在各刀翼上；刀翼设计和切削齿的分布有利于提高钻头的稳定性；切削齿和刀翼的布置有利于提高水力清洗和冷却效果。

考虑到钻头的稳定性和水力清洗、冷却效果等因素，目前的 PDC 钻头刀翼多为螺旋形。假定螺旋形布齿的基准线为等距螺旋形（即阿基米德螺线），其极坐标方程为

$$r = a\theta + b$$

在钻头上沿 M 条螺旋线布齿，每条螺旋线在中心齿和规径齿之间的极角差为 θ_s。若规定每条螺旋线的起点均在中心齿所在的圆周上，第 1 条螺旋线的起点在 $\theta_1=0$ 处，第 m 条螺旋线的起点的极角为 θ_m，则第 m 条螺旋线上第 i 个齿的周向位置角 θ_{ci} 为

$$\theta_{ci} = \frac{R_{ci} - R_{c1}}{R_{cN} - R_{c1}} \theta_s + \theta_m \quad i \in [1, N], m \in [1, M]$$

式中：R_{c1}、R_{ci}、R_{cN} 分别为中心齿、第 i 齿、规径齿在钻头上的半径。

图 4-44 显示了不同 θ_s 所对应的螺旋线形状，$\theta_s=0$ 时就是直线形刀翼布齿的情况。

周向齿的布齿过程如下。

· 在径向布齿时已经确定了各齿中心在钻头上的半径 R_{ci}。以各个切削齿的 R_{ci} 在垂直于钻头轴线的平面内作一系列同心圆（图 4-45），则第 i 颗齿的中心必在半径为 R_{ci} 的圆周上。

· 设计者确定基准螺旋线的 θ_s 和螺旋线数目 M，以及这些螺旋线是沿周向均布还是非均布，非均布时确定各条螺旋线起点的极角 θ_m。一般情况下这些螺旋线都是均布的，或有一条螺旋线与

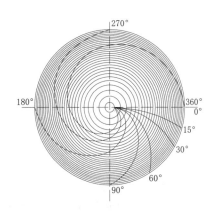

图 4-44 不同 θ_s 对应的螺旋线形状

其他线间隔较大,而其余螺旋线则均匀分布。

- 确定各喷嘴孔的位置和大小,以及喷嘴孔轴线的空间方位,并显示于图 4-45 中。
- 确定每一个齿中心圆周上的齿数(也即径向位置相同的齿数),以及各个齿在哪一条螺旋线上。计算周向位置角 θ_a,给齿定位,并计算与所在螺旋线上的相邻齿之间的空间距离,用来判断同一螺旋线上相邻两颗切削齿是否会发生干涉。如不满意,可以将其中一颗调整到其他螺旋线上。
- 将各齿的位置参数自动存入数据文件,以备其他程序调用。在布完齿后还可以直接调出数据文件修改其中的数据,调整切削齿的位置。
- 画出正式的周向布齿图,如图 4-46 所示。

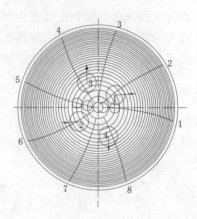

图 4-45 周向布齿的中间过程

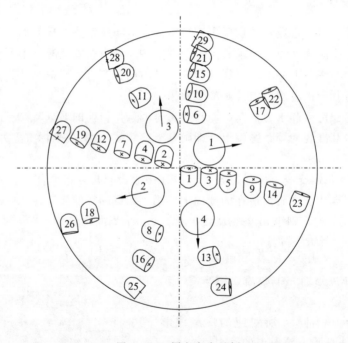

图 4-46 周向布齿示例

采用上述周向布齿方式灵活性很大,设计者可以根据需要自由调整切削齿的周向位置。

4. 工作角设计

1) 后倾角设计

PDC 钻头的切削齿后倾角是一个重要的设计参数,会对钻头的使用性能造成显著影响。在 PDC 钻头的应用初期(1970s—1980s),结合室内试验和实际应用效果形成一种共识,即软地层钻进时切削齿的后倾角为 10°~20°,而硬地层钻进时的切削齿后倾角以 20°~25°为宜,并以 20°作为切削齿的标准后倾角。

近年来，随着冲击破碎和热加速磨损理论的发展，以及 PDC 齿耐磨耐热性能的不断提高，PDC 钻头的切削齿后倾角相对于早期所采用的数据，总体呈负倾角减小的趋势，且随着目标钻进地层，以及切削齿在钻头上的不同位置存在一定差异。整体而言，地层越软，切削齿的后倾角越小，用于增强钻头的攻击性，提高破岩效率；地层越硬，切削齿的后倾角越大，减少 PDC 齿受到的冲击力，延长钻头使用寿命。

2）侧转角设计

切削齿侧转角的主要作用是提高切削齿排屑能力，防止钻头泥包。研究和现场经验表明，随着水力清洗效果的提高，切削齿的侧转角对 PDC 钻头的性能没有明显的积极作用。因此，在现代 PDC 钻头设计中，对直线形刀翼结构的钻头，其切削齿侧转角一般取零；对螺旋形刀翼结构的钻头，因切削齿侧转角随切削齿在螺旋线的位置而变化，须根据刀翼的具体形状确定。

3）后倾角和侧转角的优化设计

和任何切削刀具一样，PDC 切削齿工作时的工作角度对切削齿的切削效率和工作性能都有重要影响，而工作角度是由切削齿的结构角度（即后倾角和侧转角）决定的。因此，如何正确地设计切削齿的后倾角和侧转角在 PDC 钻头设计中十分重要。

对于特定的岩石性质和钻井条件，各个切削齿都存在一个合理的后倾角和侧转角，但对于如何合理确定钻头上每个齿的后倾角和侧转角一直没有特别有效的方法，目前大多是根据单齿切削试验或数值模拟结果初步确定一个合理的范围。在此基础上，可分别以试验结果平均值、整个钻头获得最小切削功率或最佳均匀磨损状态为优化目标，通过程序迭代计算，获得钻头上每一个切削齿的最优后倾角和侧转角。通常而言，优化后的每颗切削齿其工作角度都会存在差异。

5. 保径设计

保径的形状分为直线形和螺旋形两种。在钻头设计过程中，需要根据钻头的刀翼形状、地层特性以及井眼轨迹控制要求等因素进行选择。

保径部位的保径齿的类型、数量和保径部位总面积与表面粗糙度等特征对 PDC 钻头的导向能力和钻进稳定性影响显著。一方面，保径齿的数量越多，井径越有保证；另一方面，保径齿越多也会导致钻头的侧向摩擦面积增大和侧向切削能力降低，因此从增强钻头导向能力方面考虑则保径齿的数量越少越好。此外，保径齿太少在研磨性较强的地层难以保证井径满足要求。因此，保径设计需要同时权衡钻头导向能力、工作稳定性和保证井眼直径等因素。

6. 水力参数设计

1）基本设计原则

PDC 钻头水力系统优化设计是指在一定泵压条件下，在合理分配整个循环系统水力能量的基础上，通过科学地优化设计 PDC 钻头喷嘴组合和布置方案，把钻头所能得到的井底总水力能量合理地进行分布，从而在清除钻头泥包及井底排屑时获得较佳的净化效果。水力结构系统优化的具体参数主要包括喷嘴的布置位置、数量、直径及喷射角度。一个好的 PDC 钻头井底流场应具备以下几个特点。

- 较高的井底压降，以形成高的流速分布，使岩屑被钻井液流带离井底。
- 钻头体上（尤其是刀翼上）的流速分布原则是，尽量让高流速区分布在各刀翼的主切削齿，避免在主切削齿附近出现低流速区进而发生泥包现象。
- 小的旋涡，减轻岩屑被返回井底的概率。
- 流道流量分配的合理性。在设计阶段计算出各刀翼切削量的多少，通过水力结构调整让各流道与其对应刀翼的切削量合理分配。

2）喷嘴尺寸设计

由于 PDC 钻头的水力结构是按低喷嘴、大冲击、大漫流和不等压流场理论设计的，因此为了保证钻头合理地清洗、冷却和排屑，在喷嘴组合时，应尽可能使用等径喷嘴或相邻序号的两种喷嘴。

减少喷嘴数目，可以增大喷嘴直径和井底漫流速度，从而减少了喷嘴堵塞的可能性，因此喷嘴数目应尽可能少。在喷嘴总流通面积一定的条件下，中心喷嘴直径大于或等于边喷嘴直径时，其井底压力分布有利于钻头清洗。一般出口直径在 7mm 以下的喷嘴容易发生堵塞，不宜采用。

喷嘴当量直径按下式计算：

$$d_e = \sqrt{\frac{0.8\rho Q^2}{\pi^2 C^2 P_b}}$$

式中：d_e 为喷嘴当量直径，cm；P_b 为钻头压力降，MPa；Q 为泥浆流量，L/s；C 为喷嘴流量系数，无因次；ρ 为泥浆密度，g/cm³。

根据钻头结构确定喷嘴数量后，可以结算各喷嘴组合的直径。对于多喷嘴的直径组合为

$$d_e = \sqrt{d_1^2 + d_2^2 + d_3^2 + d_4^2 + \cdots}$$

式中：d_1、d_2、d_3、d_4 等分别为钻头各喷嘴的直径，cm。

喷嘴选用原则：优选喷嘴，改善井底流场是提高钻速的一条重要的途径。而影响喷嘴流量系数、射流扩散角和等速核长度的主要因素是喷嘴的流道形状。从钻井要求来讲希望选择流密集性好、流量系数高、射流扩散角小并且等速核长的喷嘴。

3）喷嘴位置参数

喷嘴的喷距是指喷嘴轴向与喷嘴出口截面和井底的交点之间的距离，即射流从喷嘴出口到达井底所经历的路程。有研究表明，在没有空化作用影响的情况下，随着喷距的增加，射流冲击力一直呈衰减规律。当喷距为 $4d$（d 为喷嘴直径）时，井底获得的水力能量为喷嘴出口处水力能量的 70%；当喷距为 $10d$ 时井底实际获得的水力能量为喷嘴出口处的 45%；当喷嘴为 $20d$ 时，仅有 25% 的水力能量到达井底。在实际钻井条件下，由于井底存在巨大的泥浆压力，能量衰减加快，有效射程变短，因而临界喷距也将相应减小。因此，PDC 钻头的喷距一般小于 $10d$，且在设计喷距时要防止因喷嘴出口位置太低而造成喷嘴堵塞或钻头冲蚀。

喷嘴的方位角是指喷嘴轴线在井底平面上的投影到 PDC 钻头刀翼切削面之间所夹锐角，逆时针方向为正。增大喷嘴方位角有利于提高水力能量对各切削齿的清洗作用。与喷嘴出口的距离越小，切削齿所受冲击力越大，同时受喷嘴方位角变化也越明显。设计喷嘴方位角时，需要使冲洗介质在切削面上产生大的剪切力，从而使岩屑迅速离开切削齿，并经流道进入排屑槽，实现清洗和冷却。同时，还必须兼顾冲洗介质对钻头冲蚀和岩屑运移等方面的

影响。

喷嘴的倾斜角是喷嘴轴线与井底平面法线之间所夹锐角。喷嘴倾斜时产生倾斜射流,可改变垂直射流产生的均匀向外扩散的漫流分布规律,使喷嘴倾斜方向分配的流量较大,从而使得该方向上的漫流速度增大,具有更强的清洗能力,但在其他方向上的漫流则相对较弱。该设计有利于产生定向的非均匀流动,增大冲击方向上的漫流速度和厚度,从而增加对岩屑的推动力以及与钻头切削齿之间的对流换热能力,强化了钻头在该方向上的清洗能力和冷却能力。有研究者从裂纹形成于扩展的条件开展试验和理论研究认为,当高压射流与钻头切削齿联合破岩时,效果最佳的角度约为 30°。因此,为更好地清除井底岩屑和实现切削齿与水力射流联合破岩,喷嘴的最佳喷射角应选择 30°左右。

4)喷嘴布置方式

喷嘴在钻头上的位置变化将显著改变井底的流动模式,因此喷嘴布置的方式将直接影响 PDC 钻头的水力性能。常见的喷嘴布置方式主要有对称布置、非对称布置和不完全对称布置三种。

对称布置是最常规的喷嘴布置方法,是将喷嘴高度对称地布置在钻头端面的同一圆周上,并且喷嘴的径向位置靠近特定刀翼的内侧端,从而实现对该刀翼的清洗。为了对刀翼进行有效的清洗,这种布置方法需要根据各刀翼所产生的切屑量布置几种不同尺寸的喷嘴。该方式的缺点是冲洗液容易在钻头流道内产生局部回流和形成滞流区,从而影响钻头的水力性能。

非对称布置增加了喷嘴布置的灵活性,不再局限于将喷嘴对称地布置在特定刀翼的内侧端,而是从水力学角度并兼顾钻头上切屑量的分布来随机地布置喷嘴,使喷嘴射流尽可能覆盖整个井底,提高了喷嘴射流对井底的清洗效率。

不完全对称布置是将喷嘴成对布置,一对靠近钻头中心,另一对靠近钻头保径部分。在钻头中心附近的喷嘴产生的射流向外流经刀翼,进入排屑槽,并且在射流周围形成一个低压区。而靠近钻头保径部分的喷嘴射流向内流经刀翼,流向低压区,之后与其他射流汇合,清洗其他刀翼,这样喷嘴射流清洗了绝大部分井底。另一方面,尽管切削量随着半径的增加而增加,外部喷嘴也能及时有效地清洗井底,但低压区通常发生在射流周围。对内部喷嘴来说,这有利于促使来自外部喷嘴的射流向内流;对外部喷嘴来说,可以从环空吸入泥浆。由于吸入的泥浆中切屑含量较低,从而可以避免钻头泥包。

从应用情况来看,不完全对称布置方式已为广大 PDC 钻头设计者所接受,使 PDC 钻头的破岩潜力得到了最大程度的发挥。

四、PDC 钻头的生产与制造

PDC 钻头根据钻头体冠部材料的不同可分为钢体式 PDC 钻头和胎体式 PDC 钻头两大类,其主要区别在于制造方式的不同,并由此具有各自的优缺点。

1. 钢体式钻头

PDC 钻头的冠部形状复杂,采用普通机械加工设备难以满足设计需求。随着科学技术的进步,多轴联动数控加工技术可实现高精度、高效率和质量稳定的加工效果,五轴联动数控加工技术在钢体 PDC 钻头的加工过程中起到关键作用。

在钢体式 PDC 钻头的加工过程中，先将合金钢由多轴车床加工出钻头的冠部形状，然后与接头通过螺纹连接并焊接在一块。切削齿和保径齿部位都是提前采用车床加工出窝槽，然后将不同直径与质量的切削齿焊接在钻头钢体上［图 4-47（a）］，其制造工艺流程如图 4-48 所示。

(a) 钢体钻头　　　　　　　　(b) 胎体钻头

图 4-47　PDC 钻头镶焊复合片前实物图

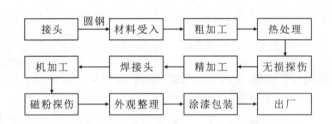

图 4-48　钢体式 PDC 钻头制造工艺流程图

在钻头体原材料准备阶段，先对材料进行必要的热处理，然后将已经设计好的 PDC 钻头加工程序输入加工中心的电脑中，一次性完成钻头体的加工。对钻头体进行清理后，需要对钻头体的表面进行堆焊。堆焊前，需要先用替代块填充齿穴和喷嘴孔，而后在堆焊辅助工装上对钻头体进行预热和堆焊。将堆焊完的钻头体保温一段时间后，再次对其进行净化，然后进行切削齿的焊接。焊接前需要对切削齿的齿穴进行粗化处理和切削齿氧化处理，随后在齿穴中放入焊剂，并在将钻头体预热到一定温度后，进行切削齿的焊接。切削齿焊接好后，将钻头体再次保温一段时间，再进行钻头整形、质检、喷漆、包装、入库等工序，最终得到合格的产品。

钢体式 PDC 钻头的优点在于制造工艺简单，生产成本低。同时，钻头冠部为一个整体，刀翼韧性好，易实现深、宽流道设计，有利于钻进过程中岩屑的运移。此外，钢体式 PDC 钻头还具有切削齿与钻头体钎焊强度高，使用后易于修复的特点，能节省钻井成本。其缺点在于钢体钻头表面不耐冲蚀，保径部位面积有限，在大排量或研磨性地层钻进时，钻井液混合岩屑对钻头体的冲蚀磨损严重，因此需要加强钢体钻头表面耐磨敷焊层的研究。目前，钢体式 PDC 钻头主要用于不含砾、抗压强度低和研磨性较弱的地层钻进。

2. 胎体式钻头加工制造

胎体式 PDC 钻头是采用粉末冶金的方法制造钻头胎体，然后将 PDC 切削齿镶焊在钻头体上［图 4-47（b）］。该类钻头的冠部采用铸造碳化钨粉、碳化钨粉和浸渍焊料等金属粉末在石墨模具内经过 1000～1500℃高温烧结而成。烧结过程中，预定安装切削齿、水眼通道及流道等部分由石墨模具代替，而钻头钢体与金属粉末在高温与压力条件下烧结在一起，其制造工艺流程如图 4-49 所示。

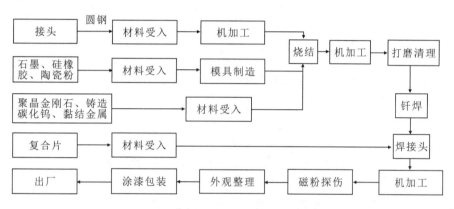

图 4-49　胎体式 PDC 钻头制造工艺流程图

胎体式 PDC 钻头的冠部形状和尺寸完全取决于石墨模具组合。由于 PDC 钻头规格不一，曲面特征复杂，且冠部形状、切削齿空间位置和水力结构参数等也不尽相同，给钻头模具成形带来很大困难。大批量生产时，模具成型质量和效率是制约 PDC 钻头推广使用的主要因素之一。

烧结形成的碳化钨胎体可达普通钢材密度的两倍，其在恶劣条件下的耐磨、耐冲蚀性能也比普通钢材强更强，但胎体式 PDC 钻头相对于钢体式 PDC 钻头而言刀翼韧性较差。为防止钻进过程中发生刀翼断裂等井下事故，胎体式 PDC 钻头的刀翼厚度比钢体式更大，从而减小了其流道空间。

对比而言，胎体式 PDC 钻头具有结构造型多样、表面耐冲蚀、保径效果好等特点，钻头刀翼厚度较大，在一定程度上有利于提高定向钻进稳定性，但制造工艺相对复杂，生产成本高。胎体式 PDC 钻头在大排量和研磨性地层钻进能取得更好的钻进效果。

第五章 其他加工用途的金刚石工具

第一节 概 述

一、金刚石工具分类

(1) 按结合剂划分有树脂、金属和陶瓷结合剂金刚石工具三大类。金属结合剂工艺分为烧结、电镀和钎焊等几类。

(2) 按用途结构划分以下几类。

钻探工具：地质冶金钻头、油（气）井钻头、工程薄壁钻头、石材钻头、玻璃钻头等。

锯切工具：圆锯片、排锯、绳锯、筒锯、带锯、链锯、丝锯等。

磨削工具：砂轮、滚轮、滚筒、磨边轮、磨盘、碗磨、软磨片等。

抛光工具：悬浮抛光液、抛光剂、抛光微粉、抛光膏等。

其他工具：修整工具、刀具、拉丝模等。

与金属结合剂胎体相比，树脂、陶瓷结合剂胎体强度较低，不适合做锯切、钻探、修整类工具，一般只用于磨具类产品。

二、金刚石工具应用

金刚石坚硬耐磨，故制成的工具特别适合加工硬脆材料尤其非金属材料，如石材、墙地砖、玻璃、陶瓷、混凝土、耐火材料、磁性材料、半导体、宝石等；也可以用于加工有色金属、合金、木材，如铜、铝、硬质合金、淬火钢、铸铁、复合耐磨木板等。目前金刚石工具已广泛应用于建筑、建材、石油、地质、冶金、机械、电子、陶瓷、木材、汽车等工业。

在金刚石工具应用中，石材加工占有重要地位。世界近年来消耗于石材和其他建筑材料的金刚石每年增长率达 10%。我国的大理石、花岗岩等资源丰富，其石材行业经过 20 年的高速发展，一跃成为石材产量、消耗量、贸易量均位于世界首位的石材工业大国。石材加工主要包括石材锯切、石材磨削和石材抛光。采用金刚石工具加工石材具有效率高，质量好，并有利于实现加工过程的机械化和自动化，使生产成本降低。应用金刚石工具锯切硬脆材料的加工方式主要有圆锯片切割、金刚石带锯切割、金刚石框架锯切割、金刚石串珠绳锯切割等。

第二节 金刚石圆锯片

一、金刚石圆锯片分类

金刚石圆锯片是一种切割工具，广泛应用于石材、陶瓷等硬脆材料的加工。金刚石锯片主要由高强度圆钢板基体和金刚石层（通常称为金刚石锯齿或金刚石刀头）两部分组成。金刚石锯片可根据其直径、结合剂、制造方法和锯片廓形等进行分类。

1. 按制造工艺分类

（1）烧结金刚石锯片：分冷压烧结和热压烧结两种。粉末冶金法在金刚石锯片的制造中获得了最广泛的应用，包括从传统的冷压-烧结锯片，到性能优异的热压-复焊锯片。

（2）焊接金刚石锯片：分高频焊接和激光焊接两种。高频焊接通过高频电流流经工件接触面所产生的电阻热，将刀头与基体焊接在一起；激光焊接通过高温激光束将刀头与基体接触边缘熔化形成冶金结合。

（3）电镀金刚石锯片：是指在锯片基体上经过上砂、增厚等步骤将金刚石微粒固定在金属基体上，形成具有锋利工作面的镍-金刚石复合镀层锯片。电镀法是在常温常压下进行，对金刚石没有损害，且易于操作，特别适于制造特殊形状的金刚石工具，例如金刚石修整轮、内圆切割片、外圆锯片、绳锯钢节、带锯和丝锯等。使用电镀法制造的切割片，其镀层与基体的黏结性好，对金刚石的把持力强，而且可以作得很薄，切削效率高，耐磨性强，经济效益显著。

2. 按外观分类

金刚石圆锯片是最常用的一种锯切工具，其直径跨度大，从 $\varphi 5\text{mm}$ 到 $\varphi 2800\text{mm}$，厚度范围从 0.1mm 到 15mm。圆锯片主要有以下三种：

（1）节块式锯片，见图 5-1（a），锯齿断开，有水槽，切割速度快，适合干、湿两种切割工艺。包括由冷压成形、烧结制造的 $\varphi 105\sim 450\text{mm}$ 干切片，和经热压、焊接制造的 $\varphi 350\sim 2200\text{mm}$ 的大理石、花岗岩切割片，用途最为广泛。

（2）连续周边式锯片，见图 5-1（b），一般由冷压成形、烧结制造，常用青铜结合剂作为基础胎体，切割时加水冷却润滑以保证切割效果，一般适用于切割容易碎边的大理石、瓷砖、玻璃、石英等极脆材料，当然也可用于切割花岗岩混凝土等。

（3）内圆切割片，见图 5-1（c），主要用于单晶硅等贵重材料的切割，为了节约贵重材料，要求其厚度很薄（$\delta = 0.045\sim 0.5\text{mm}$），一般用电镀法制造。

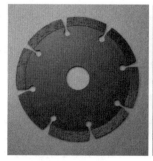  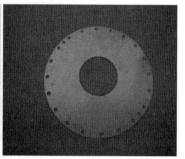

(a) 节块式锯片　　　(b) 连续周边式锯片　　　(c) 内圆切割片

图 5-1　金刚石圆锯片

3. 我国的金刚石圆锯片产品分类

我国的金刚石圆锯片产品按 GB/T 11270.1—2002 标准分为基体无水槽锯片（IAIRS），基体为宽水槽锯片（IAIRSS/C_1）和基体为窄水槽锯片（IAIRSS/C_2）。

代号说明：

I 为基体基本形状；

A 为金刚石层断面形状；

I 为金刚石层在基体上的位置；

R 为锯片基体双面减薄；

S 为锯片基体无水槽，SS 为锯片基体有水槽；

C_1 为锯片基体宽水槽，C_2 为锯片基体窄水槽。

圆锯片标记示例：形状为 IAIRSS/C_1，切割花岗岩用，$D=1600mm$，$T=10mm$，$H=100mm$，$X=5mm$，$Z=108$，磨料牌号为 SMD，粒度为 16/18，结合剂 M，浓度为 75%，圆锯片标记如下：IAIRSS/C_1/G1600×10×100×5−108SMD−16/18M75。

(1) 基体无水槽锯片（IAIRS）的形状与基本尺寸见图 5-2 和表 5-1。

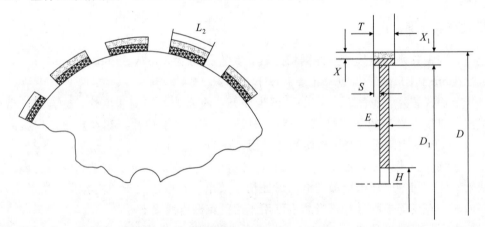

图 5-2　基体无水槽锯片结构示意图

表 5-1　基体无水槽锯片基本尺寸表　　　　　　　　　单位：mm

D	D_1	H	E	Z	L_2	T	X	X_1	S
180	166	70	2.8	17	4	+0.200	5	7	0.6
			3		20				0.5
		H8						+0.200	
250	236	50	5	20	6				0.5
					8				1.5

注：D 表示圆锯片直径；D_1 表示钢基体直径；H 表示钢基体孔径；E 表示钢基体厚度；Z 表示刀头数；L_2 表示金刚石层长度（锯齿长度）；T 表示金刚石层厚度；X 表示金刚石层高度；X_1 表示金刚石层和胎体总高度；S 表示侧隙 $\left(\dfrac{T-E}{2}\right)$。

(2) 宽水口圆锯片（IAIRSS/C_1）的形状见图 5-3。

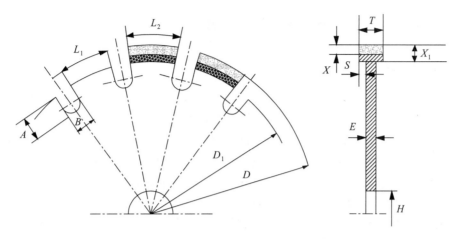

A. 槽深；B. 槽宽；L_1. 基体齿长度，其他符号同前。

图 5-3 宽水口圆锯片结构示意图

（3）窄水槽圆锯片（IAIRSS/C_2）的形状见图 5-4。

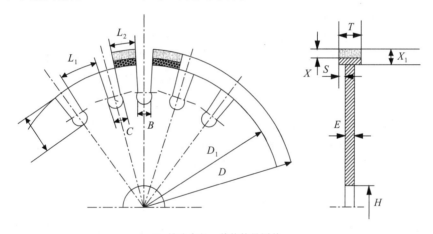

C. 槽孔直径，其他符号同前。

图 5-4 窄水槽圆锯片结构示意图

根据加工对象的不同，选用不同种类的金刚石锯片。合理选用金刚石锯片，对提高工作效率，降低加工成本具有重要意义。在选用时主要考虑以下几个因素。

（1）加工对象因素。根据不同加工对象选择石材专用、混凝土专用、瓷砖专用等锯片。

（2）几何尺寸因素。根据切割材料的规格和质量要求选定锯片的尺寸及类型。例如圆锯片的直径一般应大于被切工件的 3 倍。同时根据加工精度要求选定锯片结构形式，即要求锯切表面光滑或加工较薄、易碎的材料时，应选用窄槽型或连续齿锯片，反之，锯切表面要求不高或较厚的材料，可选用宽槽型锯片。

（3）使用设备因素。设备功率较大可选用耐磨型锯片保证其寿命，设备功率较小选择锋利型产品以保证其切割效率。对有偏摆或精度较差的切割机最好选用耐磨型锯片，对于较新的精度好的切割机，可选用锋利型锯片。

二、圆锯片的基体材料和刀头金刚石参数

1. 锯片基体材料

金刚石圆锯片的基体一般是由 65Mn、T12 等机械性能不低于 65Mn 钢的钢材。其加工要求有尺寸精度和形位精度两种要求。尺寸精度要求包括外径、内径、厚度、水口、齿台。形位精度包括圆度、同心度、垂直度、平行度、径向跳动、端面偏摆。钢板材的表面粗糙度最大允许值为 $R_a 3.2\mu m$，其硬度 HRC37～42。基体外圆对内孔的径向跳动公差 δ_2 和基体两侧面对内孔的端面跳动公差 δ_1 符合上节中各类锯片的具体要求。

随着技术的发展，不断开发出新式锯片。其中，低噪声锯片是研究的热点之一。金刚石锯片在切割石材时，由于与被加工工件的相互摩擦及冲击，基体产生剧烈振动，噪声强度达到 100～110dB，大大超过各国噪声卫生标准要求的 80～85dB。开发低噪声锯片，主要有两种方式：一是改变基体结构，在基体上用激光加工特定沟槽，在沟槽中填入阻尼材料；二是将基体分成 3 层组合而成，中间层采用阻尼材料。

2. 刀头金刚石参数

刀头金刚石参数的选择是一个关键问题，它直接影响锯片的效率和寿命，必须结合使用条件进行合理的选择。刀头金刚石参数包括金刚石品级、金刚石粒度和浓度。

(1) 金刚石品级是保证切割性能的重要指标。过高的强度会使晶体不易破碎，磨粒在使用时被抛光，锋利度下降，导致攻击性能恶化；金刚石强度不够时，在受到冲击后易破碎，难以担负切削重任。制作锯片所用的金刚石要求强度、韧性、耐热性均较高，且磁性弱，杂质少，晶形规则，结晶缺陷少，透明度高。加工高硬度、高耐磨性和高石英含量的红色花岗岩大锯片和加工高石英含量钢筋混凝土中等规格锯片以及干切小锯片等对上述金刚石性能要求高，加工大理石和软质石材对上述金刚石性能要求低一些。

(2) 金刚石粒度。当金刚石粒度粗且为单一粒度时，锯片刀头锋利，锯切效率高，但金刚石刀头的抗弯强度下降；当金刚石粒度细或粗细粒度混合时，锯片刀头耐用度高，但效率较低。可根据加工材料选择金刚石的粒度，越难锯切的材料所用的金刚石粒度越细。

金刚石的粒度影响金刚石的出刃值和切割速率。图 5-5 为采用粒度为 30/40 美国目的 SDA-85 人造金刚石在含花岗岩骨料的混凝土中锯切所测得的金刚石出刃高度 h。可见，锯切混凝土时，对于切割速率为 $200cm^2/min$ 和 $800cm^2/min$，金刚石的出刃值分别为其粒径的 12% 和 16%；锯切天然花岗岩时，当切割速率为 $300cm^2/min$ 时，金刚石的出刃约为粒径的 8%；可见，为了提高锯切效率，选用较粗的金刚石更为有利。当采用较细粒金刚石时，要求提高锯片的线速度。当金刚石浓度不变时，采用较细粒金刚石则可使刀头单位工作端面上的切削点增多，有利于提高锯片的使用寿命。

(3) 金刚石浓度。金刚石浓度具有一个合适范围，通常为 25%～75%，其与锯片寿命的关系见图 5-6。由图可知，随着金刚石浓度增加，锯片的寿命也相应增加。金刚石浓度与功率消耗的关系见图 5-7。由图可知，随着金刚石浓度的增加，功率消耗也随之增加。

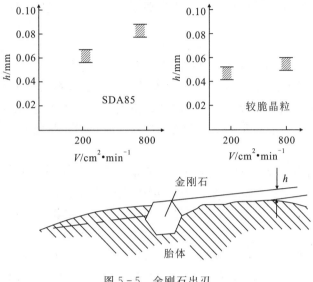

图 5-5 金刚石出刃

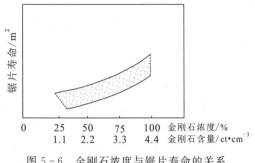

图 5-6 金刚石浓度与锯片寿命的关系

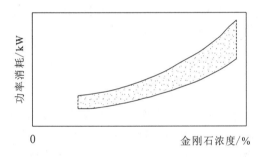

图 5-7 金刚石浓度与功率消耗的关系

三、圆锯片刀头胎体体系

1. 胎体体系

一般按结合剂合金种类分成四大类,即青铜结合剂、钴基结合剂、钨基结合剂和铁基结合剂。其中,用得最广泛的是青铜结合剂。

1) 青铜基结合剂

这类结合剂包括铜基、青铜、黄铜、钴青铜、钴黄铜等,以铜为主要成分,还可能同时或部分含有 Zn、Co、Ni、Fe 等金属。铜基结合剂烧结温度低,硬度较低,强度较低,韧性较高,与金刚石结合强度适中(润湿性和化学亲和力差,机械把持力弱),价格低廉。适用范围:宜与锋利性好的金刚石相配合,以大理石、软质花岗石等为主要加工对象。

2) 钴基结合剂

钴基结合剂以钴为主要成分,配以适当数量的铜,此外常常添加少量 Ni、Sn、Zn 等成分。这类结合剂,烧结温度适中,硬度适中,强度适中,韧性适中,自锐性较好,性能稳定,国内价格昂贵,适用范围广,可以与中等强度和高强度金刚石相配合,广泛用于花岗岩和大理石锯切工具中。

3) 钨基结合剂

钨基结合剂以 WC、W_2C 或 W 粉的形式使用。配以适当数量的 Cu、Sn、Zn、Fe、Co、Ni 等成分。这类钨基结合剂硬度最高,自锐性最差。对金刚石有一定的化学作用。烧结温度也最高。因此要求高耐热性金刚石与之配合。适用于加工高硬度、高耐磨性和高石英含量的红色花岗岩工具,尤其适用于加工高石英含量花岗岩及钢筋混凝土等难加工材料工具。

4) 铁基结合剂

铁基结合剂以铁为主要成分,与适当数量的铜、镍配合使用,还常常添加 Sn、Zn、Co 等成分。这类结合剂的机械性能,例如硬度和强度与钴基结合剂类似,韧性和自锐性比钴稍差,对金刚石的化学作用比钴明显。铁基结合剂性能随着合金配方和烧结温度等工艺条件的变化会发生较多变化。铁基结合剂中钴含量对胎体机械性能的影响,随着钴含量的增加,胎体的硬度逐渐降低,而抗弯强度逐渐增大,随钴含量的增高,结合剂与金刚石间结合强度有增大趋势。若金刚石表面镀钛,这种趋势更加明显。铁基结合剂性能不够稳定,价格最低,不足钴含量的 10%。

某些铁基结合剂在加工红色花岗岩时比钴基结合剂寿命长。合适的铁基配方刀头在加工黑色花岗岩时也具有优良性能。如果刀头配方或烧结工艺不当,加工软质石材时刀头不锋利。

2. 结合剂的选择

锯片锯切岩石的条件比钻头在孔底破碎岩石要好得多。第一,锯片的动力传动简单可靠,锯片的线速度比钻头的线速度高十倍以上,所以锯片工作比较平稳;第二,锯切过程产生的岩粉容易排除干净,锯片的冷却效果好;第三,刀头(节块)上的金刚石是周期性地间歇与岩石接触而工作,图 5-8 为锯片的工作状态示意图。如上所述,对锯片的胎体性能指标要求比钻头低,应根据石材类型进行合理的选择。

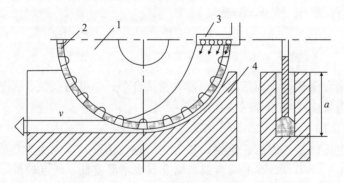

1. 锯片基体;2. 刀头;3. 输送冲洗液的弯管;4. 岩石。

图 5-8 锯片的工作状态示意图

从耐磨性来看,碳化钨基结合剂最耐磨,硬度也最高。而青铜基类最软也最不耐磨。钴基结合剂应用最广泛,其硬度、耐磨性和切割效率比较适中。通过调整钴的含量和其他低熔点金属的比例来调节结合剂的硬度、耐磨性能，以适应各种材料的切割。

结合剂根据加工不同石材来进行选择。锯切软的大理石时，可选用青铜结合剂；锯切花岗岩等硬质石材时，可采用高钴或纯钴结合剂；锯切钢筋混凝土等高耐磨性材料时，可采用碳化钨基结合剂。

结合剂的硬度是金刚石刀头的一个重要指标，而且是生产过程中衡量结合剂性能、工艺稳定性的一个重要物理量。每种结合剂由于其组织成分及比例不同，成形密度、压力及烧结条件不同，所获得的胎体硬度也不同。金刚石工具胎体硬度应与被加工石材的硬度相对应，如表 5-2 所示。

表 5-2 石材硬度与胎体硬度关系

石材种类	胎体硬度（HRB）	石材种类	胎体硬度（HRB）
软大理石	90～100	中硬花岗岩	88～92
中软大理石	85～87	硬花岗岩	104～108
中硬大理石	91～94		

四、影响锯片使用因素

影响金刚石圆锯片效率和寿命的因素有锯切工艺参数、金刚石刀头参数和石材参数。金刚石刀头参数包括金刚石粒度、金刚石浓度和结合剂硬度等。锯切工艺参数有锯片线速度、锯切深度和进刀速度。石材参数包括石材硬度、结构、成分等。

1. 锯切参数

（1）锯片线速度：在实际工作中，金刚石圆锯片的线速度受到设备条件、锯片质量和被锯切石材性质的限制。从最佳锯片使用寿命与锯切效率来说，应根据不同石材的性质选择锯片的线速度。锯切花岗石时，锯片线速度可在 25～35m/s 范围内选定。对于石英含量高而难于锯切的花岗石，锯片线速度取下限值为宜。在生产花岗石面砖时，使用的金刚石圆锯片直径较小，线速度可以达到 35m/s。

（2）锯切深度：锯切深度是涉及金刚石磨耗、有效锯切、锯片受力情况和被锯切石材性质的重要参数。一般来讲，当金刚石圆锯片的线速度较高时，应选取小的切削深度，从目前技术来说，锯切金刚石的深度可在 1～10mm 之间选择。通常用大直径锯片锯切花岗石荒料时，锯切深度可控制在 1～2mm 之间，与此同时应降低进刀速度。但当在锯机性能和刀具强度许可范围内，应尽量取较大的切削深度进行切削，以提高切削效率。当对加工表面有要求时，则应采用小深度切削。

（3）进刀速度：进刀速度即被锯切石材的进给速度。它的大小影响锯切率、锯片受力以及锯切区的散热情况。它的取值应根据被锯切石材的性质来选定。一般来讲，锯切较软的石材（如大理石）或细粒结构的、比较均质的花岗石时，可适当提高进刀速度，若进刀速度过低，金刚石刃容易被磨平。但锯切粗粒结构而软硬不均的花岗石时，应降低进刀速度，否则会引起锯片振动、导致金刚石碎裂而降低锯切率。

2. 金刚石刀头因素

(1) 金刚石粒度：常用的金刚石粒度在 30/35～60/80 范围内。岩石愈坚硬，宜选用较细的粒度。因为在同等压力条件下，金刚石愈细愈锋利，有利于切入坚硬的岩石。另外，一般大直径的锯片要求锯切效率高，宜选取用较粗的粒度，如 30/40，40/50；小直径的锯片锯切的效率低，要求岩石锯切截面光滑，宜选用较细的粒度，如 50/60，60/80。

(2) 刀头浓度：所谓金刚石浓度，是指金刚石在工作层胎体中分布的密度（即单位体积内所含金刚石的质量）。金刚石制品国际浓度标准规定每立方厘米工作胎体中含 4.4ct 的金刚石时，其浓度为 100%，含 3.3ct 的金刚石时，其浓度为 75%。体积浓度表示节块中金刚石所占体积的多少，并规定，当金刚石的体积占总体积的 1/4 时的浓度为 100%。增大金刚石浓度可望延长锯片的寿命，因为增加浓度即减小了每粒金刚石所受的平均切削力。但增加浓度必然增加锯片的成本，因而存在一个最经济的浓度。

(3) 刀头结合剂的硬度：一般来说，结合剂的硬度越高，其抗磨损能力越强。因而，当锯切研磨性大的岩石时，结合剂硬度宜高；当锯切材质软的岩石时，结合剂硬度宜低；当锯切研磨性大且硬的岩石时，结合剂硬度宜适中。

3. 石材性能因素

石材硬度越高，金刚石锯片切割时所受到的切割力越大。金刚石锯片表面温度越高，金刚石刀头磨损越严重。

4. 力效应、温度效应及磨破损

金刚石圆锯片在切割石材的过程中，会受到离心力、锯切力、锯切热等交变载荷的作用，从而引起金刚石圆锯片的磨破损。

(1) 力效应：在锯切过程中，由于锯片受轴向力和切向力的作用，使得锯片在轴向和径向会产生变形。这两种变形严重时，会造成岩石切面不平直、石材浪费多、锯切时噪声大、振动加剧，造成金刚石节块早期破损、锯片寿命降低。

(2) 温度效应：一般认为温度对锯切过程的影响主要表现在两个方面：一是导致节块中的金刚石石墨化；二是造成金刚石与胎体的热应力，从而导致金刚石过早脱落。新研究表明：切割过程中产生的热量主要传入节块。弧区温度不高，一般在 40～120℃ 之间。而磨粒磨削点温度却较高，一般在 250～700℃ 之间。而冷却液只降低弧区的平均温度，对磨粒温度影响却较小。这样的温度不致使金刚石石墨炭化，却会使磨粒与工件之间摩擦性能发生变化，并使金刚石与黏加剂之间发生热应力，而导致金刚石失效机理发生根本性变化。研究表明，温度效应是使锯片磨损的最大影响因素。

(3) 磨破损：由于力效应和温度效应，锯片经过一段时间的使用往往会产生磨破损。磨破损的形式主要有以下几种：磨料磨损、局部破碎、大面积破碎、脱落、结合剂沿锯切方向的机械擦伤。金刚石颗粒与石材不断摩擦，棱边钝化成平面，失去切削性能，增大摩擦；锯切热会使金刚石颗粒表面出现石墨化薄层，硬度大为降低，磨损加剧。金刚石颗粒表面承受交变的热应力，同时还承受交变的切削应力，金刚石就会出现疲劳裂纹而产生局部破碎；若显露出锐利的新棱边，可视为较为理想的磨损形态。金刚石颗粒在切入切出时承受冲击载荷，比较突出的颗粒和晶粒容易过早破坏消耗。交变的切削力使金刚石颗粒在结合剂中不断地被晃动而产生松动，同时锯切过程中的锯切热可使结合剂软化，导致结合剂的把持力下降，当颗粒上的切削力大于胎体的把持力时，金刚石颗粒就会脱落。

第三节 金刚石框架锯片

一、框架锯的应用

框架锯又称组锯、排锯，用于石材荒料加工。金刚石锯条由钢带和金刚石孕镶刀头组成，锯条安装在锯机的框架上使用。使用金刚石框架锯有以下4个优点。

(1) 切割速度快，生产效率高。金刚石锯条切割速度一般比摇摆砂锯高数倍甚至十多倍，同时由于每台机器的效率提高，设备台数减少，从而显著节省设备投资和厂房面积。

(2) 加工质量好，锯下的板材光洁度、平整度好，可以省去一道粗磨工序。

(3) 节省动力，节省钢材。金刚石框锯生产效率比砂锯提高数倍，而动力却增加很少，按锯切每平方米计电能消耗比砂锯低很多，提高了出材率，金刚石框锯还有改善劳动条件，便于管理等优点。

(4) 框架锯相对圆锯片加工石材荒料，加工出的毛板尺寸大，用于大批量加工，加工效率高，一次性投资小。

二、金刚石框锯结构

金刚石框架锯片适用于切割大理石等石材，由钢板条基体、金刚石层及固定板等组成。如图5-9所示。金刚石框锯条由长为L_1、宽为F、厚为E的钢带及焊在上面的金刚石刀头组成，两端有两块端板固定钢带两端，并铣成60°的燕尾槽固定在钢带上。金刚石刀头设计主要考虑到消除锯条摩擦和横向偏差，改善刀头的导向性能，保持最好的加工性能和加工质量。金刚石刀头的特性由结合剂的成分和性能、金刚石品级、金刚石的粒度和浓度等因素确

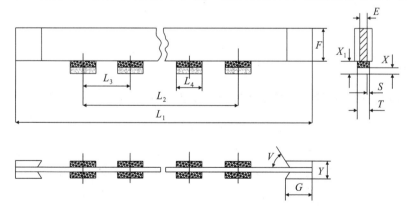

L_1. 总长度；X_1. 锯齿总高度；G. 燕尾固定板宽度；L_2. 工作有效长度；X. 金刚石层高度；Y. 固定板位置总厚度；L_3. 齿距；F. 基体宽度；V. 燕尾固定板角度；L_4. 锯齿长度；E. 基体厚度；Z. 锯齿数；T. 锯齿厚度；S. 侧隙 $S=(T-E)/2$。

图5-9 金刚石框架锯片的结构示意图

定。刀头的排列方式一般采用不等距交错排列,可以消除刀头和锯条之间的共振。

三、基体材料及金刚石刀头参数

基体材料一般为 65Mn 钢或机械性能不低于 65Mn 的钢材。屈服强度 $\sigma_{0.2}$ 不低于 784MPa,硬度 HRC37~42。基体挠度符合表 5-3 的要求。

表 5-3 金刚石框架锯基体挠度要求表　　单位:mm

锯条总长度（L_1）	锯条中央挠度值	
	低进给或软大理石	高进给或厚大理石
2000~2500	1.0~2.0	2.1~2.2
2800~4000	2.0~3.0	2.2~3.2
4500~6000	3.0~4.0	3.2~4.5

金刚石刀头通常采用铜基和铁基合金作为胎体成分,其金刚石参数见表 5-4。

表 5-4 框架锯的金刚石参数表

金刚石品级	金刚石粒度/目	金刚石浓度/%
MBD_8,MBD_{12}	30/40,40/50,60/80	25%,50%,75%

锯条形状代号及锯条标记示例（图 5-10）:形状代号为 BA2,$L_1=3200mm$,$L_2=1000mm$,$X=5mm$,$Z=16$,金刚石牌号 MBD_{12},粒度 40/50,结合剂 M,浓度为 25%的锯条标记如下:

BA2 3200×1000×5-16MBD_{12}-40/50M25

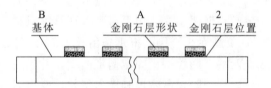

图 5-10 框架锯的形状示意图及其代号

四、框架锯的分类

1. 框架锯根据冲程和冲程次数分为快速和慢速两类

快速:冲程>60cm,冲程次数每分钟超过 100 次。

慢速:冲程≤60cm,冲程次数每分钟不超过 100 次。

快速锯适用于软石材,具有生产效率高的优点,但对设备设计制造方面要求高,设备投资较高,但总的生产成本快速锯较低。

2. 框架锯根据机械结构分为水平运动框架锯和垂直运动框架锯两类

水平运动框架锯是目前国内外主要使用的一种机器,它的优点是可装备较长、较多的锯条。目前市场上已有最大可装 100 条或更多的锯条的机器,具有可锯切大尺寸荒料、生产效率高等优点,在大理石(特别是软大理石)锯切中广泛使用。从一般荒料中生产 20mm 厚的板材的典型锯机是安装 40 条,安装更多的锯条是为了生产 10～20mm 厚的板材。

水平框架锯目前使用的锯条长度有 2.8m、3.8m 或更长,垂直框架锯使用锯条较短(一般在 2.8m 以下),因此刚性容易控制,不容易产生锯条偏歪,适合加工硬石材。垂直框架锯与水平框架锯比较还有占地面积小、锯屑易于冲刷等优点。

水平运动框架锯就进料机构而言,目前市场上有两种类型,一种是采取石料不动、锯机下落的方式。另一种是采取锯框不动、石料上升的方式,上升机构可以用机械也可以采用液压。

金刚石锯机设计、制造安装方面的要求包括:设备坚固稳定、没有振动;框架要有足够的强度,可以承受每条锯条 8～11t 的张力;要有足够的重量或加压能力,保证一定的向下落锯速率;精确的直线往复切割运动;准确地速率调节和控制;良好的冷却水供应系统。

第四节 金刚石绳锯

一、金刚石绳锯应用

金刚石绳锯是英国人蒲劳斯于 1968 年发明的,之后不久,Diamant Boart 金刚石公司制造出了第一种金刚石绳锯。经过多年试验,于 1978 年金刚石绳锯被正式引入意大利卡拉拉大理石矿区,随后,金刚石绳锯迅速取代了传统的钢丝绳锯。目前金刚石串珠绳锯在石材行业中已被广泛应用,其主要有三种用途:荒料整形、异形加工和矿山开采。

金刚石绳锯由两个基本部分组成,一是为切割岩石的带有金刚石串珠的钢丝绳,二是驱动金刚石串珠钢丝绳的机械。在露天采矿时,岩石一般具有两个自由面,在这种条件下,可以采用两种方式切割岩石。

1) 环式切割法(图 5-11)

切割前在工作面上钻一个垂直孔和一个水平孔,两孔相通,金刚石绳其中穿过,然后开动锯机进行切割。

2) 下压切割法(图 5-12)

切削前,在工作面上钻一个大口径孔($\phi240～320$mm),在孔中插入压绳轮。

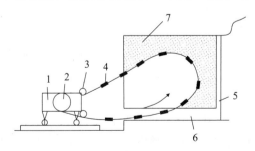

1. 绳锯机;2. 主动飞轮;3. 导向轮;4. 金刚石绳;
5. 垂直钻孔;6. 水平钻孔;7. 岩石。

图 5-11 环式切割法原理图

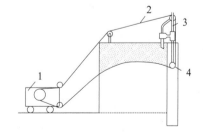

1. 绳锯机;2. 金刚石绳;3. 张紧装置;4. 压绳轮。

图 5-12 下压切割法原理图

二、金刚石绳锯结构

金刚石绳锯主要由金刚石串珠、隔离套和高强度钢绳构成,如图 5-13 所示。

1) 金刚石串珠

金刚石串珠制造工艺主要有电镀法、热压烧结法、钎焊法。电镀金刚石串珠制作工艺相对简单,特别有利于小直径串珠的生产。但电镀串珠胎体耐磨性较差,主要用于大理石等较软材质的切割,同时特别适合于切割小曲率半径的石材荒料。相对于烧结的金刚石串珠,电镀的金刚石绳锯具有两方面的优势:一是可减少驱动功率;二是可降低冷却水的流量 (10~20L/min)。

图 5-13 金刚石绳锯

烧结型串珠具有较高的耐磨性,可以通过调整胎体中各金属成分比例或采用不同金刚石参数来调控胎体磨耗速度和金刚石磨料磨损速度,从而制造出不同出刃高度和空间的串珠,以适应不同材质的切割,包括最硬的和耐磨性好的石材。烧结金刚石串珠和金刚石锯片刀头的制造工艺类似。烧结金刚石串珠绳锯与电镀金刚石绳锯比较具有很高的经济优越性,其使用寿命常常是电镀金刚石绳锯的两倍,但烧结金刚石绳锯最少需要 30kW 电机,并且需要的冷却水流量为 20~50L/min。

热压绳锯的工作层耐磨性好,但金刚石出刃速度慢,对于钢筋混凝土的切割效率在 $1.2 \sim 1.6 m^2/h$;电镀绳锯由于金刚石用量大,工具锋利度要高于热压绳锯,加工效率可达 $2.4 \sim 2.8 m^2/h$。然而绳锯切削钢筋过程中会产生较软的铁屑,切屑常发生塑性变形黏附在串珠表面难以去除,导致局部高温,再加上绳锯切缝较窄,导致加工过程中产生的热量不容易排出,切屑对串珠胎体层、金刚石、隔离套的磨损作用显著增加,降低了绳锯寿命。相较之下,钎焊绳锯在金刚石出刃较高的情况下切深大且容屑空间充足,切屑更容易去除并带走热量,能够有效解决铁屑黏附与散热问题;此外,有序排布的方法可以很好地与钎焊工艺相结合,用以精确控制金刚石的用量、调整金刚石颗粒之间的间距,从而获得更均匀的容屑空间,避免出现磨料密集区和磨料稀疏区受力不均的情况。钎焊绳锯由此具有高把持力、高出刃、容屑空间均匀分布的优势,是进行钢筋混凝土加工的实用工具。

2) 隔离套

隔离套用于定距隔离和固定相邻金刚石串珠。目前常用的隔离套有三种:弹簧垫圈式、注塑式、注胶式。最早使用的是弹簧垫圈式隔离套,但它在加工时磨屑很容易从串珠、弹簧、垫圈之间的间隙进入套内,并在绳锯弯曲运动作用下对钢丝绳进行磨损,从而造成串珠绳断失效。尤其在加工含石英成分较高的花岗岩时,由于石英硬度高,对钢丝绳磨蚀严重,因此这种隔离套适用于较软材质切割。为了适应高硬度材质切割的需要,发展了注塑式和注胶式隔离套。注塑、注胶式的隔离套是以耐磨塑料、橡胶充当串珠间的隔离垫,串珠与钢丝绳之间完全被塑料、橡胶所充填,从而避免了磨屑进入串珠与钢丝绳造成钢丝绳磨损。其中,注塑式应用最广,以注橡胶为隔离套的串珠绳锯主要用于寒冷地区的石材矿区,因为橡胶的低温性能比塑料好,在低温下仍能保持较好的柔韧性和强度,不致脆裂。

3) 钢丝绳

钢丝绳是串珠绳的骨架,金刚石串珠套在骨架上。串珠绳锯在使用过程中,钢丝绳经常会因疲劳磨损、磨粒磨损、化学磨损等原因而出现断绳现象。断绳不仅影响生产,而且还带来甩珠伤人等不安全隐患,因此钢丝绳的性能对于串珠绳使用至关重要。除了钢丝本身性能外,钢丝绳的寿命还与加工过程中的预紧力、导向轮最小曲率、加工过程中串珠的轴向载荷以及冲击载荷等因素有关。

最初的金刚石绳锯,钢丝绳直径为4~5mm,由高强度不锈钢丝拧紧而成,在钢绳上每隔20mm装一个外径为9mm,长为5mm的电镀金刚石串珠。串珠之间用橡胶件间隔,每隔100mm有一个夹子固定,防止串珠轴向移动。绳的标准长度为20m。绳锯两端用焊接的螺丝螺母对接。

目前,普遍使用弹簧间隔,见图5-14(a)。绳锯两端相接采用斜面接头,见图5-14(b)。图5-15是国外取得专利的一种新型金刚石绳结构。金刚石串珠的组装步骤见图5-16。

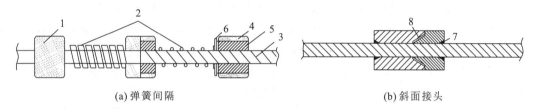

(a) 弹簧间隔　　　　　　　　　　　(b) 斜面接头

1. 金刚石串珠;2. 弹簧间隔件;3. 钢丝绳;4. 金刚石层;5. 承载层;6. 固定夹;7. 焊接处;8. 斜面丝扣连接。

图5-14　金刚石绳锯结构示意图

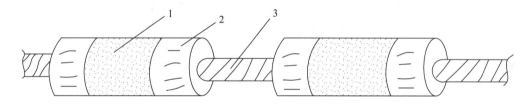

1. 金刚石串珠;2. 串珠金属夹卡部分;3. 钢丝绳。

图5-15　新型金刚石绳结构示意图

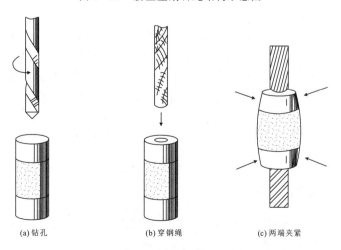

(a) 钻孔　　　　(b) 穿钢绳　　　　(c) 两端夹紧

图5-16　国外一种新型金刚石绳结构示意图

三、金刚石绳锯失效形式和原因

金刚石绳锯失效形式主要有金刚石串珠磨损、金刚石绳断裂、串珠移动、金刚石绳不能运动等。

1）金刚石串珠磨损

金刚石串珠磨损分单边磨损和严重磨损两种情况。造成金刚石串珠单边磨损的原因主要是钢丝绳预加载圈数少，作用在金刚石绳上的拉力过大，冷却水流量却不够，驱动轮与金刚石绳的进入端或出口端的距离比较短。为了降低单边磨损，需从上述方面进行改进。造成金刚石绳上串珠严重磨损的原因主要是被加工石材的耐磨性高，钢丝绳与石材接触长度短，冷却水流量小，钢丝绳速度小。解决方法是选用更加耐磨的金刚石串珠，减小金刚石绳的压力，增加金刚石绳的速度。

2）金刚石绳断裂

金刚石绳断裂有两种情况：一种是非连接部位断裂；一种是连接头断裂。造成金刚石绳非连接部位断裂的原因是作用在金刚石绳上的张紧力过大，容易造成金刚石绳被夹住；石材表面突起部分过度锋利；与石材接触部分的金刚石绳圆弧小；锯割过程汇总钢丝绳产生过大的振动；钢丝绳连接处产生严重磨损。解决方法是减少给进压力，平整金刚石绳与石材接触表面，张紧导向轮，增大金刚石绳与石材接触的圆弧。

造成金刚石绳连接部位断裂的原因是钢丝在剥离塑料或橡胶皮时被部分剪断；连接时使用压力不当；作用在金刚石绳上的张紧力大；被加工石材表面锋利；与石材接触圆弧过小。解决方法是使用剥皮轮剥离金刚石绳的塑料或橡胶表皮；根据金刚石绳使用说明对连接件进行施压，减少进给压力；平整金刚石绳与石材接触表面；调整导线轮。

3）串珠移动

造成金刚石串珠移动的原因是作用在钢丝绳上的张力过大；冷却水流量小导致串珠过热；由于过热导致金刚石绳在驱动轮上滑动；金刚石绳突然被夹住。解决上述问题的方式主要有减少进给压力；采用多喷嘴增加冷却水流量；采用楔子夹住金刚石绳锯缝，避免摩擦力过大金刚石绳被夹住。

4）金刚石绳不能切割

串珠中金刚石颗粒被磨平或被磨掉导致串珠不能进行正常切割。造成这种现状的原因是切割石材时石材中存在大量硬的矿物；金刚石绳与石材接触长度比较大；金刚石绳速度大，切割混凝土时内部有强度高的钢筋。解决上述问题可以采用如下方法：在耐磨材料上对金刚石串珠进行开刃；减小金刚石绳进给速度；调整导向轮，减小金刚石绳与石材接触长度。

第五节 金刚石线锯

一、金刚石线锯应用

金刚石线锯是近几十年来获得快速发展的一种硬脆材料切割工艺。用金刚石线锯切割脆性半导体材料的工艺最早由 Mech 于 20 世纪 70 年代提出。W. Ebner 进行了早期线锯加工试验，由一个主动轮鼓和一个从动滑轮组成的往复式试验机床，金刚石锯丝的两端绕过滑轮分别固定在轮鼓径向的两端，电机驱动轮鼓带动锯丝往复运动。W. Ebner 用之进行切割，得到了小于 0.4mm 的切片厚度。20 世纪 80 年代，出现了可用于硅片切割的金刚石多线锯。Anderson J. R. 使用日本 Yasunagar 公司的 YQ-100 金刚石多线锯进行了硅切片实验，得到的切缝宽度小于 0.16mm，表面损伤层深度小于 $5\mu m$。进入 20 世纪 90 年代，尤其是近年来，金刚石线锯得到了快速发展。

金刚石线锯使用高硬度的金刚石作为磨料，其典型磨粒尺寸为数十微米，同时具备线锯切割的特点，能够对硬脆材料进行精密、窄锯缝切割，且可实现成形加工。随着在大尺寸半导体和光电池薄片切割中的应用和发展，金刚石线锯逐渐显现出一系列无可比拟的优点：加工表面损伤小、挠曲变形小、切片薄、片厚一致性好，能切割大尺寸硅锭、省材料、效益高、产量大、效率高等。

金刚石线锯技术在工业实践中的应用发展很快。下述为近年来金刚石线锯装备技术发展的几个方面。

1. 磨浆与回收

在硅片等贵重材料的精密切割中，减少切缝损失、提高表面质量非常重要。对此，磨浆是一个重要影响因素。理想的磨浆应满足工艺、环境与健康、经济三方面要求，应具有黏度适中、化学性质稳定、清洁力强、易处理、可生物降解、无害、价格低等特点，其总体趋势是使用粒度更小的金刚石磨料，如 HCL 公司的 HS-20 型磨浆使用水溶性基浆，使用粒度小于 $15\mu m$ 的金刚石磨料，具有很好的工艺性。磨浆的回收重用则满足了绿色制造和降低成本的要求。在半导体和光电池切割过程中，磨浆消耗占所有消耗成本的 60%，因此各设备制造商纷纷投入磨浆回收设备的研制。HCL 公司的 ARM 系统能去除 70% 以上的切屑，达到 90% 金刚石磨粒回收率。

2. 大尺寸硅锭加工

金刚石线锯多采用多线往复式结构，为满足大截面切片和提高产量的需求，导轮间距、导轮槽数和锯丝长度不断增大，提高了大尺寸硅锭的多件、多片同时切割能力。目前，Diamond Wire Technology 公司生产的金刚石线锯最大已能切割直径 450mm 的硅锭。Meyer Burger 公司生产的 DS262 型线锯能同时切割 4 根长 520mm、截面为 153mm×153mm 或直径为 6in（1in=2.54cm）的硅棒，一次切出 4400 片。HCL 公司的 E500ED-8 型线锯则可同时对 6 根长 500mm、直径 3in 的硅棒进行切割，一次切出 6000 片。

3. 导轮槽加工

切片加工中，工件由并排绕于导轮上的多条锯丝同时切割，片厚由导轮上的线槽间距决定。目前的趋势是切片面积越来越大，厚度越来越薄，尤其光电池工业对厚度偏差（TV）和总厚度偏差（TTV）提出了更高的要求，促进新的开槽技术的发展。以前的导轮槽底部圆弧曲率半径大，锯丝定位不准确，增大了总厚度偏差。另外，槽的表面不够光滑，磨浆易于渗入。新的开槽技术固定底部半径为 $50\mu m$，槽的斜面粗糙度达到 N5（Ra0.2～$0.4\mu m$），整个槽为一次加工成形，精度较高。目前，已经能得到厚度为 $140\mu m$ 的太阳能电池切片。

4. 切割力测量与控制

切割力的大小影响切片加工的效率和表面质量，Diamond Wire Technology 公司使用电容传感器对锯丝挠度进行非接触在线测量，通过换算得到切割力的大小，并采用摇动机构控制切割过程中（切割圆柱时）锯丝对工件的接触长度，使得接触长度较小且保持一致，实现恒定小切削力切割，有利于提高表面质量。

5. 金刚石固结技术

固结金刚石线锯主要有两种：一种是将金刚石磨粒电镀于钢丝上，另一种则是直接将磨粒滚压嵌入到钢丝中。滚压嵌入的方法降低了钢丝的强度，并不常见。而传统的镍镀技术只能得到数公里长的锯丝，因此电镀金刚石线锯发展缓慢。近年来，新的电镀技术突破了这一极限，金刚石线锯逐渐进入实用阶段。日本的 A.L.M.T. 公司利用其专利技术生产出了 100km 长的电镀金刚石锯丝，由于不使用游离磨料，产生的切缝只比锯丝直径大 0.01~0.015mm。

具体工业应用上，金刚石线锯主要包括以下应用领域。

（1）太阳能领域：单晶硅硅棒或多晶硅硅锭的切方；硅片的切片。

（2）LED 领域：蓝宝石晶棒开方、切片。

（3）其他领域：钕磁石或铁素体磁石等磁性材料；碳化硅及其他难切材料、各种基板；水晶切片；陶瓷切割。

二、金刚石线锯分类

金刚石线锯分使用游离磨料和固结磨料两种，根据锯丝的运动方式和机床结构，也可分为往复式和单向线锯。游离磨料线锯切割技术，即边切割边向钢丝送带有磨料的浆液。但是游离磨料线锯切割技术具有明显的缺点：切割效率低，锯口损耗大，表面粗糙度和面型精度难以控制，浆液回收困难，工作环境恶劣等。固结金刚石线锯也称为金刚线，是指利用一定的工艺方法将金刚石磨料固定在钢丝基体上。目前主要有电镀工艺和树脂结合的方法，电镀金刚石绳锯与树脂金刚石绳锯表面形貌分别如图 5-17 所示。

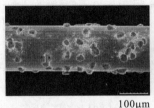

(a)电镀金刚石线锯　　　(b)树脂金刚石线锯

图 5-17　金刚石线锯表面形貌

（1）电镀型：用电镀的方法在金属丝上沉积一层金属（一般为镍和镍钴合金），并在金属内固结金刚石磨料。

电镀金刚石线锯是以钢丝为基础材料，以氨基磺酸镍为镀液主盐，在合适的电镀工艺下,采用复合镀的方法在钢丝基体上沉积一层金属镍,同时在金属镍中包裹金刚石粉颗粒,而制得的一种超硬材料锯切工具。其制作一般有以下工序:前处理(酸洗、碱洗),预镀,上砂,加厚镀。与现有的几种固结超硬磨粒的方法相比,电镀方式具有制造周期短和生产成本低等优势,并由于其耐磨性好、切割效率高、切口小、损耗少等优点被广泛应用于单晶硅、多晶硅、半导体、宝石等硬脆材料机加工领域。

(2)树脂型:利用树脂作为结合剂将金刚石磨料固结在金属丝上。

树脂结合剂线锯的耐磨性和耐热性不如电镀金刚石线锯好。电镀金刚石线锯具有切割效率高、锯切力小、锯缝整齐、切面光整、出材率高、噪声低、对环境污染小等优点,不仅适用于加工石材、玻璃等普通硬脆材料,而且特别适合锯切陶瓷、宝石等贵重的硬脆材料。为了使金刚石磨料更加牢固地附着在钢丝上,需要对金刚石进行预处理,就是对金刚石进行镀膜,即在金刚石表面均匀地覆盖一层镍金属(或其他金属),以此来提高金刚石与钢丝之间的包镶力。

区别于以往的游离磨料线切割技术,金刚石线锯切割采用多线切割技术。这种技术切割能力强,效率高;由于不使用砂浆,工作环境清洁。根据锯丝的运动方式和机床结构,金刚石线锯可分为往复式和单向两种线锯。目前在光电子工业中使用最为广泛的是往复式多线锯。

第六节 金刚石铣磨工具

一、金刚石铣磨工具应用

铣削主要是用来加工锯割石板后的毛板和石材廓形,达到最后表面尺寸和表面形状的加工工艺,所采用的金刚石工具称为铣削工具。金刚石铣削工具主要完成如下任务。

(1)去除毛板表面多余材料。
(2)对表面进行磨削,以清除上道工艺过程所残留的磨痕。
(3)对石板进行形状加工,达到要求的形状表面。

金刚石铣削工具可以适用于各种石材铣削和加工工艺,其主要以各种尺寸的金刚石颗粒对石材表面进行微切割。工具制造可以采用电镀法,也可以采用热压烧结法。

二、金刚石铣磨工具分类

金刚石铣磨工具分类方式有多种,可以按工艺、工具形状、加工用途、制造工艺等进行分类。

(1)按工艺分类:金刚石铣磨分成廓形加工和磨削。
(2)按形状分类:端面铣和圆周铣。
(3)按制造分类:电镀和热压烧结。
(4)按用途分类:板材和异型。

金刚石铣磨工具有两个作用:第一个作用是成型加工,对石材表面进行廓形加工,从而形成一定的廓形;第二个作用是对锯割过的表面进行粗加工,使石材表面更加平整。

端面金刚石磨具主要对石材进行表面磨削,以磨掉锯割后残留的粗糙表面。金刚石端面铣磨工具主要采用烧结的金刚石刀头并焊接在钢基体上所形成的，刀头中金刚石粒度根据不同的石材性能和加工工艺而定。端面铣刀盘上金刚石刀头的分布形式有很多种，有圆周分布、有沿径向成射线分布。刀头形状直线形、曲线形和曲面形。

金刚石铣刀盘分成两种，一种是金刚石刀头与基体焊接成一体，另一种是金刚石节块采用螺栓与基体连接，做成拆卸式。平面铣刀盘主要优点是：铣磨效率高，铣磨量大；使用寿命长，降低成本，提高劳动生产效率；石材加工质量好，废品率低。

金刚石圆周铣刀的金刚石刀头焊接在基体的圆周上。该铣刀主要用来加工平面沟槽，在石材加工领域中应用广泛。

另外，还有金刚石棒铣刀用来对石材进行雕刻加工。金刚石棒铣刀用来加工各种石材廓形，通常在石材钻孔之后，把铣刀放入孔中，铣刀在主轴的驱动下高速旋转并对铣刀施以一定的侧向力，铣刀按规定的轨迹切割石材，从而达到一定的廓形。

三、铣磨工序

石材荒料通过锯切成了毛板材后，必须经过铣磨、抛光等工序才能成为厚度一致，表面平、光、亮的装饰板。铣、磨抛光等工序的质量要求以及所采用的金刚石粒度见表 5-5。

表 5-5　铣、磨抛光等工序的质量要求表

工序号	工序名称	金刚石粒度	采用机床	刀具	产品质量要求
1	铣	35～80目（品质好）	龙门式平面铣或立铣床	金刚石平面铣刀 金刚石棱面铣刀	厚度公差 0.5mm 表面粗糙度3.2
2	粗磨	35～80目（品质较差）	平面磨床	金刚石平面磨盘	表面粗糙度1.6
3	细磨	100～270目	摇臂式磨床	行星式磨盘	表面粗糙度0.8
4	精磨	36～5微粉	金刚石砂轮机	砂轮	表面粗糙度0.2
5	抛光	3～0.5精细粉	研磨机	抛光剂	表面达镜面0.012

第七节　金刚石抛光材料

一、金刚石抛光材料分类

抛光材料包括悬浮抛光液、抛光剂、抛光微粉、抛光膏。

（1）金刚石悬浮研磨抛光液：金刚石处于悬浮状态，颗粒分散，尤其适用于各种全自动或半自动抛光机。配套悬浮液喷雾瓶，可将金刚石悬浮液以雾状形式均匀喷出，以便手动抛光。

（2）金刚石喷雾研磨抛光剂：金刚石喷洒均匀，适合手动和半自动抛光。

（3）金刚石研磨抛光微粉：客户可自己选用载体进行研磨抛光。

（4）金刚石研磨抛光膏：金刚石均匀分布在膏状载体中，具有自润滑功能，适用于手动精抛光，对硬度低的样品尤其合适。

下面具体介绍金刚石研磨膏。

二、金刚石研磨膏

1. 金刚石研磨膏应用

金刚石研磨膏是由金刚石微粉磨料和膏状结合剂制成的一种软质磨具,也可称为松散磨具,它用于研磨硬脆材料以获得高的表面光洁度,研磨的特点是在研磨过程中磨料不断滚动,产生挤压和切削两种作用,使凹凸表面渐趋平整光滑。金刚石研磨膏对于硬脆材料研磨和抛光是一种比较理想的研磨膏剂,具有良好的润滑和冷却性能,其中金刚石颗粒硬度高,粒度均匀,磨削效果好。其适用于玻璃、陶瓷、硬质合金、天然宝石等高硬度材料制成的量具、刃具、光学仪器和其他高光洁度工件的加工。

根据结合剂类型可分为油性研磨膏与水溶性研磨膏。油溶研磨膏润湿性好,磨削力、磨削热小,主要用于负荷机械研磨、抛光硬质合金、合金钢、高碳钢等高硬材料制件、仪器仪表、量具、刃具、磨具等。水溶研磨膏黏度小,易排屑,加工效率高,主要用于加工稍腐蚀金属、线路板、玻璃、陶瓷、宝石等非金属硬脆材料制品,特别是金相和岩相的精磨等。

2. 金刚石研磨膏的生产工艺流程

金刚石研磨膏由载体、金刚石微粉、分散剂、稀释剂组成。其生产工艺流程如下。
(1) 按照配比将原材料精确称量,并过滤去除没有完全分散的大颗粒。
(2) 将上述的载体水溶加热溶化及金刚石微粉精确称量。
(3) 把上述已分散的载体采用精密滤纸去除没有分散的大颗粒,然后采用超声波进行分散,确保原料完全分散。
(4) 把上述已分散及称量好的原料混合在一起充分搅拌,确保分散均匀。
(5) 将分散均匀的产品包装、称量、检测,确保产品的稳定。

表 5-6 显示了某生产单位年产 10 亿 ct 研磨膏的原材料配比,供参考。

表 5-6 年产 1 亿克拉研磨膏配比

原料		含量	数量/kg
磨料	金刚石微粉	5%	1000
载体	硬脂酸钠	50%	10 000
分散剂	干油	15%	3000
稀释剂	水	30%	6000

3. 金刚石研磨膏的选择和使用

金刚石研磨膏的选择主要是根据加工工件光洁度的要求和加工效率以及工件原始光洁度来决定。余量较大,要求加工效率高的,可选用较粗粒度号;余量较小,要求光洁度高度的,可以选择较细粒度。一般粗研、精研根据工件光洁度要求选用,可参照表 5-7。

根据工件的材质和加工要求,选择适当的研磨装置和研磨膏。常用的研磨器是玻璃、铸铁、钢、铝、有机玻璃等材料制成的块和板，稀释剂水溶性研磨膏用水或甘油；油溶性研磨膏用煤油。

表 5-7 金刚石研磨膏选择参照表

粒度号	粒度尺寸/μm	颜色标志	光洁度/级	研磨效果
W40	40～28	淡黄	9～10	粗研
W28	28～20	灰	9～10	粗研
W20	20～16	深蓝	9～10	粗研
W16	16～10	青莲	10～11	一般亮度
W10	10～7	洋蓝	10～11	一般亮度
W7	7～5	玫红	11～12	精密亮度
W5	5～3	橘黄	11～12	精密亮度
W3	3～1	草绿	11～12	镜面亮度
W1	1～0.5	橘红	12～13	超镜面亮度
W0.5	<0.5	蓝灰	13～14	超镜面亮度

（1）金刚石研磨是一种精密加工，加工中要求环境和工具均干净清洁，所用工具要求每种粒度专用，不得混用。

（2）加工过程中换用不同粒度的研磨膏之前必须将工件清洗干净，以免前道工序的粗颗粒混入细粒度研磨膏中划伤工件。

（3）使用时将少量研磨膏挤入容器或直接挤在研磨装置上，用水、甘油或煤油进行稀释，一般水膏比例为 1∶1，也可根据现场使用情况进行调整，最细粒只需加少量的水，随着粒度的增粗适量地加入甘油。

（4）研磨完成后，工件要用汽油、煤油或水清洗干净。

第六章 粉末冶金基础知识及金刚石工具制造

目前国内外制造金刚石工具主要采用粉末冶金法。粉末冶金法是制取金属粉末或用金属粉末（或金属粉末与非金属粉末的混合物）作原料，经成形和烧结，制造各种类型的金属制品和金属材料的方法。

第一节 金属粉末

制取粉末是粉末冶金的第一步。金属结合剂金刚石工具所需的粉末种类有纯金属粉末（如铜粉）、合金粉末（如 663 青铜粉）、金属化合物粉末（如碳化钨粉末）等。所使用粉末的粒度、形状等也各不相同。

一、金属粉末的制法

现有制粉方法大体上可归纳为两大类：机械法——将原材料机械地粉碎，而基本不改变其化学成分的方法；物理化学法——借助化学或物理作用，改变原材料的化学成分或集聚状态而获得粉末的方法。粉末的生产方法很多，但工业上用得最多的是还原法、雾化法和电解法。

1. 还原法

还原法是通过还原金属氧化物或盐类以生产金属粉末的一种方法，工业生产上有广泛的应用。如用固体碳还原制取铁、钨等粉末，用氢气还原制取钨、钼、铁、铜、钴、镍等粉末，用钠、钙、镁等金属作还原剂制取钽、铌、钛等粉末。通常铁粉、钴粉等采取还原法制得，其还原反应的化学通式表示为：

$$MeO + X \rightarrow Me + XO \tag{6-1}$$

式中：MeO、Me 分别为金属氧化物、金属；X、XO 分别为还原剂、还原剂的氧化物。

工业生产中常用的还原剂有固体碳、一氧化碳气体、氢气、甲烷等。

各种难熔金属化合物（碳化物、硼化物、硅化物、氮化物）在粉末冶金工业中均有广泛应用，如金刚石钻头常用碳化钨作为胎体骨架材料。碳化钨的制造常用还原-化合法。其反应通式见表 6-1。

2. 电解法

电解法在粉末生产中具有重要作用，其生产规模在物理化学法中仅次于还原法，成本比还原法、雾化法高。电解制粉的方法较多，但常用的为水溶液电解法和熔盐电解法，其中后者主要用作制取一些稀有金属粉末。水溶液电解法主要用作生产铜、镍、铁、银、锡、铅、铬、锰等粉末，在一定条件下，水溶液电解可以使几种元素同时沉积而制得 Fe-Ni、Fe-Cr 等合金粉末。金刚石工具生产所用的锡粉及铜粉等都用电解法生产。电解法生产的金属粉颗粒形状呈树枝状，在成形压制时，可提高其压坯强度，压制密度也易于控制。

表 6-1 难熔金属化合物生产的反应通式

难熔金属化合物	化合反应	还原-化合反应
碳化物	Me＋C→MeC 或 Me＋2CO→MeC＋CO_2 Me＋C_nH_m→MeC＋H_2	MeO＋C→MeC＋CO
硼化物	Me＋B→MeB	MeO＋B_4C＋C→MeB＋CO
硅化物	Me＋Si→MeSi	MeO＋Si→MeSi＋SiO_2
氮化物	Me＋N_2（NH_3）→MeN＋（H_2）	MeO＋N_2（NH_3）＋C→MeN＋CO＋（H_2O＋H_2）

3. 雾化法

雾化法属于机械制粉法，是直接击碎液体金属或合金而制得粉末的方法，应用较广泛。雾化法又叫喷雾法，可以制取铅、锡、铝、锌、铜、镍、铁等金属粉末，也可以制取黄铜、青铜、合金钢、高速钢、不锈钢等预合金粉末。雾化法包括二流雾化法、分气流雾化法、水雾化法、离心雾化法，以及其他雾化法如超声波雾化、转辊雾化等。气体雾化法设备见图 6-1。

图 6-1 气雾化制粉设备图

二、粉末性能

1. 粉末

通常人们把固定物质按分散程度不同分成致密体、粉末体和胶体三大类，即大小在 1mm 以上的称为致密体或常说的固体，0.1μm 以下的称为胶体微粒，介于两者之间的称为粉末体。制作金刚石工具用的金属粉末基本上都在粉末体的范围内。粉末体是由大量的粉末颗粒组成的一种分散体系，即由大量的颗粒及颗粒之间的空隙所构成的集合体。颗粒之间有大量的小孔隙，而且黏结面很小，面上的原子间不能形成强的键力，因而粉末具有流动性。然而，由于颗粒间相对移动时存在摩擦，粉末的流动性又是有限的。

粉末颗粒因粒径细微，具有发达的外表面，但同时粉末颗粒缺陷多，所以其内表面也相当大。外表面是可以看到的明显的表面，包括颗粒表面所有宏观的凸起和凹进部分以及宽度大于深度的裂隙；内表面包括深度超过宽度的裂隙、微缝以及与颗粒外表面连通的孔隙、空腔等的壁面，但不包括封闭在颗粒内的潜孔。多孔性颗粒的内表面常常比外表面大几个数量级。粉末发达的表面积贮藏着高的表面能，对气体、液体或微粒表现出极强的吸附能力，因此超细粉末容易自发地聚集成二次颗粒且在空气中极易氧化或自燃。金属粉末长时间暴露在大气中，与氧或水蒸气作用，表面形成氧化膜，加上吸附的水和气体（N_2、CO_2），使颗粒表面覆盖层可达到几百个原子厚度。超细铝粉（粒度为 20～60nm）的比表面高达 $70m^2/g$，其氧化膜层可占重量的 16%～18%。

2. 粉末的化学成分及物理性能

粉末是颗粒与颗粒间空隙所组成的分散体系，因此研究粉末体时应分别研究属于单颗粒、粉末体以及粉末体的孔隙等一切性质。但对于金刚石工具而言，通常只需要就粉末的化学成分、物理性能和工艺性能进行划分和测定。

1) 化学成分

包括主要金属的含量和杂质的含量。杂质主要指：①与主要金属结合，形成固溶体或化合物的金属或非金属成分，如还原铁粉中的 Si、Mn、C、S、P、O 等；②从原料和粉末生产过程中带进的机械杂质，如 SiO_2、Al_2O_3 及难熔金属或碳化物等酸不溶物；③粉末表面吸附的氧、水汽和其他气体（N_2、CO_2）。

2) 物理性能

物理性能包括颗粒形状与结构、颗粒大小和粒度组成、比表面积、颗粒密度和颗粒硬度等。其他如光学、电学、磁学、半导体性质以及熔点、比热等均与致密材料差异不大，故不一一阐述。

(1) 颗粒形状。

粉末的颗粒形状主要由粉末的生产方法决定，同时也与物质的分子或原子排列的结晶几何学因素有关，一般可以笼统划分为规则形状和不规则形状两大类，如图 6-2 所示。颗粒形状与粉末生产方法的关系示于表 6-2 中。可采用光学显微镜、电子透射显微镜或扫描电镜等研究和观察颗粒形状和表面结构。

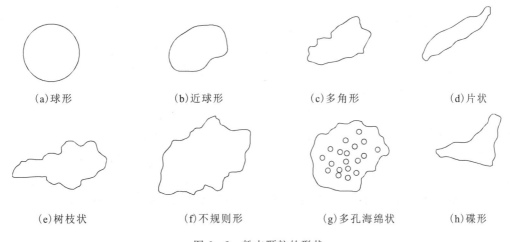

图 6-2 粉末颗粒的形状

(2) 颗粒密度。

粉末材料的理论密度通常不能代表粉末颗粒的实际密度，因为颗粒总是有孔的。以下三种颗粒密度必须加以区别：①真密度，实际就是粉末材料的理论密度，可以查表求得；②似密度，又称比重瓶密度，是用颗粒质量除以包括闭孔在内的颗粒体积而得出的；③有效密度，即用颗粒质量除以包括开孔和闭孔在内的颗粒体积而得出的密度值，其比上述两种密度都小。

表 6-2 颗粒形状与粉末生产方法的关系

颗粒形状	粉末生产方法
球形	气相沉积，液相沉积
近球形	气体雾化，置换（溶液）
片状	塑性金属机械研磨
多角形	机械粉碎
树枝状	水溶液电解
多孔海绵状	金属氧化物还原
碟状	金属旋涡研磨
不规则形	水雾化，机械粉碎，化学沉淀

(3) 显微硬度。

粉末颗粒的显微硬度是采用普通的显微硬度计，测量金刚石角锥压头的压痕对角线长，经计算得到的。先将试样与电木粉或有机树脂粉混匀，在 100~200MPa 压力下制成小坯体，然后加热至 140℃固化。压坯按制备粉末金相样品的办法磨制并抛光后，在 20~30g 负荷下测量显微硬度。颗粒的显微硬度值在很大程度上取决于粉末中各种杂质与合金组元的含量以及晶格缺陷的多少，因此代表了粉末的塑性。同种金属的显微硬度因生产方法的不同而不同，且纯度不同显微硬度值也不同。

3. 粉末的工艺性能

粉末的工艺性能包括松装密度、摇实密度、流动性、压缩性以及成形性。工艺性能主要取决于粉末的制造方法和粉末处理工艺（球磨、退火、加润滑剂、制粒等）。

1) 松装密度与摇实密度

在粉末压制成形的操作中，常常采用容积装粉法，即用充满一定容积型腔的粉末量来控制压制件的密度和单件质量，这就要求每次装满模腔的粉末应有严格不变的质量。实际上，不同粉末装满一定容积的质量是不同的，因此必须规定用松装密度或摇实密度来描述粉末的这种容积性质。

松装密度是指粉末试样自然充填规定容积时，单位容积内粉末的质量，单位为 g/cm^3。松装密度测定装置如图 6-3 和图 6-4 所示。

测定松装密度时，将干燥的粉末通过漏斗小孔装满量杯，刮平后称重，即可求得松装密度。对于测定流动性好的粉末如还原和雾化铁粉，漏斗小孔直径为 1/10in，高 1/8in；对于测定流动性差的粉末，漏斗小孔直径为 1/5in，高为 1/8in 不变，其他尺寸也相同。

摇实密度是在振动或敲击下，粉末充填规定容积后所测得的密度，比松装密度一般高 20%~50%。

松装密度是粉末的自然堆积密度，因而其大小与粉末间的黏附力、相对滑动的阻力以及粉末孔隙被小颗粒充填的程度有关。松装密度与粉末体材料的密度相差甚远，也就是说粉末

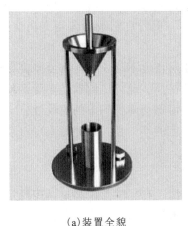 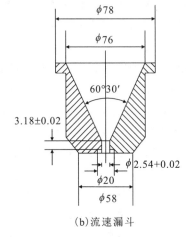 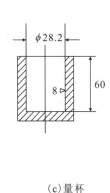

(a)装置全貌　　　　　　　(b)流速漏斗　　　　　　(c)量杯

图 6-3　松装密度测定装置之一

体内存在着大量的孔隙，其所占的体积为孔隙体积。孔隙体积与粉末体的表观体积之比称为孔隙度。孔隙度是与颗粒形状、密度、表面状态、粉末粒度以及粒度组成有关的一种综合性质指标。表 6-3 列出了粒度和粒度组成大致相同的三种铜粉，由于形状不同，密度和松装时孔隙度均相差很大。一般而言，球形粉末的孔隙度最低为 50%，片状粉末的孔隙度可达 90%；介于两者之间的还原或电解粉，孔隙度则为 65%～75%。

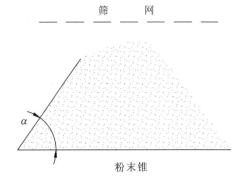

图 6-4　安息角示意图

表 6-3　三种颗粒形状不同的铜粉的密度

颗粒形状	松装密度/g·cm^{-3}	摇实密度/g·cm^{-3}	松装时孔隙度/%
片状	0.4	0.7	95.5
不规则形状	2.3	3.14	74.2
球状	4.5	5.3	49.4

2）流动性

流动性是指将 50g 粉末从标准的流速漏斗流出所需的时间，单位为 s/50g，取其倒数则变为单位时间内流出粉末的重量，俗称流速。流动性仍采用图 6-3 所示的测松装密度的漏斗来测定。标准漏斗（流速计）是用 150 目金刚砂粉末，在 40s 内流完 50g 来标定和校准的。此外还可以通过测定粉末的自然堆积角（又称安息角）来测试流动性。方法是让粉末通过一组粗筛网自然流下并堆积在直径为 1in 的圆板上。当粉末堆满圆板后，以粉末锥的高度衡量流动性，粉末锥的底角称为安息角，见图 6-4。粉末锥愈高（安息角 α 越大），则粉末的流动性越差，反之则流动性越好。

粉末的流动性亦取决于粉末体和颗粒的性质，一般来讲对称性好的粉末或粗颗粒粉末流动性好，粒度组成中极细粉末占的比例越大，流动性越差，但粒度组成向偏粗方向变化时，流动性变化不明显。

流动性还与颗粒密度和松装密度有关。如果粉末的相对密度不变，颗粒密度越高则流动性越好；如果颗粒密度不变，相对密度的增大会使流动性提高。此外，流动性还受颗粒间黏附作用影响，因此如果颗粒表面吸附水分、气体或加入成形剂会降低粉末的流动性。

粉末的流动性直接影响压制操作的自动装粉和压坯密度的均匀性，因此是实现自动压制工艺中（如金刚石锯齿压制）必须考虑的重要工艺性能。

3）压缩性与成形性

压缩性代表粉末在压制过程中被压紧的能力。测定方法：在标准的模具中，按规定的润滑条件，施以规定的单位压力，以粉末所达到的压坯密度来确定粉末的压缩性大小。如我国部分铁粉标准中规定，用直径 25mm 的圆压模，以硬脂酸锌的三氯甲烷溶液润滑模壁，在 400MPa 压力下压制 75g 粉末试料，测定压坯密度表示压缩性。

影响压缩性的主要因素为颗粒的塑性及显微硬度。塑性金属比硬脆金属的压缩性好；球磨过的金属粉末，退火后塑性改善，压缩性提高。粉末内含有合金元素或非金属杂质时，会降低粉末的压缩性，因此工业用粉末中，氧、碳和酸不溶物含量的增加必然使压缩性变差。颗粒形状和结构也明显影响压缩性，如雾化粉比电解粉的松装密度高，压缩性也就好。凡是影响粉末密度的一切因素都对压缩性有影响。

成形性是指粉末压制后压坯保持既定形状的能力，以粉末得以成形的最小单位压力表示，或者用压坯的强度来衡量。成形性受颗粒形状和结构的影响最为明显，颗粒松软、形状不规则的粉末，压紧后颗粒的黏结增加，成形性就好，如电解铜粉的压坯强度就比雾化铜粉的高。

实践证明，压缩性和成形性之间是相对立的，亦即成形性好的粉末压缩性就差。因此在工业生产中，必须综合比较压缩性和成形性，以获得最好的压制性能。

三、粉末粒度及其测定

1. 粒度和粒度组成

粉末颗粒的大小用颗粒的等效直径表示，简称粒径或粒度，单位为 mm 或 μm。但是作为粉末体，其颗粒并非同一粒径，而是由若干不同粒径的颗粒群组成的，因此又用具有不同粒径的颗粒占全部粉末的百分含量表示粉末的粒度组成，即称粒度分布。

工业生产用金属粉末的粒度范围很宽，在 $0.1\sim500\mu m$ 之间。生产锯片及钻头用金属粉末，其粒度范围要窄得多，大致在 $100\mu m$ 以细，并有 50% 以上细于 $40\mu m$ 的。

粉末的粒度和粒度组成直接影响粉末产品的工艺性能，因而对粉末的成形、烧结以至最终产品的性能均产生很大影响，因此选用必须符合工艺规范。

2. 筛分析法

粉末粒度测定原理是粉末冶金生产中检验粉末质量以及调节和控制工艺过程的重要依据。随着工业生产的发展，各种用途粉末相继投入使用，粉末形状的复杂性，超细粉末的应用,使粉末测定方法已多达数十种。筛分析法是金刚石工具中常用的方法,该法适用于 $40\mu m$ 以上的中等和粗粉末的分级和粒度测定。

1) 操作

称取一定质量(通常为 50g 或 100g)的粉末,使粉末依次通过一组筛子(筛网号由小到大、筛孔尺寸由大到小),将其按粒度分成若干级别。用相应筛网的孔径代表各级粉末的粒度。只要称量各级粉末的质量,就可计算出用质量百分数表示的粉末的粒度组成。

筛分析常用的标准筛由一套 5 个或 6 个筛孔尺寸不同的筛盘加上顶盖和底盘组成。准确称量干燥好的待分析粉末投入最上层筛中,盖紧筛盖,装在筛底上,用手摇或在专用振筛机上作筛分析试验。振筛机水平转动,频率约 290r/min,同时以约 150 次/min 的频率敲击筛盘,筛盘既作回转运动,又以约 3cm 的振幅作上、下振动。经 15min 过筛完毕,称重各级筛网及底盘上的粉末,准确度为 0.1g。各级粉末的总和不得少于原粉末试样质量的 99%。重复试验 2~3 次,取结果的平均值,即可算出粒度组成,少于 0.5% 的可算作痕迹量。粉末试样的取样,一般由粉末的松装密度来确定:$1.5g/cm^3$ 以上取 100g,$1.5g/cm^3$ 以下取 50g。

实际应用中,工业粉末的筛分析常选用 80 目、100 目、150 目、200 目、250 目和 325 目筛组成一套标准筛。各级粉末的粒度间隔以相邻两筛网的目数或筛孔尺寸表示,例如 -100目+150目,表示通过 100 目和留在 150 目筛网上的那一级粒度的粉末。如表 6-4 所示还原铁粉的筛分析粒度组成实例。

表 6-4 还原铁粉的筛分析粒度组成实例

标准筛		质量/g	百分率/%
目数	筛孔尺寸/mm		
+80	+0.175	0.5	0.5
-80 +100	-0.175 +0.147	5.0	5.0
-100 +150	-0.147 +0.104	17.5	17.5
-150 +200	-0.104 +0.074	19.0	19.0
-200 +250	-0.074 +0.061	8.0	8.8
-250 +325	-0.061 +0.043	20.0	20.0
-325	-0.043	30.0	30.0

2) 筛网标准

目前国际标准采用泰勒(Tyler)筛制,我国的标准也与泰勒筛制大同小异。

筛网目数指筛网一英寸长度上的网孔数。一般目数均标注于筛框上,故俗称筛网号。所以目数越大,网孔越细。网孔个数实际上与网丝直径粗细及网孔大小相关,且每 1 英寸上网孔数与网丝的根数是一致的。若以 m 代表目数,a 代表网孔尺寸(mm),d 代表丝径(μm),则有下列关系式:

$$m = 25.4/(a+d) \qquad (6-2)$$

泰勒筛制的分度以 200 目的筛孔尺寸 0.074mm 为基准(此筛称为基筛),乘以主模数

$\sqrt{2}=1.414$,得到 150 目筛孔尺寸为 0.104mm。以此类推,以 0.074mm 乘以 $(\sqrt{2})^n$($n=1$,2,3……),分别得到 150、100、65、48 和 35 等目数的筛孔尺寸。以 0.074mm 除以 $(\sqrt{2})^n$($n=1$,2,3……)则得到细于 200 目的 270 目、400 目的筛孔。

泰勒筛制还采用副模数 $\sqrt[4]{2}=1.189$,用它去乘或除以 0.074mm,就得到分度更细的一系列目数的筛孔尺寸。表 6-5 列出了泰勒标准筛。

表 6-5 泰勒标准筛制

目数 m	筛孔尺寸 a/mm	网丝直径 d/mm	目数 m	筛孔尺寸 a/mm	网丝直径 d/mm
32	0.495	0.300	115	0.124	0.097
35	0.417	0.310	150	0.104	0.066
42	0.351	0.254	170	0.089	0.061
48	0.295	0.234	200	0.074	0.053
60	0.246	0.183	250	0.061	0.041
65	0.208	0.178	270	0.053	0.041
80	0.175	0.142	325	0.043	0.036
100	0.147	0.107	400	0.038	0.025

四、粉末的比表面及其测定

粉末的比表面是 1g 的粉末所具有的总表面积,用 m^2/g 或 cm^2/g 表示。比表面属于粉末的一种综合性质,是由单颗粒性质和粉末体性质共同决定的。比表面与粉末的许多物理、化学性质,如吸附、溶解速度、烧结活性等直接有关。

测定粉末比表面积通常采用吸附法和透过法。

气体吸附法的基本原理:利用气体在固体表面的物理吸附,测量吸附在固体表面上单分子层的重量或体积,再由气体分子的横截面积计算 1g 物质的总表面积,即得到克比表面。

透过法的原理:流体通过粉末床的透过率或所受的阻力与粉末的粗细或比表面的大小有关。粉末越细,比表面越大,对流体的阻力也越大,因而单位时间内透过单位面积的流量就越小。换言之,当粉末床的孔隙度不变时,流体通过粗粉末比通过细粉末的流速大。因为透过率或流速是容易测定的,所以只要找出它们与粉末比表面的定量关系,就可以知道粉末的比表面。

第二节 成 形

成形即是使金属粉末密实成具有一定形状、尺寸、孔隙度和强度的坯体的工艺过程。

粉末冶金法生产金刚石工具,其成形大都采用模压法,模具为金属或石墨模具。成形过程中粉末与模壁、压头以及粉末之间存在摩擦力的作用,使力的分布和传递发生改变,以及压力分布不均匀导致成形件(压坯)各部分密度和强度分布不均匀等现象,这些是成形过程的主要研究内容。

一、成形前的原料预处理

原料预处理包括粉末退火、筛分、混合、制粒、加润湿剂等。目的是改善成形性能及最终产品的质量。

1. 退火

粉末的预先退火,兼有使氧化物还原,降低碳和其他杂质含量,及消除粉末的加工硬化,稳定粉末晶体结构的作用。用还原法、机械研磨法、电解法、喷雾法等制得的粉末通常都需要进行退火处理。退火温度因金属粉末种类而异,通常为该金属熔点的$(0.5\sim0.6)T_k$。退火一般用还原性气氛,也有用惰性气氛或真空的,应根据工艺要求而定。

2. 混合

混合是指将两种或两种以上不同成分的粉末混合均匀的过程,工业上称为混料。当然也有将同种粉末,不同粒度的粉末料进行混合的,常称合批。混合的方法有机械法和化学法两种,工业上常用的为机械法混合。常用混合器有球磨机、"V"形混合器、锥形混合器、螺旋式混合器等。机械法混料又可分为干混和湿混两种,干混最常用,湿混主要用于硬质合金行业。湿混常用的液体介质有酒精、汽油、丙酮等易挥发、无毒性、不和混合料起化学反应的有机物,也有用水作介质的。湿混时一定要掌握料的干湿程度。由于化学法混料与本书关系不大,此处不予介绍。

机械混合的均匀程度对产品的成形及最终产品的性能影响颇大,因此必须引起高度的重视。混合均匀程度取决于:混合组元的颗粒大小和形状,组元的比重,混合时所用介质的特性,混合设备种类和混合工艺参数(装料量、球料比、时间、转速等)。工业生产中,混合工艺参数大多用实验方法来选定。

为了提高粉末材料的成形性,常常在粉末混料时添加一些改善压制性的物质——润滑剂和成形剂,或者添加一些在烧结过程中造成一定孔隙度的物质——造孔剂(如石蜡、合成橡胶、樟脑、塑料、硬脂酸及其盐类等)。在烧结过程中,造孔剂将从坯件中挥发出来,形成孔隙,因而可降低成形压力,改善压坯密度分布,增强压坯强度。

3. 筛分

目的是把颗粒大小不同的原始粉末进行分级。对于金刚石工具制造,外购的粉末一般按粒度要求购进,无须进行再筛分。

4. 制粒

制粒的目的是将小颗粒粉末制成大粒或团粒,用以改善粉末的流动性和组成成分的均匀性。在自动成形压制工艺中,粉末制粒有着重要的意义。制粒设备有圆筒制粒机、圆盘制粒机和擦筛机等。

二、金属粉末的压制过程

粉末在压模内的压制如图6-5所示。压力经上压头传向粉末时,由于粉末有流动性,在压力作用下企图向各个方向流动,因而除了粉末被压缩外,同时粉末还对模壁产生垂直方向的压力——侧压力。由于粉末在压制过程中,颗粒之间的内摩擦和相互揳住等作用,使得压力沿横向(垂直于模壁)传递比垂直传递要小得多;此外,粉末与模壁在压制过程中也产生摩擦力,且随压制压力而增减。因此,压坯在高度方向上出现了显著的压力降,接近上压头端面处的压力比远离它的部分要大得多,同时中心部位和边缘部位也存在着压力差,从而使得压坯各部分的致密程度也就有所不同。

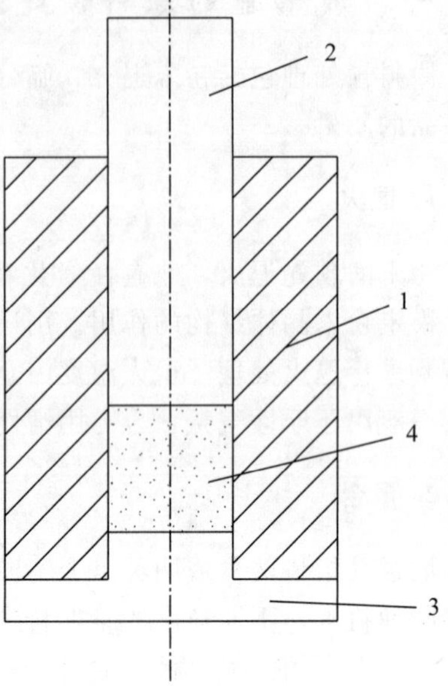

在压制过程中,粉末颗粒由于受外力而发生弹性变形和塑性变形,压坯内存在着较大的内应力,当外力消失后,压坯会产生弹性后效现象。

1. 金属粉末压制时的位移与变形

粉末在压模内受压后变得较为密实,且具备了一定形状和强度。这是由于压制过程中,粉末发生了位移和变形,粉末间的孔隙度大大降低,粉末间的接触面积大大增加。

1)粉末的位移

粉末在松装堆积时,由于表面不规则,彼此间有摩擦,颗粒相互搭架而形成拱桥、孔洞现象,叫作拱桥效应。因此,粉末具有很高的孔隙度,当受压时,粉末体内的拱桥效应遭到破坏,粉末颗粒便充填孔隙,重新排列位置,增加接触。如图6-6所示,简化地用两颗粉末间的位移来说明粉末体间的位移情况。实际压制过程中,粉末的位移要复杂得多,且同时伴随着变形的发生。

1. 侧模;2. 压头;3. 底模;4. 粉末。

图6-5 压制示意图

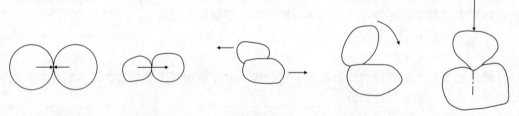

(a)粉末颗粒的接近　(b)粉末颗粒的分离　(c)粉末颗粒的滑动　(d)粉末颗粒的转动　(e)粉末颗粒因粉碎而产生的移动

图6-6 粉末位移的形式

2)粉末的变形

金属粉末的压制变形如图6-7所示。粉末的变形可能有弹性变形、塑性变形和脆性变形三种情况。

弹性变形,即外力消除后,粉末形状又恢复原形。塑性变形指压力超过粉末的弹性极

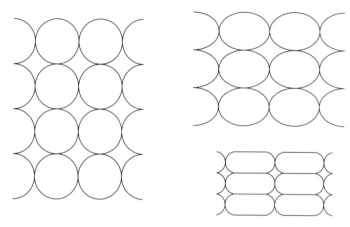

图 6-7 金属粉末的压制变形

限,变形不能恢复原形。压缩铜粉的实验指出,发生塑性变形所需要的压力大约是该材质弹性极限的 2.8～3 倍。金属塑性越大,塑性变形也越大。脆性断裂指压力超过强度极限后,粉末颗粒就发生粉碎性破坏。压制难熔金属如 W、Mo 及其化合物 WC、MoC 等脆性粉末时,主要是脆性断裂。

2. 金属粉末的压坯强度

在粉末体成形过程中,随着成形压力的增加,孔隙减少,压坯逐渐致密化。由于粉末颗粒间黏结作用的结果,压坯强度也逐渐增大。

实验指出,粉末之间的黏结力大致可分为两种:①粉末之间的机械啮合力。粉末形状越复杂,表面越粗糙,则这种啮合作用越明显,压坯的强度越高。②粉末颗粒原子之间的引力。在金属粉末颗粒处于压制后期时,粉末颗粒受强大外力作用而发生位移及变形,粉末颗粒表面原子就彼此接近,当进入引力范围时,粉末颗粒便由于引力作用而黏结起来,于是压坯便具有一定的强度。粉末的接触区域越大,其压坯强度越高。作为金属粉末而言,其压坯强度主要还是依靠机械啮合来保证的,因此要想得到较高的压坯强度,需要使粉末颗粒的形状复杂、表面粗糙。如电解铜粉获得的压坯强度高于雾化铜粉就是这个原因。

压坯强度是指压坯反抗外力作用保持其几何形状和尺寸不变的能力,其通常有两种测定方法。

1)压坯抗弯强度试验法

压坯试样标准为长×宽×高 = 31.75mm × 12.7mm×6.35mm,在标准测定装置上测出破断负荷,如图 6-8 所示。根据下列公式求出抗弯强度:

$$\sigma_b = \frac{3PL}{2bh^2} \quad (6-3)$$

图 6-8 压坯抗弯强度测定装置图

式中：σ_b 为压坯抗弯强度，MPa；P 为破断负荷，N；L 为试样支点间距离，25.4mm；b 为试样宽度，12.7mm；h 为试样高度，6.35mm。

可见，P 值越高，压坯的强度也越高。

2) 压坯边角稳定性的转鼓试验法

试样尺寸为 $\phi 12.7\text{mm} \times 6.35\text{mm}$，将试样装入 14 目的金属网制鼓筒中，以 87r/min 的转速转动 1000 转后，测定压坯的质量损失率来表征压坯强度。

$$\eta = \frac{m_1 - m_0}{m_0} \times 100\% \tag{6-4}$$

式中：η 为质量损失率，%；m_0 为试样的原始质量，g；m_1 为试样的最终质量，g。

由式（6-4）可知，η 值越小，表示压坯的强度越高。

3. 金属粉末压制时压坯密度的变化规律

在压制过程中，粉末颗粒发生位移和变形，且随着压力的增加，压坯相对密度出现一定规律的变化，通常将这种变化假设为如图 6-9 所示的 3 个阶段。

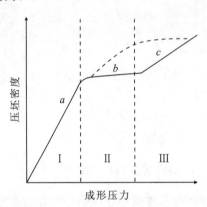

图 6-9 压坯密度与压力关系

第Ⅰ阶段：位移充填孔隙阶段。当压力稍有增加时，压坯的密度增加很快。

第Ⅱ阶段：压力继续增加时，压坯密度几乎不变。这一阶段的出现说明经第一阶段的压缩后，其密度已达到一定值，继续增大压力，孔隙度不能减少，因此密度变化也就不大。

第Ⅲ阶段：当压力继续增大超过一定值后，随着压力的增加，压坯相对密度又继续增加。当压力超过粉末的临界应力值后，粉末颗粒开始变形，由于位移和变形均起作用，因此，压坯密度又随之增加。

三、压制过程中力的分析

压制压力作用在粉末体上之后，一部分用来使粉末产生位移、变形和克服粉末的内摩擦，称之为净压力，通常以 P_1 表示；另一部分用来克服粉末颗粒与模壁之间的外摩擦力，称之为压力损耗，以 P_2 表示。因此压制时所用的总压力 $P = P_1 + P_2$。

1. 侧压力

粉末体在压模内受压时，压坯会向四周膨胀给予模壁一个压力，因而模壁会给压坯一个大小相等的反作用力，即因垂直压制压力而产生的模壁对压坯的侧压力。侧压力始终小于垂直压力，其原因是粉末颗粒之间的内摩擦及粉末与模壁的外摩擦损耗了一部分压力。

假如把粉末压制过程简化成在弹性范围内有横向变形，而既不考虑粉末的塑性变形，也不考虑粉末的特性及模壁变形的影响，则推导出侧压力与垂直压制压力之间有如下关系：

$$P_s = \xi P = \frac{\nu}{1-\nu} P \tag{6-5}$$

式中：P 为垂直压制压力，N；P_s 为侧压力，N；ν 为泊松比；ξ 为侧压系数。

需要指出的是，式（6-5）仅是一个估计数值，与实际情况不尽相符。

此外，由于外摩擦力的影响，侧压力是随压坯高度而变化的，即随高度的降低而逐渐下降。有资料介绍，高度为 7cm 的铁粉压坯试样，在单向压制时，试样下层侧压力要比顶层侧压力小 40%～50%。

研究认为，侧压系数 ξ 和泊松比 ν 一样与压坯密度有关。

$$\xi = P_s/P = \xi_{\max} \cdot \rho \tag{6-6}$$

式中：$\xi_{\max}$ 为达到理论密度的侧压系数；ρ 为压坯相对密度，g/cm^3。

对铁粉所做的实验结果表明，当压力在 160～400MPa 范围时，侧压力与压制压力之间具有线性关系：

$$P_s = (0.38 \sim 0.41) P \tag{6-7}$$

事实上，侧压力在压制过程中的变化是很复杂的。它对压坯的质量有直接的影响，而要直接准确地测定又很困难。国内外粉末冶金压模设计时，一般取侧压系数 $\xi = 0.25$ 左右。

2. 模壁摩擦力

有关资料指出，当其他条件一定时，粉末体与模壁间的摩擦系数 μ 有以下的关系：在小于 100MPa 的低压区，μ 随压制压力增大而增加；对塑性金属粉末，在 100～200MPa 以上的高压区时，μ 便不随压制压力而变；对于较硬的金属粉末，当压力达 200～300MPa 以上时，μ 值便不随压力而变。

实践证明，在某一很宽的压力范围内，ξ 与 μ 有如下关系：

$$\xi \cdot \mu = 常数 \tag{6-8}$$

粉末体与模壁间摩擦力 P_f 与摩擦系数 μ 有如下关系：

$$P_f = \mu \cdot P_s \tag{6-9}$$

因为 $P_s = \xi \cdot P$，所以：$P_f = \mu \cdot \xi \cdot P$ \hfill (6-10)

图 6-10 给出了压制不锈钢粉时，下压头上的压力与压制总压力间的关系。由图可知，

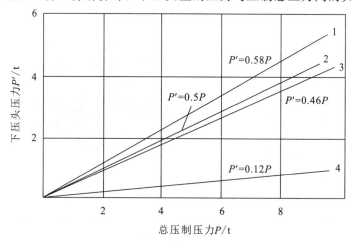

1. 硬脂酸四氯化碳；2. 酰胺蜡微粉；3. 硬脂酸锌；4. 无润滑剂。

图 6-10 下压头的压力 P' 与总压制压力 P 的关系

在无润滑剂的情况下进行压制时,外摩擦的压力损失为88%;当使用硬脂酸四氯化碳溶液润滑模壁时,由于摩擦的减少,外摩擦的压力损失将会降低至42%。外摩擦的压力损失主要取决于:压坯、原料与压模材料之间的摩擦系数;压坯与压模材料间黏结的倾向;模壁加工质量;润滑剂的情况;粉末压坯高度;压模的直径等。

实验指出,对不同的压坯,虽然其组成元素相同,而所用的压制压力或单位压制压力也不应用同一数值,否则压坯会出现分层、裂纹等缺陷,如表6-6所示。

表6-6 压坯尺寸与单位压制压力的关系

试样编号	压坯尺寸/mm	计算压力		实用压力/t	实用单位压力/MPa	烧结块尺寸/mm	收缩率	
		单位压力/MPa	总压力/t				外径/mm	内径/mm
1	$\phi_{外}41×\phi_{内}28$	200	22.37	9~12	82~90	$\phi_{外}36×\phi_{内}22$	23.4	21.4
2	$\phi_{外}81×\phi_{内}48$	200	44.31	18~20	54~60	$\phi_{外}62×\phi_{内}35$	23.5	20.5

注:①压坯高度均为外径的一半左右,成形剂为硬脂酸酒精溶液,1号、2号产品烧结后各项物理机械性能基本一致;②计算压力指用ϕ_{10}的试样在研究时采用的单位压力和总压力。

由表6-6可知,为获得密度基本相同的压坯,2号产品所用的单位压力比1号产品几乎小1/3,而1号产品所需的单位压力又较设计值小了1/2多。即随着压坯尺寸的增加,所需的单位压制压力相应减少。因为压坯的截面积与高度之比一定时,尺寸越大,则与模壁不发生接触的颗粒越多。如图6-11所示,图6-11(a)表示压坯边长为2个单位,设每一颗粉末的边长恰为一个单位长度,那么图6-11(a)中8颗粉末全部因与模壁接触而受到外摩擦力的影响;图6-11(b)中当压坯边长增加到4个单位长度时,便有1/4的粉末颗粒不受外摩擦力的影响;以此类推,压坯尺寸越大,消耗于克服外摩擦所损失的压力越小。由于压制压力是消耗于粉末的摩擦净压力和压力损失之和,所以大压坯的压力损失相对减少,所需的总压制压力也就会相应减小。

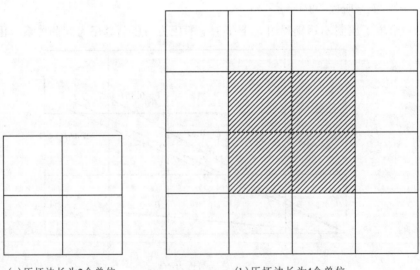

图6-11 粉末压坯与模壁接触的断面示意图

工业上为了减少因摩擦出现的压力损失,可以采取如下措施:①添加润滑剂(也称脱模剂);②提高模具光洁度和硬度;③改进成形方式,如双面加压等。

3. 脱模压力

使压坯从模中脱出所需的压力称为脱模压力。它与压制压力、粉末性能、压坯密度与尺寸、压模和润滑剂等有关。

脱模压力与压制压力间存在着线性关系,如图 6-12 所示。因为除去压制压力之后,如果压坯不发生任何变化,则脱模压力都应等于粉末与模壁的摩擦力损失。铁粉的脱模压力与压制压力 P 的关系为 $P_{脱} \approx 0.13P$,硬质合金材料在大多数情况下为 $P_{脱} \approx 0.3P$。

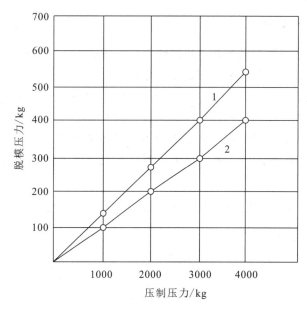

图 6-12 脱模压力与压制压力的关系

脱模压力与下列因素有关:压制压力消除后,压坯弹性膨胀的大小。如铁粉,压制压力消除后,产生弹性膨胀,压坯沿高度伸长,侧压力降低 35% 左右。而塑性金属粉末,弹性膨胀很小,所以脱模压力与摩擦力损失相近。脱模压力还随压坯高度而增加,在使用润滑剂且模具质量好时,脱模压力便会降低,如用硬脂酸锌作为润滑剂来压制铁粉时,可以将脱模压力降低到 $0.03 \sim 0.05P$。

4. 弹性后效

弹性后效是指,当除去压制压力,将压坯脱出压模后,由于内应力的作用,压坯发生了弹性膨胀的现象。

弹性后效的表达式为

$$\delta = \frac{\Delta L}{L_0} \times 100\% = \frac{L - L_0}{L_0} \times 100\% \tag{6-11}$$

式中:δ 为沿压坯高度或直径的弹性后效,%;L_0 为压坯卸压前的高度或直径,mm;L 为压坯卸压后的高度或直径,mm。

产生弹性后效的原因是粉末体受压后，颗粒发生了弹性变形，从而在压坯内部聚集了很大的内应力——弹性内应力，其方向与颗粒所受外力方向相反，力图阻止颗粒变形。当压力卸除后，弹性内应力发生松弛，从而改变颗粒外形和颗粒间的接触状态，使得粉末压坯发生膨胀。前已述及，压坯在各个方向受力是不一样的，因此弹性内应力也是各向异性的。压坯在压制方向的尺寸变化可达5%~6%，而垂直于压制方向的尺寸变化为1%~3%。

影响弹性后效大小的因素有粉末的种类、特性（粉末粒度及粒度组成、颗粒形状、硬度等），压制压力大小及施压速度，压模材质或结构，以及润滑剂等。

压坯及压模的弹性应变是产生压坯裂纹的主要原因之一，由于压坯内部弹性后效不均匀，所以脱模时在薄弱部分或应力集中部分就出现了裂纹。

四、压坯密度的分布

由于压制过程中压力传递的损耗，压坯的密度在高度方向和横断面上是不均匀的。密度与硬度有着直接的关系，且硬度和密度的变化是相类似的。实验表明，在与上压头相接触的压坯上层，密度和硬度都是从中心向边缘逐步增大的，即顶部的边缘部分密度和硬度最大。在压坯的纵向方向上，压坯密度和硬度沿高度自上而下降低。但由于外摩擦的作用，在靠近模壁的层中，轴向压力的降低比压坯中心大得多，因此在压坯底部边缘密度比中心密度低，亦即压坯下层密度和硬度的分布状况和上层正好相反。图6-13给出了镍粉压坯密度的分布。

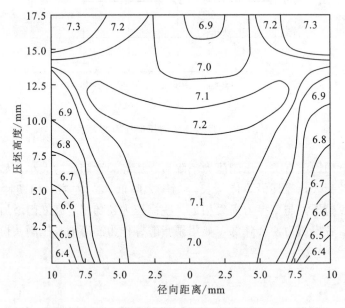

压力$P=700$MPa；模腔直径$D=20$mm；高径比$H/D=0.87$。

图6-13 镍粉压坯密度的分布

1. 影响压坯密度分布的因素

前已述及，压制时所用的总压力为净压力与压力损失之和，而这种压力损失就是在普通钢模压制过程中造成压坯密度分布不均匀的主要原因。

实践证明，增加压坯的高度会使压坯各部分的密度差增加，而加大直径会使压坯的密度分配更加均匀，即高径比 H/D 越大，密度差别越大。因此，为了减少密度差别，应适当降低压坯的高径比。此外，采用模壁光洁度高、硬度高的压模，并在模壁上涂润滑剂，能够减少外摩擦系数，改善压坯的密度分布。对于高径比大的压坯，为了改善其密度分布的不均匀性，通常采用双向压制的方法。双向压制时，与上、下压头接触的两端密度较高，而中间部分的密度较低，如图 6-14 所示。

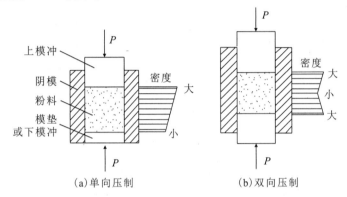

图 6-14 单向压制与双向压制时压坯密度沿高度方向的分布情况

图 6-15 为电解铜粉的压坯密度沿高度的变化情况。由图可知，单向压制时，压坯各截面平均密度沿高度直线下降（直线 1），双向压制时，尽管压坯的中间部分有一密度较低的区域，但密度分布已有了明显的改善。

工业生产中，为了使压坯密度分布更加均匀，除了采用润滑剂和双向压制外，人们还研制出了利用摩擦力压制的方法。例如，套筒类零件（汽车钢板销衬套、含油轴套、汽门导管等），就应在带有浮动阴模或摩擦心杆的压模中压制。因为阴模或心杆与压坯表面（外、内）的相对位移可以引起与模壁或相接触的粉末层的移动，从而使得压坯密度沿高度分布得更均匀些，如图 6-16 所示。

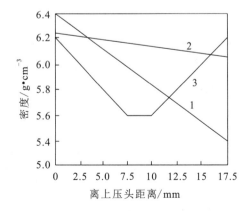

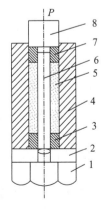

1. 单向压制，无润滑剂；2. 单向压制，添加 4% 石墨粉；3. 双向压制，无润滑剂。

1. 底座；2. 垫板；3. 下压环；4. 模套；5. 压坯；6. 心杆；7. 上压环；8. 限制器。

图 6-15 电解铜粉压坯密度沿高度的变化情况　　　图 6-16 带摩擦心杆的压模

2. 复杂形状压坯的压制

在压制横截面不同的复杂压坯时，必须保证整个压坯内的密度相同，否则在脱模过程中，密度不同的黏结处就会由于应力的重新分布而产生断裂或分层；压坯密度不均匀也将使烧结后的制品因收缩不同急剧变形而出现裂纹或歪扭。为了使横截面复杂的压坯密度均匀，必须设计不同加载方向的多压头压模，并且应使它们的压缩比相等，如图 6-17 所示。

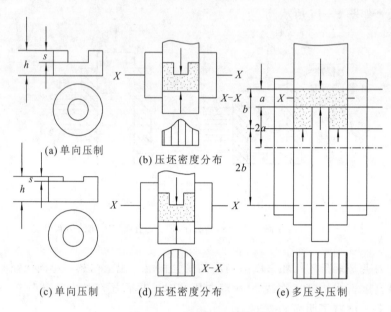

图 6-17 异形压坯的压制

为了使压坯密度分布尽可能均匀，工业生产上常常采用下列方法：①压制前对粉末进行还原退火处理，减少粉末的加工硬化，减少杂质含量，改善粉末的压制性能。②加入适当的润滑剂及成形剂。如铁基零件可加硬脂酸锌、机油、硫磺等，硬质合金中常加橡胶（石蜡）、汽油溶液或聚乙烯醇等。③改进加压方式，根据压坯高度 H 和直径 D 或厚度 δ 的比值而设计不同类型的模具。当 $H/D \leqslant 1$ 而 $H/\delta \leqslant 3$ 时，可用单向压制；当 $H/D \geqslant 1$ 或 $H/\delta > 3$ 时，则需采用双向压制；当 $H/D = 7.4 \sim 10$ 时，需采用带摩擦心杆的压模或双向压制压模、多压头压模等。④改进模具构造或适当变更压坯形状，使不同横断面的连接部位不出现急剧的转折，模具硬度一般需达到 HRC58~63，粉末运动部位的光洁度应达到▽9以上。

五、影响压制过程的因素

1. 粉末性能对压制过程的影响

1) 粉末物理性能的影响

金属粉末硬度和可塑性对压制过程的影响很大，硬金属粉末较软金属粉末难压制。其原因是软金属粉末在压缩时变形大，粉末之间的接触面积增加，压坯密度易于提高，而塑性差的硬金属粉末在压制时必须使用成形剂，否则很容易出现裂纹等压制缺陷。

金属粉末的摩擦性能对压模的磨损影响很大。一般而言，压制硬金属粉末易使压模寿命缩短。为了得到合格的压坯质量并降低压模损耗，实践中常添加润滑剂和成形剂。

2）粉末纯度的影响

粉末越纯越容易压制。在制造高密度零件时，杂质多以氧化物形态存在，而金属氧化物粉末多是硬而脆的，且存在于颗粒的表面，压制时使得粉末压制阻力增大，压制性能变坏，且增加压坯的弹性后效。因此，粉末的化学成分对其成形性能影响非常大，必须通过加润滑剂和成形剂来改善其压坯密度和强度。如铁粉的含氧量达到1%以上，压坯就会出现裂纹等缺陷，压坯的孔隙度也很大，如表6-7所示。工业上一般要求金属粉末的含氧量在一定范围之内，或者在成形前对粉末进行还原退火处理。

表6-7 还原程度不同时铁粉的孔隙度

还原条件		还原程度/%	松装密度/ $g \cdot cm^{-3}$	孔隙度/%	
温度/℃	时间/min			实际值	计算值
600	30	51.7	0.22	48.2	65.5
700	30	58.9	0.21	39.6	57.4
700	60	100	0.18	32.3	32.3
800	10	76.8	0.23	36.8	48.5

3）粉末粒度及粒度组成的影响

一般而言，粉末越细，流动性越差，充填狭窄而深长的模腔时越困难，越容易形成拱桥现象。由于粉末细，松装密度低，在压模中的充填容积大，因而必须有较大的模腔尺寸，这样在压制过程中，压头的运动距离和粉末之间的内摩擦力都会增加，压力损失随之加大，从而影响压坯密度的均匀性。形状相同的粉末，细颗粒的压缩性较差，粗颗粒的压缩性好，但成形性差。生产实践表明，非单一粒度组成的粉末压制性较好，因为细颗粒容易填充到大颗粒的孔隙中去。因此在压制非单一粒度组成的粉末时，压坯密度和强度增加，弹性后效变小，易于得到高密度的合格压坯。

4）粉末形状的影响

粉末形状对充填模腔影响最大，表面平滑、规则、接近球状的粉末流动性好，易于充填模腔使压坯的密度分布均匀，而形状复杂的粉末则充填困难，容易形成拱桥现象，使得压坯由于装粉不均匀而产生密度不均匀。这对于自动压制尤为重要，因为生产中所使用的粉末多为不规则的，为了改善粉末的流动性，往往需要进行制粒处理。

粉末形状对压制性能的影响是因为不规则形状的粉末在压制过程中其接触面积比规则形状粉末大，压坯强度高，所以成形性好。如电解法粉末比还原法、喷雾法粉末的成形性能优越。

5）粉末松装密度的影响

这是模具设计的重要依据之一。松装密度小时，模具的高度和压头的长度必须大，在压制高密度压坯时，如果压坯的高径比大，就容易产生密度不均匀的现象。当然松装密度小的产品，压制过程中粉末接触面积增大，也具有压坯强度高的优点。

2. 润滑剂和成形剂对压制过程的影响

润滑剂是减少粉末颗粒与模壁和压头间摩擦，改善密度分布，减少压模磨损和有利于脱模的一种添加物。成形剂是为了改善粉末成形性能而添加的物质，可以增加压坯的强度。

1）润滑剂和成形剂的种类及选择

不同的金属粉末必须选用不同的润滑剂或成形剂。如铁基粉末冶金制品常用的润滑剂有硬脂酸、硬脂酸锌、硫磺、二硫化钼、石墨粉和机油等；硬质合金常用的成形剂有合成橡胶、石蜡、聚乙烯醇、松香等；其他粉末冶金材料在成形中还使用淀粉、甘油、凡士林、樟脑、油酸等作为成形剂。这些润滑剂或成形剂有的可直接以粉末状态与金属粉末一同混合，有的则需先溶于水、酒精、汽油、丙酮等液体中，再将溶液加入到粉末中去，液体介质在混合料干燥时挥发掉。

粉末成形用润滑剂或成形剂一般应满足下列要求：①具有适当的黏性和良好的润滑性，且易于和粉料混合均匀；②与粉料不发生化学反应，预烧（干燥）或烧结时易于排除且不残留有害杂质，所放出的气体对操作人员、加热炉的发热元件和筑炉材料无损害；③对混合后的粉末松装密度和流动性影响不大，除特殊情况（如挤压等）外，其软化点应较高，以防止由于混料过程中温度升高而熔化；④烧结后对产品性能和外观没有负面影响。

润滑剂和成形剂的加入量与粉末种类和粒度大小、压制压力和摩擦表面值有关，也与它们本身的材质有关。一般而言，细粉末的添加量比粗粉末要多。如粒度为 $20\sim50\mu m$ 的粉末，每克混合料中需加入 $3\sim5mg$ 表面活性润滑剂，方能使每个颗粒表面形成一层单分子薄膜，而粒度为 $0.1\sim0.2mm$ 的粗粉末则加入 $1mg$ 就足够了。生产实践中压制铁粉末零件时，硬脂酸锌的最佳含量为 $0.5\%\sim1.5\%$（质量）；压制硬质合金时，橡胶或石蜡的添加量一般为 $1\%\sim2\%$（质量），如使用聚乙烯塑料，则只需 0.1% 左右。

工业生产中，有时润滑剂或成形剂还是多孔材料，如粉末冶金含油轴承、过滤器等的造孔剂硬脂酸锌。

3. 压制工艺对压制过程的影响

实践证明，不同的加压工艺对压坯质量的影响不同。

1）加压方式的影响

由于压制过程中的压力损失，导致了压坯密度的不均匀性，工业生产中往往采用双向压制及多向压制（等静压法）或改变压模结构等方法加以解决。特别是当压坯高径比较大时，采用单向压制不能保证产品的密度要求，压坯上、下密度之差往往达到 $0.1\sim0.5g/cm^3$ 甚至更大，使产品出现严重的质量问题。高而薄的圆筒压坯在成形时尤其要注意压坯密度的均匀问题。

2）加压速度的影响

压制过程中的加压速度不仅影响到粉末颗粒间的摩擦状态和加工硬化程度，而且影响到空气从粉末颗粒间隙中的逸出情况。如果加压速度过快，逸出就困难，因此通常的压制过程均是在缓慢加压状态进行的。但目前已出现的动压成形—冲击压力机，其加压速度相当于锻造速度，为 $6.1\sim18.3m/s$，其效率远比缓慢加压高，且压坯密度也很均匀。

3) 保压时间的影响

保压对于粉末压制效果影响很大，尤其对于形状较复杂或体积较大的制品来说尤为重要。如用 600MPa 压力压制铁粉时，不保压所得的压坯密度为 $5.65g/cm^3$，经保压 0.5min 后可达 $5.75g/cm^3$，而经保压 3min 后，可达到 $6.14g/cm^3$，压坯密度提高了 8.7%。

需保压的原因：①使压力传递充分，进而有利于压坯中各部分的密度分布均匀；②使粉末孔隙中的气体有足够时间经模具缝隙逸出；③为粉末之间的机械啮合和变形提供时间，有利于应变松弛的进行。至于是否需要保压及保压多长时间则根据产品形状、体积大小而定。

4) 振动压制的影响

压制时从外界对压坯施以一定的振动对致密化有良好的作用。实验表明：YT30 硬质合金混合料，如需要达到 $5.8g/cm^3$ 的压坯密度，静压需 120MPa，而振动压制仅需 0.6MPa，压力降低到 1/200。振动来源可以是机械的、电磁的、气动或超声振动等，频率为 1000～14 000 次/min。振动压制多用于 TiC、WC 等硬粉末，对 Cu、Al、Co、Fe 等软粉末，其效果远不如硬粉末。

第三节 烧 结

烧结是粉末或粉末压坯，在适当的温度和气氛中受热所发生的现象或过程。烧结的过程表现为颗粒之间发生黏结、烧结体的强度增加、密度的提高等。粉末颗粒的聚集体变为晶粒的聚结体，从而获得所需物理、机械性能的制品或材料。烧结是粉末冶金生产过程中最后的一道主要工序，对产品的性能起决定性作用，因为烧结产生的废品难以通过后续的工序进行挽救。

按烧结过程有无明显的液相出现和烧结系统的组成可分成以下类型。

1) 单元系烧结

单元系烧结是指纯金属或化合物（如 Al_2O_3、B_4C、BeO、$MoSiO_2$ 等）在其熔点以下的温度中进行的固相烧结过程。

2) 多元系固相烧结

多元系固相烧结是由两种或两种以上的组元构成的烧结体系，在其中低熔成分的熔点温度以下所进行的固相烧结过程。根据系统组元之间在烧结温度下有无固相溶解存在，可分为以下几个体系。

①无限固溶系：在合金状态图中有无限固溶区的系统，如 Cu-Ni、Fe-Ni、Cu-Au、Ag-Au 和 W-Mo 等。

②有限固溶系：在合金状态图中有有限固溶区的系统，如 Fe-C，Fe-Cu，W-Ni 等。

③完全不互溶系：组元之间既不互相溶解又不形成化合物或其他中间相的系统，如 Ag-W、Cu-W、Cu-C 等所谓"假合金"。

3) 多元系液相烧结

多元系液相烧结是以超过系统中低熔成分熔点温度进行的烧结过程。由于低熔成分同难熔固相之间互相溶解或形成合金的性质不同，液相可能消失或始终存在于烧结全过程，故又分为以下几个系统。

①烧结过程始终存在液相的系统：如 W-Co、TiC-Ni、W-Cu-Ni，W-Cu 和 Fe-

Cu（Cu＞10％等）。

②烧结后期液相烧结的系统：如 Cu-Sn、Cu-Pb、Fe-Ni-Al，Fc-Cu（Cu＜10％）。

③熔浸：属于溶相烧结的特例，这是多孔骨架的固相烧结与低熔金属浸透骨架后的液相烧结同时存在。

一、烧结过程的热力学基础

粉末有自动黏结或成团的倾向。粉末受热后，这种倾向更趋活跃，颗粒之间产生黏结，就是通常所说的烧结现象。

粉末烧结后，大致会发生下列几种现象：①烧结体强度增加，首先是颗粒间的黏结强度增大，即黏结面上原子间的引力增大。这是由于在高温下，原子振幅增大而发生扩散，粉末颗粒内有更多的原子进入原子作用力的范围，形成黏结面，且随着黏结面的扩大，黏结强度增加。②孔隙体和孔隙减少，孔隙形状发生变化。如图 6-18 所示，用球形颗粒模型表示孔隙形状的变化，由于烧结颈长大，颗粒间原来互相连通的孔隙逐渐收缩成闭孔，并逐步变圆。同时孔隙的大小和数量也在变化。

(a) 烧结前颗粒的原始接触　(b) 烧结早期的烧结颈长大　(c) 烧结后期的孔隙球化

图 6-18　球形颗粒的烧结模型

粉末的烧结过程，按时间大致可以划分为三个界限不十分明显的阶段。

1）黏结阶段

烧结初期，颗粒间的原始接触点或面转变成晶体结合，即通过成核、结晶长大等原子过程形成烧结颈。该阶段中，颗粒内的晶粒不发生变化，颗粒外形也基本不变，整个烧结体也不发生收缩，密度也未有多大变化，但烧结体的强度和导电性由于颗粒结合面增大而有明显增加。

2）烧结颈长大阶段

原子向颗粒结合面的大量迁移使烧结颈扩大，颗粒间距离缩小，形成连续的孔隙网络；同时由于晶粒长大，晶界越过孔隙移动，而被晶界扫过的地方，孔隙大量消失、烧结体收缩，密度和强度增加是该阶段的主要特征。

3）闭孔隙球化和缩小阶段

当烧结体密度达到 90％以后，多数孔隙被完全分隔，闭孔数量大为增加，孔隙形状趋近球形并不断缩小。在这一阶段，整个烧结体仍可缓慢收缩，但主要是靠小孔的消失和孔隙数量减少来实现。

此外，在烧结过程中，还伴随有表面气体和水分的挥发，氧化物的还原，颗粒内应力的消除，金属的回复和再结晶以及聚晶的长大等。

二、烧结的热力学问题

从热力学观点看,粉末烧结是系统自由能减少的过程,即烧结体相对于粉末坯体在一定条件下处于能量较低的状态,因此都遵循普遍的热力学定律。

烧结系统自由能降低,是烧结过程的原动力,包括以下几个方面:①由于颗粒结合面(烧结颈)的增大和颗粒表面的平直化,粉末体的总比表面积和总表面自由能减小;②烧结体内孔隙的总体积和总表面积减小;③粉末颗粒内晶格畸变的消除。

其中,①、②两个方面表示了烧结过程中粉末体内过剩的表面自由能的减少,③表示了晶格畸变能的减小。

在烧结温度 T 时,烧结体的自由能、焓和熵的变化分别用 ΔG、ΔH、ΔS 表示,那么根据热力学公式:

$$\Delta G = \Delta H - T \cdot \Delta S \tag{6-12}$$

如烧结反应前后物质的比热变化忽略不计,则 ΔS 趋近于零,因而 $\Delta G \approx \Delta H \approx \Delta U$,$\Delta U$ 为系统内能变化。因此可根据烧结前后焓或内能的变化来估计烧结的原动力。用电化学方法测定电动势或测定比表面均可计算自由能的变化。

烧结后颗粒的界面转变为晶界面。由于晶界能更低,故总的能量仍是降低的,这就成为烧结颈形成与长大后烧结继续进行的主要动力。这时,烧结使密度等性能进一步提高,颗粒黏结强度进一步增加。

烧结过程中孔隙大小的变化(小孔隙减少,平均孔隙尺寸增大),不管是否使总孔隙度降低,孔隙的总表面积是减小的。隔离孔隙形成后,在孔隙体积不变的情况下,表面积减小主要靠孔隙的球化,而球形孔隙继续收缩和消失也能使总表面积进一步减小。因此,不论在烧结的第二阶段还是第三阶段,孔隙表面自由能的降低,始终是烧结过程的原动力。

三、烧结机构

烧结过程中,颗粒烧结面上发生的量与质的变化以及烧结体内孔隙的球化与缩小等过程都是以物质的迁移为前提的。烧结机构即研究烧结过程中各种可能的物质迁移方式及速率。烧结时物质迁移的各种可能过程如表 6-8 所示。

表 6-8 物质迁移的过程

I	不发生物质迁移	黏结	
II	发生物质迁移,且原子移动较长的距离	表面扩散 晶格扩散 (空位机制) 晶格扩散 (间隙机制) 晶界扩散 蒸发与凝聚	组成晶体的空位或原子的移动
		塑性流动 晶界滑移	小块晶体的移动
III	发生物质迁移,但原子移动较短距离	回复或再结晶	

烧结初期颗粒间的黏结具有范德华力的性质，不需要原子作明显的位移，只涉及颗粒接触面上部分原子排列的改变或位置的调整，过程所需的激活能是很低的。因而，即使在温度较低、时间较短的条件下，黏结也能发生，成为烧结早期的主要特征，这时烧结体的收缩不明显。

其他物质的迁移形式，如扩散、蒸发、凝聚与流动等，因原子移动的距离较长，一般迁移过程中的激活能较大，只有在足够的温度或外力作用下才能发生。它们将引起烧结体的收缩，使性能发生明显变化，因此构成烧结主要过程的基本特征。但必须指出的是，只有那些有较高蒸气压的物质才可能发生蒸发与凝聚的物质迁移过程，如 NaCl 和 TiO_2、ZrO_2 等物质。对于大多数金属，除锌、镉外，在烧结温度下的蒸气压都很低，蒸发与凝聚不可能成为主要的烧结机构。

1. 体积扩散

在研究粉末烧结的物质迁移机构时，扩散学说在烧结理论的发展史上长时间处于领先地位。弗仑克尔理论认为，晶体内存在着超过该温度下平衡浓度的过剩空位，空位浓度梯度就是导致空位或原子定向移动的动力。皮湟斯进一步阐述，在颗粒接触面上，空位浓度增高，原子与空位交换位置，不断地向接触面迁移，使烧结颈长大；且烧结后期，在闭孔周围的物质内，表面应力使空位的浓度增高，不断向烧结体外扩散，引起孔隙收缩。他认为在烧结颈的凹曲面上，由于表面张力产生垂直于曲颈向外的张应力，使曲颈下的平衡空位浓度高于颗粒的其他部位，因此烧结颈就成了扩散空位的"源"。而由于存在不同吸收空位的"阱"，空位体积的扩散可以采取如图 6-19 所示的几种方式。

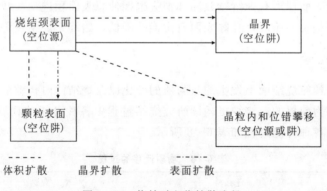

图 6-19 烧结时空位扩散途径

实际上小孔隙表面，凹面及位错等都可以是空位"源"。相应地，可成为"阱"的还有晶界、平面、凸面、大孔隙表面及位错等。颗粒表面相对于内孔隙或烧结颈表面、大孔隙相对于小孔隙都可成为空位阱。因此，当空位由内孔隙向颗粒表面扩散以及空位由小孔隙向大孔隙扩散时，烧结体就发生收缩，小孔隙不断消失和平均孔隙尺寸增大。

2. 表面扩散

通过颗粒表面层原子的扩散来完成物质迁移，可以在较蒸发与凝聚时低得多的温度下发生。事实上，烧结过程中颗粒的相互黏结，首先是在颗粒的表面上进行的。由于表面原子的扩散，颗粒黏结面扩大，颗粒表面的凹处逐渐被填平，粉末极大的表面积和高的表面能，是粉末烧结过程中的一切表面现象（包括表面原子扩散）的热力学本质。

大多数学者认为，在较低和中等烧结温度下，表面扩散的作用十分显著，而在更高温度时，逐渐被体积扩散所代替。烧结初期有大量的连通孔存在，表面扩散使小孔不断缩小与消失，而大孔隙增大，其结果颇像小孔被大孔吸收，总的孔隙数量减少和体积减小，同时有明显收缩出现；然而在烧结后期，形成隔离闭孔后，表面扩散只能促进孔隙表面光滑、孔隙球化，而对孔隙的消失和烧结的收缩不产生影响。

原子沿着颗粒或孔隙表面扩散，按照近代的扩散理论，空位机制是最主要的，因为空位扩散比间隙式或替换式扩散所需的激活能低得多。位于不同曲率表面上原子的空位浓度（或化学位）不同，所以空位将从凹面向凸面或从烧结颈的负曲率表面向颗粒的正曲率表面迁移；与此相反，原子则朝相反方向移动、填补凹表面或烧结颈。

粉末越细，比表面越大，表面的活性原子数越多，表面扩散便越容易进行。

3. 晶界扩散

前已述及，空位扩散时，晶界可作为空位"阱"，晶界扩散在许多反应或过程中起着重要作用。晶界对烧结的重要性有两方面：①烧结时，在颗粒接触面上容易形成稳定的晶界，特别是细粉末烧结后，形成许多的网状晶界，与孔隙互相交错，使烧结颈边缘和细孔隙表面的过剩空位容易通过邻接的晶界进行扩散或吸收；②晶界扩散的激活能比体积扩散小 1/2，而扩散系数大 1000 倍，而且随温度降低，这种差别增大。

4. 塑性流动

烧结颈的形成和长大可看成是金属粉末在表面张力作用下发生塑性变形的结果。塑性流动理论的最新发展是将高温微蠕变理论应用于烧结过程。金属的高温蠕变是在恒定的低应力条件下发生的微变形过程，而粉末在表面张力作用下产生缓慢的流动，同微蠕变极为相似，所不同的只是表面张力随着烧结的进行逐渐减小，因此烧结速度逐渐变慢。

需要指出的是，烧结体内虽然可能存在回复和再结晶，但只有晶格畸变严重的粉末烧结时才容易发生。这时，随着致密化出现晶粒长大。回复和再结晶首先使压坯中颗粒接触面上的应力得以消除，因而促进烧结颈的形成。由于粉末中的杂质和孔隙阻碍再结晶过程，所以粉末烧结的再结晶晶粒长大现象不像致密金属那样明显。

5. 综合作用烧结机理

在实际的烧结过程中，远非上面所述的某一种简单化的烧结机构，而是上述各种机构可能同时或交替地出现在某一烧结过程中。

烧结理论，目前只指出了烧结过程中可能出现的物质迁移机构及其相应的动力学规律，而后者只有当某一机构占优势时，才能够应用。不同的粉末，不同的粒度，不同的温度或等温烧结的不同阶段，以及不同的烧结气氛、方式（如外应力）等都可能改变烧结的实际机构和动力学规律。

在蒸气压高的烧结中以及通过气氛活化的烧结中，蒸发与凝聚不失为重要机构；在较低温度或极细粉末的烧结中，表面扩散可能是主要的；对于等温烧结过程，表面扩散只在早期阶段对烧结颈的形成与长大以及在后期对孔隙的球化才有明显的作用，但仅靠表面扩散不能引起烧结体的收缩；晶界扩散一般不是作为孤立的机构影响烧结过程，它总是伴随着体积扩散出现，而且对烧结过程起催化作用。晶界扩散对致密化过程最为重要，明显的收缩发生在烧结颈的晶界向颗粒内移动和晶粒发生再结晶或聚晶长大的时候。曾有人计算过，烧结致密化过程的激活能大于晶粒长大的激活能，说明这两个过程是同时发生并互相促进的。

大多数的金属与化合物的晶体粉末，在较高的烧结温度下，特别是等温烧结的后期，体积扩散总是占优势的。按最新的观点，体积扩散是纳巴罗-赫仑扩散蠕变，即受空位扩散限制的位错攀移机构。烧结的明显收缩是体积扩散的直接结果，而晶界、位错与扩散空位之间的交互作用引起收缩、晶粒大小和内部组织等一系列复杂变化。

四、单元系烧结

单元系烧结是指纯金属或有固定化学成分的化合物或均匀固溶体的粉末在固态下烧结，过程中不出现新的组成物或新相，也不出现凝聚状态的改变（不出现液相），故也称为单相烧结。单元系烧结过程，除黏结、致密化及纯金属的组织变化之外，不存在组元间的溶解，也不形成化合物。

1. 烧结温度与烧结时间

单元系烧结的主要机构是扩散和流动，它们与烧结温度和时间的关系极为重要。莱因斯用如图 6-20 所示的模型描述粉末烧结时二维颗粒接触面和孔隙的变化，其中：①表示粉末压坯中，颗粒间原始的点接触；②表示在较低烧结温度下，颗粒表面原子的扩散和表面张力所产生的应力，使物质向接触点流动，接触点逐渐扩大为面，孔隙相应缩小；③表示高温烧结后，接触面更加长大，孔隙继续缩小，趋于球形。

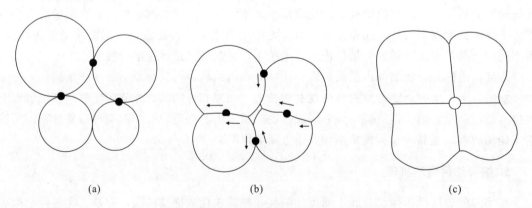

图 6-20 烧结过程中接触面、孔隙形状的变化模型

当温度升高后，不论扩散还是流动，都将加快进行。因单元系烧结是原子的扩散，当温度低于再结晶温度时，扩散很慢，原子移动的距离也不大，因此颗粒接触面的扩大很有限。只有当超过再结晶温度使自扩散加快后，烧结才会明显地进行。

增大压制压力，可改善金属颗粒间的接触。其原因是，气体或杂质（包括氧化物）的挥发还原或溶解等反应使颗粒间的金属接触增加，且温度升高使颗粒塑性大大提高，这些因素均有利于金属粉末的烧结。但是对氧化物粉末，一般在接近熔点的温度下才能充分烧结，而金属粉末可在较宽温度范围内烧结。

单元系粉末烧结存在最低的起始烧结温度，即烧结体的某种物理或力学性质出现明显变化的温度。以发生显著致密化的最低塔曼温度指数 α（烧结的绝对温度与材料熔点之比）代表烧结起始温度，并测出，Au-0.3、Cu-0.35，Ni-0.4、Fe-0.4、Mn-0.45、W-0.4 等，大致遵循金属熔点越高、α 指数越低的规律。

实际的烧结过程都是连续烧结，温度逐渐升高达到烧结温度保温，因此各种烧结反应和现象也是逐渐出现和完成的。大致上可以将单元系烧结划分成 3 个阶段。

①低温预烧阶段（$\alpha \leqslant 0.25$）：主要发生金属的回复，吸附气体和水分挥发，压坯内成形剂的分解和排除。该阶段密度基本维持不变。

②中温升温烧结阶段（$\alpha = 0.4 \sim 0.55$）：开始出现再结晶。首先在颗粒内，变形的晶粒得以恢复，改组为新晶粒，同时颗粒表面氧化物被完全还原，颗粒界面形成烧结颈。

③高温保温完成烧结阶段（$\alpha = 0.5 \sim 0.85$）：烧结的主要过程，如扩散和流动充分地进行和接近完成，形成大量闭孔，并继续缩小，使得孔隙尺寸和孔隙总数均有减少，烧结体密度均有明显增加。保温足够长时间后，所有性能均达到稳定值而不再变化。长时间烧结使聚晶得以长大，这对强度影响不大，但可能降低韧性及延伸率。

通常说的烧结温度是指保温时的温度，一般是绝对熔点温度的 2/3 或 4/5，温度指数 $\alpha = 0.67 \sim 0.8$，其低限略高于再结晶温度，其上限主要从技术及经济上考虑，而且与烧结时间同时选择。烧结时间指保温时间，温度一定时，烧结时间越长，烧结体性能也越高，但时间的影响远不如烧结温度高。实验证明，烧结温度每升高 55℃ 所提高的密度，需要延长烧结时间几十或几百倍才能获得。

2. 烧结密度与尺寸的变化

控制烧结件的密度与尺寸变化，对生产粉末零件极为重要。事实上，控制尺寸比控制密度更为困难。因为密度主要由压制控制，而尺寸与压制及烧结均有关系，且烧结时各个方向的尺寸变化（收缩）均不相同。

烧结过程中，大多数情况下压制件总是收缩的，但下列情况下也会产生膨胀：①低温烧结时压制内应力的消除，抵消一部分收缩，因此当压力过高时，烧结后会胀大。②气体与润滑剂的挥发阻碍产品的收缩，因此当升温过快时，往往产品鼓泡胀大。③与气氛反应，生成气体妨碍产品收缩。当产品收缩时，闭孔中的压力可增至很大，甚至超过引起孔隙收缩的表面张应力，这时孔隙收缩就停止。④烧结时间过长或温度偏高，造成聚晶长大会使密度略为降低。⑤同素异晶转变可能引起比容改变而导致体积胀大。

压制产品的收缩，在垂直或平行于压制方向上是不等的，一般说垂直方向较大。

3. 烧结体显微组织变化

1）孔隙变化

烧结后，孔隙的形状、大小和数量改变总是十分明显的。烧结过程中，孔隙随时都在变化，由孔隙网络逐渐形成隔离闭孔，孔隙球化收缩，少数闭孔长大。孔隙的球化进行得很慢，在一般的烧结粉末制品中，大多数孔隙仍为不规则状。因为粉末表面吸附的气体或其他非金属杂质对扩散、蒸发和凝聚过程阻碍极大,只有极细粉末的烧结和某些化学活化烧结才能加快孔隙的球化过程。此外,提高烧结温度自然有利于孔隙的球化。

2) 再结晶与晶粒长大

粉末冷压成形后烧结,同样发生回复、再结晶和晶粒长大等组织变化。回复使弹性内应力消除,主要发生在颗粒接触面上,不受孔隙影响,且在烧结保温阶段之前基本完成;再结晶与烧结的主要阶段即致密化过程同时发生,这时原子重新排列、改组,形成新晶核并长大,或借助晶界移动使晶粒合并,总之是以新的晶粒代替旧的,并常伴随晶粒长大现象。粉末材料再结晶有下述两类基本形式。

① 颗粒内再结晶:颗粒在压制时的变形是产生再结晶的原动力,而再结晶是在一定温度条件下发生的。由于颗粒间接触表面的变形最大,再结晶成核也最容易,因此再结晶具有从接触面向颗粒内扩展的特点。

② 颗粒间聚集再结晶:烧结颗粒间界面通过再结晶形成晶界,而且向两边颗粒内移动,这时颗粒合并,称为颗粒聚集再结晶。在 $\alpha=0.4\sim0.5$ 的温度下进行烧结,颗粒间产生"桥接"就是聚集再结晶的开始,而在 $\alpha=0.75\sim0.85$ 温度以后,聚晶就剧烈长大,这时颗粒内和颗粒间的原始界面,实际上都变成新的晶界,无法区别。

五、多元系固相烧结

大多数粉末冶金材料是由几种成分烧结而成的。烧结过程不出现液相的称为多元系固相烧结,包括成分间不互溶和互溶两类。

1. 互溶系固相烧结

以混合粉末烧结为例加以概述。

1) 一般规律

混合粉末烧结时,在不同组分的颗粒间发生的扩散与合金均匀化过程,取决于合金热力学和扩散动力学。为研究简化起见,以二元系固溶体合金为例讨论。当二元粉末混合物烧结时,一个组元通过颗粒间的黏结面扩散并溶解到另一组元的颗粒中,如 Fe-C 材料中石墨溶解于铁中,或者二组元互相溶解(如 Cu-Ni),产生均匀的固溶体颗粒。

假定有金属 A 和 B 的混合粉末,则烧结时在两种粉末的颗粒接触面上,按相图反应生成平衡相 A、B,以后的反应将取决于 A、B 组元通过反应产物 AB 形成包裹颗粒壳层的互扩散。如果 A 能通过 AB 进行扩散,而 B 不能,那么 A 原子将通过 AB 相扩散到 A 与 B 的界面上再与 B 反应,这样 AB 相就在 B 颗粒上滋长。通常 A 与 B 均能通过 AB 相互扩散,那么反应将往 AB 相层内发生,并同时向 A 与 B 的颗粒内扩展,直至所有颗粒成为具有同一平均成分的均匀固溶体为止。

假若反应产物 AB 是能够溶于组元 A 或 B 的中间相(如电子化合物),那么界面上的反应将复杂化。例如 AB 溶于 B 形成有限固溶体,只有当饱和后,AB 才能通过成核长大重新析出,同时饱和固溶体的区域也逐渐扩大。因此合金化过程将取决于反应生成相的性质、生成次序和分布,取决于组元通过中间相的扩散,取决于一系列反应层之间的物质迁移和析出反应。但是扩散总归是决定合金化的主要动力学因素,因而凡是促进扩散的一切条件,均有利于烧结及获得最好的性能。

2) 无限互溶系

属于这类的有 Cu-Ni、Co-Ni、Cu-Au、Fe-Ni 等。以 Cu-Ni 为例讨论如下。

Cu-Ni 具有无限互溶的简单相图。用混合粉末等温烧结,在一定阶段发生体积增大现象。烧结收缩随时间的变化,主要取决于合金均匀化的程度。图 6-21 的烧结收缩曲线表明,纯铜粉或纯镍粉单独烧结时,烧结在很短时间内就完成了;而它们的混合物粉末在未合金化之前,也产生较大收缩,但随着合金均匀化的进行,烧结反而出现膨胀,且膨胀与烧结时间的方根（$t^{1/2}$）成正比,使曲线线性上升,到合金化完成后才又转为水平。

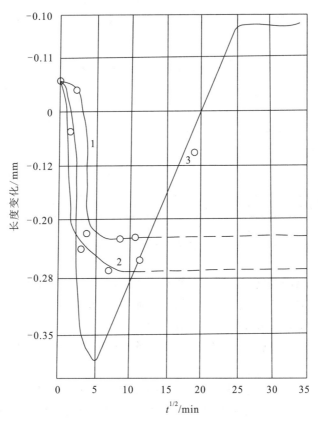

1. 纯铜粉；2. 纯镍粉；3. 41%Cu+59%Ni 混合粉。

图 6-21 烧结收缩曲线图（950℃）

描述合金化程度,可用均匀化程度因素:
$$F = m_t/m_\infty \tag{6-13}$$

式中：m_t 为在时间 t 内,通过界面的物质迁移量；m_∞ 为当时间无限长时,通过界面的物质迁移量。

F 值在 0～1 之间变化,$F=1$ 相当于完全均匀化。粉末和工艺条件对 Cu-Ni 混合粉在烧结时合金化的 F 值的影响如表 6-9 所示。

由表 6-9 可知：

①烧结温度：是影响合金化最重要的因素。如表中数据表明,烧结温度由 950℃ 升到 1050℃ 即提高 10% 时,F 值提高 20%～40%。

表 6-9 粉末和工艺条件对 Cu-Ni 混合粉在烧结时合金化程度 F 值的影响

混合粉末类型	粉末粒度（目）	压制压力/MPa	烧结温度/℃	烧结时间/h	F 值
Cu 粉 + Ni 粉	-100～+140	770	850	100	0.64
		770	950	1	0.29
		770	950	50	0.71
		770	1050	1	0.42
		770	1050	54	0.87
	-270～+325	770	850	100	0.84
		770	950	1	0.57
		770	950	50	0.87
		770	1050	1	0.69
		770	1050	54	0.91
		385	950	1	0.41
Ni 粉 + Cu-Ni 预合金粉 Ⅰ	-100～+140	770	950	1	0.52
		770	950	50	0.71
Cu 粉 + Cu-Ni 预合金粉 Ⅱ	-270～+325	770	950	1	0.65
Cu 粉 + Cu-Ni 预合金粉 Ⅲ	-270～+325	770	950	1	0.80

注：所有试样中 Ni 的平均浓度为 52%；Ⅰ预合金粉成分为 70%Cu+30%Ni；Ⅱ预合金粉成分为 69%Ni+27%Cu，含 Si、Mn、Fe 等杂质；Ⅲ为 Ni 包 Cu 的复合粉末，其成分为 70%Ni+30%Cu。

② 烧结时间：在相同温度下烧结时间越长，扩散越充分，合金化程度就越高，但不及温度那样明显。如 F 值由 0.5 提高到 1，时间需增加 500 倍。

③ 粉末粒度：合金化的程度随着粒度减小而增加。

④ 压坯密度：增大压制压力，作用并不十分明显。如压力增大 20 倍，F 值仅增加 40%。

⑤ 粉末原料：采用一定数量的预合金粉，与完全使用混合粉比较，达到相同的合金均匀化程度所需时间将缩短，因为这时扩散路程缩短，并可减少要迁移的原子数量。

⑥ 杂质：S、Mn 等杂质阻碍合金化，因为存在于烧结表面或在烧结过程中形成的 MnO、SiO_2 杂质阻碍颗粒间扩散的进行。

烧结 Cu-Ni 合金，物理机械性能随烧结时间的变化如图 6-22 所示。烧结尺寸变化 ΔL 的曲线表明，烧结体的密度比其他性能更早地趋于稳定，硬度在烧结一段时间内有所降低，以后又逐渐升高，强度、延伸率及电阻的变化可以延续很长时间。

3）有限互溶系

有限互溶系的烧结合金有 Fe-C、Fe-Cu 等烧结钢，W-Ni、Ag-Ni 等合金，它们烧结后得到的是多相合金，如 Fe 基减摩和结构零件的基体材料等。它们是将 Fe 粉与石墨粉混合后，经压制成形。在烧结时，碳原子不断向 Fe 粉中扩散，在高温中形成 Fe-C 有限固溶体（γ-Fe），冷却后形成主要由 α-Fe 与 Fe_3C 组成的多相合金，它比烧结纯 Fe 有更高的强度和硬度。

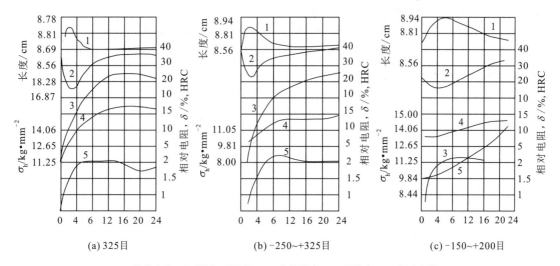

(a) 325目　　　(b) -250~+325目　　　(c) -150~+200目

1. 长度变化；2. 硬度（HRC）；3. 抗拉强度；4. 延伸率；5. 相对电阻。

图6-22　Cu-Ni（70-30）混合粉烧结体性能随时间的变化（980℃烧结）

2. 互不溶系固相烧结

粉末烧结法能够制造熔铸法所不能得到的"假合金"，即组元间不互溶且无反应的合金。粉末固相烧结或液相烧结可以获得的假合金包括金属-金属、金属-非金属、金属-氧化物、金属-化合物等。最典型的是电接触合金，如Cu-W、Ag-W、Cu-C、Ag-Cd等。

1) 烧结热力学

互不溶的两种粉末，能否烧结取决于系统的热力学条件，且同单元系和互溶多元系烧结一样，与表面自由能的减少有关。皮湼斯认为互不溶系的烧结服从不等式：

$$\gamma_{AB} < \gamma_A + \gamma_B \tag{6-14}$$

即A-B的比界面能必须小于A、B单独存在的比表面能之和。在满足上式的前提下，如果$\gamma_{AB} > |\gamma_A - \gamma_B|$，那么在两组元的颗粒间形成烧结颈的同时，它们可互相靠拢至某一临界值；如果$\gamma_{AB} < |\gamma_A + \gamma_B|$，则开始时通过表面扩散，比表面能低的组元覆盖在另一组元的颗粒表面，然后同单元系烧结一样，在类似复合粉末的颗粒间形成烧结颈。只要烧结时间足够长，充分烧结是可能的，这时得到的合金组织是一种成分均匀包裹另一成分的颗粒表面。显然，γ_{AB}越小，烧结的动力就越大。

2) 烧结过程的特点

（1）互不溶系固相烧结几乎包括了用粉末冶金方法制造的一切典型材料、基体强化材料（弥散强化或纤维强化）和利用组合效果的金属陶瓷材料（电接触合金、金属-塑料）。它们是以熔点低、塑（韧）性好、导热（电）性强而黏结性好的成分（纯金属或单相合金）为黏结相，与熔点和硬度高，高温性能好的成分（难熔金属或化合物）组成的一种机械混合物，因而兼有两种不同成分的性质，常常具有良好的综合性能。

（2）互不溶系的烧结温度由黏结相的熔点决定。如果是固相烧结，温度要低于其熔点，如该成分的体积比不超过0.5，亦可采用液相烧结。

（3）复合材料及假合金，通常要求在接近致密状态下使用，因此在固相烧结后，一般需要采用复压、热压、烧结锻造等补充致密或热成形工艺。

(4) 当复合材料接近完全致密时,有许多性能同粉末成分的体积含量之间存在线性关系,称为"加和"规律。图 6-23 清楚地表明了这种加和性,即在相当宽的范围内,物理与机械性能随成分含量的变化呈线性关系。

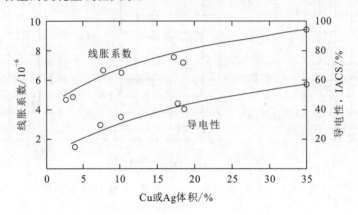

图 6-23　Ag-W、Cu-W 合金的性能与成分的关系

(5) 当难溶组分含量很高、粉末混合均匀有困难时,可用复合粉或化学混料方法。制备复合粉的方法有共沉淀法,金属盐共还原法,置换法,电沉积法等。

(6) 互不溶系内不同成分颗粒间的结合界面对材料的烧结性以及强度影响很大。固相烧结时,颗粒表面上微量其他物质生成的微晶,或添加少量元素加速颗粒表面原子的扩散以及表面氧化膜对异类粉末的反应等都可能提高原子的活性和加速烧结过程。氧化物基金属陶瓷材料的烧结性能,因组分间有相互作用(润湿、溶解、化学反应)而得到改善。有选择地加入所谓中间相,(它与两种组分均起反应)可促进两相成分的相互作用。例如 Cr-Al_2O_3 高温材料,有少量 Cr_2O_3 存在于颗粒表面可以降低 Cr 与 Al_2O_3 间的界面能,使烧结后强度提高。

六、液相烧结

粉末压坯仅通过固相烧结难以获得很高的密度,如果在烧结温度时低熔组元熔化或形成低熔共晶物,那么由液相引起的物质迁移,比固相扩散快,而且最终液相将填满烧结体内的孔隙,因此可获得密度高、性能好的烧结产品。液相烧结应用广泛,如制造各种烧结合金零件、电接触材料、硬质合金及金属陶瓷材料等。

液相烧结得到具有多相组织的合金或复合材料,即由烧结过程中一直保持固相的难熔成分颗粒和提供液相(一般占 13%～35% 体积比)的黏结相所构成。固相在液相中不溶解或溶解度很小时,称为互不溶系液相烧结,如假合金、氧化物-金属陶瓷材料。另一类固相在液相中有一定溶解度,如 Cu-Pb、W-Cu-Ni、WC-Co、TiC-Ni 等,但烧结仍自始至终有液相存在。特殊情况下,通过液相烧结也可获得单相合金,这时液相量有限,又大量溶解于固相形成固溶体或化合物,因而烧结保温的后期液相消失,如 Fe-Cu(Cu<10%)、Fe-Ni-Al、Ag-Ni、Cu-Sn 等合金。

1. 液相烧结的条件

1) 表面润湿性

液相对固相颗粒的表面润湿性是液相烧结的重要条件之一，对致密化、合金组织与性能的影响极大。如图 6-24 所示，当液相润湿固相时，在接触点 A 用方程表示平衡的热力学条件为：

$$\gamma_s = \gamma_{sl} + \gamma_l \cos\theta \qquad (6-15)$$

式中：γ_s 为固相表面张力，mN/m；γ_l 为液相表面张力，mN/m；γ_{sl} 为两相间表面张力，mN/m；θ 为润湿角与接触角，°。

完全润湿时，$\theta = 0$，上式变为 $\gamma_s \geqslant \gamma_{sl} + \gamma_l$；不润湿时，$\theta > 90°$，则 $\gamma_{sl} \geqslant \gamma_s - \gamma_l \cos\theta$。图 6-25 表示介于前两者之间，为部分的润湿状态，$0° < \theta < 90°$。

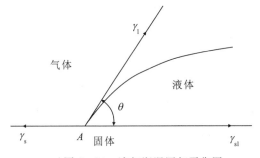

图 6-24 液相润湿固相平衡图

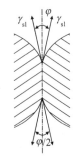

图 6-25 与液相接触的两面角形成

液相烧结需满足的润湿条件就是润湿角 $\theta < 90°$；如果 $\theta > 90°$，烧结开始时，液相即使生成，也会很快跑出烧结体外，称为渗出。液相只有具备完全或部分润湿的条件，才能渗入颗粒的微孔或裂隙，甚至晶粒界间，形成如图 6-24 所示的状态。此时两固相界面张力 γ_{ss} 取决于液相对固相的湿润，平衡时 $\gamma_{ss} = 2\gamma_{sl}\cos(\varphi/2)$，$\varphi$ 称两面角。可见，两面角越小时，液相渗进固相界面越深，当 $\varphi = 0$ 时，$\gamma_{sl} = \gamma_{ss}/2$ 表示液相将固相界面完全隔离，液相包裹住固相。实际上，只有液相与固相的界面张力 γ_{sl} 越小，也就是液相润湿固相越好，两面角才越小，才越容易烧结。

影响润湿性的因素是复杂的，现概述如下。

①温度与时间的影响：升高温度或延长液-固接触时间能减小 θ 角，但时间的作用是有限的。升高温度有利于界面反应，从而改善润湿性。金属对氧化物反应时，界面反应是吸热的，升高温度有利于系统自由能降低，故 γ_{sl} 降低，而温度对 γ_s 和 γ_l 的影响不大。在金属—金属体系内，温度升高也能降低润湿角。

②表面活性物质的影响：铜中添加镍能改善对许多金属或化合物的润湿性，表 6-10 示出了铜中添加镍对 ZrC 润湿性的影响。镍中加入少量钼，可使它对 TiC 的湿润角由 30°降至 0°，两

表 6-10 铜中含镍量对 ZrC 润湿性的影响

Cu 中含镍量/%	润湿角 θ/°
0	135
0.01	96
0.05	70
0.1	63
0.25	54

面角由 45°降至 0°。

③粉末表面状态的影响：粉末表面吸附气体、杂质或有氧化膜、油污存在，均将降低液体对粉末的湿润性。因此粉末烧结前需用氢还原，除去水分和还原表面氧化膜，可以改善液相烧结的效果。

④气氛的影响：表 6-11 列举了铁族金属对某些氧化物和碳化物的湿润角的数据，可见气氛会影响湿润角的大小。因为多数情况下，粉末有氧化膜存在，氢和真空对消除氧化膜有利，故可以改善湿润性。

表 6-11 液体金属对某些化合物的湿润性

固相化合物	液态金属	温度/℃	气氛	润湿角 $\theta/°$
TiC	Ag	980	真空	108
	Ni	1450	H_2	17
	Ni	1450	He	32
	Ni	1450	真空	30
	Co	1500	H_2	36
	Co	1500	He	39
	Co	1500	真空	5
	Fe	1550	H_2	49
	Fe	1550	He	36
	Fe	1550	真空	41
	Cu	1100～1300	真空	108～70
	Cu	1100	Ar	30～30
WC	Co	1500		0
	Co	1420		～0
	Ni	1500		～0
	Ni	1380		～0
	Fe	1490		～0

2）溶解度

固相在液相中有一定溶解度是液相烧结的又一条件，因为：①固相有限溶于液相可改善润湿角；②固相溶于液相后，液相数量相对增加；③固相溶于液相，借助液相进行物质迁移；④溶在液相中的组分，冷却时如能析出，可补填颗粒表面的缺陷和颗粒间隙，从而增大固相颗粒分布的均匀性。

但是，溶解度过大，会使液相数量太多，对烧结不利。另外，如果固相溶解对液相冷却后的性能有不好的影响（如脆性）时，也不宜于采取液相烧结。

3）液相数量

液相烧结应以液相填满固相颗粒的间隙为限度。烧结开始，颗粒间空隙较多，经过一段时间液相烧结以后，颗粒重新排列并且有一部分小颗粒溶解，使孔隙被增加的液相所充填。一般认为，液相量以占烧结体体积的 20%～50% 为宜。液相量超过则烧结后形状尺寸难以保证;液相量不足时,烧结体内将残留一部分不被液相充填的小孔,而且固相颗粒也将因直接接触而过分长大。

2. 液相烧结过程和机构

液相烧结的动力是液相表面张力和固-液界面张力。

1) 烧结过程

烧结过程大致可分为 3 个阶段。

(1) 液相生成与颗粒重排阶段。由于有液相存在,颗粒在液相内近似呈悬浮状态,受液相表面张力的推动发生位移,因而液相能够润湿固相颗粒且有足够的液相存在是颗粒移动的重要前提。颗粒间孔隙中液相所形成的毛细管力以及液相本身的黏性流动,使颗粒调整位置,重新分布以达到最紧密的排布,在此阶段,烧结体密度迅速增大。

(2) 固相溶解和析出阶段。固相颗粒表面的原子逐渐溶解于液相,溶解度随温度、颗粒形状、大小而变。在液相中,小颗粒及颗粒的棱角及凸起部位优先溶解,因此,小颗粒趋向减少,颗粒表面趋向光滑平整。相反,大颗粒由于饱和溶解度较低,使颗粒中的一部分过饱和的原子在大颗粒的表面析出,使大颗粒趋于长大,借此使物质达到了迁移。与第一阶段相比,致密化速度减慢。

(3) 固相骨架形成阶段。经过前两个阶段,颗粒之间靠拢,在颗粒接触表面同时产生固相烧结,使颗粒彼此黏合,形成坚固的固相骨架。这时,剩余液相充填于骨架的间隙。这阶段以固相烧结为主,致密化速度已显著减慢。

2) 烧结机构

(1) 颗粒重排机构。液相的毛细管力驱使颗粒重新排列,以获得最紧密的堆砌和最小的孔隙总表面积。因为液相湿润固相并渗进颗粒间隙必须满足 $\gamma_{sg}>\gamma_{l}>\gamma_{ss}>\gamma_{sl}$ 的热力学条件(其中 γ_{sg} 表示固气表面张力),所以固-气界面逐渐消失,液相完全包围固相颗粒,此时在液相内仍留有大大小小的气孔。由于液相作用在气孔上的应力 $\sigma=-2\gamma_{l}/r$ (r 为气孔半径) 随孔径大小而异,故作用在大小气孔上的压力差将驱使液相在这些气孔中间流动,称为液相黏性流动。另外如图 6-26 所示,渗进颗粒间隙的液相,由于毛细管张力 γ/ρ 而产生使颗粒相互靠拢的分力(如箭头所示)。由于固相颗粒大小不同,形状各异,毛细管内液相凹面的曲率半径 ρ 不同,使作用于每一颗粒及各方向上的毛细管力及其分力不相等,使得颗粒在液相内漂动和液相流动,颗粒重排得以顺利进行。基于上述原因,颗粒重排和气孔收缩的过程进展迅速,致密化很快就完成。但由于颗粒靠拢到一定程度后形成拱桥,阻碍了液相的流动,因此这一过程不可能达到完全致密化。

(2) 溶解-析出机构。由于颗粒大小不同,表面形状不规则,且各部位的曲率不同,使溶解于液相的平衡浓度不相等,浓度差引起了颗粒之间或颗粒不同部位之间的物质通过液相迁移时,小颗粒或颗粒表面较凸部位溶解较多,相反地,溶解物质又在大颗粒表面或具有凹部的微区沉析。通过溶解—析出这一过程,使颗粒外径逐渐趋于球形,小颗粒逐渐缩小和消失,大颗粒更加长大。这一过程使颗粒更加靠拢,整个烧结体发生收缩。

(3) 固相形成机构。这一过程只有在当液相不完全湿润固相或液相数量较少时才非常明显,结果是大量颗粒直接接触,不被液相包裹。该阶段满足 $\gamma_{ss}/2<\gamma_{sl}$ 或两面角 $\varphi>0$ 的条件。骨架形成后的烧结过程与固相烧结相似。

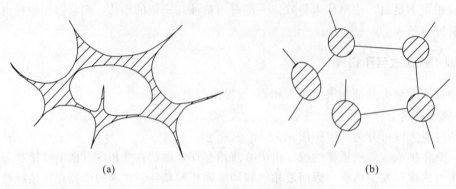

图 6-26 液相烧结颗粒靠拢机构

3) 烧结合金的组织

液相烧结合金的组织,即固相颗粒的形状以及分布状态,取决于固相物质的结晶学特征、液相的湿润性和两面角大小。当固相在液相中有大的溶解度时,通过溶解析出,固相颗粒发生重结晶长大,冷却后颗粒多呈卵形,紧密排列在黏结相内,如重合金(W-Cu-Ni)组织具有这种明显特征。

液相烧结组织与两面角的关系:当 $\varphi > 120°$ 时,液体呈隔离的滴状分布在固相界面的交汇点上,如图 6-26 所示;$\varphi = 60° \sim 120°$ 时,液相能渗进固相间界面;当 $\varphi < 60°$ 时,液相就沿固相界面散开,完全覆盖住颗粒表面,见图 6-26(a)。

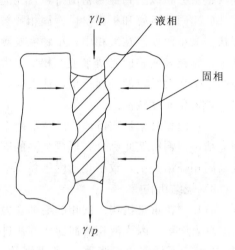

图 6-27 液相在固相界面上的分布

当液相数量足够填充颗粒所有间隙而且没有气孔存在的理想状态下(图 6-27),获得如图 6-28 所示的烧结合金组织:①$\varphi = 0°$ 时,烧结初期液相侵入固相颗粒间隙,引起晶粒细化,再经过溶解-析出颗粒长大阶段,固相联成大的颗粒,被液相分隔成孤立的"小岛"[图 6-28(a)];②$0° < \varphi < 120°$ 时,液相不能侵蚀固相晶界,固相颗粒黏结成骨架,成为不被液相完全分隔的状态 [图 6-28(b)];③$\varphi \geqslant 120°$ 时,固相充分长大,使液相分隔成孤立的小块嵌镶在骨架的间隙中 [图 6-28(c)]。

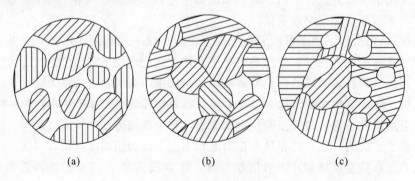

图 6-28 合金组织与两面角的关系

七、液相烧结合金举例

液相烧结合金的例子很多，典型的如 WC-Co 硬质合金，W-Cu-Ni 合金，Cu-Sn 合金等等。下面以 Cu-Sn 合金为例加以说明。

Cu-Sn 系在烧结后液相消失。Cu 与 Sn 能相互溶解，形成一系列中间相（电子化合物）和相应的中间固溶体，其状态图如图 6-29 所示。现以 10%Sn（α 相区）的合金为例说明混合粉的烧结过程。升温过程中，锡粉超过 232℃ 就熔化，并流散于铜粉压坯的孔隙内。Cu 在 Sn 的液相中溶解，发生共晶反应，生成 η 相（60%Sn）。继续升温，液相又不断溶解 Cu，达到 415℃，发生包晶反应，η 相消失，生成 ε 相（38%Sn）。这时液相减少，但在升温过程中 Cu 仍可继续溶解，直至再溶反应温度（640℃），ε 相变为 γ 相，液相才完全消失。再升温至 755℃ 时，包晶反应又使 γ 相转变为 β 相，又出现少量液相。因为烧结温度已超过另一包晶反应温度（798℃），故 β 相又分解，最后得到以 Cu 为基的高温 α 固溶体。由相图中临界点知道，含 10%Sn 的合金粉末，只有当烧结温度超过 850℃ 时才有稳定的液相出现，含锡量更高时，在较低温度下也有稳定的液相生成。冷却下来后的合金，如按平衡成分应得到 α+ε 相组织，但实际上当使用混合粉，且扩散不充分时，得到的组织可能由不均匀的 α 相和少量高温 δ 相组成。

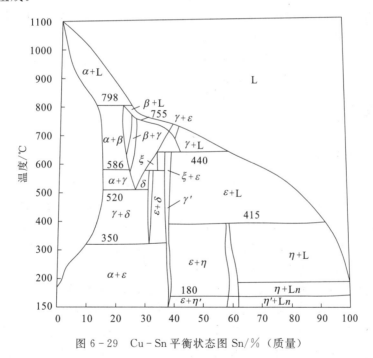

图 6-29　Cu-Sn 平衡状态图 Sn/%（质量）

Cu 在液态 Sn 中溶解得相当迅速，特别是当 Cu 粉很细（<15μm）时，Sn 熔化几分钟后，就能达到饱和浓度。随着温度升高，由于 ε 相和 γ 相的出现，液相很快地减少或消失。但在液相消失以前，由于 Cu 的溶解，烧结过程进展很快，密度一直增大。当 γ 相出现后，烧结基本上在固相下进行，而在包晶反应温度（793℃）以上烧结，主要是通过少量液相完成 α 相的均匀化。

八、熔浸

将粉末压坯与液体金属接触或浸埋在液体金属内,让压坯内孔隙被金属液填充,冷却下来就得到致密材料或零件,这种工艺称为熔浸或熔渗。当将熔浸和烧结合为一道工序完成时,又称为熔浸烧结。

熔浸过程依靠金属液湿润粉末多孔体,在毛细管力作用下沿着颗粒间孔隙或颗粒内孔隙流动,直到完全填充孔隙为止。因此从本质上来说,它是液相烧结的一个特例。所不同的只是致密化主要靠易熔成分从外面去填满孔隙,而不是靠压坯本身的收缩,因此熔浸的零件,基本上不产生收缩,烧结所需时间也短。

熔浸所必需的基本条件:①骨架材料与熔浸金属的熔点相差较大,不致造成零件变形;②熔浸金属能很好润湿骨架材料,同液相烧结一样,应满足 $\gamma_s - \gamma_{sl} > 0$ 或 $\gamma_l \cos\theta > 0$。由于 γ_l 总是大于 0,故 $\cos\theta > 0$,即 $\theta < 90°$;③骨架与熔浸金属之间不互溶或溶解度不大,因为如果反应生成熔点高的化合物或固溶体,液相将消失;④熔浸金属的量应以填满孔隙为限度,过少或过多均不利。

研究表明,影响熔浸过程的因素:①金属液的表面张力 γ 愈大,对熔浸愈有利;②连通孔隙的半径大对熔浸有利;③液体金属对骨架的湿润性(θ 角)对熔浸影响很大;④提高温度使液相金属的黏度降低对熔浸有利;⑤用合金代替纯金属作熔浸,有时可降低熔浸温度和减少对骨架材料的溶解,如用 Cu-Fe 饱和固溶体、Cu-3Fe-5Mo、Cu-3Fe-6Mo、Cu-Sn、Cu-Zn、Cu-P 等熔浸铁基零件效果很好;⑥在氢气或真空下熔浸,可改善湿润性和减小孔隙内气体对熔浸金属流动的阻力。

九、烧结气氛

1. 气氛的作用与分类

烧结气氛对于保证烧结的顺利进行和产品质量十分重要。气氛的作用主要:①防止或减少周围环境对烧结产品的有害反应,如氧化脱碳等,从而保证烧结的顺利进行和产品质量的稳定;②排除有害杂质,如吸附气体、表面氧化物或内部杂质。净化通常能提高烧结动力,加快烧结速度,而且能改善产品性能;③维持或改变烧结材料中的有用成分,这些成分往往能与烧结金属生成合金或活化烧结过程,例如烧结钢的碳控制、渗氮和预氧化烧结等。

烧结气氛按其功用大体可分为五种类型。①氧化气氛:包括纯氧、空气、水蒸气;②还原气氛:对大多数金属能起还原作用的气体,如纯氢、分解氨(H_2-N_2 混合气)、煤气等使用最广泛;③惰性或中性气氛:包括活性金属、高纯金属烧结用的 N_2、Ar、He 等及真空;④渗碳气氛:一氧化碳、甲烷等及其他碳氢化合物气体对于烧结铁或低碳钢是渗碳性的;⑤氮化气氛:NH_3 和用于烧结不锈钢及其他含 Cr 钢的 N_2。

2. 还原性气氛

烧结最常用的是含有氢、一氧化碳成分的保护性气体,它们对大多数金属在高温下均具有还原性。

气氛的还原能力,由金属的氧化-还原反应热力学特性所决定。用纯氢时:

$$MeO + H_2 \rightleftharpoons Me + H_2O \tag{6-16}$$

其中，平衡常数 K_P 为 $K_P = P_{H_2O}/P_{H_2}$。

用一氧化碳时，其还原反应为：

$$MeO + CO \rightleftharpoons Me + CO_2 \tag{6-17}$$

其中，平衡常数 K_P 为 $K_P = P_{CO_2}/P_{CO}$。

在指定的烧结温度下，上面两个反应的平衡常数都为定值，也就是说在反应系统内有固定的气体组成或分压比。只要气氛中 H_2O/H_2 和 CO_2/CO 的比值维持低于平衡常数所规定的临界分压比，还原反应就能够进行。

各种不同金属的烧结，对气氛的要求是不一样的，对于 Be、Al、Si、Ti、Zr、V、Cr、Mn 来说，气氛中即使有极微量的氧或水汽都是不允许的，因为这些金属极易生成难还原的氧化膜而阻碍烧结过程。

3. 真空烧结

真空烧结的主要优点：①减少气氛中有害成分（H_2O、O_2、N_2）对产品的脏化；②真空是最理想的惰性气氛，当不宜用其他还原性或者惰性气体时，均可采用真空烧结；③真空可改善液相烧结的湿润性，有利于收缩和改善合金的组织；④真空有利于 Si、Al、Mg、Co 等杂质或其氧化物的排除，起到提纯材料的作用；⑤真空有利排除吸附气体，对促进烧结后期的收缩作用明显。

真空烧结实际是低（减）压烧结，真空度一般为 $10^{-5} \sim 10^{-1}$ mmHg，因此真空下的液相烧结，黏结金属的挥发损失是个重要问题，其不仅改变和影响合金的最终成分和组织，而且对烧结过程本身也起阻碍作用。真空烧结时，黏结金属的挥发损失，主要发生在烧结后期即保温阶段，因此在可能条件下，应缩短烧结时间或在烧结后期关闭真空泵，使炉内压力适当回升或充入惰性气体或氢气提高炉压。

真空烧结含碳材料的脱碳问题也值得重视。解决的办法是适当提高原料中的碳含量，如 WC-Co 合金，当炉压在 $0.1 \sim 0.5$ mmHg 时，将原料中的配碳增加 $0.2\% \sim 0.3\%$。

真空烧结与气体保护工艺没有根本区别，只是烧结温度更低一些，一般可以降低 $100 \sim 150℃$，对提高炉子寿命，降低能耗和减少晶粒长大均十分有利。

十、热压

热压是把粉末装在模腔内，在加压的同时使粉末加热达到烧结温度或更低一些，经过较短时间烧结成致密而均匀的制品。

在粉末冶金领域中，热压发展很快，主要用于大型 WC-Co 合金制品、陶瓷、复合纤维材料以及难熔化合物等。

1. 工艺特点

热压工艺方法的最大优点是可以大大降低成形压力和缩短烧结时间，另外可以得到密度极高和晶粒极细的材料等。其缺点：①对压模材料要求高，且模具寿命短，耗费大；②单件生产，效率较低；③电能和压模消耗高，效率低，制品成本高；④制品表面较粗糙，精度低。

烧结温度低于800℃时,压模材料可选用耐热工具钢、高速钢等,烧结温度达1500℃,甚至2000℃时,应采用石墨材料,但其承压能力又降低到70MPa以下。

热压加热方式有电阻直热式、电阻间热式和感应加热式三种。在设计热压模具时,除考虑保证承压、升温速度外,要特别注意因加热方式变化所造成的温度分布的不均匀性。

由于热压时采用保护气氛太困难,为了减少氧的危害,可采取其他保护措施,如尽可能用石墨模具,热压前预先将粉末压实到一定程度(预压),良好的模具配合间隙,以及在粉末中加进一些能产生还原性气氛的物质,如碳、金属氢化物、酒精等。

2. 致密化过程

许多实验证明,对硬质材料,当热压温度较高,时间较长时,塑性流动对致密化的影响较小,而主要是靠扩散或受扩散控制的蠕变来实现电镀,且塑性流动理论没有考虑晶粒大小的变化对致密化的影响。但是在热压的中期或者对于金属等塑性好的材料,塑性流动仍然是致密化的主要机构。另外,在热压过程早期,也发生着像普通压制过程一样的粉末颗粒的位移和重排。

在分析了氧化物和碳化物等硬质粉末的热压实验曲线后,可以看到致密化过程大致有3个连续过渡的基本阶段。

①快速致密化阶段:热压初期,颗粒发生相对滑动、破碎,塑性变形和颗粒重排。致密化速度主要取决于粉末粒度、形状及材料的断裂和屈服强度。

②致密化减速阶段:以塑性流动为主要机构,类似烧结后期的闭孔收缩阶段。

③趋近终极密度阶段:受扩散控制的蠕变为主要机构,此时晶粒长大和致密化速度大大降低,达到终极密度后,致密化过程即停止。

第四节 热压法制造金刚石钻头

热压法是粉末冶金法的一种方法,其特点是压制和烧结同时进行。它不仅广泛用于制造孕镶金刚石钻头,也可以用于制造表镶金刚石钻头、复合片钻头、形状较复杂的金刚石全面钻头以及锯片的金刚石刀头等。

一、工艺流程

采用热压法制造金刚石钻头的工艺流程如图6-30所示。

二、模具和钢体设计

模具材料:模具材料采用高强度致密石墨。其性能见表6-12。

表6-12 高强石墨材料性能表

抗压强度/MPa	相对密度	线膨胀系数/℃$^{-1}$	电阻系数/$\Omega \cdot mm \cdot m^{-1}$	灰分
>45	>1.7	5.4×10^{-6}	<16	0.01%

模具结构:对于唇面形状不复杂的钻头模具一般由底模和芯模组成,如图6-31(a)

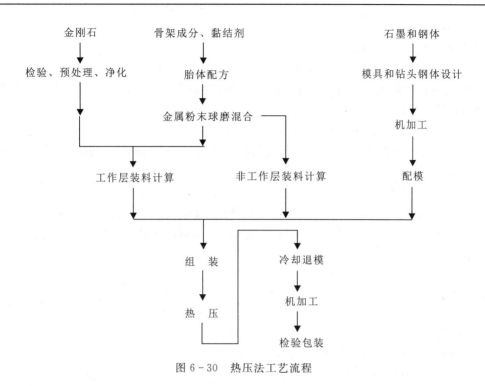

图 6-30 热压法工艺流程

所示；唇面复杂的钻头，表镶金刚石钻头等的模具由底模、芯模和模套组成，如图 6-31（b）所示。

1. 模具尺寸设计

模具的主要尺寸确定，现以图 6-31（a）为例说明。

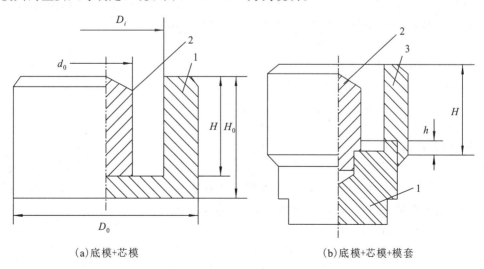

(a) 底模+芯模　　　　　　(b) 底模+芯模+模套

1. 底模；2. 芯模；3. 模套。

图 6-31　模具结构

1）底模内径

底模内径 D_i 按下式计算：

$$D_i = D - \Delta D_1 + \Delta D_2 \tag{6-18}$$

式中：D_i 为所设计的底模内径，mm；D 为所设计的钻头胎体外径，mm；ΔD_1 为烧结温度下底模内径的膨胀值，mm；

$$D_1 = D_i \cdot \alpha_1 \cdot (t - t_0) \tag{6-19}$$

α_1 为石墨的线膨胀系数，℃$^{-1}$；t 为烧结温度，℃；t_0 为室温，℃；ΔD_2 为胎体外径的收缩值，mm；

$$\Delta D_2 = (D_i + \Delta D_1) \cdot \alpha_2 \cdot (t - t_0) \tag{6-20}$$

式中：α_2 为胎体材料的线收缩系数，℃$^{-1}$，可近似地取其线膨胀系数。对于常用的胎体材料，$\alpha_2 = (10\sim14) \times 10^{-6}$℃$^{-1}$；对于新配方的胎体材料，其线收缩系数或膨胀系数需进行实验确定。

将式（6-19）和式（6-20）代入式（6-18）得：

$$D_i = \frac{D}{[1 + \alpha_1 (t - t_0)] \cdot [1 - \alpha_2 (t - t_0)]} \tag{6-21}$$

2）底模外径

底模外径 D_0 可按下面的经验公式计算：

$$D_0 = a \cdot D_i \tag{6-22}$$

式中：a 为经验系数，a 值取 1.5 左右。

3）底模内孔深度

$$H = kh_m + h_1 \tag{6-23}$$

式中：k 为粉末的压缩比，$k = \rho_m \div \rho_p$ 或者 $k = h'/h_m$；ρ_m 为胎体所需密度，g/cm^3；ρ_p 为粉末松装密度，g/cm^3；h' 为装粉高度，mm；h_m 为设计的胎体高度，mm；k 值一般为 2~3，对于青铜粉末，k 值为 2.2~2.5；对于硬质合金粉末，k 值约为 3。当采取措施以提高 ρ_p 时，可适当降低 h 值；h_1 为钢体进入底模内孔的深度，mm；

$$h_1 = (1/3 \sim 1/4) L \tag{6-24}$$

式中：L 为钢体长度，mm。

4）底模总高度

$$H_0 = H + (20 \sim 25) \tag{6-25}$$

5）芯模外径

芯模外径 d_0 可按下式计算：

$$d_0 = d - \Delta d_1 + \Delta d_2 \tag{6-26}$$

式中：d_0 为所设计的芯模外径，mm；d 为所设计的钻头胎体内径，mm；Δd_1 为烧结温度下芯模外径的膨胀值，mm；Δd_2 为胎体内径收缩值，mm。

与式（6-21）同理得出：

$$d_0 = \frac{d}{[1 + \alpha_1 (t - t_0)] \cdot [1 - \alpha_2 (t - t_0)]} \tag{6-27}$$

2. 钢体尺寸设计

1）钢体外径

钢体外径与底模内径之间要有一定间隙,以防止烧结过程中将底模胀裂。钢体外径 D_s 与底模内径 D_i 的配合应满足下列条件:

$$D_s \leqslant \frac{D_i [1+\alpha_1 (t-t_0)]}{1+\alpha_s (t-t_0)}, \text{mm} \quad (6-28)$$

式中:α_s 为钢体的线膨胀系数,对于 45 号钢材 $\alpha_s =$ (14~15)$\times 10^{-6}$℃$^{-1}$。

2) 钢体内径

钢体内径 d_s 等于芯模外径 d_0,为了组装方便钢体内径取正公差。

钢体一般用 45 号无缝钢管车制而成,其结构见图 6-32。其粗糙度全部为 12.5。

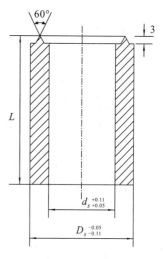

图 6-32 钻头钢体结构

三、胎体配方

钻头的胎体性能主要取决于胎体配方。胎体配方是指选择与确定胎体材料的成分及其含量。胎体成分分为两类:一类为骨架成分,在胎体中起硬质点的作用;另一类为黏结成分,作用是使骨架成分和金刚石黏结起来。

1. 骨架成分

目前胎体中所使用的骨架成分一般为难熔金属的碳化物,熔点高、硬度大,且具有金属的特性。见表 6-13。

表 6-13 某些难熔金属化合物性质

金属碳化物	熔点/℃	密度/g·cm^{-3}	显微硬度/MPa	弹性模量/MPa	导热率/W·m^{-1}·K^{-1}	热胀系数/10^{-6}℃$^{-1}$
HFC	3890	12.6	29 100	35 900	6.28	5.6
TaC	3880	14.3	16 000	291 000	22.19	8.3
ZrC	3530	6.9	28 360	355 000	17.58	6.73
NbC	3500	7.56	20 550	345 000	14.23	7.8
TiC	3250	4.93	31 000	350 000	16.74	7.4
WC	2630	15.5	17 130	720 000	29.30	5.2
VC	2830	5.81	20 940	276 000	—	—
W$_2$C	2750	17.2	30 000	428 000	—	—
Cr$_3$C$_2$	1875	6.68	13 000	194 000	20.93	6.15
SiC	2700	3.21	2200~2900	11 600~14 500	15.49	4.3~4.8

对骨架成分的要求主要有以下几点:①具有足够的硬度,以防止金刚石在工作中位移;②具有较好的冲击韧性,以能承受复杂多变的载荷;③导热性好,线膨胀系数尽量和金刚石接近;④成形性好,以满足胎体能形成各种形状。

根据上述要求,采用 WC 作为骨架成分较为理想。它的导热率最高,热胀系数与金刚石接近,并且有最高的弹性模量和较高的硬度,同时成形性好。

2. 黏结成分

1) 对黏结成分的要求

①能很好地润湿碳化物和金刚石,并且散布在碳化物颗粒表面。
②两相界面能形成一种牢固的结合。
③具有优良的机械性能,以保证黏结金属能承受碳化物颗粒传给的应力。
④熔点低。

2) 金属的湿润和黏附功

表 6-14 为某些金属对石墨和金刚石的湿润角和黏附功。湿润角 θ 越小,湿润性越好。当 $\theta=0°$ 时,固相完全被液相润湿。此外,黏附功越大,则界面结合越牢固。可见,表 6-14 中第 I 类中的金属元素不能单独作为黏结成分;第 II 类和第 III 类根据对胎体性能的要求可以选用它们单独作为黏结成分,或者将第 II 类和第 III 类相混合作为黏结成分。

表 6-14 部分金属对石墨和金刚石的湿润角和黏附功

黏结剂分类	黏结剂成分	石墨			金刚石			气氛
		温度/℃	湿润角/°	黏附功/10^{-7} J·cm^{-2}	温度/℃	湿润角/°	黏附功/10^{-7} J·cm^{-2}	
I	Cu	1100	10	316	1150	145	235	真空
	Ag	980	136	255	1000	120	455	
	Au	1100	—	—	1150	150	92	
	Ge	900	149	98	1150	116	360	
	Sn	800	156	45	1150	125	192	
	Ln	900	143	106	800	138	102	
	Sb	800	140	84	900	120	180	氢气
	Bi	800	136	94	—	—	—	
	Pb	1450	138	96	1000	110	136	
II	Si	1550	0	1720	—	—	—	真空
	Fe	1550	50	3040	—	—	—	
	Ni	1550	57	2704	—	—	—	
	Co	1550	68	2550	—	—	—	
	Pd	1560	48	2138	—	—	—	
III	Cu+10Ti	1150	0	2680	1150	0	2680	真空
	Cu+10Cr	1200	5	2640	—	—	—	
	Cu+50Mn	1100	10	2615	—	—	—	
	Ag+5Ti	1000	0	1802	—	—	—	
	Ag+2Ti	—	—	—	1000	5	1817	
	Sn+Ti	1150	24	989	1150	10	893	
	(Cu+10Sn)+3Ti	1150	10	1042	1150	0	1050	
	(Cu+20Sn)+2Ti	1150	14	1084	1150	0	1100	

表 6-15 为某些液态金属对金属碳化物的湿润性。由表可见，Co、Ni、Fe 对 WC 表面的湿润性为最好。

表 6-15 部分液态金属对金属碳化物的湿润性

固体表面	液态金属	温度/℃	湿润角 θ/°	气氛
WC	Co	1500	0	氢气
	Ni	1500	约 0	真空
	Fe	1490	约 0	真空
TiC	Ag	980	108	真空
	Ni	1450	17	氢气
	Co	1500	36	
	Fe	1550	49	
	Cu	1100~1300	70~108	真空
NbC	Co	1420	14	真空
	Ni	1380	18	
TaC	Fe	1490	23	真空
	Co	1420	14	
	Ni	1380	16	
WC+TiC（30∶70）	Ni	1500	21	真空
WC+TiC（22∶78）	Co	1420	21	

3）金属的熔点和密度

表 6-16 为某些金属的熔点和密度。表中 663-Cu 青铜中含 Sn6％，Zn6％，Pb3％，余铜。

表 6-16 部分金属的熔点和密度

金属名称	Sn	Cd	Pb	Zn	Sb	Al	Ag	Cu
密度/g·cm^{-3}	7.298	8.65	11.3	7.14	6.68	2.7	10.5	8.93
熔点/℃	231.9	321.03	327.35	419.4	630.5	658	960.8	1083
金属名称	Mn	Ni	Co	Fe	Cr	W	663-Cu	
密度/g·cm^{-3}	7.43	8.9	8.7	7.85	7.1	19.3	8.82	
熔点/℃	1244	1452	1492	1537	1903	3370	800	

3. 胎体配方实例

粉末的技术条件：骨架成分见表 6-17，黏结成分见表 6-18。

表 6-17 胎体中骨架材料的技术要求

骨架成分	总碳	钴	氧	铁
WC	6％~6.1％	—	0.5％以下	0.1％
YG6	5.3％~5.6％	6％	0.5％以下	0.1％

表 6-18　胎体中黏结成分的技术要求

黏结金属	Ni	Mn	663青铜	6# 预合金粉末	4# 预合金粉末
纯度	99%	99.9%	工业纯	工业纯	工业纯
密度/g·cm^{-3}	8.9	7.43	8.83	8.4	8.0
粒度/目	200~300	200~300	200~300	-140	-140

表 6-19 列出了几种常用的胎体配方。

表 6-19　几种常见的胎体配方

配方顺序	胎体硬度（HRC）	骨架成分/%（质量比）	黏结剂类型及成分	热压温度/℃
			商品粉末混合物	
1	38~40	WC40	Ni，Mn，Co，663-Cu	980
2	48~50	WC50	Ni，Mn，Co，Cu，FeP，Sn	1000
			预合金粉末	
3	40~42	WC 60	6# （Cu，Ni，Mn 等）	980
4	28~30	WC 60	4# （Cu，Ni，Mn 等）	960

长期以来，国内外通常采用多元素金属粉末的机械混合物作为胎体黏结金属。由于多元素金属粉末各自的比重和熔点差别很大，在制造钻头的过程中经常出现胎体成分的偏析和孔隙，以致使胎体成分分布不均和不致密，而采用预合金粉末是克服这种现象的一个重要手段。在喷制预合金粉末时，必须根据多元相图选择合金的成分和百分含量。图 6-33（a）、(b) 分别为 Cu-Mn-Ni 系和 Cu-Zn-Ni 系的液面等温线投影图。从图中可以在等温线 900~1000℃ 之间确定出各金属元素的百分含量。

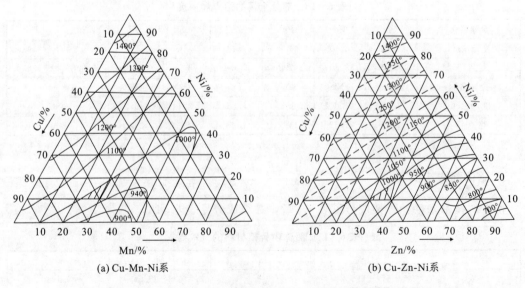

(a) Cu-Mn-Ni系　　(b) Cu-Zn-Ni系

图 6-33　Cu-Mn-Ni 系和 Cu-Zn-Ni 系液面等温线投影图

此外，选择胎体配方时还应考虑胎体成分的其他性能，如粒度大小和组成、粉末颗粒形状及其工艺性能（如流动性、压制性、氧化性）等。

四、装料计算

配方确定后，将粉料在球磨机中进行干式或湿式机械混合。混合好粉料后即进行装料。

1. 工作层装料计算

1）工作层中的金刚石含量

金刚石含量按下式计算：

$$G_D = V_1 \cdot K/5 \tag{6-29}$$

$$V_1 = \frac{\pi}{4}(D^2 - d^2)h - V_w \tag{6-30}$$

式中：G_D 为金刚石含量，g；V_1 为胎体工作层体积，cm^3；D，d 为钻头胎体的外、内径，cm；h 为工作层高度，cm；V_w 为水口部分所占工作层的体积，cm^3；K 为金刚石浓度，car/cm^3。例如，按砂轮工业浓度制，浓度为 100%，$K = 4.4 car/cm^3$，浓度为 75%，$K = 3.3 car/cm^3$，……

2）工作层中的粉末质量

工作层中的粉末重量按下式计算：

$$G_m = (V_1 - V_D)\rho_m \tag{6-31}$$

$$V_D = G_D/\rho_D \tag{6-32}$$

$$\rho_m = \frac{100}{\dfrac{P_1}{\rho_1} + \dfrac{P_2}{\rho_2} + \dfrac{P_3}{\rho_3} + \cdots + \dfrac{P_n}{\rho_n}} \tag{6-33}$$

式中：G_m 为工作层中粉末重量，g；V_D 为金刚石在工作层中所占体积，cm^3；ρ_D 为金刚石密度，$3.52 g/cm^3$；ρ_m 为胎体的理论密度，g/cm^3；P_1，P_2，P_3，…，P_n 为各组分质量的百分含量，%；ρ_1，ρ_2，ρ_3，…，ρ_n 为各组分的密度，g/cm^3（表 6-16 和表 6-18）。

2. 非工作层粉末质量

非工作层的粉末质量可按下式计算：

$$G_m = V_2 \cdot \rho_m \tag{6-34}$$

$$V_2 = S \cdot h_1 \tag{6-35}$$

式中：V_2 为非工作层体积，cm^3；S 为胎体唇面环状面积，cm^2；h_1 为非工作层高度，cm。

其中，非工作层粉末密度 ρ_m 计算方法同上。

另外，适当增加 0.3%～1% 的粉末重量作为工作过程中的耗损量。

五、热压——加压烧结

1. 热压设备

目前，热压炉主要采用中频感应炉，即利用中频电源感应加热。图 6-34 为中频热压装置图。

中频加热的基本原理是将石墨模具放入紫铜管绕制的感应线圈中,给感应圈通以交变电流,则在线圈内产生一个相应的交变磁场。根据电磁感应定律,在石墨模具组件内产生感应电势,因此在组件内产生电流,该电流叫作感应电流或涡流。该涡流在组件内流动就产生热量而使之升温。

电流穿透模具组件的深度可按下式计算

$$\delta = 5030 \sqrt{\frac{\rho_t}{\mu_t \cdot f}} \quad (6-36)$$

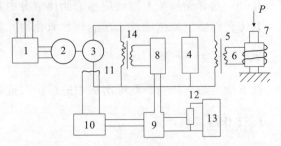

1. 启动柜; 2. 二相异步电动机; 3. 单相中频发电机; 4. 电容器柜; 5. 中频变压器; 6. 感应圈; 7. 模具组件; 8. 控制回路; 9. 触发回路; 10. 单相可控硅整流电路; 11. 中频发电励极绕组; 12. 调压电位器; 13. 直流电源; 14. 电互感器; 15. 油压机顶钟。

图 6-34 中频热压装置示意图

式中:δ 为电流穿透深度,mm;ρ_t 为模具组件在该温度下的电阻系数,可取 $12\times10^{-4}\Omega\cdot\text{cm}$;$\mu_t$ 为模具组件在该温度下的导磁率(石墨的 $\mu_t=1$);f 为电流的频率,Hz。

当 $f=2.5\text{kHz}$ 时,δ 值为 35mm;当 $f=1\text{kHz}$ 时,δ 值为 54mm。

感应圈要比制品高 1.5~2 倍,但比模具要低,其直径比模具大 15~20mm。制作感应圈的紫铜管一般为 $\phi14$mm,壁厚 1.5mm。紫铜管截面形状最好是矩形的,也可采用圆形的。

中频发电机的技术性能见表 6-20。

表 6-20 中频发电机的技术性能表

型号	中频发电机						三相交流感应异步电动机			
	功率/W	频率/Hz	电压/V	电流/A	激磁电压/V	激磁电流/A	功率/W	频率/Hz	电压/V	转速/r·min^{-1}
BPS 50/2500	50	2500	750/375	74/148	110/55	3.46/6.96	65	50	380	2970
BPS 100/2500	100	2500	750/375	148/296	110/55	3.57/7.14	130	50	380	2970
BPS 100/8000	100	8000	750/375	148/296	110/55	4.45/8.9	135	50	380	2970
BPS 250/2500	250	2500	1500/750	185/370	110/55	4/8	290	50	6000	2970
BPSD 160/8000	160	8000	750/375	214/428	110/55	4.45/8.9	200	50	380	2970

操作中应特别注意如下几点:①开机前先送水冷却,停机后再停水;②电动机启动未达到额定转速时不应给发电机励磁绕组供电,以免带载起动而烧毁电机;③功率因数低于 0.9 时,不应长期工作在输出额定功率状态,否则会烧毁发电机线圈或缩短其使用寿命。

中频发电机组的主要优点为工作可靠,使用过程中不易出故障或损坏。

热压法也可以采用可控硅装置,它和前者比较具有以下优点:①起动速度快,无论容量大小,从起动到满输出只需要 100~500ms;②容易停止,可控硅中频装置可在几毫秒内关断;③可控硅中频装置的效率高,额定负载情况下,效率可达 91%~95%,而发电机组效率只有 80%~90%;④可控硅中频装置没有旋转部分,无磨损件,运动时几乎没有噪声和振动,重量轻,不需特殊的安装基础;⑤可控硅中频装置较发电机组更容易实现各种自动控制。

可控硅中频装置的基本结构如图 6-35 所示。

可控硅中频装置由可控硅整流器、滤波器、逆变器及一些控制和保护电路组成。工作时，三相工频电流经整流器的整流成脉动直流。经滤波后变成平滑直流送到逆变器，逆变器采用可控硅作为电子开关，它将直流电转变成频率较高的中频电流输出，经中频变压器降压后，供给感应圈中频电流，使模具升温。

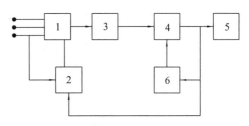

1. 整流器；2. 整流器控制电路；3. 滤波器；
4. 逆变器；5. 负载；6. 逆变器控制电路。

图 6-35 可控硅中频装置的基本结构框图

2. 热压参数

金刚石钻头胎体是一种比较复杂的多元体系，在实际工作中它属于多元系固相烧结，即烧结温度低于黏结成分熔点温度，但黏结成分处于熔融状态。热压时必须给一定的温度才能使粉末处于塑性流动且组元之间产生扩散作用，并在一定压力条件下使胎体致密化。若没有达到必须的温度而想利用高压力来实现胎体致密化是达不到预期目的的。根据配方不同，烧结温度 T 为黏结剂中主要成分熔点的 75%～90%，全压一般为 15～20MPa，保温时间 5～10min。

热压时胎体的致密过程如图 6-36 所示。用 $a\%$ 表示致密化系数，t 表示热压时间，其过程分为 3 个基本阶段。

1) 快速致密化阶段

又称微流动阶段，致密化速度较大。表现为颗粒发生相对滑动、破碎和塑性变形。致密化速度主要取决于粉末的粒度、形状和材料的断裂和屈服强度。

2) 致密化减速阶段

以塑性流动为主，该过程可用默瑞（Marray）热压方程表示：

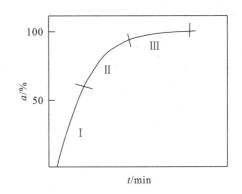

图 6-36 热压时胎体致密化过程

$$\ln\frac{1}{1-\rho_E} = \frac{\sqrt{2}\gamma n^{1/3}}{\tau_c}\left(\frac{\rho_E}{1-\rho_E}\right)^{1/3} \cdot \left(\frac{4\pi}{3}\right)^{1/3} + \frac{P}{\sqrt{2}\tau_c} \quad (6-37)$$

式中：ρ_E 为胎体的终极密度，g/cm³；γ 为材料的表面张力，mN/m；n 为单位体积内的孔隙数，个；τ_c 为材料的屈服极限，$\tau_c = A e^{(-Q/RT)}$，R 为气体常数，T 为绝对温度，℃，A、Q 为常数；P 为外加应力（热压压力），MPa。

由上式可知：当热压温度不变（即 τ_c 一定时），增加热压压力可以提高密度（ρ_E）；当压力不变时，温度升高（τ_c 减小），密度也提高，如图 7-37 所示。

3) 趋于终极密度阶段

该阶段主要以扩散机理使胎体致密化。菲克（Fick）分析了固体中原子从浓度高的区域向浓度低的区域扩散的情形，提出了扩散速度的基本公式，即

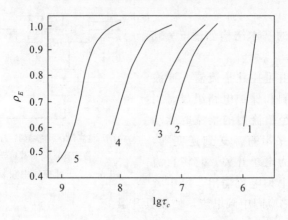

($\gamma=500\text{dyn}/\text{cm}^2$, $n=1.57\times10^8/\text{cm}^3$)

1. $P=0$; 2. $P=1.55\text{MPa}$; 3. $P=3.1\text{MPa}$; 4. $P=15.5\text{MPa}$; 5. $P=77.5\text{MPa}$。

图 6-37 温度与压力对终极密度的影响

$$\frac{\partial n}{\partial t}=-D\cdot A\cdot\frac{\partial c}{\partial x},\text{ 或 }\frac{\partial n}{A\partial t}=-D\cdot\frac{\partial c}{\partial x} \tag{6-38}$$

式中：$\partial n/\partial t$ 为扩散速度；n 为扩散量，可用摩尔数或其他质量单位表示；t 为扩散时间；$\partial n/(A\cdot\partial t)$ 为扩通量；A 为物质扩散时所通过的截面积；$\partial c/\partial x$ 为浓度梯度；C 为浓度差；x 为扩散距离；D 为扩散系数：

$$D=D_0 e^{-E_d/(R\cdot T)} \tag{6-39}$$

式中：D_0 为扩散常数，取决于合金的化学成分和结构；E_d 为扩散活化能，取决于合金的化学成分和结构；R 为气体常数；T 为绝对温度。

可见，物质的扩通量取决于扩散系数和浓度梯度，而扩散系数与温度密切相关。

表 6-21 列举了一些元素的 D_0 和 E_d 值。扩散系数随着温度的增加而增加。例如 C 在 Fe 中，当温度为 800℃，$D=2.7\times10^{-8}\text{cm}^2/\text{s}$。而当温度为 1000℃ 时，$D=32.7\times10^{-8}\text{cm}^2/\text{s}$，所以在趋于终极密度阶段，必须保持温度恒定，并确定适当的保温时间。

表 6-21 部分元素的扩散常数和扩散活化能

基体	扩散元素	$D_0/10^{-5}\text{m}^2\cdot\text{s}^{-1}$	$E_d/10^3\text{J}\cdot\text{mol}^{-1}$
γ-Fe	Fe（扩散元素）	1.8	270
	C	2.0	140
	Ni	4.4	283
	Mn	5.7	277

热压法目前又发展了真空热压、振动热压、放电等离子体热压等物理化学活化热压烧结法。下面简介电火花热压法，它是属于物理活化烧结法之一，也称为电活化压力烧结。电火花热压烧结设备见图 6-38。

放电等离子体加热的原理是，采用一对电极向模具中的粉末通入中频或高频交流和直流的叠加电流，靠火花放电和通过模具的电流来加热粉末。粉末在高温下处于塑性状态，又通过加较低的压力使胎体在几秒钟内而致密化。通常交流电功率占 25%，直流电功率占 75%，胎体致密可达 98%～100%。

当采用热压法制造表镶钻头时，只需按钻头结构参数设计要求在底模上钻眼或开槽使金刚石或复合片准确定位和出刃即可。该方法的主要优点是烧结温度较低，不需专门制取保护气氛的设备和大吨位压力机，同时成形性较好，胎体性能调节范围大。其缺点主要是石墨模具耗量多，且钻头只能被单件生产。

六、电阻炉加热法制造金刚石锯片设备

图 6-38　电火花烧结设备图

石料加工用大直径锯片刀头主要采用粉末冶金法制造，目前国内外常用电阻炉加热法。这种方法是把石墨模具组装体作为电阻，大电流通过石墨模具组装体发热而升温。对于热压，组装多片的薄制品，其烧结温度分布是较均匀的。采用中频感应加热时，由于模具组装体受涡流穿透深度的限制，加之在热压后期，压件密度提高，涡流发热量减少，使温度不好控制。电阻炉加热装置见图 6-39。加热电流为一台低电压大电流变压器，容量为 15～30kVA，如 ZUDG-25 型变压器，容量为 25kVA，一次电压为 380V，二次电压为 6.33～16.9V，电流一般为 2000A 左右。电阻炉加热装置采用双向加压更好。为了实现自控烧结温度，采用了可控硅电压调整电路见图 6-40。热压的压机能力为 15～20MPa。

图 6-39　电阻炉热压装置

1. 制造工艺

锯片刀头的制造工艺和热压法制造钻头相类似。现简述如下。工艺流程见图 6-41。模具材料采用高强石墨，其装料空间尺寸根据锯片金刚石刀头规格尺寸确定。长方形底模和模套采用高强石墨砖加工而成，可节省石墨材料的消耗量。长方形模具结构见图 6-42。

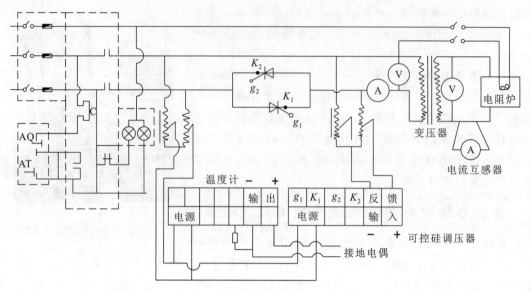

图 6-40 电阻炉可控硅电压调整线路示意图

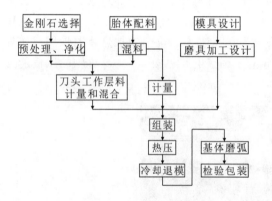

图 6-41 刀头制造工艺流程

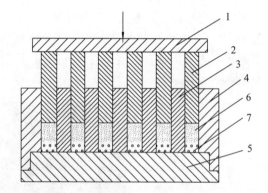

1. 传压块；2. 石墨压块；3. 石墨隔板；4. 模套；
5. 底模；6. 纯胎粉末；7. 含金刚石的工作层料。

图 6-42 长方形石墨模具结构示意图

金刚石锯片刀头根据其工作对象选用胎体配方，如花岗岩硬度和研磨性比大理石大，则要选用耐磨性强的胎体；锯片干切割时比用冷却液切削时的散热性差，则应选用耐热性好的胎体。目前国内外采用的胎体材料有钴基合金、镍基合金、铁基合金和铜基合金等。

钴基合金具有优良的耐热、耐磨损、耐腐蚀、耐氧化等综合性能，适用于锯切花岗岩和混凝土等材料。镍基合金具有良好的金属对金属耐磨性和耐低应力磨粒磨损性能，并且有较好的耐蚀性和红硬性，适用于锯切大理石等材料。铁基合金虽然具有良好的耐磨性，但仅适用于在常温和弱腐蚀介质中工作。

热压温度取决于胎体合金粉末的熔点，最好不超过 1000℃；热压力为 10～15MPa。刀头烧结完成后，要根据锯片基本的弧度对刀头的基体进行磨弧，以保证锯片焊接质量。德国已向市场上出售 SSG100/500 型磨弧机。

第五节 冷压法制造金刚石工具

冷压浸渍法制造钻头的工艺过程是，先将金刚石用黏接剂黏附于金刚石钻头钢制压模中，再将配置好的胎体粉末装入压模内，经加压制成具有一定形状和尺寸的胎体，并与钻头钢体连接成一体。然后将胎体和钻头钢体一并装舟，送入二带钼丝炉或真空炉中烧结，使胎体中的黏结金属（如铜镍合金）渗透到骨架金属孔隙中去，形成具有一定强度的假合金胎体。

一、冷压浸渍法制造金刚石钻头

冷压浸渍钻头的胎体材料多以 WC 粉末作为骨架材料，以镍铜合金为浸渍（黏结）金属。因为此类钻头具有一定的硬度和强度，能牢固地把持住金刚石，具有烧结温度不太高，胎体导热性好等优点。

装料计算包括计算出每一个钻头的金刚石用量和金刚石工作层的骨架成分用量并加以混合，以及非工作层的骨架成分用量。计算方法和热压孕镶钻头类同，此处不再复述。

1. 成形

钻头的结构形状通过压模来实现。冷压浸渍钻头的压模结构见图 6-43。由图可知，其结构与热压孕镶钻头十分接近，但考虑到浸渍的特性需要也有一定区别。

装模前需先将压模清理干净。为防止卸模时出现胎体黏模现象，可先在压模底面上撒一层干 WC 粉，随后将水口卡均匀黏于底模上，再先后装入金刚石层料和非金刚石层料，最后将清洗好的钻头钢体垂直放入模内压实并整体送去压制。

压制在压力机上进行。金属粉末在压制过程中，由于粒度较细，压制后的坯体弹性较大，因而加压速度要慢，待压到规定的尺寸后，保压 1～2min，卸压出模后可获得较好的坯体。

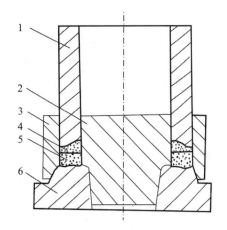

1. 钢体；2. 模心；3. 模套；4. 非金刚石层；5. 金刚石层；6. 底模。

图 6-43 冷压浸渍压模结构示意图

2. 烧结

采用两种形式的烧结设备。

图 6-44 所示为带有热压装置的钼丝炉，是一种非连续作业的热压烧结装置；图 6-45 是带卧式钼丝炉，可连续工作。两种类型的设备均采用氢氮混合气体保护，以防止高温下金刚石的碳化和金属材料的氧化。氢氮混合气体是采用液氨分解方法制得的。

1）装舟

钻头装舟见图 6-46 所示。先在石墨盒底部撒一层铝氧粉，放上石墨芯，再小心地将钻头胎体朝下，套住石墨芯放下，然后将钻头外围空余部分填满铝氧粉并轻轻捣实，并在芯部

图 6-44 带有热压装置的钼丝炉

图 6-45 卧式钼丝炉

周围也放入少许铝氧粉,使其稍高于金刚石层,最后在钻头钢体内石墨芯上部放入一定量的黏结金属。

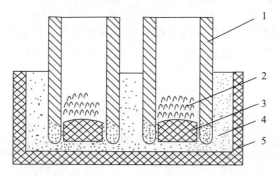

1. 钻头钢体;2. 黏结金属;3. 石墨芯;4. 铝氧粉;5. 石墨模。

图 6-46 装舟示意图

装舟时应注意:胎体和黏结金属接触部位的表面要清洁,可用毛笔轻轻扫去粘上的铝氧粉。同时要给黏结金属浸渗创造良好的排气条件。

2) 黏结金属加入量的确定

黏结金属的加入量主要根据钻头的胎体空隙体积而定,在胎体体积不变时,压制密度越大,孔隙体积就越小,则黏结金属的加入量也越小。当骨架金属为纯 WC,黏结金属为铜镍合金时,黏结金属的加入量可按下式求得:

$$Q = [V-(V_1+V_2)] \cdot \rho \cdot K = \left[V-\left(\frac{Q_{WC}}{\gamma_{WC}}+\frac{Q_D}{\gamma_D}\right)\right] \cdot \rho \cdot K \qquad (6-40)$$

式中:Q 为黏结金属加入量,g;V 为胎体总体积,cm^3;V_1 为骨架材料(WC)体积,cm^3;V_2 为骨架中金刚石所占体积,cm^3;Q_{WC} 为单个钻头 WC 材料用量,g;ρ_{WC} 为 WC 的密度,取 $15.7g/cm^3$;Q_D 为单个钻头金刚石用量,g;ρ_D 为金刚石密度,取 $3.52g/cm^3$;ρ 为黏结金属密度,铜镍合金为 $8.9g/cm^3$;K 为过量系数,一般取 $K=1.3$。

按此计算出的黏结金属加入量,即表示最终产品——钻头的胎体是致密无孔的,因为压制后的钻头坯体孔隙全部被黏结金属所占据。

3) 烧结工艺确定

烧结工艺主要包括升温速度、最终烧结温度、保温时间和冷却速率等。

关于升温速度没有严格的规定，一般在 4h 以上达到终温即可。若升温过快，胎体内的塑化剂（橡胶石蜡汽油溶液）不能充分排除而影响到黏结金属的渗入。

最终烧结温度的确定与采用的黏结金属有很大关系，因金刚石高温易碳化，应尽可能选择熔点较低的黏结金属，最好低于 1200℃。一般最终烧结温度比所采用的黏结金属的熔点高 40～50℃（烧结温度在 1000℃ 以下除外），以保证黏结金属的充分熔化，否则黏结金属流动性差，不能很好渗透。若温度过高，会使黏结金属大量挥发，还会产生偏析现象。

最佳保温时间的长短目前并没有统一定论，国外资料报道要保温 4～5h，但国内一般仅保温 1h 左右，再自然冷却到 100℃ 出炉。

冷压浸渍钻头在烧结过程中可能会发生黏结金属浸入情况不佳、钻头产生缩径和胎体裂纹等问题。黏结金属层浸入不佳可能是未达到预定烧结温度，胎体表面不够干净，以及黏结金属和骨架材料的浸润性不好等原因所引起的。至于引起缩径和裂纹，则主要是黏结金属浸入不足而造成的。

冷压浸渍钻头的浸渍也可以在真空炉中进行。下面是国内某单位冷压真空浸渍钻头的制造工艺概述。

(1) 备料。骨架材料：WC（中粒），总碳量 6.00%～6.10%，游离碳≤0.8%，松装密度 2.5g/cm³；YG4，总碳量 6.00%～6.10%，含氧量＜0.3%。浸渍合金，常用表 6-22 列出的四种。增塑剂：骨架粉末按每 1kg 料掺入 9g 胶、10g 丁苯松香软胶溶液和 56 号工业石蜡的汽油溶液（使用 120# 或 200# 溶剂汽油）加温搅拌均匀后，在烘箱内（100℃ 左右）烘干；研磨后过 60 目筛，混金刚石的粉料过 200 目筛。

(2) 压制同前，预压压力为 200MPa。

(3) 浸渍。将压制成形的钻头埋在石墨粉中浸渍。浸渍温度因合金而异，见表 6-22。浸渍过程在自制真空炉内进行，真空度为 1.33×10^{-2}～1.33×10^{-3}Pa。浸渍工艺：胎体缓慢升温，经两次脱胶脱蜡（此时真空度显著下降，至合金完全熔化后保温 20min），然后冷却到钢体的 Ar_1 点时保温并缓冷。

表 6-22 常用浸渍合金的技术性能

序号	合金成分	骨架成分	性能			浸渍温度/℃
			抗弯强度/MPa	硬度（HRC）	抗剪强度/MPa	
1	$Mn_{14}Ni_{12}Cu$	WC	1560	43～48		1040～1070
2	$Sn_{10}Ni_8Cu$	WC	1580～1900	48		1040～1070
3	$Ag_{65}Mn_5Ni_{12}Cu$	YG4	1500	46.8	190.5	800～835
4	$Mn_{35}Ni_{10}Cu$	WC	1610	49.8	380.3	950～970
5	$Mn_{35}Ni_{10}Cu$	YG4	1890	53		950～970

冷压浸渍钻头制造工艺流程，如图 6-47 所示。

二、冷压烧结（焊接）锯片

以周边连续式外圆锯片（俗称薄片）为例加以说明。它是由金刚石层和基体两部分组成的，金刚石层必须厚于基体，才具有良好的切割作用。这种制造工艺方法是一种典型的粉末冶金方法。

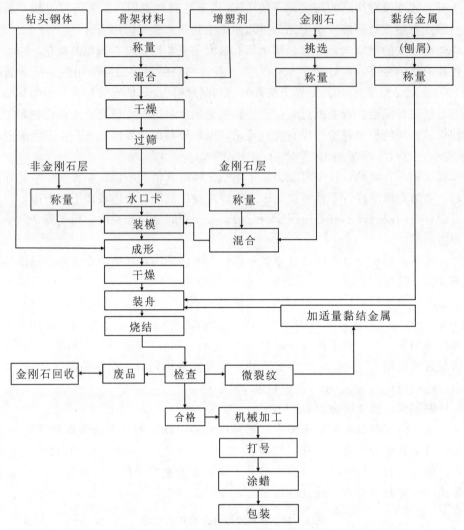

图 6-47 冷压浸渍钻头制造工艺流程图

(一) 原材料的准备及预处理

1. 原材料的要求

这种锯片使用的主要原材料为金属粉末，如常用的 Cu、Sn、Zn、Ni、Co、Ag 和 663 青铜粉等。常通过调整结合剂成分、配比、压制密度、粉末粒度或特性等来实现其不同的性能要求。在选择金属层粉末时，应考虑到下列几点。

①要有良好的工艺特性，即压制性能和成形性等，主要包括金属粉末的粒度、纯度、形状和表面状态等几个方面。

②金属或合金粉末对金刚石有良好的浸润性，能在烧结后牢固地黏结金刚石。实践证明单一金属对金刚石的浸润性不好，而在某些单一金属中加入其他金属就能使其浸润性得到改善；此外金属对基体材料（一般为钢）有良好的黏结性能，以保证使用中金刚石层不脱离基体。

③结合剂烧结后,具有高的强度,合适的硬度和基体的线膨胀性,能尽可能接近,以便在烧结或工作时同步胀(缩),不致损坏锯片。

④不产生损害人体、环境及设备的有害物质。

⑤考虑到材料的经济性和市场供应状况,在保证使用质量的前提下,尽可能选用便宜、易得的材料。

⑥便于废品回收,金刚石比金属粉末贵得多,一旦出现制造废品或使用损坏就应考虑回收问题。

常用金属粉末中往往含有其他金属杂质和脏物、吸附气体等。表 6-23 列出了常用金属粉末的化学成分。工业生产中主体金属的含量通常都在 90.0%~99.5% 之间,其高低与粉末的制取方法有关,如用电解制取的粉末纯度较高。

表 6-23 常用金属粉末化学成分

金属粉末	主体金属含量/%	杂质含量（<x%）										
		Cu	Fe	Bi	Sb	Pb	S	As	Si	O	C	H_2O
Sn	99.5	0.03	0.08	0.05	0.05	0.25	0.02	0.02				·
Ni	99.5 其中 Co<0.4	0.08	0.2						0.03	0.1	0.06	0.20
Co	99.5 其中 Ni<0.5	0.05	0.25						0.03	0.1	0.06	0.20
Cu	99.8		0.015	0.002	0.001	0.03	0.01	0.005				

2. 金属粉末中杂质类别及结合剂性能的影响

金属粉末中大体有以下三类杂质。

1）伴生杂质

伴生杂质如锡粉中的铅,铜粉中的铅,镍粉中的钴和钴粉中的镍等。这些金属杂质往往是和主体金属伴生存在的(主要因为制粉用的原料相互存在有伴生金属),因此很难将其分开。但这些伴生的金属杂质对于结合剂来说,只要主体金属含量达到技术条件要求,并不会有太大危害,因此允许其一定量的存在。

2）氧化物杂质

粉末体中的氧化物以两种形式存在,一种是粉末表面的氧化物,因粉末表面长期与空气接触,发生了氧化反应而生成的;另一种是未经还原的氧化物,它包含在粉末体内部。一般来说,氧化物的存在是有害的,它使金属粉末变脆,表面变得粗糙,影响粉末的压制成形和烧结性能,如以氧化严重的铜粉为主体的结合剂烧结后难以获得满意的产品质量。这种产品其耐磨性极差,对金刚石没有良好的包镶能力,因此在使用中磨损极快,金刚石大量脱落。少量氧化物的存在并不影响制品质量,相反还有助于烧结过程的进行,这是因为氧化物还原时得到活性原子,可使收缩过程强化和孔隙凸处平直化。当然这些氧化物必须是表面氧化物和易被还原的氧化物,如 Cu、Ni、Co 的金属氧化物。

3）气体吸附杂质

所有工业用金属粉末都含有气体杂质,这些气体杂质有的吸附在粉末颗粒的表面,有的包含在颗粒内部。吸附气体杂质的存在,使粉末的压制性能变差。形状越复杂,晶格缺陷越多,则吸附的气体量就越大。因为粉末颗粒表面的气体膜是由粉末表面层中未饱和力场自发形成的,所以不管在哪种气氛中,气体膜都是存在的。粉末内部的气体与粉末制取方法有关。

3. 金属结合剂锯片常用粉末的技术条件

原材料的技术条件是根据产品性能和工艺要求提出的,对保证产品质量和稳定生产工艺有重要意义。通常对于一种材料,其质量指标是多种多样的,根据其用途而选用若干对质量和工艺有影响的技术参数作为其选用的指标即为技术条件。锯片制造常用金属粉末的技术条件见表6-24。由表6-24可知,金属粉末技术条件基本上反映了粉末应有的性能要求,如

表6-24 金属粉末技术条件

金属粉末	Cu	Ag	Sn	Ni	Co	663青铜	Zn	W
制取方法	电解	电解	还原	还原	还原	雾化	还原	还原
金属含量/%	≥99.5	≥99.9	≥99.5	≥99.5	≥99.4		≥90	99.5
粒度/目	<200	<200	<200	<200	<200	<300	<200	<200
色泽	玫瑰红	银白	灰白	灰铁	青灰	淡土红	浅灰	青灰

含量(纯度)、色泽可反映出氧化程度,而生产方法决定了粉末的颗粒形状。表中对粉末颗粒只规定了一个范围,因为细于200目的粉末所包括的颗粒尺寸范围较宽,包括中等颗粒度粉末、细颗粒粉末直到超细粒度粉末这样3个粒度区间。因此在制造结合剂时,必须按照粉末的真实粒度组成(范围)制定出相应的工艺。表6-25列出了粉末按颗粒尺寸的分类。

表6-25 粉末按颗粒尺寸的分类

粉末级别	粒度范围/μm
粗粉末	150~500
中等粉末	40~150
细粉	0.5~10
超细粉末	<0.5

4. 原料的加工处理

粉末原料的加工处理应包括两方面内容,即粒度处理和氧化粉末的还原处理。

1) 粒度处理

一般情况下很少要求对粉末粒度进行处理,因为进厂的原料粉末是依照工艺技术条件购进的。但对于特殊产品,如用于制造超薄片的金属粉末则必须细于金刚石粒度(一般为微粉级),因此必须对粉末进行筛分处理,把粗于某个粒度的金属粉末剔除;也可以进行球磨处理,使粉末粒度球磨细化。在不考虑其他要求的情况下,就其产品质量而言,细粒度的金属粉末无疑是比粗粒度粉末制得的制品的质量要好。

2) 粉末还原处理

金属粉末在空气中(特别是潮湿空气)存放一定时间后即会产生氧化。氧化严重的金属粉末对制品的质量影响很大,为此必须进行还原处理。

下面以铜粉的还原处理为例加以说明。

纯净的铜粉是具有金属光泽的玫瑰红色粉末,氧化后颜色发暗,严重时失去金属光泽变成黑黄粉末,表面显得粗糙。铜的氧化物主要有两种,即氧化铜和氧化亚铜。氧化亚铜呈暗

红色或橙黄色,在温度低于370℃时不稳定而分解成为氧化铜和铜,反应式如下:
$$Cu_2O = CuO + Cu \tag{6-41}$$

氧化铜呈黑色,在较高温度下很不稳定,分解成氧化亚铜和氧,反应式如下:
$$4CuO = 2Cu_2O + O_2 \tag{6-42}$$

金属的氧化还原通式为
$$MeO + X \longrightarrow Me + XO \tag{6-43}$$

式中:Me 为金属;X 为还原剂;MeO 为金属氧化物。

对还原反应来说,还原剂 X 对氧的化学亲和力必须大于金属对氧的化学亲和力,才能使氧发生转移,金属得到还原。元素对氧的化学亲和力大小可用等温等压变化 ΔZ 来表示,元素对氧的亲和力越大,则其等温等压位降低就越多。铜对于氧的化学亲和力不大,因此氧化铜是易于还原的。工业生产中常用氢气、煤气作为还原剂,其还原反应式为
$$CuO + H_2 = Cu + H_2O \tag{6-44}$$
$$CuO + CO = Cu + CO_2 \tag{6-45}$$

还原反应的速度和还原程度,取决于反应的温度、时间以及还原气体分子在氧化物表面的吸附和反应产物的解吸速度。因为还原反应依靠被吸附的还原气体分子才可进行反应,所以温度和吸附作用是影响反应速度的两个最基本因素。还原气体分子吸附能力强,反应也就加剧,而温度为反应提供了动力,温度升高反应也就加快。

还原反应的完善程度取决于还原时间和还原产物颗粒表面的解吸速度。所谓解吸,就是还原产物离开物料表面的过程。这个过程进行得很迅速,可减少还原气体分子的扩散阻力,增加其在物料表面的吸附机会,使吸附和解吸作用交替进行,反应层层深入,时间越长反应也就越彻底。工业生产中金属粉末的还原通常在自制的钟罩炉或箱式电阻炉内进行,其结构如图 6-48 和图 6-49 所示。如没有公用的煤气系统,可用液化石油罐装气作为还原气体。氢气的制备方法很多,金刚石行业常用液氨制氢炉,其工作原理如图 6-50 所示。

图 6-48 钟罩炉

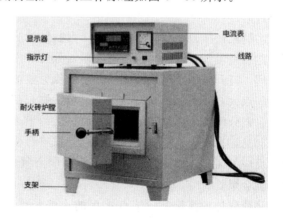

图 6-49 箱式电阻炉

分解室是液氨制氢炉的核心部分,见图 6-51。在氨分解室中,充填满氨分解触媒介 A6——一种活性铁。氨气由液氨瓶经阀门通入分解室内被加热到 650℃后,在触媒作用下,发生分解反应。分解后的气体由 75% 的氢气和 25% 的氮气组成。混合气体的温度很高,需经冷却器降低温度,经浓硫酸、硅胶等进行二次净化除去其中的水汽等杂质,然后才能送入

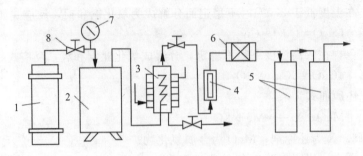

1. 氨瓶；2. 分解炉；3. 冷却器；4. 流量计；5. 阻火器；6. 净化器；7. 气压表；8. 阀门。

图6-50 液氨制氢原理图

还原炉内。

阻火器又称防爆器，起隔离火焰的作用。在正常运行的情况下，分解炉内的气体压力总是大于还原炉内气体压力，也就是说系统保持正压，还原气体不会倒流。但因某种原因，分解炉内的气体压力下降时，系统处于负压状态，则还原炉内的气体就有倒流的危险，这时装有金属碎屑的阻火器就将火焰熄灭，避免火焰倒流而引起爆炸。还原操作如下。

图6-51 液氨制氢分解室（左边）

①装炉：将需要还原的金属粉末装在敞口的不锈钢盘中，料层厚度一般在20～30mm。如一次性还原的料较多时，可分别装几个盘，然后叠装在炉膛内。叠装时要相互错开位置，以便还原气体顺畅通过料层上面，以达到还原目的。

②制氢：接通电源的冷却水源，当制氢炉的自动控制温度达到650℃时，打开放空阀排气，然后慢慢打开氨瓶阀，使氨气通入分解炉内（氨气压力不宜过大）并放空半小时。关闭放空阀，打开通向还原炉的阀门，至此氨分解炉进入稳定运行状态。

③点火：经还原炉排出的废气（包括剩余部分的氨气、水蒸气、氮气）不能直接放空，当来自氨分解炉的还原气体通入还原炉后约半小时方可将排出的废气点火燃烧掉。为了保证安全起见，在点火以前要采样试鸣，当试鸣合格后才能点火。因为还原炉排出的废气内剩余有未反应的氢气，如直接放空，会使周围空气中氢气慢慢增多，变成爆鸣气，一旦碰到明火，就会爆炸。

还原气体的流量一般按点火后的火焰长度来控制，通常情况下调节在100mm左右为宜。还原气体流量与还原效果有关。流量小时，气体和物料接触不充分，炉内水汽排不出来，还原不易彻底；流量大时，气体得不到充分利用，增加了气体的消耗。

④还原温度：还原温度和金属种类有关，各种金属均有其最佳的还原温度。温度过低，不产生还原或还原速度很慢，温度过高则会产生金属自身的烧结。

⑤停炉：还原结束后，先关闭还原炉的加热电源，待其自然冷却到150℃以下后，关闭氨分解炉电源，再关闭氨瓶阀，最后关闭其他阀门及水源。

还原后的粉末出炉温度应低于 40℃，否则温度过高会使还原好的粉末又被氧化。还原钴粉时出炉温度越低越好，尤其是钴粉中含有 Fe 杂质时，因为新还原的 Fe 极易和空气中的氧发生氧化放热反应，从而提高钴粉的温度使其氧化。当钴中 Fe 含量较高时，出炉后甚至会引起钴粉的燃烧。

5. 结合剂

1) 结合剂的类别

根据切割对象的不同以及加工方法的差异，冷压烧结锯片的结合剂大体可分为两大类，即青铜结合剂和钴基结合剂。青铜结合剂主要用于玻璃、水晶等的切割；钴基结合剂则用于石材、瓷砖等的切割。这两种结合剂又可细分为若干种，如青铜结合剂又可分成二元（Cu-Sn）、三元（Cu-Sn-Ag）和多元（Cu-Sn-Ag-Ni-Sb）合金系。

二元合金系：青铜结合剂中最基本的二元合金是由 Cu、Sn 两种金属制成的，外加 1% 石墨作为固体润滑材料。用于锯片的典型配方有 Cu 85%，Sn 15%，外加 1% 石墨；Cu 90%，Sn 10%，外加 1% 石墨等。

三元合金系：三元合金是在 Cu、Sn 两种二元合金的基础上，加入第三组元以改善结合剂的某些性能，如提高结合剂的硬度，改善结合剂对金刚石的浸润性等。最常用的第三组元有 Ae、Ni、Pb、Zn、Co、Pe 等。制造锯片的三元合金结合剂由 Cu（75~80）%，Sn（10~13）%，Ag（8~14）%，外加 1% 的石墨组成。

多元合金系：其构成仍以 Cu、Sn 为基本组元，然后加入第三，第四，……组元。合金组元越多，烧结机构就越加复杂，性能也越难于控制。多元合金系的锯片结合剂配方如 Cu（60~80）%，Sn（8~12）%，Ag（10~20）%，Ni（3~7）%，Sb（2~6）%，外加 1% 的石墨。

钴基结合剂多以金属 Co 粉为基础，加入 Cu、Sn、Zn、663 青铜粉等其他组元。钴的含量 50%~99% 不等，其余部分由第二、第三等组元组成。由于 Co 对金刚石的浸润因加入其他组元而得到改善，具有较高的硬度和抗弯强度，因此它是石材切割锯片的良好结合剂。

2) 结合剂应具备的性能

本类型锯片采用了冷压烧结的工艺方法，因而结合剂按其工艺特点必须具备以下性能。

① 良好的压制性能：对于冷压烧结锯片而言，其产品特点是"薄"，因此要求压制后的产品具有良好的坯体强度，也就是成形性要好。由于成形料层较薄，在压制过程中料和模壁的摩擦以及粉末颗粒内部的内摩擦等造成的压力损失不大，较容易被压实，因而以密度为指标的压实性并不是结合剂所应具有的关键性能。要提高冷压时锯片的成形性，必须用细粒电解铜粉。但钴基结合剂由于 Co 粉颗粒都是球形的（还原法制得），成形性较差。因此，要获得好的压坯密度，除增加成形压力外，还必须采用液体石蜡（或橡胶石蜡）或酒精溶液作临时黏结剂以提高其成形性。

② 良好的黏结性能：结合剂的主要作用之一是牢固把持住磨粒，以利于金刚石充分发挥切磨作用。要想使金刚石被牢固把持，必须使金刚石和结合剂浸润良好。据有关资料报道，按一些过渡族金属元素对金刚石浸润性的强弱，定性地列出如下次序：Ti、Zr、V、Ta、Nb、W、Cr、Mo、Mn、Fe、Co、Ni、Cu。

解决结合剂对金刚石的浸润性有两种方法。其一是在黏结金属中加入一些强浸润性元素，这就要求合金具有单相性，尽量避免晶间析出和电子化合物的生成，以保证浸润性能；其二是在金刚石表面镀覆一层上述强浸润性元素，即金刚石表面金属化。目前应用较多的是在金刚石表面真空镀钛。镀钛方法除真空镀膜（蒸发镀）外，还可在真空条件下和特殊电场下通过阴极溅射、离子镀膜等实现。

良好黏结性能的另一方式是结合剂对金刚石机械啮合作用。如青铜结合剂主要是以机械啮合作用来实现对金刚石的高强黏结的。

③烧结特性：金属结合剂磨具经冷压成形后的坯体，通过适当温度烧结以后，金刚石才能被牢固地把持住。从金刚石自身的热稳定性考虑，必须使烧结温度尽可能地低（如低于700℃）以减少金刚石的强度损失。但结合剂的烧结温度是由其成分和比例决定的，在满足牢固把持金刚石的前提下，必须两者兼顾。目前的锯片结合剂，青铜基烧结温度都在700℃左右，钴基结合剂在800℃左右。

④硬度特性：结合剂的硬度是影响加工性能的一个重要指标，对于不同的加工对象必须采用硬度不同的结合剂。结合剂的硬度是由其组成成分和比例决定的，因而不同的结合剂具有不同的硬度值范围。对成品进行硬度测定时，根据其硬度值是否偏离正常范围，可以分析出生产过程中存在的各种不符合生产工艺要求的因素。硬度测定可采用洛氏硬度计。

（二）配方设计

加工对象的性质、加工方法和加工质量要求是配方设计的重要依据。配方设计主要是提出适应加工要求的结合剂组成和比例以满足加工性能要求的过程。

对于冷压烧结锯片而言，其加工对象以光学玻璃为主，切割过程是在较精密的机床上进行的，也就是说材质均一，工艺稳定，因此较多地选用三元或多元的青铜结合剂，亦即以 Cu-Sn 二元合金为基础元素，加入第三、第四等元素。因此有必要就 Cu-Sn 系统进行研究。

1. 锡青铜的平衡状态图

从 Cu-Sn 合金的二元相图中可以看到，Cu-Sn 合金的组织是由一系列包晶、共晶反应和中间相组成的，青铜中常出现的有 α、β、δ 和 γ 相。在 540℃时，α 固溶体中 Sn 的溶解度达 16%，在 780℃时为 12%，而在室温时可达 15%。

由于 Cu-Sn 合金的结晶间隔很宽，Sn 在铜中扩散困难就很容易造成偏析，因此锡青铜的实际组织与平衡状态差别很大。实际上含 Sn 量小于 15% 的青铜中，就已出现 α+β 的共析体，需经长期退火后才能转变为 α 相。

由于锯片在烧结时只有部分液相产生，所以得到不平衡状态下的组织结构。烧结状态下得到的组织是一种 Cu-Sn-Cu 的连续分布结构。但通过熔化扩散原理可推知，在 Cu-Sn 接触界面上，存在着一层与平衡状态图相似的组织结构，也应该有固溶体和电子化合物存在，并且这一层的厚度随着烧结时间的延长而增加。也就是说烧结时的保温时间越长，形成的 α 相越发展，产品的塑性越好，这对于锯片这种特定的产品是有益的。

2. 锡青铜的机械性能

在二元锡青铜中，锡的加入量对青铜机械性能的影响如图 6-52 所示。由图中可知，当锡含量为5%~6%时，合金有最好的塑性；锡含量达10%时，合金可塑性急速下降，机械强度显著增加；当锡含量达到20%以上时，锡青铜有最好的机械强度，但可塑性很差，脆性变得很大；当锡含量超过30%时，合金的机械强度迅速降至最小值。

作为结合剂，既要求较好的机械强度，也要有一定的塑性，经综合考虑选用锡含量为10%~20%。锡含量对合金硬度的影响见图6-53。由图可知，锡含量为12%时，合金具有最高的硬度值。

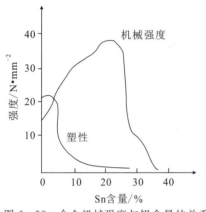

图6-52 合金机械强度与锡含量的关系

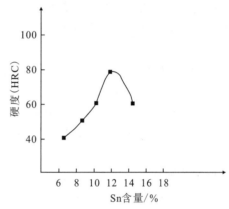

图6-53 合金硬度与锡含量的关系

二元合金作为结合剂其性能难以满足多方的要求，采用多元系结合剂可以克服这一缺点。

3. 第三组元对合金机械性能的影响

常用的第三组元有Ni、Ag、Zn、Pb等。加入Ni能提高合金的耐磨性和机械强度，它弥散在合金中，起细化合金作用；加入Ag使合金的抗弯强度大幅度提高；加入Zn的作用类似于Sn，且可降低结合剂的成本；加入Pb可提高合金的耐磨性、密实性和抗蚀性，以利于磨具使用寿命的提高。但Pb的加入将使合金的机械强度降低，所以必须控制加入量。

4. 其他添加剂

在结合剂中也常加入一些非金属材料，如石墨、四氧化三铁、碳化硅等，以达到改善结合剂性能的目的。

细粒石墨有很高的分散性，在结合剂中起多种有益作用。石墨是一种固体润滑材料，在结合剂中能使粉末颗粒之间的摩擦阻力降低，改善结合剂的压制性能；石墨在高温下能与氧发生反应，烧结时对金刚石和结合剂起保护作用；此外，石墨在结合剂内还能润滑磨削面，降低摩擦力，提高磨削效果。石墨加入量到底多少为好，要依使用对象及加工工艺而定，一般在1%~5%范围内。

在青铜结合剂中加入四氧化三铁主要是为了改善结合剂的脆性，而加入碳化硅则一方面可以作为辅助磨料，另一方面还可以改善结合剂的脆性，增加其耐磨性。

总之，铜基结合剂能否满足使用者的要求是评价其性能的最主要依据，其配方确定过程：首先，根据理论分析和实践经验设计出一组配方，按照理论推算确定烧结温度的范围和烧结工艺；其次，将试验产品设计成标准试块，由低限温度开始试烧，每次增加 20℃，直到试块出现第一次发泡为止，并以低于发泡温度 20℃作为试验产品的烧结温度；然后，在确定的温度下烧结试块，并测定其硬度、密度，以及抗弯强度等进行对比；最后，选用较优的 1～2 个配方做成标准锯片进行切割试验，从中选出最优配方。

（三）结合剂的配制

结合剂往往是成批配制的，包括各种原料用量的计算、称量和配混。

原材料用量的计算是根据配方来确定的，如一般产品常用的结合剂为 Cu70％、Sn15％、Ni10％、Sb5％，外加石墨 1％。根据生产能力每次配制批量不超过一周，假如一周用量以 10kg 计，则计算出各种成分的用量分别为，铜粉 7kg，锡粉 1.5 kg，镍粉 1kg，锑粉 0.5kg，石墨粉 0.1kg。用药物天平或台秤准确称取各种成分，置入机械混料机内混合。最常用的混料装置有球磨机、V 形混料机、摇摆式混料机等。这些混料设备因粉料沿筒壁随磨球一起运动，受到磨球的搅拌作用，使粉料变得较为均匀。

混料时必须注意，Cu、Sn、Ni、Sb 等金属粉末都属于塑性粉末，受到外力作用时容易产生变形，特别是锡粉在磨球的撞击作用下容易变成片状。因此，要少放大直径的混料介质，且混料时间不宜过长，视粉料多少而异，一般不超过 24h。

混合好的结合剂料要经检查才能用于生产。常用的检查方法是用肉眼观察料的分布状态，根据颜色来判别有无粉料积聚现象。另外最好送去化验，分析料的成分是否正确。检查合格的结合剂要存放在玻璃干燥器内，并要有干燥介质吸潮。存放期不宜过长，发现结合剂氧化要进行还原处理。

（四）压制成形

锯片压制成形必须具备金刚石、结合剂、模具及基体等。不同的使用对象，对金刚石和结合剂均有不同的要求。

金刚石必须符合标准要求，本类型的锯片主要加工对象是光学玻璃，金刚石以 JR_3 为主体，如使用要求不高也可以用 M2 型金刚石。对超薄锯片则选用金刚石微粉，而且结合剂最好选用细于 $40\mu m$ 的金属粉末。

1. 压制前的准备

成形前必须根据锯片的尺寸计算出金刚石、成形料的用量及压力吨位，确定压机吨位及表压。现举例如下：如图 6-54 所示的锯片规格，金刚石浓度为 50％。

1) 金刚石切割层体积计算

$$V = \pi/4 \cdot (200^2 - 190^2) \times 1 = 3062 \text{mm}^3 = 3.06 \text{cm}^3 \qquad (6-46)$$

2) 按 50％浓度计算金刚石用量 G_D

$$G_D = V \times C = 3.06 \times 0.44 = 1.346 \text{g} \qquad (6-47)$$

式中：C 为单位体积内金刚石含量，g/cm^3。

3) 结合剂用量 G_{Me}

$$G_{Me} = V \cdot (1 - 2.5\%) \cdot \gamma_{Me} = 3.06 \times 87.5\% \times 7.5 = 20 \text{g} \qquad (6-48)$$

式中：γ_{Me} 为结合剂的密度，青铜结合剂常取 $\gamma_{Me} = 7.5 \text{g/cm}^3$。

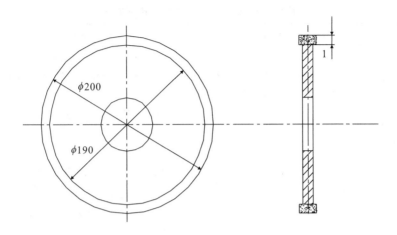

图 6-54 超薄金刚石锯片尺寸图

4）压制压力的计算

$$P = P_0 \cdot S = 500 \times 3062 = 1530 \text{kN} \tag{6-49}$$

式中：P 为压制压力，kN；P_0 为单位压制压力，MPa；S 为承压面积，mm²。

5）压制时的压机确定和表压计算

由式（6-49）得压制总压力为 1530kN，故选用 160t 的压机即可满足成形的要求。压制时表压的计算为：

$$P_2 = \frac{P}{S_2} = \frac{1530 \times 1000}{490 \times 100} = 31.2 \text{MPa} \tag{6-50}$$

式中：P_2 为压机表压，MPa；S_2 为活塞面积，mm²。

6）基体设计和准备

本类型锯片所用基体要求刚性好，以承受切割力的作用，通常选用 65Mn 冷轧钢板制成。为了增加基体和金刚石层间的联结强度，通常将基体边缘加工成锯齿形。在使用前，最好在边缘处镀一薄层铜，厚度不超过 $20\mu m$。基体使用时要认真清除表面的油污和锈斑。

7）模具设计

模具设计主要包括结构设计及各部分尺寸的确定。模具结构见图 6-55，模具各部件材料和技术要求见表 6-26。

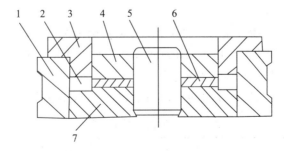

1. 模套；2. 混合粉料；3. 压头；4. 芯模；5. 芯轴；6. 基体；7. 底板。

图 6-55 模具结构

表 6-26 模具部件的材料及技术要求

名称	材料	技术要求
模套	1. 碳素工具钢 T10、T12 2. 合金工具钢 GCr15、9CrSi	1. 热处理硬度 HRC52~56 2. 光洁度：配合面 Ra0.8~Ra0.4μm 3. 配合等级 D/dc 4. 几何精度：径向跳动允差 0.03mm
压头	同模套	不平行度允差 0.03 不垂直度允差 0.03 硬度、光洁度、几何精度同模套
芯模	1. 合金钢：40Cr 2. 中碳钢：45#	热处理硬度 HRC40~45 其余同模套
芯轴	同芯模	硬度同芯模 光洁度 Ra0.8μm
底板	同芯模	配合等级 D/dc 同芯轴

1) 模套尺寸的确定

模套如图 6-56 所示，内径尺寸由锯片直径确定，需设计的尺寸为 δ 及 H。

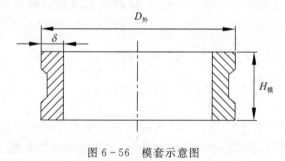

图 6-56 模套示意图

模套壁厚 δ 确定后，模套外径 $D_\text{外}=D_\text{内}+2\delta$。$\delta$ 的大小根据模壁所受到的侧压大小及选用材料的强度来确定。材料力学上将筒体的外半径 R 与内半径 r 之比 $R/r>1.1$ 的圆筒定义为厚壁圆筒。模套符合厚壁筒的定义，因此其模壁的计算建立在下列公式基础上：

$$P_s = \xi \cdot P \tag{6-51}$$

式中：P_s 为模套壁上所受的侧压力，kN；ξ 为致密材料的侧压系数；P 为压制压力，kN。

侧压力是由于在压制压力作用下，压坯产生径向应变作用于模套内壁而导致产生的。作用在单位面积上的侧压力叫作单位侧压力。

材料的侧压力系数 ξ 只取决于材料的松泊系数 ν。不同材料的 ν 值和 ξ 值见表 6-27。

表 6-27 不同材料 ν 值和 ξ 值

材料	F	P	S	A	Z	C	A	W
ν	0.28	0.44	0.33	0.36	0.27	0.35	0.42	0.17
ξ	0.38	0.79	0.49	0.56	0.37	0.54	0.72	0.20

模壁厚度 δ 按式（6-52）计算：

$$\delta = r\left(\sqrt{\frac{[\sigma]+0.7P_s}{[\sigma]-1.9P_s}}-1\right) \quad (6-52)$$

式中：$[\sigma]$ 为模套材料的许用应力，MPa，常用材料的许用应力见表 6-28；r 为模套内半径，mm。

由式（6-52）和表 6-28 即可求出 δ 值。

表 6-28 常用材料的许用应力 $[\sigma]$　　　　单位：MPa

材料种类	碳素工具钢	合金工具钢	硬质合金		$35^{\#} \sim 45^{\#}$ 钢	铸钢	铸铁 HT21~40
			YG8	YG15			
许用应力	300	250	400		150~200	90~120	50~80

模套高度的确定：模套高度通常由装料高度、底板厚度和一定量的空余高度（5~10mm）等几部分所决定，即

$$H = h_0 + h_1 + (5 \sim 10) \quad (6-53)$$

式中：H 为模套高度，mm；h_0 为装粉高度，mm；h_1 为底板厚度，一般取 12~15mm。

装粉高度和粉料的松装密度成反比，因此 h_0 又可表示为：

$$h_0 = \frac{\rho_m}{\rho_{m0}} h \quad (6-54)$$

式中：ρ_m 为结合剂的成形密度，g/cm³；ρ_{m0} 为结合剂的松装密度，g/cm³；h 为成形锯片的厚度，mm。

使用电解铜粉制造青铜基结合剂时，取 $\rho_{m0} = 2\text{g/cm}^3$；采用冷压成形工艺时，取 $\rho_m = 7.5\text{g/cm}^3$，则 h_0：

$$h_0 = 3.75h \quad (6-55)$$

所以，模套高度 H：

$$H = 3.75h + h_1 + (5 \sim 10) \quad (6-56)$$

2）压头尺寸的确定

压头结构如图 6-57 所示，压头尺寸确定主要包括确定其宽度 b 及高度 H_1，其余尺寸均可由此推出。压头宽度 b 即是金刚石切割层的宽度，已在标准中确定，无须计算。压头的高度 H_1：

$$H_1 = H - h - h_1 + (5 \sim 10) \quad (6-57)$$

3）芯模尺寸的确定

芯模结构如图 6-58 所示。芯模尺寸主要是确定其高度 H_2，其余尺寸无须计算，如孔径 d 与锯片孔径一致，外径 $D_2 = D_1 - 2b$，因此仅需求出 H_2 即可：

$$H_2 = H - h - h_1 \quad (6-58)$$

4）底模尺寸确定

底模结构如图 6-59 所示，其尺寸确定如下：d 与锯片孔径相一致，D_1 即锯片外径，h_1 取 12~15mm；h_4 为锯片切割刃比基体的高度（指单面），通常取 $h_4 = 0.15 \sim 0.3$mm。

5）芯模尺寸确定

芯模结构如图 6-60 所示，其外径 d 等于锯片的孔径，高度等于模套的高度，即 $h_2 = H$。

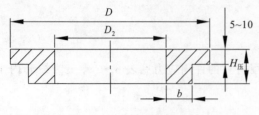

图 6-57 压头结构示意图

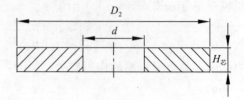

图 6-58 芯模结构示意图

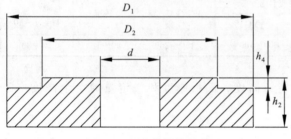

图 6-59 底模结构示意图

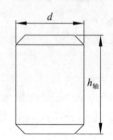

图 6-60 芯模结构示意图

2. 成形压制设备

油压机是锯片冷压成形的常用设备，常用的油压机规格种类及技术参数如表 6-29 所示。

表 6-29 常用油压机的规格种类及技术参数

参数		油压机型号				
		YA71-100	YA71-250	YA71-500	YA71-500	YA71-315
1. 公称压力/tf		100	250	500	500	315
2. 最大回程压力/tf		20	100	160	90	60
3. 最大安全表压/MPa				32	30	32
4. 活动模梁与工作面距离/mm			1200	1400	1500	1250
5. 活塞行程/mm		380	600	600	900	800
6. 活塞行程速度	低压下行/mm·s^{-1}		≥32	50	25	
	高压下行/mm·s^{-1}	1.4	2	1	612	512
	低压回程/mm·s^{-1}		≥60	50	25	80
	高压回程/mm·s^{-1}	2.6	3.7	2.5	2.5	60
7. 工作台尺寸/mm		600×600	1000×1000	1200×1200	1000×1000	1400×1400
8. 立柱中心距离（左右）/mm		1150	1200	1700	1700	1400
9. 外形尺寸/mm		1560×880×2470	2420×1910×3660	2580×1910×4230	2580×1910×4230	1660×1160×4440
10. 油压机净重/tf		2	9	14	≈30	13.6
11. 产地		天津锻压机床厂	天津锻压机床厂	天津锻压机床厂	合肥锻压机床厂	合肥锻压机床厂

生产上根据锯片大小和成形工艺的要求进行压机选择，即根据某规格锯片成形所需的总压力选择合适吨位的压机，必须使压机的公称压力（即压力的吨位）大于所需总压力，如锯片制造中最常用的油压机如图6-61所示。我国生产的可用于锯片成形的油压机种类很多。按压机结构不同，可分为单臂压机、框架压机、双校压机和四柱压机等；按注油方式不同又可分为上压式（油缸活塞在下部，推动下压板上引）和下压式（油缸活塞在上部，推动上压板下引），其中下压式保压性能较好，适于长时间保压。一般而言，四柱压机因为具有结构稳定、受力均衡、上下压板平行精度高、保压性能较好等有点，是比较理想的锯片压制设备，而单臂压机则具有开挡大和便于操作的优点。

3. 压制成形操作

冷压成形操作过程及要点分述如下。

①模具组装并置于转台上，如图6-62所示。为了脱模的方便，在模套内壁和心型外壁涂擦一薄层石墨润滑材料。

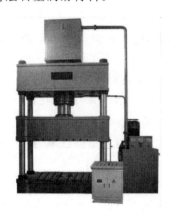

图6-61 四柱式油压机

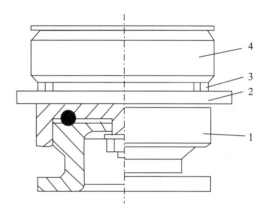

1. 转盘；2. 铁板；3. 劲铁；4. 模具。

图6-62 模具组装在转盘上

②投料并括刮平，使料层厚薄均匀一致。

③压制：按生产工艺卡标定的压机吨位和表压进行压制。施压要缓慢，达到规定压力后要保压1~2min。锯片直径较大时，将模具转动$180°$，再一次施压，这样做可以弥补压机上下压板造成的锯片不平行，因而成品锯片平行度较好。由于锯片很薄，一般不必采用双向压制的方法。

④卸模：将压好的锯片坯体从模具中卸出。卸模必须平衡、迅速，在脱除模套时，不允许中间有停顿。

（五）烧结

烧结是锯片制造过程中最重要的工序之一，对锯片的最终性能有着决定性的影响。烧结过程是在热作用下，被压实的粉末体之间发生扩散、熔融（熔解）、流动、收缩和再结晶等一系列复杂的物理、化学过程，使结合剂颗粒之间产生强固黏结力，使制品变得坚固，具备一定的硬度和足够的强度。

锯片大部分采用青铜（以 Cu-Sn 为主）结合剂，因此属于液相烧结，在烧结后期液相消失。液相的主要成分是低熔点的锡。由于液相的存在，使烧结速度加快，制品收缩显著，制品的密度和强度得以提高。

1. 烧结设备和炉内气氛

锯片工业生产最常用的烧结设备为钟罩炉，其结构如图 6-48 所示，由 3～5mm 厚的铁板围成罩壳，里面砌上耐火砖，内嵌电阻丝作热源。电阻丝规格由炉子的设计功率而定，通常选用 ϕ3～5mm 的镍铬电阻丝。钟罩炉的设计炉温通常为 850～900℃。

内罩用耐热不锈钢制成，其作用是将钟罩炉隔成内外两部分。内罩的下缘插入炉座的水封槽中，使炉的内层形成一个封闭的烧结腔，便于通入保护气体。待烧结的锯片装盒后（或者直接摆放在炉上）即置于这一烧结腔中。内罩的外边是加热系统，外炉罩通电加热，将热通过空气传导和辐射使烧结腔得到加热，温度不断升高。

炉座上设有水封槽，槽中注水起水封作用，以防炉内保护气体的逸出和炉外空气的进入（烧结时为正压）。中心部位安装有测温热电偶，烧结时，炉内充入保护气体以防烧结物氧化。最常用的保护气体为液氨分解的氢气（实际为氢氮混合气），另外也可以使用煤气、石油液化气等。

假如不具有制备保护气体的条件，则烧结时必须用木炭将待烧结的制品埋在靠近烧结制品处，且木炭颗粒要细。其余部分可用较大颗粒的木炭充填。因为具有结构简单、密封性能好，炉内温度分布比较均匀，烧结室容积大，一次烧结量多，操作简便，运行安全可靠，占地面积小，以及热效率较高等优点，用钟罩炉烧结锯片比较理想，目前已成为金刚石制品最常用的烧结设备。

钟罩炉内温度梯度呈径向分布。大直径制品成单排叠装，因此烧结大直径规格的产品时，金刚石层各部位受热较均匀；而小直径产品为尽可能利用空间，常采用多排叠装，因而容易产生一边温度高，一边温度低的现象。因此，在装炉时要尽可能避免温度不均匀现象。

制品烧结也可使用箱式电炉，常选用 15～40kW 的中、小型炉子。工业上用的箱式电炉多为开放性的，即炉膛无密闭性，因此无法实现烧结时的气体保护，所以需进行改装。改装的方法是制作一耐热不锈钢炉膛，当炉门用螺钉拴牢后，炉膛即呈密闭腔体，可以通入保护气体。

箱式电炉的特点是结构简单，操作安全可靠，使用寿命长，维修方便。常用的保护介质为氢气（氨分解得）、煤气等，也可用木炭。木炭因具有很高的活性，且价格便宜，安全可靠，已得到广泛应用。木炭作为保护介质，需要粉碎成 5～15mm 的炭粒，在装炉时填在制品的周围空间，起隔离空气的作用。炭粒在受热过程中，将与密封在烧结护膛内的空气起燃烧反应，由于炉膛内氧气不足，因此生成了一氧化碳，即：

$$2C + O_2 = 2CO \uparrow \tag{6-59}$$

新生成的 CO 气体还原性很强，对氧的亲和力比铜大，因此当它渗入到制品气孔中时，能将氧化铜还原成铜，促进制品的烧结，其还原反应为：

$$CuO + CO = Cu + CO_2 \uparrow \tag{6-60}$$

同时，新生成的 CO 气体充满炉膛，也起到了不使制品氧化的作用。

煤气作为保护介质，由于煤气生成方式不同，其成分不同，但煤气中起保护作用的是氢和 CO 气体。氢和氧在炉内反应按下式进行：
$$2H_2+O_2=2H_2O \tag{6-61}$$

在整个烧结过程中，煤气不断通入烧结腔形成正压，炉内产品始终和新通入的煤气接触，因此反应总是向生成水蒸气方向进行。生成的水汽同未反应完的煤气由排气管排出炉外，立即在排气孔口点燃，防止发生危险。

用气体作保护介质时，炉膛密闭性一定要好，否则容易因漏气而发生火灾或爆炸。从排气孔中排出的废气一定要在正常通入气孔半小时后方能点燃，且必须点燃。因为未燃尽的氢气会和周围空气形成爆鸣气，遇火爆炸，并且煤气还能使人中毒，因此必须严格按规程操作。

2. 烧结工艺

1) 装炉

装炉的方法对制品性能也有重大的影响，必须将它也包括在烧结工艺中。装炉主要包括装炉方式和装炉部位。装炉方式一般分为自由式烧结和夹具夹固式烧结，烧结装夹见图 6-63。锯片因为较薄，在烧结时颗粒的收缩、膨胀和再结晶能引起锯片的变形，造成烧结废品，因此一般采用夹具夹固式烧结。夹具材料最好选用在烧结温度下不变形不起皮的耐热铸铁材料。为防止烧结时金属结合剂和夹具产生粘连，在装夹前需在夹

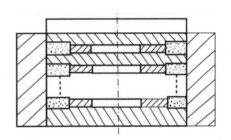

图 6-63 烧结装夹图

具上涂刷石墨粉。另外，装夹好的锯片最好能装在罐内，周围再填充以铝氧粉或白刚玉粉，其原因是这样装夹后，因铝氧粉和白刚玉粉导热性差，外罩的热通过铝氧粉后，升温速度不会过激。罐的材料可用耐火缸或石墨坩埚。烧结罐一定要放在炉的中心位置，使锯片外径受热均匀一致。

2) 烧结曲线

即确定温度随时间的变化曲线。首先根据锯片结合剂成分及配比、锯片的尺寸规格等确定烧结温度，其次确定升温方式及达到烧结温度后的保温时间。

① 烧结温度：对某一制品来讲，由于结合剂已确定，所以烧结温度是存在一个确定的范围。这个范围一般在最佳温度烧结点±100℃之内，而烧结温度通常为结合剂主要组元熔点的 2/3 左右，即 $T_{烧结} \geq 2/3 \cdot T_{熔}$。实际烧结温度的确定是通过试烧试块，第一组试块按上述温度确定，试烧后观察试块的色泽、表面状况、结晶等，判断是否过烧、欠烧，再确定第二组试块的烧结温度。以同样方法进行第三、第四组试块的试烧，直到获得合适的温度为止。

② 烧结时间：烧结温度和烧结时间是一对关联参数。适当提高烧结温度，可相对缩短烧结点保温时间，但控制不当则制品将会发生变形、晶粒长大，甚至偏析等，影响产品质量。当烧结温度较低时，必须延长烧结的保温时间，但生产效率低，如控制不当会造成产品欠烧。烧结温度的高与低，其温差不能过大，一般在 20℃ 左右。

此外，烧结时间还与制品的重量、厚度和直径大小，以及制品的总表面积等有关，因此

烧结时间 T 可用下述通式表示：

$$T = A \cdot G \cdot H / S \qquad (6-62)$$

式中：T 为烧结时间，min；A 为依照合金种类和烧结炉结构确定的系数；G 为制品的质量，g；H 为制品的厚度，cm；S 为制品的总表面积，cm^2。

一般而言，当结合剂种类和烧结炉结构确定后，制品规格较小，总表面积又较大时，烧结时间可短些。

③冷压-烧结曲线：尽管结合剂种类、制品的规格很多，但其冷压-烧结曲线的构成是基本一致的，如图 6-64 所示，分升温、保温和冷却三大部分。这是由液相烧结的特性而导出的。在 500℃ 以前，属烧结过程的第一阶段。即锯片坯体性能未有根本性变化。

对于青铜结合剂制品而言，成形时加入的临时黏结剂都是一些易挥发的物质，采用的金属粉末又都经过还原处理，低温时形成的液相很少，因此升温快慢对坯体性能影响并不显著，所以这个阶段采取自由升温不会影响产品质量。在 500℃ 时进行保温对大规格制品有一定好处：让坯体内粉末颗粒的氧

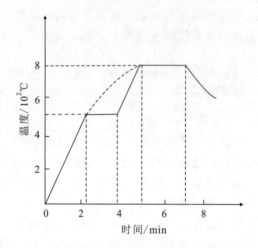

图 6-64 冷压烧结曲线

化物在还原气氛作用下得到充分还原，使粉末颗粒表面产生较多的活性原子，为下一步的烧结做好准备；使因快速升温下产生出的各部分温度不均匀得以平衡，使坯体内应力得到消除；随着保温时间的不断延长，液相数量也不断增加，并开始溶解固相物质。对小规格制品则可以直升至烧结温度（如图 6-64 中粗虚线所示）。

500℃ 至烧结点温度这一段，坯体中的主要变化是液相量显著增多，粉末体在液相表面张力作用下发生移动，重排趋于完结，而粉末体的高能部位（如尖角、棱缘等）大量溶解于液相中，使溶解度趋于饱和状态，此时坯体有显著的收缩。

在烧结温度下保温是非常重要的，可使坯体各部位的变化趋于平衡，同时处于饱和状态的溶解开始向粉末颗粒表面的低能部位沉淀析出。到保温终点时，粉末颗粒表面一方面被溶解，另一方面却结晶析出，达到动态平衡，且这个动态平衡过程随保温时间的延长而不断伸向颗粒内部。此时坯体的液相量有所增加，因此过分地延长保温时间会使液相量增大，容易造成低熔成分偏析，影响烧结质量。

冷却过程是液相的结晶过程，因此也是烧结曲线的一个组成部分。冷却快慢对制品的硬度、强度都有一定的影响，主要与晶粒的类型和大小有关。冷却速度快时，晶粒来不及长大，结晶体比较细小，其坯体强度相应提高。同时，快速冷却和平衡冷却不同。对青铜合金来说，在平衡状态下冷却时，α 固溶体中锡含量达 15%，而 α 固溶体多，则坯体强度低，塑性好；在不平衡状态下冷却时，α 固溶体区域大为缩小，（β，δ）较多，使坯体具有脆性，而这个性质对锯片来说并不一定有利。快速冷却会使坯体中存在有较大的应力，当结合剂中 Sn 含量较多时，应该特别注意，因为结合剂本身脆性很大，在较大应力作用下，容易出现

裂纹。

出炉温度虽不列入烧结曲线，但在某种意义上讲比冷却速度更为重要。对于切割锯片，因面积大、厚度薄、出炉温度高时会造成严重翘曲，所以需要冷却到接近室温才能出炉。

第六节 无压浸渍法制造金刚石钻头和扩孔器

无压法制造金刚石工具的基本流程：先将定量的骨架粉末（一般为烧结碳化钨）装入粘好金刚石的石墨模具内，放入钻头钢体，经适当敲振后使骨架粉末达到所需密度；然后装入适量的黏结金属（多为铜镍、铜锌合金），在箱式电炉中烧结；当达到一定温度后，黏结金属熔化，靠毛细作用渗入骨架粉末中，使之形成一种假合金，能牢固地包镶金刚石并与钻头钢体形成紧密联结。这种方法较多地用于石油钻头制作。

一、无压浸渍法制造金刚石钻头

无压浸渍法是 20 世纪 60 年代末出现的一种制造金刚石钻头的方法，其特点是钻头胎体粉末烧结时不施加压力，因而有利于制作形状复杂的钻头，如美国的克里斯坦森金刚石制品公司主要采用该方法制造油气井钻头。20 世纪 70 年代以后，世界上不少金刚石钻头制造厂家引进了该公司的无压法制造金刚石钻头专利。无压法制造金刚石钻头的工艺流程如图 6-65 所示。

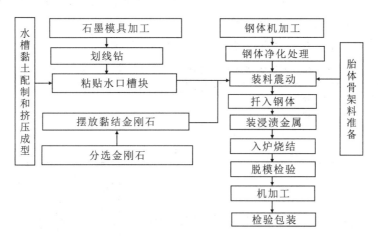

图 6-65 无压浸渍法制造金刚石钻头工艺流程图

现以制造全面钻头为例，简述无压法制造金刚石钻头的制造工艺。

1. 石墨模具

石墨模具经车制后，首先在底模上划线定位（包括金刚石位置、水路位置），如图 6-66 所示。底模划线后，则在底模上进行旋眼，见图 6-67。

旋眼时按金刚石不同的粒度用牙钻球齿铣头扩至相应直径。然后在定位眼中涂以稀胶体，用空气吸笔将金刚石放入小孔中；再将特殊黏土做的水槽材料放到模具内，这种黏土在高温下不与胎体发生作用，烧结后可很容易将其清洗干净；最后配装芯模。

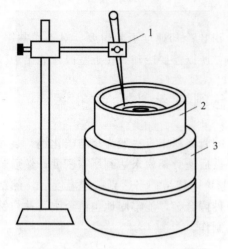
1. 划线规；2. 石墨底模；3. 转动盘。
图 6-66 底模划线

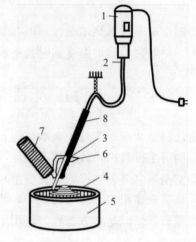
1. 高速马达；2. 软轴；3. 软轴传动夹持器；4. 小铣刀；
5. 石墨底模；6. 压风针管；7. 吸尘管；8. 压缩空气。
图 6-67 底模旋眼示意图

2. 钢体与胎体

钻头钢体由 35CrMo 或 45# 钢车制而成。胎体骨架粉末和浸渍金属成分的配比必须按试验成熟的配方制备，并有相应的烧结工艺。

国内某钻头制造单位用过的配方和烧结温度见表 6-30。

表 6-30 不同骨架成分、浸渍金属成分与浸渍温度、硬度表

编号	骨架成分	浸渍金属成分	浸渍温度/℃	HRC
1	W_2C（80～200 目）	Cu54%，Ni36%，Mn10%，	1220～1240	35～38
2	W_2C 5% Co 5%	Cu54.5%，Ni20%，Mn20% Si0.5%，Sn5%	110	32～42

3. 组装

图 6-68 为无压浸渍法模具的组装图。按设计胎体高度、厚度计算的骨架粉末装入模具内，边装边振动，以求达到给定的装料密度；然后将钢体放入模中，并保证胎体和钢体有较高的同心度；接着装入适量的浸渍金属和硼砂，最后盖上石墨盖即成。为了防止钢体熔蚀，可以在模壁上涂一层 Al_2O_3 胶液。

4. 烧结

烧结钻头一般采用硅碳棒高温箱式电炉，为了预防金刚石和胎体成分氧化，需在石墨模中放入碳屑或通入保护气氛。其烧结温度必须使浸渍金属熔化，并

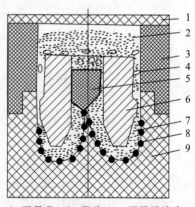
1. 石墨盖；2. 硼砂；3. 石墨浸渍套；
4. 浸渍金属；5. 芯模；6. 钢体；7. 胎体骨架粉末；8. 金刚石；9. 石墨底模。
图 6-68 无压浸渍法模具组装图

靠毛细管作用使浸渍金属渗入骨架粉末中，使胎体致密化。烧结温度取决于浸渍金属熔点，一般比浸渍金属熔点高15～20℃。保温30～50min即可出炉。

5. 机加工

车钢体的丝扣时注意保证丝扣与胎体端面的垂直度，以及对胎体内外径的同心度。

二、无压浸渍法制造扩孔器

人造金刚石烧结体扩孔器是金刚石小口径地质勘探的必备工具，它是以小直径人造金刚石烧结体为切磨材料，采用无压浸渍法制造的一种金刚石辅助钻具。

无压浸渍法制造扩孔器是粉末冶金的一种形式，它是将给定量的骨架粉末装入粘有烧结体的扩孔器模具中，经过适当敲振后使骨架粉末达到规定的装料密度，放入钢体，然后在其上部装定量的黏结金属。在烧结过程中，当达到烧结温度后，黏结金属熔融，靠毛细作用使黏结金属与钢体的热分子交换使胎体与钢体焊接牢固。出炉冷却后，胎体即可达到所要求的性能，包括机械强度、硬度、对金刚石的包镶牢固等。

1. 对骨架粉末的要求

根据扩孔器的工作状态，对骨架粉末提出下列要求。

（1）组成胎体硬质点的骨架粉末，要求由不同的粒度组成且各种粒度均匀分布，以取得具有良好机械强度、耐磨性和适当硬度的胎体。

（2）力求粉末颗粒有一定的形状，使粉末颗粒的装料密度控制在一个较窄的范围内，且每次装料量达到可重复性，以保证完善的浸渍性能，确保胎体质量和尺寸精度。

（3）骨架粉末颗粒本身要致密无孔隙，使胎体烧结后密度达到或接近理论密度，保证胎体机械性能优良。

（4）要求骨架粉末在烧结温度下不产生某种粉末熔化而使骨架体积发生明显收缩，以保证胎体各部位的性能达到既定要求。

（5）要求骨架粉末和黏结金属间有良好的浸润性。

根据上述要求，总结了一组无压浸渍法制造的扩孔器的典型配方，供读者参考，见表6-31。其中YZ为铸造碳化钨粉末；锰粉：锰含量占99.9%，粒度为300目；硅粉：硅含量占99.5%，300目。同时在表6-32、表6-33以及表6-34中列出了它们的技术条件。

表6-31 无压浸渍金属配方表

骨架粉末百分比					黏结金属牌号
YZ	YG6	Ni	Mn	Si	
80.5	10	5	4	0.5	BZn1520

表6-32 铸造碳化钨技术条件

化学成分/%				粒度
钨	总碳	游离碳	氯化残渣	
95～96	3.7～4.2	<0.1	<0.25	46～200目按一定比例组成

表 6-33 YG6 合金粉技术条件

化学成分/%					粒度
钨	总碳	钴	氧	铁	
余量	5.3～5.6	5.5～6.3	<0.5	<0.1	300目以细

表 6-34 镍粉技术条件

化学成分/%					粒度
镍+钴	碳	铜	硅	铁	
>99.5（钴<0.5）	<0.06	<0.08	<0.03	<0.20	200目

2. 黏结金属

采用锌白铜作为黏结金属，商品牌号为 BZn1520，技术条件列于表 6-35。

表 6-35 BZn1520 技术条件

镍+钴	锌	铜	杂质
13.5～16.5	18～22	余量	<0.90

3. 工艺流程

采用无压法制造金刚石扩孔器的工艺流程如图 6-69 所示。

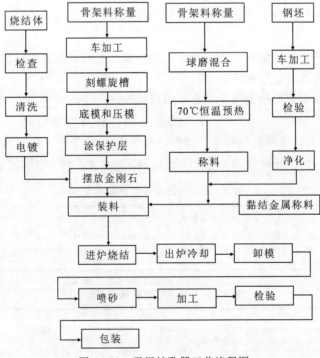

图 6-69 无压扩孔器工艺流程图

4. 模具结构

无压浸渍法制造螺旋扩孔器的模具结构如图 6-70 所示，由石墨型模、压模和底模以及钢体组成。型模与压模是胎体成形最重要的部件之一，其作用：一是烧结时可产生 CO 气氛防止上部钢体氧化；二是模具出炉后对其施加压力可使胎体上端整形，便于扩孔器进行机械加工。底模套是组合模具的基础，防止在烧结时进出炉产生颠倒，并保持胎体与钢体的同心度。

模具各部件的配合必须做到两点：①压模和型模间必须有一薄层粉末以形成毛细作用浸渍通路，确保胎体粉末具有完善的浸渍过程；②胎体与钢体的同心度是依靠下部钢体外圆与配合精度较高的专用装料底模套来实现的，因而要求钢体下部与底模套的配合良好。

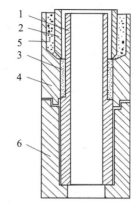

1. 钢体；2. 压模；3. 胎体骨架料；
4. 型模；5. 黏结金属料；6. 底模套
图 6-70 螺旋扩孔器的模具组装结构图

5. 扩孔器的制造过程

1）烧结体的选用

烧结体是扩孔器的切磨材料，其质量好坏在很大程度上决定着扩孔效果，因此对它有如下要求：①与 TL80#ZR$_2$ 砂轮的磨削比达 30 000 以上；②热稳定性要好；③烧结体尺寸多采用 $\phi1.8mm \times 4mm$，以便于模具组装，外表美观。

烧结体表面必须清洗干净，去除杂物。通常用丙酮清洗，用超声波清洗效果更好，有条件的单位，最好在烧结体表面电镀薄层铜或镍（厚度 0.10~0.20mm），以增加烧结体和骨架料的连接强度。

2）型模加工及烧结体的摆放

型模先加工成与岩心管外径相适应的内圆，然后在专用机床或车床上拉铣螺旋。槽深要考虑到胎体的收缩值，螺旋槽的数目取决于槽的宽度和扩孔器的规格。

烧结体的定位一般用胶水溶液黏到型模螺旋槽上，摆放数目视应用的地层和扩孔器规格而定，如 $\phi56.5mm$ 扩孔器摆放烧结体数有 54 粒、48 粒和 42 粒三种。

3）胎体骨架粉末装料量的确定

单位体积装料量取决于骨架粉末混合料的理论密度及其松装密度，其值要以获得最佳胎体性能和烧结体的包镶性能为原则。

图 6-71 示出胎体的抗弯强度和抗冲击韧性值与实际密度的关系曲线。由图可见，当装料密度为 8.3g/cm^3 时，抗弯强度和抗冲击韧性值均较高。但因装料密度的大小是靠敲振来实现的，故装料密度过高或过低均不理想。如

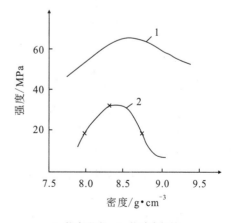

1. 抗弯强度；2. 抗冲击韧性
图 6-71 胎体性能与装料密度关系

果装料密度过大,粉末容易分层,而且黏结金属也不易达到完善的浸渍程度,因而胎体疏松、易脆裂,达不到要求的强度;装料密度过小,则骨架粉末密度不均,造成黏结金属层及其边界的厚薄不均,而且对聚晶的包镶不良。以上两种情况都会出现使胎体强度降低的问题,故骨架粉末都应当有一个合理的装料密度。当粉末组成改变时,胎体强度峰值对应的装料密度是不一致的。

黏结金属的装料量可按下式计算:

$$G=\rho \cdot \left[V-\left(\frac{G_1}{\rho_1}+\frac{G_2}{\rho_2}\right)\right] \cdot K \tag{6-63}$$

式中:G 为黏结合金属装料量,g;ρ 为黏结金属密度,g/cm³;V 为扩孔器胎体体积,cm³;G_1 为骨架粉末料的装料量,g;ρ_1 为骨架粉末料的理论密度,g/cm³;G_2 为烧结体的质量,g;ρ_2 为烧结体的密度,g/cm³;K 为黏结金属的过量系数,$K=1.5\sim 2$。

骨架粉末料的理论密度按式(6-64)计算。

$$\rho=\frac{100}{\frac{G_1}{\rho_1}+\frac{G_2}{\rho_2}+\cdots+\frac{G_n}{\rho_n}} \tag{6-64}$$

式中:G_1、G_2,…,G_n 为骨架粉末各组分的质量百分含量,%;ρ_1、ρ_2,…,ρ_n 为骨架粉末各组分的密度,g/cm³。

骨架粉末混合通常采用球磨机混料,使各组分的混合充分均匀,并可以达到钝化粉末棱角和细化颗粒的目的。球磨筒常用不锈钢制作,硬质合金球为混料介质,采用干式混合。球磨筒转速为 40~50r/min,球料质量比约 1∶1,装料量不超过筒容积的 50%,球磨时间 4~24h。

4)涂保护层

为延长石墨模具的使用寿命,同时防止石墨对钢体可能产生渗碳而造成加工的困难,在模具表面涂上薄薄一层 Al_2O_3 汽油橡胶溶液,将大大延长其使用寿命,如底模模套保护得好可连续使用 20 次以上。

Al_2O_3 汽油橡胶溶液的配置方法:300 目以细 Al_2O_3,浓度 12% 的汽油橡胶溶液 20%,汽油 50%;先用少量汽油将 Al_2O_3 润湿拌匀,使之不聚合,然后相间加入给定量的橡胶溶液和汽油,并搅拌均匀即成。在使用中当汽油挥发变稠后可补充适量汽油拌匀。

5)装料

①将装料用的底模套放置于转台上,放入钢体,然后再将粘好的烧结体型模从钢体上端套入,使型模与底模套配合。

②将经过 70℃ 恒温预热的定量骨架粉末,沿着钢体与型模的圆周间隙倾倒装入型模腔内,然后用棒敲振转盘和型模外壁。当粉末进入型模腔后,将粉末上部稍平整,再加入少许骨架粉末并抹拭整,使之略高于型模上端平面,以造成毛细作用的浸渍通道。

③用手提住钢体上端并从装料底模套中提出,随即装入涂好 Al_2O_3 汽油橡胶溶液的石墨底模套内。

④装入涂有 Al_2O_3 汽油橡胶溶液的压模。

⑤入给定量的黏结金属,并在其上面撒上一层适量的硼砂。

6）进炉烧结

将装好料的模具装入箱式电炉内烧结，一次可烧结两个扩孔器。由于高温下石墨模具氧化产生一氧化碳的保护气氛，所以不必通入专门的保护气体。

烧结温度要高出黏结金属的熔点 30℃ 以上为宜。用 BZn1520 锌白铜为黏结金属时，其烧结温度为 1100℃，达到烧结温度后需要保温 20min。

7）出炉冷却和卸模

保温完毕后，将组合模具用坩埚钳夹出，并迅速在压模上端加一重物或在小压机上稍加压，以达到胎体上端整形的目的且便于取下剩余的黏结金属。

取出后的组合模具任其在空气中自冷。冷却后很容易将底模套和压模取下，除去剩余的黏结金属，将型模敲开即可取出扩孔器。

8）扩孔器的喷砂和加工

扩孔器取出后需对胎体先进行喷砂处理，以除去胎体表面的石墨残渣。然后按图纸要求进行机械加工。

9）扩孔器的检查和包装

扩孔器加工完毕后需进行下列项目的检查：①胎体必须无裂纹和外表缺陷；②胎体硬度必须符合要求；③尺寸必须符合设计要求。胎体与两端丝扣必须同心，其最大不同心度允许公差为 0.10mm。

符合质量要求的扩孔器需配备合格证，填写好产品卡，一起包装入库。

无压浸渍法制造扩孔器的胎体形状取决于骨架粉末装料形态，且骨架粉末烧结后的体积与烧结前基本一致，故用该方法制造具有复杂形态的螺旋型扩孔器极为有利。它既能保证扩孔器具有较高的精度，而且更重要的是胎体各部分具有均匀密度，从而保证胎体的良好性能。

胎体骨架粉末在烧结前后都可不施加外部压力，因此烧结体可以黏结到任何所需要的位置并保持原来的定向不错位。此外，胎体材料以铸造 WC 作为骨架成分，因而胎体的耐磨性很高。

螺旋型无压浸渍法扩孔器的主要特点是型模石墨消耗量大，经济效益低，且制造工艺也较电镀扩孔器复杂。但由于这类扩孔器能够适应破碎复杂地层的扩孔，因此在金刚石钻进中得到广泛的应用。

第七节 胎体性能及其测定方法

为了使金刚石工具与工作对象（岩石及其他材料）相适应以及保证产品质量，必须对胎体的一些性能指标进行测定。

一、抗弯强度

胎体抗弯强度可反映胎体的相对韧性。测定时，试件尺寸为 5mm×5mm×30mm 的长条形，在材料试验机上进行测定，支点间距 L 为 24mm，加载速度 10～20mm/min。试验结果按下式计算：

$$\sigma_b = \frac{3PL}{2bh^2} \tag{6-65}$$

式中：σ_b 为抗弯强度，MPa，σ_b 值不应小于 1000MPa；P 为试样断裂时的载荷，N；L 为支点间距，mm；b 为试样宽度，mm；h 为试样高度，mm。

二、冲击韧性

胎体冲击韧性是衡量其抗冲击载荷的一个相对指标。试验时，试样尺寸为 10mm×10mm×55mm，试样中点的切槽为 2mm×2mm。在小型摆式冲击试验机上测定，采用 30～60J 摆锤。试验结果按下式计算：

$$a_k = A/F \tag{6-66}$$

式中：a_k 为冲击韧性，J/cm^2，其值不低于 $3J/cm^2$；A 为冲击功，J；F 为试件受力的最小横截面积，cm^2。

三、胎体硬度

胎体硬度是胎体性能的重要指标之一，采用洛氏硬度计进行测定，以 HRC 表示。HRC 为国内外统一指标，同一配方胎体的 HRC 的波动范围不得超过 ±HRC5。

四、胎体耐磨性

胎体耐磨性测定方法各式各样。可以制成 $\phi 6mm \times 8mm$ 小圆柱试样在 ML-10 型磨损试验机上测定，测定结果按下式计算：

$$\omega = \frac{\Delta m}{\pi \cdot d^2 \cdot s \cdot \rho / 4} \tag{6-67}$$

式中：ω 为磨耗系数，其值越大越不耐磨，越小越耐磨；Δm 为试样试验前后的质量差，g；d 为试样直径，cm；s 为试样的摩擦行程，cm；ρ 为试样的密度，g/cm^3。

胎体的耐磨性应根据岩石的研磨性合理确定。低耐磨性 $\omega > 1.0 \times 10^{-5} g$；中等耐磨性 $\omega = (0.3 \sim 1.0) \times 10^{-5} g$；高耐性 $\omega < 0.3 \times 10^{-5} g$。

五、胎体抗冲蚀性

测定时，试样制成 $\phi 35mm \times 5mm$ 的圆柱块，在专用冲蚀试验机上测定。冲蚀试验机的工作原理是利用含固相颗粒高速液流冲蚀试样，以一定时间内（如 20min）试样被冲蚀的损耗体积的倒数来衡量胎体材料的抗冲蚀能力，即

$$Z = 1/(\frac{m_1 - m_2}{\rho}) \tag{6-68}$$

式中：Z 为胎体抗冲蚀指数，$1/cm^3$；m_1 为胎体试样冲蚀前的质量，g；m_2 为胎体试样冲蚀后的质量，g；ρ 为胎体试样密度，g/cm^3。

胎体的抗冲蚀指数越小，则胎体的抗冲蚀性越低。低抗冲蚀性 $Z < 11$；中等抗冲蚀性 Z 为 11～22；高抗冲蚀性 $Z > 22$。

六、孕镶块包镶金刚石的能力

孕镶块包镶金刚石的能力是衡量胎体黏结金刚石能力的重要指标，可采用张力环试件来测定，其装置见图 6-72。

试件尺寸：外径 29mm，内径 19mm，厚度 5mm。圆环上有含金刚石工作层的小块，其宽为 5mm，金刚石浓度为 100%（4.4car/cm³）。

测定时，载荷 P 通过受载锥体、传力环，直至张力环试件内壁。这样可以将试件看作厚壁圆环内壁上受到均匀分布的压力（P_i）（图 6-73）。圆环破坏是切向应力 σ_θ 引起的，其值在表面为最大，即

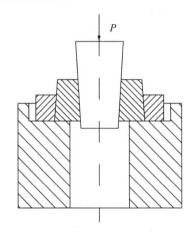

1. 受载锥体；2. 传力环；3. 张力试件；4. 底座。

图 6-72 张力环试件测定装置

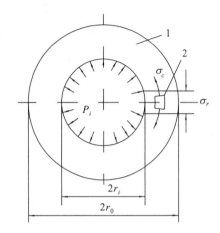

1. 纯胎体；2. 含金刚石工作层。

图 6-73 张力环试件受力情况

$$\sigma_{\theta\max} = -P_i \frac{r_0^2 + r_i^2}{r_0^2 - r_i^2} \tag{6-69}$$

$$P_i = \frac{(P + m_g) \cdot (\cos\alpha + f \cdot \sin\alpha)}{2 \cdot \pi \cdot r_i \cdot h \cdot (f \cdot \cos\alpha + \sin\alpha)} \tag{6-70}$$

式中：r_0 为圆环试件外半径，$r_0 = 14.5$mm；r_i 为圆环试件内半径，$r_i = 9.5$mm；m_g 为受载锥重量，$m_g = 0.38$N；α 为锥体斜面角，$\alpha = 5°2'$；h 为圆环厚度，m；f 为锥体与传力环之间的摩擦系数，$f = 0.15$；

令 $K = \dfrac{r_0^2 + r_0^2}{r_0^2 - r_i^2} \cdot \dfrac{(\cos\alpha + f\sin\alpha)}{2\pi r_i(f\cos\alpha + \sin\alpha)} =$ 实验常数 $= 180 \text{m}^{-1}$，则

$$\sigma_{\theta\max} = -K(P + m_g)/h \tag{6-71}$$

式中：P 为张力环试件张裂时的载荷，N。

胎体包裹金刚石的能力越强，则 $\sigma_{\theta\max}$ 值越大。

七、胎体的金相检验

其主要目的是了解胎体的致密化程度以及界面的物理化学状态，要求胎体的孔隙率不超过 0.6%。

八、钻头加工要求

钻头胎体外径与钢体螺纹的同轴度随钻头公称口径（$D = 28 \sim 91$mm）不同而不同，其公差值取 $0.15 \sim 0.25$mm；胎体端面与螺纹中心线的垂直度根据钻头公称口径不同而不同，其公差值取 $0.1 \sim 0.15$mm。检验装置示意图见图 6-74。

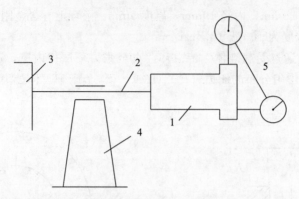

1. 钻头；2. 转轴；3. 手轮；4. 机座；5. 千分表。

图 6-74　机加工检验装置示意图

第七章 电镀基础知识及金刚石工具制造

电镀是利用电化学方法对金属（或非金属）制品进行表面加工的一种工艺。电镀主要是为了改善金属表面的物理、机械性能，或达到防腐、装饰的目的。目前电镀的应用已扩展到制作一些特殊的产品，如各种类别的钻具、锯切工具、砂轮磨头以及研磨工具等。

第一节 电化学基础

在装有镀液的镀槽中，放置阳极和工件（作为阴极），通以直流电（整流器、蓄电池或直流电机作为直流电源），即可进行电镀作业。阳极的不断溶解和金属在阴极（工件）上的不断沉积，逐步地实现电镀的目的。

一、电流通过电镀槽所引起的变化

如图 7-1 所示是一个最简单的电镀系统，电流从直流电源经外导线引入阳极（例如镍板），经过电镀液，再进入阴极（例如铁板），然后又经外导线回到了直流电源。显然要获得电镀层，必须实现电流的流动。电流在导线内的流动是自由电子移动的结果，而在溶液中（即阳、阴极之间）是靠带电离子的有规律的移动完成的。

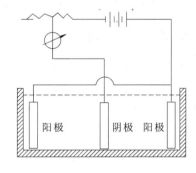

图 7-1 电镀装置示意图

作为电解质溶液的电镀液，在未通电的情况下，即已电离成为带正电荷的阳离子（如 Na^+ 和 Ni^{2+} 等）和带负电荷的阴离子（如 SO_4^{2-} 和 Cl^- 等），但在宏观上表现为中性。在电场（直流电源形成的外电压）作用下，阳离子向阴极转移（异性相吸），而阴离子则向阳极移动。两种离子运动方向相反，但其传递的电流的方向却是一致的，因为阳离子向阴极移动的效果就相当于阴离子向阳极移动的效果。综上所述，电流在整个电镀过程中的通路可以分为两个部分：以阴阳两极为界线，在溶液以内是离子导电，而溶液以外（包括电极本身）则是电子导电。

在电镀过程中，出现的两种导电方式如何在系统中得到统一呢？也就是说外电路中的电子由电源流向阴极，而又经过阳极回到了电源，而在电镀液中不存在电子的运动，这就引出了电化学的反应方程。

电化学研究表明，当自由电子自电源流到阴极（如铁板）上以后，在电极和镀液的界面间与镀液中的阳离子（如 Ni^{2+}）相结合而成为金属（镍），并沉积于阴极的表面上。镍阳极上金属镍失去电子，镍离子转移到镀液之中，阳极不断溶出变薄。在金属阳极溶解和阴极析出的同时，电镀槽中还伴随着电解水之类的副反应发生。因此，电镀镍时的电极反应可表示为

阳极反应 $Ni-2e^-=Ni^{2+}$（主反应），$H_2O-4e^-=4H^++O_2$（副反应）

阴极反应　$Ni^{2+}+2e^-=Ni$（主反应），$2H^++2e^-=H_2$（副反应）

在电镀过程中，阳极上发生的总是氧化反应（即失去电子），阴极上发生的总是还原反应（即得到电子）。我们可以将在外电场作用下电流通过电镀槽时所引起的变化归纳为三点：①在两电极和外电路（第一类导体）中，有自由电子沿一定方向移动；②在电解质溶液中（第二类导体）中，有阴离子和阳离子分别沿相反方向移动；③在电极和电解质溶液的两类导体界面间，有得失电子的电极反应发生。

二、法拉第定律

法拉第定律描述了电解过程中，电流强度（单位时间内通过电路的电量）与电极上形成的产物量之间的关系，也是计算在电镀时间内镀层的质量的基础。

1. 法拉第第一定律

金属在电解时所析出的质量 m 与电解液中所通过的电流 I 和时间 t 成正比，即：
$$m=KQ=KIt \tag{7-1}$$

式中：K 为电化当量 $g \cdot A^{-1} \cdot h^{-1}$，表示电极上通过 $1A \cdot h$ 电量时电极上所析出的产物量。

2. 法拉第第二定律

物质种类不同，电化当量数值也不同。一些常见物质的 K 值见表 7-1。

表 7-1　一些常见物质的电化当量

物质	摩尔质量 $M/g \cdot mol^{-1}$	离子价数 n	电化学当量 K	
			/g·A^{-1}·h^{-1}	/mg·C^{-1}
Cu^+	63.546	1	2.372	0.658 8
Cu^{2+}	63.546	2	1.186	0.329 4
Ni^{2+}	58.69	2	1.095	0.304 1
Co^{2+}	58.933	2	1.099	0.305 4
Fe^{2+}	55.847	2	1.041 9	0.289 4
Fe^{3+}	55.847	3	0.694 6	0.192 9
Cr^{3+}	51.996	3	0.646 7	0.179 6
H^+	1.008	1	0.037 61	0.010 5
Cl^-	35.453	1	1.286	0.367 2

法拉第第二定律表述为，物质的电化当量 K 与它的摩尔质量 M 成正比，与它的离子电价 n 成反比，即：
$$K=\frac{M}{nF} \tag{7-2}$$

式中：F 为法拉第常数，其大小为 96 500C/mol 或 26.8A·h·mol^{-1}。

（1）单质的电化学当量。根据式（7-2）可以计算出来。例如镍，其电化学当量为：
$$K=\frac{58.69}{2\times 26.8}=1.095 g \cdot A^{-1} \cdot h^{-1} \tag{7-3}$$

或：

$$K = \frac{58.69}{2 \times 96485} \times 10^3 = 0.3041 \text{mg/C} \tag{7-4}$$

对于变价元素，因在不同类型的电镀液中价态 n 不同，所以电化当量 K 也不同。例如，在酸性镀铜时，铜是+2 的，但在氰化物镀铜时，铜是+1 的。因此，由式（7-2）可得，+2 铜和+1 铜的电化学当量分别为 $1.186 \text{g} \cdot \text{A}^{-1} \cdot \text{h}^{-1}$、$2.372 \text{g} \cdot \text{A}^{-1} \cdot \text{h}^{-1}$。

（2）合金的电化当量。二元合金和三元合金的电化当量 $K_{A\text{-}B}$ 和 $K_{A\text{-}B\text{-}C}$ 可按下列公式计算：

$$K_{A\text{-}B} = \frac{1}{\dfrac{A}{K_A} + \dfrac{B}{K_B}} \tag{7-5}$$

$$K_{A\text{-}B\text{-}C} = \frac{1}{\dfrac{A}{K_A} + \dfrac{B}{K_B} + \dfrac{C}{K_C}} \tag{7-6}$$

式中：A、B、C 分别为合金和组分的百分含量；K_A、K_B、K_C 分别为各组分的电化当量。

以 $Ni_{70}Co_{30}$ 为例，查表得 K_{Ni}、K_{Co} 分别为 $1.095 \text{g} \cdot \text{A}^{-1} \cdot \text{h}^{-1}$、$1.099 \text{g} \cdot \text{A}^{-1} \cdot \text{h}^{-1}$，则合金电化当量为：

$$K_{Ni\text{-}Co} = \frac{1}{\dfrac{0.7}{1.095} + \dfrac{0.3}{1.099}} = 1.096 \text{g} \cdot \text{A}^{-1} \cdot \text{h}^{-1} \tag{7-7}$$

法拉第定律对电化学的发展起了很大作用。虽然它是实验规律，却是自然科学中最准确的定律之一。温度、压力、电解质的成分和浓度、溶剂的性质、电极和电解槽的材料和形状等，都对这个定律没有任何影响。只要是电极上通过 n 法拉第电量，就一定能获得 1mol 的产物。如果由副反应发生，产物不止一种，则产物的总量与电量的关系服从法拉第定律。

3. 电流效率

实际电镀过程中（如镀镍），阴极上并非只存在一种反应（如镍离子的还原），而是伴随其他阴极反应的发生。如我们在阴极上看到有气泡生长，即是溶液中的氢离子在阴极上获得电子，产生还原反应生成氢气的结果。镀镍是我们的目的，氢气的析出只是电极上的副反应。副反应的发生势必要消耗掉一部分的电量，使电极上镍的析出比预期的要少。所有电镀过程都或多或少存在副反应，因此每通过 1A·h 的电量时，阴极上所获得的镀层的实际质量，不可能与它的电化当量相等。我们把镀层的实际质量与其理论值（即按计算获得的质量）之比称为电流效率，以 η 表示之。

$$\eta = \frac{m'}{m} = \frac{m'}{KIt} \times 100\% \tag{7-8}$$

式中：η 为电流效率，%；m' 为实际获得的电极沉积物质量，g；m 为理论计算应得电极沉积物质量，g。

各种电镀过程的电流效率差别极大，如酸性镀铜的电流效率接近 100%，而镀铬的电流效率仅为 8%～16%。

三、溶液的电导率及其影响因素

除了普通金属导线具有一定的电阻以外，电镀溶液也同样具有电阻，且其电阻的大小与导体长度（两极间距离）和截面积的大小有关，其关系式如下：
$$R = \rho \cdot L/S \tag{7-9}$$
式中：R 为电阻，Ω；L 为导体的长度，cm；S 为导体的截面积，cm^2；ρ 为电阻率，$\Omega \cdot cm$。

当导体的长度和截面积相同时，ρ 值只和导体材料本身的特性有关，也就是说，ρ 值代表了边长为 1cm 的立方体溶液的电阻值。

习惯上总是采用电阻率的倒数来描述电解质溶液的导电能力，称为电导率 X。
$$X = \frac{1}{\rho} = \frac{L}{RS} \tag{7-10}$$
式中：X 为电导率，$\Omega^{-1} \cdot cm^{-1}$，表示每边长为 1cm 立方体的溶液的电导能力。

前已述及，电解质溶液之所以具有导电性是由于溶液中的离子在外电场的作用下沿着一定方向移动的结果。显然，其导电能力的大小与溶液中离子的数量及离子运动速度的大小相关。因此凡是影响这两个方面的因素都必然影响溶液的电导率。

1. 电解质的本性

通常的电镀溶液，除了必须存在一定浓度的主盐，还需添加一些其他的盐类。如镀镍电解液，除硫酸镍（$NiSO_4$）外，还要添加适量的硫酸钠 Na_2SO_4 和硼酸 H_3BO_3。Na_2SO_4 是强电解质，在溶液中完全以离子的形式存在，可以大大增加溶液的电导率。而硼酸 H_3BO_3 为弱电解质，电离出来的离子很少，电导率小，其作用主要是调节镀液的 pH 值。

不同的离子在电场作用下移动的速度不一样。离子所带的电荷越多，受外电场的推动力就越大，移动速度也越大。而移动速度又与离子本身的大小有关，在离子电荷相同的情况下，H^+ 的移动速度比其他离子快 5~8 倍，OH^- 离子的移动速度比一般离子快 2~3 倍。

2. 浓度

溶液中溶解的电解质越多，则单位体积中离子的数目越多，电导率也越大。为了提高镀液的电导率，除主盐外（如镀 Ni 用 $NiSO_4$），还加入一定数量的能增加溶液导电能力的电解质（如 Na_2SO_4）。实际生产中，并不能通过一味地增加电解质的方法来达到提高溶液电导率的目的，因为随着离子浓度的增加，电导率上升，但存在一个最大值的问题。这是因为随着离子浓度的增大，离子间的相互作用力逐渐增强，最后离子间相互作用力的影响抵消了因导电离子增加而使电导率增加的影响，因而出现了最大值。

3. 温度

升高温度可以加速离子的运动速度，提高溶液的导电能力。通常温度每升高 10℃，电解质溶液的导电率约增加 10%~20%。

四、电极的极化

通常把从电压表上直接观察到的电镀槽阴、阳两极间的电位差称为槽电压。槽电压通常是由下列四部分组成：①第一类导体电阻电压降，包括极杠、挂具、各接触点的欧姆电阻电压降；②第二类导体为电解液的电阻电压降；③两种金属交界处的接触电位差；④阴、阳两极与电解液界面间的电位差。实际生产中，第一类导体的电压降相对第二类导体的电压降要小得多，故可忽略不计。而两种金属交界处的接触电位差也已被包括在电极电位之中了，所以槽电压 V 的大小，可以用式（7-11）来表示。

$$V=\varphi_a-\varphi_c+IR \tag{7-11}$$

式中：φ_a 为阳极电极电位；φ_c 为阴极电极电位；I 为电流；R 为电解液电阻；IR 为电流通过电解液的电压降。

当镀槽中无电流通过时，则 $IR=0$，槽电压 V 就等于由阴、阳两极金属构成的电池的电动势，这时的两个电极电位就是平衡电位。随着镀槽中电流强度的增大，IR 也相应增大，但槽电压 V 值所增大的值远比 IR 增大的值为大。这就说明，在电流强度改变时，两个电极电位之差（$\varphi_a-\varphi_c$）也是跟着变化的，即出现了与平衡电位不同的数值。因此我们就需要进一步来讨论各种因素对两个电极的电极电位的影响。

1. 极化曲线

1）极化

电极上无电流通过时的电极电位就是它的平衡电位。当电极上有一定大小的电流通过时，实验测得的电极电位数值和平衡电位产生了偏离，电极电位偏离平衡值的现象就叫极化。在电流作用下，阳极的电极电位向正的方向移动，叫阳极极化；而阴极的电极电位向负的方向移动，叫阴极极化。电极上的电流密度越大，电极电位移动的绝对值也越大。

2）极化曲线的测量方法

不同电流密度下的电极电位可用下列实验方法测出。例如图 7-2 中的电解槽里有两个电极，阴、阳两极间通过的电流大小可由变阻器 R 来控制。为了测量有电流通过时的电极电位，必须另外选用一个参比电极（例如甘汞电极）与之构成另一条线路。因为参比电极的电极电位是已知的，所以不难求出待测电极的电位。

在实验中每改变一次电流密度，就可以测出一个电极电位，可以将这些对应的点连成图 7-3 中的曲线，这种描述电流密度 i 与电极电位 φ 之间关系的曲线，称为极化曲线。当 $i=0$ 时，φ 值即为平衡电位值，即 $\varphi=\varphi_{eq}$。由图 7-3 可以看到，随着 i 值的增大，阴极的 φ 值向负值方向移动。

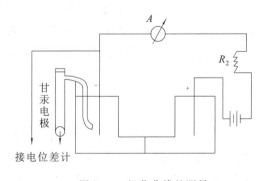

图 7-2 极化曲线的测量

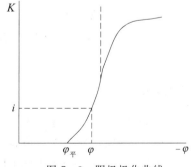

图 7-3 阴极极化曲线

实际工作中，测定电极电位的方法有两种：一种方法是恒电流法，即在给定的电流密度下测量其电极电位。这里电极电位是电流密度的函数，即 $\varphi=f(i)$，如图 7-3 就是用恒电流法测得的，这种方法用较多。另一种方法是恒电位法，即在给定的电极电位下，测量其电流密度值,因此电极电位就成了电流密度的函数,即 $i=f(\varphi)$。

3) 影响极化曲线的因素

在各种不同条件下测出的极化曲线都是不一样的。

首先,影响极化曲线的因素主要为溶液组成。如图 7-4 所示,曲线 Ⅰ 为溶液组成中含有 $NiSO_4 \cdot 7H_2O$ 140g/L,NH_4Cl 13g/L,H_3BO_3 15g/L,$T=25℃$ 所测得的极化曲线。曲线 Ⅱ 为上述溶液中再加上柠檬酸钠($Na_3C_6H_5O_7 \cdot 2H_2O$)98g/L,$T=25℃$ 下测得的极化曲线。两条曲线的差别很大,说明溶液组成对极化曲线的影响是相当显著的。

其次是温度的影响。图 7-4 中,曲线 Ⅲ 为溶液组成同曲线 Ⅰ 但 $T=5℃$ 时测出的极化曲线。

第三,当使用不同的金属作为电极时,所测出的极化曲线一般是不一样的,所以电极材料也影响电极的极化。如图 7-5 中为含氟化物(含 CrO_3 250g/L 和 NaF 5g/L)的镀铬溶液的阳极极化曲线,其中曲线 Ⅰ 为以铅为阳极、$T=23℃$ 时所测得的阳极极化曲线,曲线 Ⅱ 为以铂为电极的阳极极化曲线。

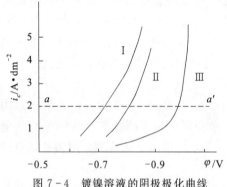 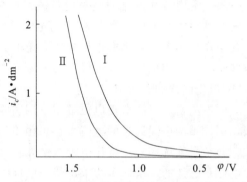

图 7-4 镀镍溶液的阴极极化曲线　　　图 7-5 含氟化物的镀铬溶液的阴极极化曲线

第四,在同一电流密度下,有搅拌时和无搅拌时所测得的电极电位的数值并不相同。这是因为搅拌可以增强溶液的运动,使溶液的浓度趋向于均匀。

综上所述,根据可以大体将电极极化形成的原因分为两类:①电化学极化,由电极反应本身的特性所决定;②浓差极化,由反应物或生成物在溶液中的扩散过程的特性所决定。对于任何一个电极来说,这两部分极化总是存在的,只是不同条件下所占的比重有所不同而已。

2. 电化学极化

当电极上有电流通过时,在电极与溶液的界面间,将发生电子转移和某些物质间的物理化学变化,还将引起某些物质在电极表面附近液层中的传递。我们可以将这些过程统称为电极过程。一般而言,电极过程主要经历以下 3 个大的步骤:①反应物在溶液内部电极表面附近液层中的传递;②反应物在电极与溶液界面间得失电子,进行电化学反应。这一步骤往往可以有两个或两个以上平行的反应过程存在;③生成物(产物)转入稳定形态或由电极表面附近向溶液内部传递。在进行上述 3 个步骤的过程中,各个步骤表现出来的阻力是不同的,阻力越大,过程进行越困难,因而阻力最大的这一过程就成为了电极过程的控制性步骤。

如果加强对溶液的搅拌，使反应物和生成物在溶液中的传递没有任何困难，则整个电极过程的速度，将主要的由反应物在电极与溶液的界面间进行的电化学反应的步骤来控制。这个由于电化学反应进行具有一定困难而表现出来的极化称为电化学极化。

下面以 Ni^{2+} 在镍电极上的还原过程为例，简单地介绍一下电化学极化产生的原因。

1) 双电层

将金属浸入电解质溶液中以后，金属与溶液界面间总是存在着一定的电位差。金属是一种特殊晶体，其中总是含有一定量的离子和自由电子。当金属浸入电解质溶液后，将会出现两种情况。第一种情况是金属离子由金属中转移入溶液中（即金属离子在溶液中的能级低于在金属晶体中的能级），如 Ni^{2+} 就是如此，因此金属镍电极中的 Ni^{2+} 将从金属转入溶液中，而电子则仍留在金属上，如图 7-6（a）所示。第二种情况是金属离子在金属上的能级反而比在溶液中的低，即金属离子存在于金属上比在溶液中更稳定些。如将金属铜浸入含有 Cu^{2+} 的硫酸铜溶液中以后，溶液中铜离子会自动沉积在金属铜上，遂使金属表面出现多余的正电荷，如图 7-6（b）所示。金属表面带负电（或正电），溶液带正电（或负电），这两种相反的电荷构成的整体，就叫作双电层。这种双电层的电荷实际上是处于动态平衡之中，因此在宏观上能反映出一个稳定的电位差，且双电层的电位差是随着溶液温度和浓度变化而变化的。

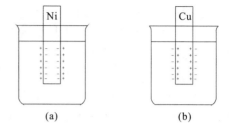

图 7-6 双电层最简单的示意图

2) 电化学极化

金属和溶液界面间不断地进行着金属离子的交换。以镍为例，在单位时间里，有多少 Ni^{2+} 溶解下来（氧化反应），同时必然又有相同数量的 Ni^{2+} 重新沉积在金属上（还原反应）。如果将这两个方向不同但大小相等的反应速度，以电流密度的形式表示出来，则可称之为交换电流密度 i_e，而且为了与外电路上通过的电流加以区别，我们通常将这种在宏观上觉察不出来的电流称之为内电流。

外电路中的电流在电极上的通过，实质上是由电极上正逆两反应的内电流大小不等而出现的差值所体现出来的，即

$$i_k = \vec{i_o} - \overleftarrow{i_r} \qquad (7-12)$$

式中：i_k 为外电路上的电流密度；$\vec{i_o}$ 为氧化反应相对应的内电流密度；$\overleftarrow{i_r}$ 为还原反应相对应的内电流密度。

当外电流在镍（浸入含有 Ni^{2+} 的溶液中）电极上通过时，不断地向阴极供应电子，见图 7-7。假如这个电化学反应的交换电流密度无穷大，则一定大小的外电流密度 i_k 对电极上原有的两个内电流密度不会产生什么影响，电流的大小是相等的。如果式（7-12）中的 i_k 和 $\vec{i_o}$、$\overleftarrow{i_r}$ 相比小非常多，则在外电流通过时，可以认为 $\vec{i_o} \approx \overleftarrow{i_r} \approx i_e$，电极仍然处于平衡状态。

交换电流密度 i_e 为无穷大的假设，即表示 Ni^{2+} 与电子相结合的反应极易进行，也即由外电源输送过来的电子，可以立

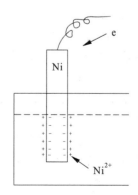

图 7-7 镍在阴极上析出

即消耗于电化学反应。这对电极表面上所带的多余电荷没有任何增减，即与通电前相比，金属与溶液界面间的电位差没有任何变化，电极反应仍应在平衡电位下进行。

实际上，在电极与溶液界面间反应物得失电子的反应进行时，总是要遇到阻力的，所以任何电化学反应的交换电流密度都不可能是无穷大。在一定大小的外电流通过电极时，其平衡状态总是要受到破坏的。例如，一定数量的电子输送到镍电极上以后，Ni^{2+}来不及立即还原而把这些电子消耗掉，于是一部分电子积累在电极表面上，使电极表面上的负电荷比未通电时增多了，相应地改变了双电层的构造，电极电位向负的方向移动。这个新增加的电位差所产生的电场作用，能够促进Ni^{2+}还原反应加速进行。与此同时却使得金属镍氧化的反应速度得以减慢。也就是说$\vec{i_c}$相比$\overleftarrow{i_c}$明显地变大了，而$\overleftarrow{i_c}$则明显地变小了。最后可以达到稳定的状态，有多少个电子输送至电极表面，立即就有相应数量的Ni^{2+}与之结合，而把这些电子全部消耗掉。这时电极表面带电状况和金属与溶液界面间建立起来的双电层虽然维持恒定，但电极表面所带的多余的负电荷，则比不通电时增多了，其所对应的电极电位当然也比平衡电位负了。在电流作用下，使电极电位向负的方向移动，这就是极化。因为这种极化是由电极反应本身进行过程中的困难而引起的，故称为电化学极化。

由上述电化学极化的原因可以看出，对交换电流密度较大的反应来说，当电极上有电流通过时，其电化学极化较小。因此根据交换电流密度的大小，可以估算出某一电极反应的电化学极化的大小，这在电镀等电化学生产中有着相当重要的意义。

3）影响电化学极化的因素

影响电化学极化的因素很多，例如电流密度、电极材料、电极表面状态、温度、溶液组成、有机添加剂等，其中最关键的是极化与电流密度的关系。由实验测出的极化曲线，就是这种关系的具体体现。

温度的影响：通常温度升高，电化学极化总是降低。因为温度升高总是加速化学反应的过程，电极反应也不例外。在同一电极电位下，温度升高使反应速度增大，相应地电流密度变大，而在相同电流密度下，显然温度高的条件下只需要较小的极化。

有机添加剂的影响：在影响电化学极化的因素中，有着特殊重要意义的是有机添加剂。在很多情况下，如果不加添加剂，常常得不到光滑细密的镀层。如在$SnSO_4$溶液镀锡中，假如不加添加剂，则镀出来的锡是很粗糙的，这时的阴极极化很小，见图7-8曲线Ⅰ；如果加入少量的甲酚磺酸（不足1g/L）和明胶，则其极化将大大增加，见曲线Ⅱ，镀层质量将大大提高。

在电镀过程中使用的有机添加剂基本上都是表面活性物质。阴极表面上吸附了有机表面活性物质的分子或离子以后，通常使得反应物获得电子的反应变得困难，即还原反应的阻力大大增加，因而电化学极化增大。

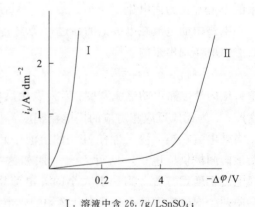

Ⅰ．溶液中含 26.7g/LSnSO_4；
Ⅱ．上述溶液中添加0.94g/L甲酚磺酸和少量明胶。
图7-8 锡的阴极析出的极化曲线

表面活性物质在电极表面上的吸附，总是发生在一定的电位范围内，它们与电极表面的带电状态有很大关系。电极表面带有多余的正电荷时,对吸附表面活性的阴离子有利;而电极表面带负电时,则有利于吸附表面活性的阳离子。

3. 浓差极化

浓差极化是与反应物或生长物在溶液中的扩散过程密切联系在一起的。例如酸性镀铜时,电流在阴极上的通过必将出现一定数量的 Cu^{2+} 在电极上获得电子而形成金属铜。通电前溶液中各部分的浓度是均匀的。开始通电的瞬间,电极反应所消耗的 Cu^{2+} 首先取自于电极表面附近的液层中,这时如果溶液内部的大批 Cu^{2+} 能以无穷大的速度传递到电极表面附近的液层中来补充,则可维持电极表面附近液层中 Cu^{2+} 浓度不变。即电极反应所消耗的 Cu^{2+} 随时可以得到补充,因而就可以保证电极反应在平衡电位下进行。然而事实并非如此,无论是通过电迁移或扩散,把 Cu^{2+} 输送到电极表面附近的速度都是有限的,因而在通电过程中,电极附近液层中的 Cu^{2+} 浓度降低了。在通常的镀液中,总是含有大量的其他导电物质,因而通过电迁移而输送到电极表面附近液层中的反应物离子,在整个电极反应的需要中,总是只占着相当小的一部分,其余大部分都靠扩散传送到电极表面附近。随着电极表面附近液层中 Cu^{2+} 浓度的降低,它与溶液内部浓度的差别逐渐增大,于是进一步促使 Cu^{2+} 向电极表面附近液层中扩散的速度逐渐变大。经短时间以后,电极表面附近液层中的 Cu^{2+} 浓度达到了一个固定的数值,这时从溶液内部不断输送来一定数量的 Cu^{2+},且马上就在电极反应中全部地消耗掉了。在这个稳定条件下,电极上不断地有一定大小的电流通过,反应不断地发生,而电极表面附近的液层中,Cu^{2+} 的浓度虽然是固定的,但要比溶液内部的浓度低。在电极上通过的电流增大时,电极表面附近液层中的 Cu^{2+} 浓度就要进一步降低,于是促使 Cu^{2+} 扩散速度增大,以满足电极反应的需要,这时将出现一个新的稳定条件,电极表面附近液层中 Cu^{2+} 浓度比前一种情况更低了。

根据平衡电位与反应物离子浓度间的关系,可以将电流通过条件下的电极电位表示为式(7-13)的形式。

$$\varphi = \varphi^0 + \frac{RT}{nF}\ln a_c \tag{7-13}$$

式中:a_c 为电极附近液层中反应物离子的平均活度。

由式(7-13)可知,阴极表面附近液层中,反应物离子浓度越小,则 a_c 也越小,而 φ 值越负。

通常某电极的平衡电位 φ_{eq} 是针对远离电极表面溶液内部的离子浓度而言的,即

$$\varphi_{eq} = \varphi^0 + \frac{RT}{nF}\ln a\pm \tag{7-14}$$

对阴极过程来说,$a_c < a\pm$,所以 $\varphi < \varphi_{eq}$,产生了阴极极化,这就是浓差极化。可根据式(7-13)及式(7-14),将浓差极化表示成式(7-15)的形式。

$$\Delta\varphi = \varphi - \varphi_{eq} = \frac{RT}{nF}\ln\frac{a_s}{a\pm} \tag{7-15}$$

显然,阴极电流密度 i_c 越大,则阴极表面附近溶液中反应物离子的浓度越小,φ 值就越负,浓差极化也越大。可以将 i_c 与 φ 的关系绘制成图 7-9 中的极化曲线。

当电流密度增大到一定的数值时,电极表面附近溶液中的反应物浓度降到零,这时的电流密度称为极限电流密度 i_1。此时,不管电极电位如何变化,电流密度已不再增大,只有当

电位向负的方向移动到足以使另一种离子开始还原,即另一个新的电化学反应在电极上发生时,电流方可重新增大。

采用提高温度和加强搅拌等方法,可以增加反应物或产物的输送速度,从而使浓差极化减小。

通常情况下,只要有外电流通过,就同时存在着两种极化,只是所占比例不同,由实验测得的极化曲线,即为两种极化的综合反映。当电流很小时,单位时间消耗的反应物和生成产物均很少,故电极表面液层中反应物和产物的浓度变化不大,因而浓差极化很小,主要是

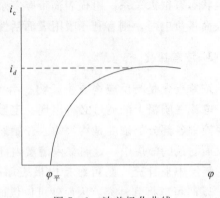

图 7-9 浓差极化曲线

电化学极化起作用。当电流密度很大时,电化学极化随电流密度的增加而增大的量已经很不显著,而电极表面液层中浓度的变化却很大,故这时浓差极化起了主要作用,甚至可以达到极限电流密度。

4. 氢的过电位

在电镀生产中,阴极上形成镀层的同时,常常有氢气的析出。例如,镀镍时阴极上总是有少量的 H^+ 被还原,而在镀铬的阴极上,则将有大量的氢气产生。同时,在电化学除油和电化学浸蚀的工艺过程中,也在阴极上产生一定数量的氢气。因此,讨论 H^+ 在阴极上还原而形成氢的反应过电位,对电镀工艺是很有必要的。

人们在 1905 年就从大量实验结果中,归纳出一个由氢的电化学极化所体现出来的过电位(通常以绝对值表示之)与电流密度的经验公式,即:

$$|\Delta\varphi| = a + b\lg i_c \tag{7-16}$$

式中:a、b 均为常数,V。

由式(7-16)可知,$|\Delta\varphi|$ 与 $\lg i_c$ 成直线关系,如图 7-10 所示。

H^+ 在各种不同金属电极上还原时,过电位差别很大。如 H^+ 在铅电极上还原的过电位差不多是在镍电极上的 2.5 倍。这一例证充分说明了电极材料对电化学极化的影响。对于有气态物质参加的电极反应来说,这种影响表现得相当突出。电极材料对氢的过电位的影响主要表现在式(7-12)的常数 a 上。氢在不同金属上析出时,a 值的变动幅度很大。各种不同电极材料之 a、b 值列入表 7-2 中。由表可知,a 值的数值为 $0.1\sim1.5$,b 值通常在 $0.10\sim0.14$ 范围内变化。

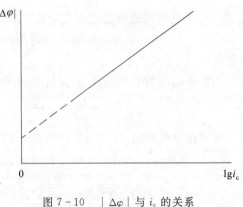

图 7-10 $|\Delta\varphi|$ 与 i_c 的关系

H^+ 还原为 H_2 的电极反应是按下列步骤进行的:

第一步　　$H^+ + e = H_{吸}$，

第二步　　$H_{吸} + H_{吸} = H_2$　或者　$H_{吸} + H^+ + e = H_2$。

H^+还原反应的电化学极化可能是上述步骤中某一步反应进行困难而引起的，还原形成的氢原子吸附在电极表面上。由于H^+在不同金属上还原时，电极对氢原子的吸附能力有很大的差别，这就直接影响着H^+还原反应的难易程度，因而H^+在不同金属上还原时的过电位有着很大差别。

当镀液中含有有机添加剂时，这些有机分子或离子将被吸附在电极表面上。在一般情况下，它将使得氢离子取得电子的反应在电极上难以进行，因而使得其过电位增大。

表 7-2　在 0℃时，H^+在不同金属上还原反应的常数 a 和 b

金属	溶液组成	a/V	b/V
铅　Pb	1.0N H_2SO_4	1.56	0.110
汞　Hg	1.0N H_2SO_4	1.415	0.113
镉　Cd	1.3N H_2SO_4	1.40	0.120
锌　Zn	1.0N H_2SO_4	1.24	0.118
锡　Sn	1.0N HCl	1.24	0.116
铜　Cu	2.0N H_2SO_4	0.80	0.115
银　Ag	1.0N HCl	0.95	0.116
铁　Fe	1.0N HCl	0.76	0.125
镍　Ni	0.11N NaOH	0.64	0.150
钴　Co	1.0N HCl	0.62	0.140
钨　W	1.0N HCl	0.23	0.040
铂　Pt，光滑	1.0N HCl	0.10	0.13

溶液组成不同，H^+还原反应的电化学极化也不相同。在强碱溶液中，H^+离子浓度很小，放电困难，这时在电极上起反应的已不是H^+而是水分子，即

$$H_2O + e = OH^- + H_{吸}$$

$$H_{吸} + H_{吸} = H_2$$

H^+在某些金属（如铂）上还原时的电化学极化很小，这时电极的浓差极化所占比重往往相当大而不能忽略。而且，在有浓差极化的条件下，就不能应用式（7-16）表达过电位与电流密度的关系。

5. 金属的电结晶

金属离子或它们的络离子在阴极上还原成金属的过程，称为金属的电沉积。因为电镀过程中在阴极上沉积的金属镀层，实际上是金属晶体，也就是说在阴极上发生了金属的还原反应，同时沉积的金属以结晶的形式生长和长大，这就称为金属的电结晶。

电结晶与一般的结晶有些不同，因为这是一个有电子参与的化学反应。前已述及，在平衡电位下，Ni^{2+}还原反应的速度与金属镍氧化反应的速度相等，故金属镍的晶种不可能形成；只有在阴极极化的条件下，才能生成金属镍的晶种。电结晶中的过电位与一般结晶过程

中溶液的过饱和度所起的作用相当,而且过电位越大,金属晶种越容易形成,因此在电镀中能形成微小颗粒的晶体。在一般情况下,当金属晶粒细小且定向排列紧密时,所得镀层质量就比较好。所以在电镀工业生产中,常常设法增大阴极还原反应的过电位,以提高晶种形成的速度,从而得以获得光滑致密的金属晶体。

提高电流密度和向镀液中添加有机表面活性物质等,通常都能使金属自阴极上析出时的过电位增加。温度升高则可使过电位减少,可能形成较大的晶粒。但是升高温度后带来的不利影响可以通过提高电流密度来加以弥补,所以在电镀生产中有时仍然采用较高的温度。

许多简单的金属离子在阴极上还原时,电化学极化很小,主要是浓差极化。例如 Ag、Cu、Cd、Zn 等的电结晶就是如此,而铁系元素从简单的金属离子溶液中电结晶时,电化学极化则相当大。绝大多数的金属络离子,例如 $Cu(CN)_3^{2-}$、$Zn(CN)_4^{2-}$ 等,在阴极上还原形成金属晶体过程的电化学极化也都比较大。

向镀液中添加有机表面活性物质,常常会使金属晶体在阴极上形成过程的过电位大大增加。这里至少可能有两种情况,一种情况是只有一部分电极表面上吸附了表面活性物质,而其余部分仍然是"自由的",显然金属离子将优先在这些"自由的"表面上还原。由于进行反应的电极表面积缩小了,即真实电流密度增大了,如果仍然按照原来的几何外形来计算电流密度,显然过电位要变大。另一种情况是电极表面基本上都被表面活性物质所覆盖,形成了一个吸附层,反应物的离子只有穿过吸附层才有可能在电极表面上还原。反应物离子穿透吸附层要遇到阻力,因而在这种情况下,阴极还原反应的过电位显著增加。

有机表面活性物质的吸附,一方面使得阴极还原反应的过电位大大增加,有利于晶种的形成,另一方面它也使得金属电极与溶液界面张力减小,因而降低了在电极表面上形成晶种时所需之能量,这也同样有利于晶种的形成。所有这些,都将使我们获得致密、光滑的镀层,因此在电镀作业中,经常要添加某些有机添加剂,以达到改善镀层晶体结构的目的。

6. 金属的阳极钝化

为了维持电极过程的正常进行,使镀液中各组分的浓度保持稳定是非常必要的。例如在镀镍时,Ni^{2+} 不断在阴极上还原,只有在阳极溶解形成相同数量 Ni^{2+} 的条件下,镀液中 Ni^{2+} 的浓度才能基本上保持稳定。因此在电镀过程中,对阳极的问题也必须予以足够的重视。

电镀中使用可溶性阳极时,尽管电流效率有大有小,但在一般情况下,阳极反应总是以金属氧化并以离子状态转入溶液中为主。例如在镀镍过程中,总是采取相应措施来维持镍阳极的正常溶解,但是镀液中如果没有添加氯化物(如 NaCl 等)或其浓度太低,则在一定电流密度下电镀时,就很容易出现镍阳极的溶解几乎完全停止的现象。这时镍阳极上氧化的是 OH^-,所以有大量的氧气泡产生,其反应式如下。

$$4OH^- - 4e = O_2 \uparrow + 2H_2O$$

我们把这种由于阳极金属氧化受阻而使得金属的溶解速度急剧下降的现象,称为金属的阳极钝化。

阳极钝化的现象是很常见的,但钝化原因则还不十分清楚。根据目前的研究工作,可以认为金属钝化的原因主要有两个,一个原因是在金属表面上形成了氧化物薄膜或某些盐的薄膜,这些薄膜将金属与溶液隔离开来,因而使得金属的氧化反应难以继续进行。如镍阳极上就可能生成深褐色的 Ni_2O_3 薄膜而促使其钝化；又如铅阳极在硫酸溶液中可以在表面形成 $PbSO_4$ 的盐膜，因而铅阳极也钝化。另一个原因是在电极上形成了氧和其他物质的吸附层。例如，氧原子被吸附在电极表面上以后，使得表面层的性质发生很大变化，金属的正常溶解受到很大障碍，遂使电极钝化。

在镀镍溶液中加入 NaCl 是我们最常用的，而且行之有效的防止镍阳极钝化的方法。Cl^- 可使镍阳极和其他金属活化的原因还不十分清楚，很可能与 Cl^- 在阳极表面层吸附，从而取代了原来吸附层中的氧的过程有关；也可能是 Cl^- 与阳极表面层中的氧化物薄膜间存在着一定的化学作用，从而破坏了氧化物薄膜的缘故。除 Cl^- 外，Br^- 和 I^- 等也能使电极活化，不过其作用不及 Cl^-。

凡是能使金属氧化物薄膜和氧化吸附层破坏的因素，都能促使钝化的金属重新活化。所以除了添加活性离子（如 Cl^-）以外，采用加热、通入还原气体、阴极极化，以及改变溶液 pH 值等方法也可能使电极重新活化。

第二节 电解液的分散能力

一、分散能力的概述

在电镀中使用的电解液大体可分成两类：酸性电解液和碱性电解液。其中有些电解液是用简单的金属盐配制的（如酸性镀铜及镀镍），有些则是以金属的络合物形式配制的（氰化物镀铜及焦磷酸盐镀铜）。评定这些电解液的优劣，主要是看它能否在形状复杂的金属制品上沉积出结晶细致且排列紧密、厚度均匀的镀层。为了评定电解所给出的镀层厚度的均匀性，使用了分散能力（均镀能力）这一术语。电解液的分散能力越好，则在金属制品不同部位上所沉积出的镀层的厚度就越均匀一致；反之，则镀层厚度相差越大。

通过对生产实践的观察和分析发现，碱性氰化物电解液的分散能力较好，简单金属盐类所组成的电解液分散能力次之，镀铬电解液分散能力最差。要想在制品表面上沉积出厚度完全均匀一致的镀层，至今还难以做到。那么造成不同类型的电解液分散能力的差异的实质是什么呢？前已述及，在电镀槽中要想给金属制品表面镀上金属镀层，必须要有两个条件，其一，所用的电解液中必须有欲镀出的金属的离子；其二，要有直流电流通过电解液。如果我们不考虑电流效率的影响的话，那么在制品（阴极）不同部位上沉积出金属的多少（镀层的厚度），就决定于通过该部位上的电流的大小（对单位面积来说就是电流密度）。通过该部位上的电流密度越大，镀出的金属越多，镀层也越厚，反之则越薄。由此，电镀时阴极表面不同部位所得镀层的厚薄，就决定于电流在阴极不同部位上通过的多少。可以这样说，镀层厚度均匀与否，其实质就是电流在阴极表面上分布得是否均匀。所以电解液分散能力的实质就是电解液影响电流在阴极上能否均匀分布的能力。

二、影响电流在阴极上分布的因素

影响电流在阴极上分布的因素很多，诸如电解液中放电金属离子浓度、离子在溶液中的状态、局外电解质的加入、电解液的 pH 值、温度、电流密度、电极和镀槽的形状以及它们之间的互相排布等。下面将讨论主要影响因素。

当直流电通过电镀槽时，会受到若干阻力（即各种因素造成的电阻），这些阻力的影响大小不一。为讨论得简便起见，在电流通过电镀槽时所经路途上的总阻力就等于电解液的阻力（$R_{电液}$）与阴极电化学反应的阻力（$R_{反应}$）之和，此时的欧姆定律用式（7-17）表示。

$$I = \frac{槽电压}{总阻力} = \frac{V}{R_{电液} + R_{反应}} \tag{7-17}$$

式中：I 为通过阴极的直流电流，A；V 为加在镀槽上的直流电压，V。

由此可知，电流在阴极上的分布主要决定于当电流由阳极进入镀槽，经过电解液而到达阴极时所遇到的总阻力的大小。

当阴极不是一个简单的平板时，如图 7-11 所示，那么电流在距离阳极远、近不同部位上的分布显然就不会一样。假如加在同一镀槽上的电压是 V，那么在近阴极（距阳极的距离近）和远阴极（距阳极的距离远）上所测得的电压都应该是 V。据此可求得通过阴极不同部位的电流为：

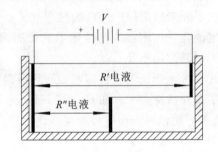

图 7-11　测量电流在阴极上分布的装置

通过近阴极上的电流：

$$I_1 = \frac{V}{R'_{电液} + R'_{反应}} \tag{7-18}$$

通过远阴极上的电流：

$$I_2 = \frac{V}{R''_{电液} + R''_{反应}} \tag{7-19}$$

此时，电流在阴极不同部位上的分布可表示为：

$$\frac{I_2}{I_1} = \frac{\dfrac{V}{R''_{电液} + R''_{反应}}}{\dfrac{V}{R'_{电液} + R'_{反应}}} = \frac{R'_{电液} + R'_{反应}}{R''_{电液} + R''_{反应}} \tag{7-20}$$

由式（7-20）可知，电流在阴极不同部位上的分布与电流通过电解液到达该部位时所受到的总阻力成反比例。也就是说，若电流通过时受到的总阻力越大，则达到该部位的电流越小，反之则电流越大。显然，当 $I_2/I_1 = 1$ 时，电流分布最均匀。

由此可见，影响电流在阴极上分布的决定因素是电流经过镀槽时所遇到的总阻力，这个阻力在简化了的情况下包括两个方面：电解液的电阻造成的阻力，以及阴极与电解液界面上所进行的电化学反应的阻力。这两个因素在一定的条件下必定有一个是主要的，亦即起主导作用，这时电流在阴极上的分布主要由它所决定。

例如在酸性镀铜电解液中进行电镀时，阴极反应的阻力很小（表现为阴极极化很小），因此可近似地认为 $R_{反应} = 0$，而电解液本身的电阻却较大。此时对电流分布起决定作用的就是后者，式（7-20）就可表示为：

$$\frac{I_2}{I_1} = \frac{R'_{电液}}{R''_{电液}} \tag{7-21}$$

当所采用的远、近两个阴极面积都是单位面积时，那么阴极上的电流强度就是它们的电流密度。此外，由导体电阻与导体长度成正比关系可导出：

$$\frac{I_2}{I_1} = \frac{l'}{l''} \tag{7-22}$$

式中：l' 为近阴极与阳极间的距离；l'' 为远阴极与阳极间的距离。

显然，当远、近阴极与阳极间距离的差值越大，即 l'' 与 l' 的差值越大，则电流分布的不均匀程度亦越大。

与此相反，在碱性氰化物电解液中，由于它具有良好的导电能力，所以电解液的电阻一般都较小。但这种电解液里阴极反应的阻力却很大（阴极极化很大），所以它对电流在阴极上的分布具有很大影响。这可以从式（7-20）中观察到：

$$\frac{I_2}{I_1} = \frac{R'_{电液} + R'_{反应}}{R''_{电液} + R''_{反应}}$$

原来式（7-21）中，$R''_{电液} > R'_{电液}$，即公式中的分母大而分子小。由于阴极极化是随着电流密度的增大而增加的，所以 $R'_{反应}$ 总是大于 $R''_{反应}$。这样一来就在较小的分子中加上了一个较大的数 ($R'_{反应}$)，而在较大的分母中加了个较小的数 ($R''_{反应}$)，从而使式中分子和分母的值趋向于接近，也就是使 I_2/I_1 更趋近于 1。这说明极化的存在有利于电流在阴极上的均匀分布。

当然在实际电镀过程中，两种阻力总是同时存在的，但其相对大小都有差别，而且可以通过调整他们相互间的关系来达到提高电解液分散能力的目的，以满足生产的需要。

为了解并掌握影响电流在阴极上分布的内在规律，我们需要进一步加以探讨。前已述及，对一个电镀槽来说，阳极与近阴极间的槽电压和阳极与远阴极间的槽电压应是同一数值 V，因此可以列出阳极与远阴极、阳极与近阴极间的关系式：

$$V = \varphi_A + E' - \varphi'_K \tag{7-23}$$
$$V = \varphi_A + E'' - \varphi''_K \tag{7-24}$$

式中：V 为槽电压；φ_A 为阳极的电极电位；φ'_K 为近阴极的电极电位；φ''_K 为远阴极的电极电位；E' 为近阴极与阳极间电解液的电位降；E'' 为远阴极与阳极间电解液的电位降。

所以：

$$E' - \varphi'_K = E'' - \varphi''_K \tag{7-25}$$

式（7-25）说明，不同阴极部位与对应的阴极间的总电位降是相等的，但由于阴极不同部位距阳极的距离不同，所以它们之间电解液的电位降是不同的。从图 7-11 可知 $E'' > E'$，此时只有 $\varphi''_c > \varphi'_c$，才能保证上式相等，也就是近阴极的电位应比远阴极的电位更负些。把上式同类项移到一边，则更为直观了。

$$\varphi''_K - \varphi'_K = E'' - E', \quad 即 \ \Delta\varphi'_K = \Delta E \tag{7-26}$$

这就是电解液中电位降之差 ΔE，被阴极不同部位的电极电位之差 $\Delta\varphi'_K$ 所补偿，说明电镀时阴极表面上不同部位的电极电位是不一样的。极化是随着电流密度的变化而改变的，电流密度大的地方，阴极极化就大，电流密度小的地方，阴极极化就小，所以在电流密度不同的两个阴极部位上就产生了电位差 $\Delta\varphi'_K$，这个差值就用来补偿 ΔE。

对于氰化物电解液而言，由于其导电能力很好，所以 ΔE 差值就很小，电解液给出的阴极极化曲线如图 7-12 中的曲线 Ⅰ 所示。从曲线上可以看出，只需在近阴极上增加很少的电流 (ΔI_1)，则两个不同部位阴极间的电位差 $\Delta\varphi'_K$ 就足以补偿 ΔE 了。此时近阴极上的电流只比远阴极上的电流大很小一个数值，若想再增加电流却很困难，因为稍许增加一点电流所造成的极化（阻力）很大，故电流在近阴极上的增加是有限制的。由图 7-12 中的曲线 I 可知，可以看出氰化物电解液中电流在阴极上的分布是很均匀的。由此可见，凡是阴极极化随电流密度变化而剧烈改变的电解液，即阴极极化度大的电解液，就具有很好的分散能力。

镀铬电解液由于是一种强酸性电解液，所以其导电能力是较大的。但电镀时析出大量气体使溶液的充气度很大，致使电解液的阻力增大不少，而镀铬所用的电流强度很大，所以这种电解液的阻力非常高（$E-IR$）。因

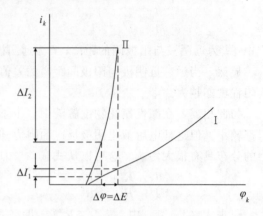

图 7-12　极化对电流分布的影响

而在距阳极远近不同的两个阴极部位与对应阳极之间电解液的电位降之差就比较大。同时镀铬电解液所给出的阴极极化曲线如图 7-12 中的曲线 II 所示，在析出铬的那一段曲线内阴极极化度很小。因此，要在近阴极上满足补偿 ΔE 所需的 $\Delta\varphi'_K$ 时，其上的电流就需增加得较多（ΔI_2）。这样一来，就使阴极两个部位间的电流密度相差悬殊，电流分布很不均匀，也即镀铬电解液分散能力不好的原因。

用简单的金属盐配制的电解液所给出的阴极极化和极化度均较小，所以对分散能力起正面影响的主要因素发挥不了作用，而电流分布主要取决于电解液的电阻所造成的阻力。为了促使情况向有利于阴极极化度起作用的方面转变，就得改善电解液的导电性能，使 ΔE 减少到尽可能小的限度。电解液导电能力增加以后，分散能力改善的程度就将取决于阴极极化度的大小。如果电解液的阴极极化度很小，那么导电能力的增加对分散能力的影响效果也较差。

三、金属在阴极上的分布

电镀时，在阴极不同部位上沉积出的金属多少，不仅与通过该部位的电流大小有关，而且必须同时考虑到电流效率的影响。通常情况下，电流效率是随着电流密度的不同而改变的。因此阴极不同部位上沉积出的金属镀层厚薄应该与通过该部位的电流密度和在该电流密度下电流效率的乘积成正比。所以，金属在阴极上的分布除前已述及的电导和极化度两个影响因素之外，还有电流效率随电流密度变化这一因素。

电流效率随电流密度变化情况大体可归纳为下列三种。

（1）在生产使用的电流密度范围内，电流效率固定不变，或者改变很微弱，可以把它看成为一常数，如图 7-13 中的曲线 I 所示，酸性镀铜就属此类。此时电流效率对金属分布没有影响，阴极不同部位镀层金属的多少就直接决定于通过该处电流的大小。电解液分散能力在允许变化的电流密度范围内几乎不变。

（2）在生产所使用的较宽广电流密度范围内，电流效率随电流密度的升高而下降，如图 7-13 中的曲线 II 所示，是大多数络合物电解液所具有的特点。这种情况的出现使电解液的分散能力得到了改善，其原因是电流密度分布一般不均匀，在离阳极较近的部位及零件棱角处会大一点，而在距离阳极较远的部位及零件坑凹处就会小些。如果单从电流的分布来看，那镀层的厚度就不会均匀。但是，由于电流密度高的地方阴极极化大，造成其他离子

（如 H^+）放电或加速了其他离子放电，因此在该处析出金属的电流效率就要降低。这样一来，决定该处镀层厚薄的电流密度和电流效率的乘积就变小了。相反，在电流密度低的地方阴极极化较小，那么在该处金属析出的电流效率就比电流密度大的地方要高。这样一来，就促使在该处的电流密度与电流效率的乘积与电流密度高的地方的数值接近，使金属在阴极不同部位的分布趋于均匀一致，电解液分散能力得到了改善。

（3）在生产中所使用的较广电流密度范围内，电流效率随电流密度的升高而增加，如图 7-13 中的曲线Ⅲ所示。这种情况意味着，在阴极的高电流密度部位，电流效率也高，两者的乘积就大，所得到的镀层就厚；而电流密度低的地方电流效率也低，二者的乘积就小些，所得到的金属镀层就薄。这就使阴极不同部位的镀层厚薄差别增大，恶化了电解液的分散能力。如强酸电解液镀铬时，由于电解液的阴极极化度小，再加电流效率随电流密度的增高而加大，造成镀铬电解液的分散能力低下，甚至在一个平板阴极上电流的分布也很不均匀，镀层厚度相差悬殊，如图 7-14 所示（图中数字表示电流密度）。

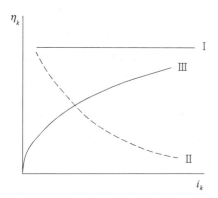

图 7-13 电流效率 η 随电流密度的变化

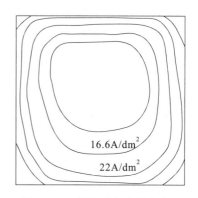

图 7-14 镀铬时电流的分布图

上面所讨论的影响电解液分散能力的几种因素都与电解液的电化学特性有关，因此称之为"电化学因素"，是影响电解液分散能力的主要方面。此外，电镀所用电镀槽的几何形状、阴阳极的形状和尺寸，以及两个电极在电解槽中的排布形式等，都对电流（金属）在阴极上的分布有显著影响，称之为"几何因素"。

四、改善电解液分散能力的途径

在电镀生产中，为了获得厚度均匀的镀层，必须选择具有良好分散能力的电解液。但是往往在生产实践中，电解液的分散能力必须通过一定的途径加以适当的改善，方能达到较为满意的效果。通常采取以下措施来达到改善电解液分散能力的目的。

（1）对电阻较大的电解液，可以加入导电能力高的强电解质。加入这些"局外电解质"时要不致使阴极上发生副反应，如将 Na_2SO_4 加入镀铜电解液、H_2SO_4 加入酸性镀铜电解液，以及 KNO_3 加入无氰镀铜电解液时，都显著地提高了电解液的电导率，从而促使阴极极化发挥作用以改善分散能力。

（2）对于阴极极化小的电解液，常常力求增加其阴极过程的极化，为此可往电解液中加入一些无机金属盐类和某些有机化合物。前者多为一些含有碱金属或碱土金属的、难以在阴极上还原的金属离子的盐，如往酸性镀锌电解液中加入 Na_2SO_4，往镀镍电解液中加入

$MgSO_4$ 等。这主要是改变双电层结构，降低放电金属离子的活度，从而造成阴极极化的增高。现今，在生产中更多的是使用有机添加剂，它是利用有机物的特殊吸附能力，来增加电极反应的阻力，从而大大提高阴极极化，使分散能力得以改善。

（3）改变放电金属离子在溶液中的状态。通常把金属离子络合起来，借以提高阴极极化和极化度，可以显著地提高电解液的分散能力，如焦磷酸盐络合物、柠檬酸盐络合物及有机胺类络合物等均属此类。氰化络合物之所以在电镀中获得广泛应用，正是因为具有高的电导、大的阴极极化和极化度，电流效率随电流密度的升高而下降。但是氰化物毒性很大，因此在寻找新的替代电解液时，必须考虑这三个方面的特性，以保证获得厚度均匀的优质镀层。

镀铬电解液是一种极特殊的电解液，已应用了几十年。它是一种具有强氧化能力的酸性电解液，而且也是目前所应用的电解液中分散能力最差的一种。向这种电解液中添加能增加导电能力的盐类意义不大，因为它本身就是强酸性的，有大量导电良好的 H^+ 存在。有机物应用也有困难，因为它们会被强氧化剂 $H_2Cr_2O_7$ 所破坏，所以采用电化学因素来改善其分散能力意义不大，而必须着眼于改善影响电流分布的主要因素——溶液的阻力。如果设法使阴极不同部位与阳极间对应的距离尽可能地相等或接近，那么它们所造成的 ΔE 差值就很小或几乎不存在，电流在阴极不同部位上的分布就均匀，镀层厚度分布也就均匀了。其主要措施有：

（1）仿形阳极法，见图 7-15，即使阳极的形状尽可能和阴极相似。这一点对镀铬来讲并不困难，因为镀铬用的是铅（加有少量锑），其可加工性很好。这就使两极任何一个对应部位间的距离相等，其间电解液的阻力也就一样。这时如果采取措施消除了电力线的边缘效应，则电流在阴极上的分布也就均匀了。

（2）辅助阳极法，见图 7-16。当阴极有深凹或内孔需要镀覆时，为了让电流深入分布进去，就要使用辅助阳极，它可以把部分电流导入这些不利部分。与此同时，对那些可能镀厚的部位采用非金属屏蔽，防止因使用辅助阳极带来不利影响。

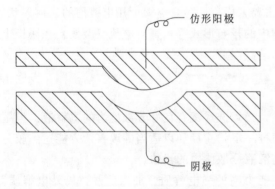

图 7-15 仿形阳极示意图

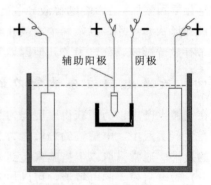

图 7-16 辅助阳极示意图

（3）非金属屏蔽法，对于那些不需要电镀的局部位置，可使用非金属屏蔽（图 7-17）。常用的有橡胶止镀、珞珞片、聚氯乙烯薄膜，以及过氯烯漆等。

（4）正确配置电极相互位置，见图 7-18。在讨论几何因素对分散能力的影响时，应特别注意根据被镀零件的大小及形状正确配置电极间相互位置。如镀件为圆形时，就不要用平

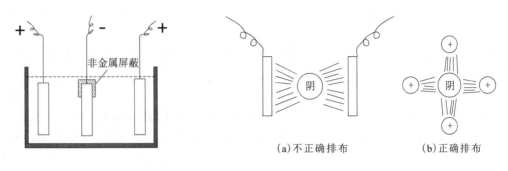

图 7-17 非金属屏蔽示意图　　图 7-18 阴极与阳极的排布示意图

板阳极,而用圆形或椭圆形阳极四周排布。

当然通过改变几何因素来达到改善镀层均匀性的目的费工费时,因此必须着力于通过改变电化学因素来改善电解液的分散能力。

五、分散能力的测定方法

在实验和生产中使用下述装置测定电流(金属)在阴极上的分布。如图 7-19 所示,槽子呈长方形,阳极和两个面积相等的阴极平行地安置在槽的两端,两个阴极用绝缘板隔开,阳极与两个阴极距离比为 2∶1(或 5∶1);也可以将阳极放在槽子中间,而两个相等面积的阴极分别放置在槽子的两端,并平行于阳极。

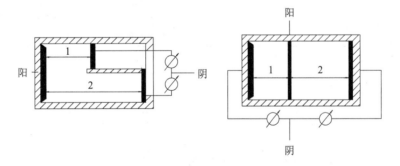

图 7-19 测定分散能力的装置

在上述条件下,把各种电解液依次注入槽内,并分别从安培计中读出通过远、近两阴极上的电流读数值,应用下式计算出电流的分布状况:

$$T_i = \frac{I_2}{I_1} \times 100\% \tag{7-27}$$

式中:T_i 为电流的分布,%;I_1 为近阴极上的电流,A;I_2 为远阴极上的电流,A。

对所有测得的数据进行计算后,通过比较从而评比各种电解液使电流在阴极上分布的均匀程度。如果电流效率不随电流密度的改变而改变,则电流在阴极上的分布(T_i)就是金属在阴极上的分布(T)。

当电流效率随电流密度改变时,仍然采用上述装置测定电解液的分散能力,这时可用称重法测出远、近两阴极上的镀层重量,并用下式计算出电解液的分散能力:

$$T=\frac{K-M}{K}\times100\% \tag{7-28}$$

式中：K 为远、近阴极与阳极间距离的比值，在上述装置中，$K=2$；M 为近、远两阴极上所得镀层重量之比值，即

$$M=W_1/W_2 \tag{7-29}$$

式中：W_1 为近阴极上镀层的质量，g；W_2 为远阴极上镀层的质量，g。

计算分散能力的数学表达式是人为确定的，因而它可以各不相同，所以计算出的数值仅为一个相对的数值，用以对各种电解液进行比较。为此要注意，凡是进行比较的 T 值都必须是用同一个公式计算出来的，否则就不具有可比性。如 $K=2$ 时，利用式（7-28）计算出的最大分散能力为 50%，即

$$T=\frac{K-M}{K}\times100\%=\frac{2-1}{2}\times100\%=50\%$$

若算出的 T 比 50% 小，则电解液分散能力就低，百分比越小，分散能力就越差。若取 $K=5$ 的装置测定，则按式（7-28）计算出的最大分散能力是 80%。这两个最大分散能力就没有可比性。表 7-3 是用本方法测出的电解液的分散能力。

表 7-3　用图 7-18 的装置测出的分散能力

类别	分散能力/%	电解液
Ⅰ*	-100～0	酸性镀铬
Ⅱ	0～25	酸性镀镍、铜、铅、锡、锌等
Ⅲ	25～50	氰化物镀黄铜、青铜，氰化物镀铜、银、锌、镉、氨碱乙酸铵盐镀锌
Ⅳ	>50	锡酸盐镀锡

注：* $K=2$，其他均为 $K=5$。

第三节　金属制品的镀前预处理

生产实践证明，电镀生产中发生的质量事故，大多数是由于金属制品的镀前预处理不当或欠佳造成的。对于超硬材料制品来说，大部分质量问题表现为结合力不好，产生镀层脱落（俗称掉皮）现象。因此，正确地选用镀前预处理工艺和手段是获得高质量制品的必要条件。

常用的金属制品镀前预处理的方法包括：①机械处理，主要用于整平制品的表面，清除一些明显的缺陷（严重划伤、毛刺等），包括磨光、抛光、滚光、喷砂等；②化学处理，主要用于清除制品表面的油污、锈、氧化皮等；③电化学处理，主要采用电化学手段，强化除油和除氧化皮的过程，应该包括电化学除油和电化学浸蚀（有时也包括弱浸蚀）两个部分。

一、机械处理

1. 磨光

通常电镀件在基体制造过程中就已规定其表面必须达到的表面光洁度状况。对于超硬材料电镀制品而言，被镀面的表面光洁度一般规定为 ▽5～▽6，过分粗糙或过分光滑都并不合

适。另外磨光还有一个重要作用，即可以大量除去锈层和表面过厚的油污。

2. 抛光

机械抛光的目的是消除金属制品表面的细微不平并使它具有镜面光泽，这在装饰性电镀中是十分必要的。但超硬材料制品对于基体金属不必达到光洁的程度，因此往往很少采用这一过程。

3. 滚光

滚光是在滚筒机或钟形机中进行滚磨出光的加工过程，适用于大批小零件镀前的毛刺和粗糙不平处理，同时也为了获得较高的表面光洁度。滚磨时要加入一些磨料（如绿碳化硅）和化学试剂（如碳酸钠等碱性物），因此滚磨过程的实质是零件和磨料一起滚动的摩擦作用和化学反应两种作用的叠加。

如电镀金刚石什锦锉，毛坯往往采用滚光的办法，使什锦锉表面的锈和少量油污除去，并提高表面光洁度。滚光材料为磨料、去污粉等，滚桶转速为 $40\sim50$ r/min，滚光时间为 $1\sim2$ h，视表面状况而定。切割石材用绳锯的锯节（俗称串珠）也可以采用滚光的方法达到机械去锈、除油和提高表面光洁度的目的，以及使棱角得到适当的倒圆，以避免电镀过程中的边缘效应。

4. 喷砂处理

喷砂是用净化的压缩空气将干砂流强烈地喷射到金属制品表面，从而打掉其上的垢物，还可使焊接件的焊缝变得较为平整。主要用于铸件的镀前处理，以除去铸造时遗留在铸件表面的砂土及高含碳层，保证电镀的顺利进行。

二、除油

金属制品往往在加工过程中表面黏附了各种各样的油垢，如机械加工时使用的润滑油，贮存时的防锈油，手接触工件表面留下的油脂等。金属表面的油污有三种类型，即矿物油（如润滑油）、动物油（如手上的油脂）和植物油，类别不同，清除的方法也不同。这三种油污依其化学性质可分为皂化油（所有动植物油）和非皂化油（皆为矿物油，如凡士林、石蜡、各种润滑油等）。

1. 有机溶剂除油

由于两类油脂均能很好地溶解于有机溶剂中，除油速度比较快，且对金属无腐蚀，所以有机溶剂除油在电镀工业生产中获得了广泛的应用。

有机溶剂除油也存在缺点，即除油不够彻底，当附着在零件表面的有机溶剂挥发掉以后，溶解于其中的少量油污就被遗留于工件表面，所以有机溶剂除油后，还必须进行化学或电化学除油；其另一缺点是有毒、易燃，使用中必须采取特别的安全和防护措施。有机溶剂比较昂贵，必须注意蒸馏回收和反复使用才较经济。

生产中常用的有机溶剂有煤油、汽油、丙酮、甲苯、三氯乙烯、四氯化碳等。煤油、汽油、丙酮、甲苯等属于有机烃类溶剂，毒性较小但易燃，多用于液态擦拭除油。三氯乙烯、四氯化碳等属于有机氯化炔类溶剂,其特点是除油效率高,不燃,允许加温操作,因此可进行气、液相联合除油;但它们是剧毒的,有强烈的麻醉作用,在操作中必须特别注意安全。

有机溶剂除油用于:①清除厚层油脂如油封油、凡士林等;②具有复杂表面及类似零件的除油,因为复杂零件往往由于有小孔等,在碱液除油时,残留在小孔内的碱难以除掉而腐蚀工件,而有机溶剂在任何地方都易于挥发;③不能浸到槽里的大型制件的除油,只有用抹布蘸上有机溶剂反复清除油污。

2. 碱性溶液除油

在电镀预处理工序中,大量使用的仍然是碱性溶液的化学除油。这种除油方法的实质是借助于碱对各类油脂的皂化(动植物油)作用和乳化(矿物油)作用来进行的。油污中动植物油的除去是靠皂化反应。一般动植物油的主要成分是硬脂,它和碱的反应式如下式。所生成的肥皂和甘油都是易溶于水的。矿物油与碱不发生上述反应,但一定条件下可在碱溶液中进行"乳化"。所谓"乳化",就是零件表面上的油脂变成很多细小的油珠,分散在碱溶液中形成一种混合物,只要设法不让这些小油珠重新聚集在一起,而让它们浮于液面上,就可以把它们清除掉。

$$(C_{17}H_{35}COO)_3C_3H_5 + 3NaOH = 3C_{17}H_{35}COONa + C_3H_5(OH)_3$$
　　　　硬脂　　　　　　苛性钠　　　　肥皂　　　　　甘油

"乳化"作用的主要原理是,当带有油污的金属表面浸入碱性除油溶液后,由于溶液中的离子和极性分子对油分子的作用,使得油与溶液间的界面张力下降,使得它们的接触面积增大,如图 7-20 所示。

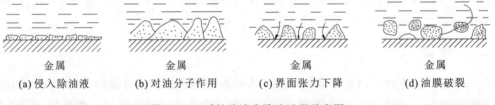

(a) 侵入除油液　　(b) 对油分子作用　　(c) 界面张力下降　　(d) 油膜破裂

图 7-20　碱性溶液中除油过程示意图

当我们选用含有一定浓度的碱溶液,并适当提高其温度时,我们看到界面张力进一步下降[图 7-20 (c)],甚至造成油膜破裂,形成很多小油珠[图 7-20 (d)]。为了强化除油效果,经常往碱性除油液中加入乳化剂。乳化剂的作用是既可以吸附在油与溶液界面上从而降低界面张力,还可以吸附在油与溶液界面上的小油珠上,形成一层吸附膜,这层吸附膜使小油珠不致互相碰撞在一起又重新结成油膜。除油过程中的皂化反应常常可以强化乳化作用,因为皂化反应生成的肥皂本身就是一种乳化剂;另外皂化作用可以在原有油膜较薄的部位首先除尽油污,从而打开缺口,使金属制品基体暴露于溶液中。由于金属与碱液的界面张力远较油膜与碱液的界面张力为小,所以力求扩大金属与碱液接触面,从而就排挤停留在金属表面的油污,使其进一步破裂变成油珠,在溶液对流作用的机械撞击下,小油珠就离开了金属表面。整个过程示于图 7-21 中。

对钢铁制品而言,碱性化学除油溶液中常包括下述组成成分:烧碱(NaOH)、磷酸钠(Na_3PO_4)、纯碱(Na_2CO_3)和乳化剂。乳化剂常用肥皂、水玻璃(Na_2SiO_3)、OP 乳化剂

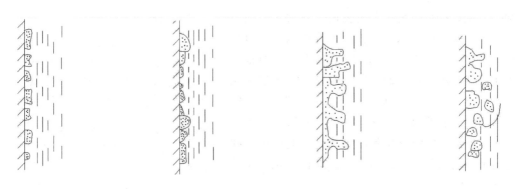

图 7-21 乳化作用示意图

等。水玻璃的乳化能力较强，常在油污为矿物油较多时使用，但其洗去性较差，如同时使用 Na_3PO_4，可改善其洗去性。碱的含量必须适中，碱量增加有利于除油速率的提高，但 NaOH 浓度过大时，会促使钢铁表面氧化而出现褐色氧化膜，而且皂化反应速度降低。其原因是肥皂在浓碱中的溶解度降低了，而不溶解的肥皂附着于制品表面，阻碍了皂化过程的继续进行。碱量过低则达不到碱液除油的目的。溶液中加入 Na_2CO_3 和 Na_3PO_4 的目的主要是维持溶液的碱度，因为它们会水解生成 NaOH。见下式。从而可以保证溶液较长的使用期。

$$NaCO_3 + 2H_2O = 2NaOH + H_2CO_3 \downarrow \\ CO_2 \uparrow + H_2O$$

加温有利于除油效果的提高，其原因是加温有利于溶液的对流，促使油珠更快脱离金属表面，迅速浮上液面。升温还可提高肥皂的溶解度，加速皂化反应的进程。但温度过高不利于安全生产，同时碱雾易于污染空气，因此一般常用的工作温度为 80~90℃。

3. 电化学除油

把制品置于碱性除油液中，并通以直流电，制品可作为阳极或阴极，以此达到除油目的的方法称为电化学除油。电化学除油较化学除油的速度高好几倍，且油污清除得更干净，这和电化学除油的特点分不开的。

在电化学除油中，无论工件作为阳极或阴极，其实质都是一个电解水的过程，其反应方程为：

$$2H_2O = 2H_2 \uparrow + O_2 \uparrow 。$$

当制品作为阴极时，其表面进行的是还原反应，并析出氢气，反应式为：

$$4H_2O + 4e = 2H_2 \uparrow + 4OH^-$$

当制品作为阳极时，其表面进行的是氧化反应，并析出氧气，反应式为：

$$4OH^- - 4e = O_2 \uparrow + 2H_2O$$

电极表面上大量气体的析出，对油膜会产生强大的乳化作用。

电化学除油机理：当把黏附有油膜的金属制品浸入碱性电解液中时，由于油与碱液界面张力减小，油膜产生裂纹。与此同时，电极由于通电而极化。电极极化虽然对非离子型的油类没有多大作用，但是它却使金属与碱液间的界面张力大大减小，因此很快加大了二者的接触面积，从而排挤附着在金属表面上的油污，使油膜进一步破裂成小油珠。由于电流的作用，在电极表面上产生了小气泡（氢或氧），这些小气泡很易滞留在小油珠上，但新的气体不断产生，气泡就逐渐变大。当气泡的升力足够大时，它就带着油珠，脱离金属表面跑到液面上来，见图7-22。由此可见，碱性溶液中的电化学除油过程就是电极极化和气泡对油膜机械撕裂作用的综合。这种乳化作用较添加乳化剂的作用强得多，因此加速了除油过程。

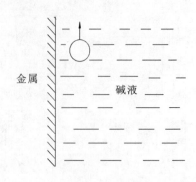

图7-22 气泡对油珠脱离的影响

根据电化学除油机理，对电化学除油溶液提出了下列要求：

1) 不促使泡沫的生成

泡沫的形成将促使氢和氧气逸出困难，在电接触不良而产生火花时，会造成爆炸，如下式所示：

$$2H_2 + O_2 \xrightarrow{\text{火}} 2H_2O$$

因此在电化学除油液中不加入乳化剂。水玻璃更不能用，因它很黏，降低了溶液的导电度，分散能力也变坏，对坑凹处的油污除去不利。

2) 只润湿金属而不使油脂乳化

电化学除油的乳化作用主要靠电解产生的气体来实现，而溶液本身的乳化作用使油脂留在了溶液内。由于乳化剂浓度、pH值及温度等的变化，会造成油脂重新凝固于零件表面上。

3) 不应被电流分解而丧失能力

电化学除油作业的特点：①因电化学除油过程中皂化作用不是主要的，除油液中的碱度可以比化学除油时降低一点，且不必添加乳化剂。②电化学除油时也尽量采用加温作业，增加电导，降低槽压及节约电能，通常采用60～80℃的温度。③保证电化学除油作用能够顺利进行的一个极重要的条件为电流密度。电流密度的选择应能保证足够量气体的析出，因而既能使油珠机械撕裂，又能搅拌溶液。电流密度越大除油效率越高，但过高的电流密度会造成槽电压过高，使电能消耗过大，生产中常采用的电流密度为$5\sim10A/dm^2$。

电化学除油可分为阴极除油、阳极除油或先阴极后阳极的联合除油方法。阴极除油速度较阳极除油为快，其原因是当电流密度相同时，阴极所析出的氢气是阳极上析出氧气的两倍，且氢气泡细小，所以它的乳化作用也强。另外由于H^+放电，使阴极表面液层的pH值升高，这对除油也是有利的，故除油速度快。但阴极除油也有其缺点，如大量原子态的氢能扩散到金属内部引起氢脆，且渗入的氢还往往造成其后的镀层起泡，特别是对高碳钢、弹簧钢等不宜使用；另一缺点是有些杂质可能在作为阴极的零件上析出来，因此阴极除油时建议采用高电流密度、短时间的工艺参数。阳极除油则不然，除油时一则氧气泡大，另外阳极表面液层内由于OH^-放电造成pH值下降，不利于除油过程，因此阳极除油速度相对慢些。阳极除油虽不存在氢脆的问题，但析出的氧会促使金属表面氧化，甚至使某些油也发生氧化而难以除去；另外有些金属还会或多或少地产生阳极溶解，这些都是它的缺点。鉴于上述原因，现在工业生产中都采用阴、阳极联合电化学除油的方法。

三、浸蚀

钢铁零件由于在大气中氧化或因热处理，其表面往往覆盖一层各种价态的氧化物。其处理方法是采用酸将这些氧化物溶解掉。

浸蚀工序可以分为清除大量氧化物的工序——"强浸蚀"，以及消除肉眼不可见的薄层氧化膜的"弱浸蚀"工序。有时也用通电的方法清除氧化物，称为"电化学浸蚀"（可分为强浸蚀和弱浸蚀）。弱浸蚀一般都放在强浸蚀之后，在进入镀槽之前进行。弱浸蚀之后就不允许金属制品在大气中停留太久，特别是表面不允许处于干燥状态。此外浸蚀工序必须在除油之后，否则酸和金属氧化物不能很好接触，化学反应就难以进行。

1. 化学强浸蚀

黑色金属强浸蚀时常用硫酸、盐酸或二者按一定比例的混合酸，现以硫酸为例加以说明。

黑色氧化物俗称"锈"，含有较多的 Fe_2O_3 及少量的 FeO；而热处理的氧化皮外层为 Fe_2O_3 和 Fe_3O_4，内层为 FeO。它们与硫酸均起反应，其反应式分别如下：

$$FeO + H_2SO_4 = FeSO_4 + H_2O$$
$$Fe_2O_3 + 3H_2SO_4 = Fe_2(SO_4)_3 + 3H_2O$$
$$Fe_3O_4 + 4H_2SO_4 = Fe_2(SO_4)_3 + FeSO_4 + 4H_2O$$

由于 $Fe_2(SO_4)_3$ 在 H_2SO_4 水溶液中的溶解度小，所以后两个反应进行得较慢。但氧化皮中有杂质 Fe，或者 H_2SO_4 经氧化皮上的孔洞浸入基体与 Fe 发生反应时，即：

$$H_2SO_4 + Fe = FeSO_4 + H_2 \uparrow$$

该反应的发生强化了浸蚀过程，其原因：

（1）生成的氢能将高价氧化物还原成低价氧化物，而低价氧化物在硫酸溶液中的化学溶解进行得很快，其反应如下：

$$Fe + H_2SO_4 = FeSO_4 + 2H$$
$$Fe_2O_3 + 2H = 2FeO + H_2O$$
$$2FeO + 2H_2SO_4 = 2FeSO_4 + 2H_2O$$
$$Fe + Fe_2O_3 + 3H_2SO_4 = 3FeSO_4 + 3H_2O$$
$$Fe + Fe_3O_4 + 4H_2SO_4 = 4FeSO_4 + 4H_2O$$

（2）在氧化物背后金属表面上生成的氢气，机械地顶裂和剥落难溶的黑色氧化皮，从而加速了浸蚀过程。但是 Fe 的化学溶解会使金属制品产生变形，另外，产生的氢将向金属内部扩散，有氢脆之虑。

为了克服上述缺点，一般需往硫酸中加入盐酸。因为盐酸对 Fe_2O_3 和 Fe_3O_4 的溶解快，同时反应产物 $FeCl_3$ 在溶液中的溶解度也较大。采用什么样的酸来进行浸蚀需要遵循以下原则：①金属表面仅为疏松的锈蚀产物时（其中 Fe_2O_3 较多），可单独用盐酸来浸蚀。因为浸蚀速度快，基体溶解少，渗氢程度小；②金属制品表面为紧密氧化皮时，则采用混酸处理较好，其原因是单独用盐酸时因其机械剥离作用比 H_2SO_4 差，消耗量大，成本高。

工业生产实践证实，对应于浸蚀速度有一个最适宜的硫酸浓度，这个浓度为 25% 左右，见图 7-23。为减少铁基体的损失，实际常用 20% 的 H_2SO_4。对 HCl 而言，当浓度达到

20%时,铁基体的溶解速度比氧化物的溶解速度快得多,同时考虑到浓盐酸易挥发成氯化氢污染环境,损害人体健康,故工业生产中 HCl 浓度常用为 15% 左右。采用混合酸时,多用 10% 的 HCl 和 10% 的 H_2SO_4 的混酸。

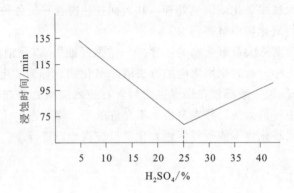

图 7-23　在室温条件下 H_2SO_4 中钢的浸蚀时间与酸的浓度关系

温度对浸蚀作用的影响见表 7-4。温度升高虽有利于浸蚀增快,但为减少基体金属的损耗、防止酸雾的逸出,延长设备使用寿命,一般不用高温浸蚀。通常用 H_2SO_4 浸蚀时,温度不超过 60℃,采用 HCl 或混酸浸蚀时,温度一般低于 40℃。

表 7-4　盐酸与硫酸溶液的温度对浸蚀时间的影响

酸浓度/%	在下列温度下的浸蚀时间/min		
	18℃	40℃	60℃
10% H_2SO_4	18	6	2
	120	32	8

浸蚀溶液随着时间的延长,浸蚀效率将降低,这是由于酸的消耗和溶解了的铁的浓度升高所造成的。溶液中大量积聚的 Fe^{2+} 和 Fe^{3+} 因为和基体的铁发生下列反应,使基体遭到更大损耗,因此应该经常补充一些新酸到浸蚀溶液中去。

$$2Fe^{3+} + Fe = 3Fe^{2+}$$

当溶液中 Fe 离子浓度达到 90g/L 时就必须更换了,此时溶液中剩余的酸为 3%～5%。这两个数字是浸蚀溶液的控制指标。

工业生产中为了减少基体的溶解,确保制品几何尺寸,减少渗氢,可以往酸浸蚀溶液中添加缓蚀剂。如在 H_2SO_4 浸蚀液中加入"五四"牌缓蚀剂(邻二甲苯硫脲或称若丁),在 HCl 酸浸蚀液中加入"H"促进剂(乌洛托品),其效果都不错。缓蚀剂可以吸附在裸露的基体金属上,使铁的溶解速度大大减慢,而对氧化物的溶解没有多大的影响。

2. 电化学强浸蚀

借助于直流电的作用,去除黑色金属表面氧化皮的过程称为电化学强浸蚀。工件既可以作为阳极,也可以作为阴极。电化学浸蚀机理可简述为:当金属制品作阳极进行电化学浸蚀时,主要是借助金属的电化学和化学溶解,以及金属上析出的氧气泡机械地剥落氧化物来达到去除氧化皮的目的;当金属制品作阴极进行电化学强浸蚀时,则主要是借助于猛烈析出的氢对氧化物的还原和机械剥落作用来实现的。电化学浸蚀效果的好坏主要取决于金属氧化物的性质。如果氧化皮厚而致密,则直接用电化学法浸蚀的效果不会很理想,最好先经过硫酸溶液化学强浸蚀,使氧化皮疏松之后再进行电化学强浸蚀,则效果可以大为改善。电化学浸蚀的优点是浸蚀速度快、酸液消耗少且使用寿命长,可以浸蚀合金钢。其缺点是消耗电能,且由于电解液的分散能力低,对凹凸不平的零件浸蚀效果差一些。

阴极或阳极浸蚀根据其各自浸蚀机理,各有其特点。阴极浸蚀的特点是基体金属几乎不受浸蚀,加工零件尺寸不会改变,但容易引起氢脆。另外值得注意的是,往往会有杂质及污物在零件表面沉积出来。因此,国内目前大量生产中多采用阳极浸蚀。对于形状复杂和零件几何尺寸要求严格的零件,为防止阳极浸蚀出现基体过浸蚀现象,则采用阴阳极联合浸蚀的工艺,即先进行阴极浸蚀,再进行阳极浸蚀,后者可以除去阴极浸蚀时附着在零件表面的污物,也可以减轻氢脆现象。在工艺安排上,阴极浸蚀要长于阳极浸蚀的时间,以便保持零件的尺寸精度和浸蚀效果。

黑色金属阳极浸蚀用电解液是 15%~20% 的硫酸溶液,有时也采用含 H_2SO_4 1%~2%,$FeSO_4$ 20%~30%,NaCl 3%~5% 的溶液,它们都适合于处理含大量氧化皮和锈的零件。通常采用的电流密度为 $I_a = 5 \sim 10 A/dm^2$。过高的电流密度,一则电能消耗大,二则有可能使基体金属产生钝化作用。阳极浸蚀过程主要依靠电化学溶解,温度虽然对电化学溶解有一定影响,但不及化学浸蚀的影响大,因而较多地采用室温操作。阳极浸蚀常使用缓蚀剂,如"五四"牌缓蚀剂、磺化木工胶等,用量为 3~5g/L。

黑色金属阴极浸蚀时,可以用前述的 H_2SO_4 溶液,也可以用 H_2SO_4 和 HCl 各 5% 的混酸溶液,并加入约 2% 的 NaCl,以加快氧化皮的疏松,从而加速电化学浸蚀的进程。阴极浸蚀用甲醛或乌洛托品为缓蚀剂。为防止阴极浸蚀的氢脆现象,可在电解液中加入少量 Pb^{2+} 和 Sn^{2+}(或在阳极上挂个 1%~2% 的铅板或锡板)。这样一来,当氧化皮疏松而被剥落下来时,在已除去了氧化皮的铁上就沉积出一薄层 Pb 或 Sn。由于氢在 Pb 或 Sn 上的过电位很高,所以 Pb 或 Sn 既防止了铁的进一步溶解,又阻止了氢在该处的析出和渗入,从而促使电流集中到尚未除去氧化皮的地方,使氧化皮处的真实电流密度增大,浸蚀过程加速。这种方法的操作温度为 60~70℃,$I_c = 7 \sim 10 A/dm^2$。

阴极浸蚀后镀上的薄层铅或锡可以在下述溶液中进行阳极清理除去。

NaOH 85g/L,Na_3PO_4 30g/L,H_2O 1L,温度 50~60℃,$I_a = 5 \sim 7 A/dm^2$,阴极为铅极。

3. 弱浸蚀

弱浸蚀是金属制品进行电镀前的最后一道工序。其目的是除去金属制品表面极薄的一层氧化膜,并使表面呈现出金属的结晶组织,所以其实质是使金属表面产生活化的过程。这个过程对保证基体金属和镀层间形成良好结合具有极为重要的作用。金属制品经过弱浸蚀后,应当立即予以清洗并转入镀槽进行电镀。所以弱浸蚀总是在除油和强浸蚀以后才进行的。

弱浸蚀的工艺特点是所用的浸蚀介质浓度很低,浸蚀时间短,操作在室温下进行。黑色金属的弱浸蚀可用化学法也可以用电化学法。当采用化学法时,使用含 3%~5% 的 H_2SO_4 或 HCl 稀溶液,时间 0.5~1min 即可;当采用电化学法时,所用酸为 1%~3% 的 H_2SO_4 溶液，阳极电流密度为 $5\sim10\mathrm{A/dm^2}$。

4. 组织金属制品预处理工艺流程的原则

欲获得高质量的电镀层，首要条件是保证金属制品表面的镀前处理质量。而制品表面镀前清理效果，则取决于清理方法的适当选择，清理工序的合理安排，以及各工序工艺规范的正确制定。也即拟定一个切实可行的工艺流程，是保证预处理质量的重要一环。由于金属材料的本性、制品的表面状态、制品的形状与尺寸，以及加工质量的要求等是多种多样的，所以在安排工艺流程时，不能千篇一律，必须注意下列各点：

①若金属制品黏附大量油污且锈蚀严重时，则在强浸蚀之前，必须进行除油。

②制品每经过一次除油，必须用水充分洗涤，且需用 80℃ 以上流动热水进行洗涤（有利于肥皂、碱液、乳浊液，特别是 Na_2SiO_3 的清除），然后再用冷水彻底进行清洗，否则碱液带入酸液中，会形成固体硅胶和硬脂酸，影响浸蚀效果。

③制品经过强浸蚀后，应至少进行两道清水洗涤，第一道为固定水洗，第二道为流动水清洗，且应合理确定水的流向，以利污物的排除。

④制品黏附矿物油、磨光及抛光膏时，先用有机溶剂除油，且除油后的制品应进行干燥，不要把有机溶剂带入后续工序中去。

⑤制品经过一般预处理后，在电镀前再进行一次电化学除油，处理时间为 $1\sim2\mathrm{min}$ 即可；接着清洗干净，马上转入弱浸蚀液中处理 $0.5\sim1\mathrm{min}$，然后迅即转入电镀槽中电镀。这是获得优良结合力的镀层必不可少的工艺步骤。

⑥弱浸蚀永远是预处理的最后一道工序，其后只能用流动水清洗，接着就应去电镀。如弱浸蚀后不能马上进行电镀，则应将处理好的零件存放在 Na_2CO_3 或 NaCl 稀溶液中。如搁置时间过长，则在电镀前还要充分清洗，并重新进行弱浸蚀。

⑦绝对不允许把酸洗物质带到氰化物溶液中，否则会产生剧毒的氰氢酸，如下式所示。

$$2NaCN+H_2SO_4=Na_2SO_4+2HCN\uparrow$$

第四节 典型电镀镀液与工艺规范

电镀金属的种类很多，有单一金属电镀，也有合金（二元甚至三元）电镀。镀层的作用也各不相同，如有装饰性镀层、防腐蚀镀层，也有作为特种用途的镀层等。与超硬材料有关的镀层主要有镀镍和镀镍钴合金，因此本书主要介绍这两种镀液体系。

一、硫酸盐电解液镀镍

工业生产中常用的镀镍电解液为镍的硫酸盐电解液，最常用的镀液称为"瓦特"型镀液，仅含 Ni $50\sim60\mathrm{g/L}$（相当于 $NiSO_4\cdot7H_2O$ 250 g/L）。工作温度为 $30\sim50℃$，pH 值为 $4.0\sim5.5$，常用电流密度为 $2\sim3\mathrm{A/dm^2}$（实际工业生产低于此值）。

表 7-5 列出了镀镍的常用电解液组成。

铁族金属（包括 Ni）盐类电解时，有显著的阴、阳极极化作用。这时，镍上的氢超电压较小，所以与金属一起沉积的还有氢。特别是在酸度很高的电解液里，pH 值很低，镍不能沉积，在阴极上只有氢的析出。在酸度不很高，即大约为中性（pH 值约为 6.5）的电解液中，沉积出的镀层性能不良，其原因是硫酸镍水解而生成了氢氧化镍。pH 值再低时，阴极电流效率下降，因此除硫酸镍这个基本组元外，pH 值对沉积速度和镀层质量也有大的影响。硫酸镍的一定浓度对应一定的 pH 值，Ni^{2+} 浓度较低时，维持 pH 值较高是比较好的，反之亦然。为此常需要往电解液中添加"缓冲"物质，如现今最常用的为硼酸。

表 7-5 几种镀镍电解液

电解液的组成/g·L^{-1}		工作规范	备注
$NiSO_4 \cdot 7H_2O$	140~200		
$Na_2SO_4 \cdot 10H_2O$	80~190	pH 5.3	电导率大，分散能力强，可镀形状复杂的零件
KCl	20	T 30~40℃	
H_3BO_3	20	I_c 1.5~2.5A/dm^2	
$NiSO_4 \cdot 7H_2O$	200	pH 5.3	
NaCl	45	T 50~60℃	系瓦特电解液，允许使用较大电流密度
H_3BO_3	30	I_c 2~5A/dm^2	
$NiSO_4 \cdot 7H_2O$	155~280	pH 5.2~5.8	
$NiCl_2 \cdot 6H_2O$	37~56	T 50~70℃	系高温瓦特电解液，用于软韧乌光镀层的沉积
H_3BO_3	25~37	I_c 1.5~5A/dm^2	
$NiCl_2 \cdot 6H_2O$	250	pH 2.0	
		T 60℃	供沉积半硬镀层（硬度 HV230~260）
H_3BO_3	25	I_c 2~10A/dm^2	
$NiSO_4 \cdot 7H_2O$	150	pH 5.6~5.9	
NH_4Cl	20	T 50~60℃	供沉积硬镀层（硬度 HV380~500）
H_3BO_3	25	I_c 2.5~5A/dm^2	
$NiSO_4 \cdot 7H_2O$	100		
$NiSO_4 \cdot (NH_4)_2SO_4 \cdot 6H_2O$	25	pH 5.6~5.9	系慢速镀镍电解液，适用于多种钢种
NH_4Cl	19	T 19℃以上	
H_3BO_3	19	I_c 0.5~1A/dm^2	
$NiSO_4 \cdot 7H_2O$	250		
$NiCl_2 \cdot 6H_2O$	45	pH 4.0~5.0	系中速镀镍电解液
H_3BO_3	25	T 40~55℃	
$MgSO_4 \cdot 7H_2O$	60	I_c 2~3A/dm^2	

镀镍电解液的第二个基本组元是氯化镍或金属氯化物，其主要作用是抑制阳极钝化，以此改善阳极的溶解度。

硫酸镍是被镀金属的载体，常用 $NiSO_4 \cdot 7H_2O$（镍含量为 20.9%），一般用量为 250g/L，电流密度为 2~3A/dm^2。升高温度或搅拌溶液时，必须特别注意全部化学药品的纯度，因为杂质对镀镍层质量影响很大。

硼酸调节 pH 值的能力在很大程度上取决于 pH 值和以下几个因素：①当电解液 pH 值高的时候，其调节 pH 值的能力尤为突出；当 pH=4 时最差，而当 pH 值再低时又重新增强；在 pH=2.5 时，调节能力是 pH=4 时的 10 倍。②当 pH=5.5 时，含硼酸 30g/L 的硫酸镍电解液，其调节能力是不含硼酸电解液的两倍。③硼酸对 pH 值的调节能力也取决于其自身的浓度。硼酸浓度在 15g/L 时，其调节能力甚微。所以电解液中的硼酸含量不应低于 20g/L，最好是 30g/L。

氯化物防止阳极钝化。在阳极溶解时，镍钝化的倾向很大。在镀镍过程中，如镍阳极处于钝化状态，则电镀过程遭到严重破坏。电解液中的金属含量由于得不到阳极溶解的补充而迅速减少，此时电解液的 pH 值很快下降，结果导致阴极电流效率降低，镀层质量下降。为防止阳极钝化，添加氯化物是必不可少的。

二、氟硼酸电解液镀镍

在西方国家，钟形滚镀、印刷工业和精密零件的生产已采用氟硼酸电解液镀镍。与一般硫酸盐电解液相比，它有以下优点：①电解液的检验非常方便，仅测定相对密度和 pH 值；②镀层是半光泽、亮色的，且电流密度范围宽；③氟硼酸电解液的 pH 值可以比较精确地调节，且电镀进行过程中的 pH 值变化对镀层无不良影响；④采用极不相同的工作规范时，阳极的溶解情况都是极好的；⑤污物杂质的容许含量远大于硫酸盐电解液；⑥电导率约比瓦特电解液大两倍；⑦氟硼酸镍的溶解度大，使金属浓度较之硫酸盐电解液高许多，从而可使沉积速度加快；⑧镀层的内应力比较小；⑨电解液的分散能力良好，添加氟硼酸胺还可以使其更高。

氟硼酸电解液的电导率良好，可使用大电流密度（$10A/dm^2$）。电解液组成的浓度范围：

氟硼酸镍 $Ni(BF_4)_2$ 220～440g/L
游离氟硼酸 HBF_4 4～38g/L
游离硼酸 H_3BO_3 30g/L
pH 值（用比色法测定）   2.0～2.5
温度   40～75℃

上述组成的电解液，阴极电流效率可达 96%～100%。镀液中如存在氯化物，则对镀层质量影响不佳，随着镀液中氯化物含量增加，镀层变暗并有"麻点"产生，镀层内应力增大。在氟硼酸电解液中沉积出的镀层，其硬度可以在较宽范围内改变。镍离子含量高 [$Ni(BF_4)_2$ 440g/L]的电解液能镀出韧性大的镀层（约 HV160）。电解液中金属离子含量较少时，镀层硬度增大，如当氟硼酸镍含量为 220g/L 时，镀层硬度达到 HV305。在电解液中添加有机物质时，镀层硬度也增大，如添加糖精 0.5g/L，在电流密度 $2.5A/dm^2$，温度 30～35℃ 及 pH3.5 时，由氟硼酸镍 220g/L 的电解液中可以得到硬度为 HV600 的镀层。

氟硼酸电解液中沉积出的镀层内应力一般都远小于硫酸盐电解液中沉积出的镀层。所以由氟硼酸盐电解液沉积出的镀层常用在需要精确尺寸的地方。

氟硼酸电解液的另一个优点是对 Cu、Zn、Fe、Pb 的污染敏感性迟钝，但含杂质多时也会造成电沉积金属质量下降。用通电处理法可以除去杂质金属离子。

有机杂质可以用活性炭过滤的方法从电解液中除掉。

氟硼酸电解液因其材料比较昂贵，使用面并不广泛。

三、光亮镀镍

电解液和光亮镀镍工艺的不断完善，可使镍镀层具有镜面光泽。光泽镀层比无光泽镀层的硬度要高,组织更细。

工业上为了获得生产的稳定性及镀层质量的可靠性,对电解液提出了如下要求:①光亮剂应具有稳定性,且在镀镍电解液工作时能在足够程度上溶解;②光亮镀镍电解液应可在相当宽的pH值、温度和电流密度范围内工作;③有机和无机污物容易从电解液中被清除;④光亮剂含量及组成的检查应简单。对光亮镍镀层提出如下要求:①镀层的光亮度应与镍层厚度无关;②无针孔;③镀层与基体应结合良好;④镀层的弹性及韧性应最大;⑤光亮镀镍层不经繁重的中间工序就有镀铬的可能性。

实践证明只有几种光亮剂可以满足上述要求,而且许多有机物质本身并不是明显的光亮剂,但在一起使用时就能得到有光泽的镍镀层,如现代的光泽镀镍电解液就是由两种或三种有机化合物组成的。文献中提到的三类配方光亮剂,即①芳香族胺的化合物(染料)或胶体,它们是形成光泽的原因,但同时会使镀层具有不能容许的脆性;②萘、苯及甲苯的磺化衍生物,它们能赋予镍镀层以弹性及韧性,从而在某种程度上减少第一类化合物的有害影响;③表面活性物质,它与光亮剂一块添加到电解液中,主要目的是减少镀层的针孔,常用的为十二烷基硫酸钠(用量为0.025g/L)。

以上三类光亮剂是联合使用的,工业生产中使用第一类光亮剂很多,都是一些有机染料、生物碱等,但最常用的是 $0.004\sim0.01$ g/L 的苯二胺。第二类常用的为对(邻)甲苯磺酰胺,用量为 $0.2\sim5$ g/L。

光亮电解液的组成基本与瓦特电解液一样,但基本物质的浓度要比普通镀镍电解液略高,如镍的含量为 $50\sim80$ g/L,氯化物为 $12\sim15$ g/L(以 Cl^- 计),而硼酸含量不应少于 35g/L。这样的浓度可以阻碍电流密度大的地方镀层被"烧焦"。

四、镍-钴合金电镀

随着工业生产和科学技术的发展,人们对金属表面性能提出了种种新的要求,而仅靠有限的单一金属镀层,远远满足不了需要。合金电沉积工艺的实现,不仅解决了这个问题,而且为电镀工业开辟了广阔的前景。

1. 电沉积合金的基本条件

在电镀中,为了得到某种合金,就必须使溶液中相应的几种金属离子在阴极上共同析出。前已述及,金属离子在阴极上放电即取得电子而转变为金属时,都必须克服一定的阻力,从而发生电位偏离于平衡电位的现象,即产生极化作用。因此金属的放电电位可表示为

$$\varphi = \varphi_{eq} + \Delta\varphi \tag{7-30}$$

或

$$\varphi = \varphi^0 + \frac{RF}{nF}\ln a + \Delta\varphi \tag{7-31}$$

式中:a 为溶液中放电金属离子的活度;$\Delta\varphi$ 为金属离子放电时的极化值(过电位)。

欲使两种或几种金属离子在阴极上共同析出,必要条件是它们的放电电位必须相等,即

$$\varphi_1^0 + \frac{RT}{n_1F}\ln a_1 + \Delta\varphi_1 = \varphi_2^0 + \frac{RT}{n_2F}\ln a_2 + \Delta\varphi_2 \tag{7-32}$$

由上式可知某种金属离子能否放电析出取决于金属的标准电位(φ^0)、溶液中金属离子的活度(a)以及放电时阴极极化的大小($\Delta\varphi$)。实践表明,只有少数标准电位 φ^0 比较接

近,放电时的极化值也不大的金属,才可以在简单的盐溶液中共同析出。例如 Ni 和 Co,其标准电位相差只 30mV($\varphi^0_{Ni^{2+}/Ni}=-0.25V$,$\varphi^0_{Co^{2+}/Co}=-0.28V$),它们在硫酸盐溶液中析出时,两者的过电位比较接近。对于这类合金,显然只需改变溶液中金属离子的浓度,便可很容易地使其共同沉积出来。

然而,大多数金属,由于标准电位相差比较大,如 $\varphi^0_{Cu^{2+}/Cu}=0.337V$,$\varphi^0_{Zn^{2+}/Zn}=-0.763V$,$\varphi^0_{Sn^{2+}/Sn}=-0.136V$,所以在简单盐溶液中是很难共同析出。假如要靠改变离子的相对浓度,而使它们在阴极上共同沉积出来,则通过计算可知在溶液中的含量就需要维持 $C_{Sn^{2+}}/C_{Cu^{2+}}=10^{17}$,$C_{Zn^{2+}}/C_{Cu^{2+}}=10^{33}$。如果溶液中 Cu^{2+} 浓度为 1mol/L 的话,Sn^{2+} 和 Zn^{2+} 的浓度应分别为 10^{17} mol/L 和 10^{33} mol/L。由于 Sn^{2+} 和 Zn^{2+} 浓度受盐类在溶液中的溶解度限制,这样高的含量实际上是根本不能实现的。因此要使标准电位相差较大的金属放电电位相等,可以通过改变溶液中离子的活度和阴极极化值的方法来实现。

目前,生产上沉积合金的方法主要有以下几种。

(1)采用络合物电解液:实践证明,为了使金属的放电电位接近,采用络合物电解液是非常有效的。它不仅可使金属的平衡电位向更负的方向移动,而且使金属在阴极上析出时产生更大的极化作用。例如 $\varphi^0_{Cu/Cu(CN)_2}=-0.43V$,标准电位向负的方向变化可达 0.767V。所以络合物可以强烈地改变金属离子沉积时的放电电位,而且实践证明络离子浓度越大,游离络合剂的含量越高,平衡电位也越负。如铜在含有 0.1mol/L 的 Cu^+ 和 0.3mol/L CN^- 的溶液中,平衡电位等于 0.4V,当提高 CN^- 的含量为 0.8mol/L 时,Cu 的平衡电位将移到 −1.0V。

从以上讨论可知,不管放电离子的性质如何,根据不同的金属,选择合适的络合剂并保持一定的游离量,都可以使电位比较正的金属的平衡电位向负方向移动,从而使欲沉积的两种金属平衡电位接近。

(2)采用适当的添加剂:对某些金属来说,采用适当的添加剂,也是使其在阴极上共同沉积的有效方法之一。添加剂有单独使用的,也有与其他络合剂共同使用的。例如在高氯酸盐($MeClO_4$)电解液中沉积 Cu 和 Pb 时,由于其放电电位相差 0.45V 左右,所得镀层主要成分是 Cu。当加入适量的硫脲(1g/L)以后,Cu 析出时的阴极极化就比较大,电位向负方面移动 0.5V 以上,而 Pb 析出的电位则几乎不变,结果便可沉积出 Pb 与 Cu 的合金。

不难看出,添加剂只有在对电位较正的金属离子放电过程产生较大阻滞作用,而对电位较负的金属离子影响很小时,才能使两种金属离子的放电电位趋于一致。因此添加剂的这种选择性作用,致使添加剂的选择成为一个复杂问题。

(3)选择适当的电流密度:对某些金属,在一定条件下其平衡电位虽然不同,但由于它们在阴极上析出时,极化值相差比较大,所以就有可能借改变电流密度的方法,使它们的放电电位相接近而共同沉积出来。但必须指出,对于这类情况,具有决定意义的是电位较正的金属离子放电时,应有较大的阴极极化,如图 7-24 和图 7-25 所示。

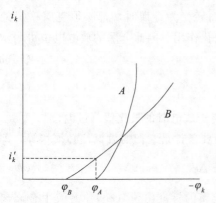

图 7-24 金属 A、B 的阴极极化曲线

(4) 借助于金属共同沉积时，电位较负组分极化的减少：某些金属如钨，其放电电位很负（标准电位为-1.1V），因而从水溶液中以纯态在阴极上析出是不可能的，所以电解时主要是放出氢气。但在有 Ni 或 Co 存在时，由于生成合金，使这类电位较负的金属放电电位向正的方向偏移，即极化值下降。结果，这两种金属就会以合金的形式在阴极上共同沉积。

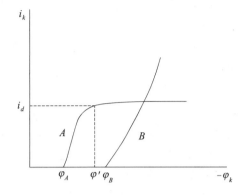

图 7-25　电位较正的金属在极限电流密度下两种金属的极化放电时，两种金属的极化曲线

2. 镍-钴合金的电沉积

电镀镍钴合金因为可以获得非常宽范围的磁特性和镀层厚度，广泛用来做磁带录音头中的介质。

电镀镍钴合金可应用几种不同类型的槽浴，包括在瓦特型硫酸镍电解液基础上加入硫酸钴、次磷酸盐（含 $H_2PO_2^-$），及氨基磺酸盐等。

典型的瓦特型槽液配方如下：

$NiSO_4 \cdot 7H_2O$	200g/L
$CoSO_4 \cdot 7H_2O$	19g/L
H_3BO_3	30g/L
$NiCl_2$	15g/L

其电镀规范为：pH=5.6；温度：室温约40℃；阴极电流密度 1～1.5A/dm²。

这种电解液的性能与瓦特型镀镍电解液相似。Ni-Co 合金的共同沉积主要是因为如前所述 Ni、Co 的标准电位很接近，在硫酸盐溶液中析出时，两者的过电位又比较接近。因此只需改变溶液中 Ni^{2+} 和 Co^{2+} 的浓度，即可以使其共同析出。溶液 pH 值的变化、温度的变化，以及 Co^{2+} 和 Ni^{2+} 的浓度比例变化，都将引起镀层中 Ni、Co 含量比例的相应变化。

图 7-26 示出了槽液中钴含量与沉积物中钴含量之间的关系。

这类溶液的电镀一般阳极仍用镍阳极，而溶液中钴离子的消耗通过定期向溶液中补充硫酸钴来实现钴离子浓度的相对稳定。

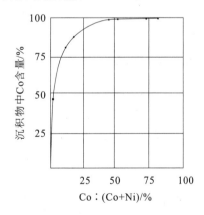

图 7-26　电镀槽液中钴含量与沉积物中钴含量之间的关系

在电流密度很小而温度较高的情况下，镍、钴的电位值相接近。当电流密度为1A/dm²，温度为50℃时，钴比镍优先在阴极上析出。如果镀液中镍钴含量为镍∶钴=1∶1，则阴极析出的为纯钴。当溶液中钴含量为镍钴总含量的10%时，镍镀层中钴含量大于30%，镀层内应力较大，容易引起龟裂和起皮，因此实际应用中钴含量应低于这一数值。钴离子浓度过低时，镀层硬度低，抗机械磨损性降低，造成制品不耐用。

氨基磺酸盐电解液可镀出具有高矫顽力的钴镍合金镀层，常用的电解液配方为：

氨基磺酸钴	225g/L
氨基磺酸镍	225g/L
硼酸	30g/L
氯化镁	15g/L
润湿剂	375mg/L

电镀时的工艺参数：pH=2.0~4.0；温度为室温；阳极为 Ni 20%、Co 80% 的合金（也可用单一金属，但面积比如上述比例）；电流密度为 15~20A/dm²。

从这种镀液中获得的钴镍合金层是由 80% 的钴和 20% 的镍组成的。沉积层中钴镍成分的比例可通过调整溶液中钴、镍离子的浓度来实现。图 7-27 示出了溶液中 Ni^{2+}/Co^{2+} 比例对 Co、Ni 合金组成的影响。

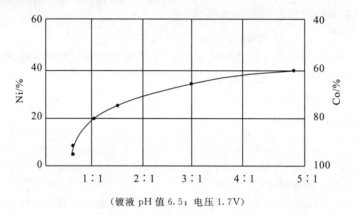

(镀液 pH 值 6.5；电压 1.7V)

图 7-27 溶液 Ni^{2+}/Co^{2+} 比例对 Co-Ni 组成的影响

五、电镀工艺参数

电镀工艺条件是指电镀工艺规范中规定的电镀操作条件。一般包括电流密度、电解液的 pH 值、温度、搅拌情况、阳极类型、阴阳极面积比等。本节分析这些工艺条件对于镍和镍钴合金的电镀过程及镀层质量的影响。

1. pH 值

镍和镍钴合金电镀液，呈弱酸性，接近于中性。在这样的溶液中，pH 值对电沉积过程及所得电镀质量有很大影响。各种镀镍和镍钴合金溶液的硫酸盐低氯化物型电解液，pH 值的总范围一般为 3.5~6。而对于每种不同的镀液，都规定有一个很小的 pH 值范围，允许变化的幅度一般为 ±0.2 左右。这里所说的 pH 值，是指溶液主体的 pH 值。而电镀过程中阴极附近扩散层内的实际 pH 值，往往比主体 pH 值高出一个单位以上，而且阴极电流密度越大，高出的数值也越大。

在允许范围内，维持较低的 pH 值，有以下一些优点。

(1) 可以获得宽的电流密度范围，这对镀覆形状复杂的制品特别有利。

(2) pH 值低时，可相应地增加主盐含量和提高温度，从而采用较高的电流密度。

(3) pH 值低的电解液阳极溶解性好。
(4) 镀层针孔少。

图 7-28 显示了镀镍效率 η 与阴极电流密度、pH 值和温度的关系曲线。

当 pH 值过低时,阴极电流效率低,光亮镀的温度范围窄,镀液不稳定,在 pH 值小于 2 的镀镍溶液中,阴极上只是析出氢气,镀不上镍(图 7-28 曲线 1)。欲获得优良镀层,在有搅拌的条件下,pH 值应大于 3;在没有搅拌的情况下,pH 值应大于 4.6。

在允许范围内,随着 pH 值的升高,镀层内应力增大,硬度提高,延伸率下降,同时电流效率较高一些,但分散能力较差。对于瓦特类镀液,当 pH 值在 5 以下时,镀层力学性能变化不大。当 pH 值大于 5 时,延伸率迅速下降,内应力迅速提高,同时抗张强度也迅速升高。由此可知,在允许范围内,适当提高 pH 值,有利于获得硬度高、耐磨损的镀层。而硬度、耐磨损正是超硬材料复合镀层应具备的重要力学性能指标。

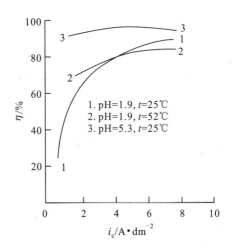

图 7-28 镀镍效率 η 与阴极电流密度 i_c 的关系曲线

当 pH 值过高时,阴极附近产生氢氧化物,造成镀层发脆、粗糙、针孔多、与基体结不牢,甚至起泡、脱皮。产生氢氧化亚铁沉淀的 pH 值为 5.5,产生氢氧化镍沉淀的 pH 值为 6.6,因此,一般来说,pH 值不能大于 6,最好在 5.5 以下。

对于镍钴合金电镀而言,pH 值对于镀层合金成分的比例也有影响。B. H. 拉伊聂耳的研究表明,随着 pH 值的升高,合金中钴含量有所下降。由于钴、镍电位均与 pH 值关系不大,因此 pH 值是通过影响其他工艺条件而对镍钴比例产生影响的,所以在不同条件下可以得到不同的结果。

2. 温度

普通镀镍一般是在较低温度下进行的,温度范围为 18～35℃;快速镀镍、镀厚镍及光亮镀镍,则采用较高的温度,通常为 45～60℃。

温度对镀层内应力有较大影响。温度由 10℃ 升到 35℃,镀层内应力显著降低;但由 35℃ 升到 60℃,内应力降低缓慢;进一步提高温度,内应力几乎不再改变。

提高温度,可使用较高的电流密度。例如,普通镀镍,20℃ 时 i_c 上限为 $3A/dm^2$,40℃ 时可以提高到 $6A/dm^2$。其原因:升高温度可以提高盐类的溶解度,因而可以采用高浓度的电解液;升高温度可以提高电解液的导电率;升高温度使阴阳极极化均有降低,阳极不易钝化,阴极镀层不易烧焦,i_a、i_c 均可提高。升高温度,阴极电流效率也有所提高,见图 7-28 中的曲线 1 和曲线 2。

升高温度也会产生一些不利的影响:①随着温度升高,盐类水解及生成氢氧化合物的倾向增大,特别是铁杂质在 pH 值为 4.7 时就能生成氢氧化铁沉淀,使镀层容易出现针孔。②温度升高,镀液的分散能力会有些降低。

温度对镍钴合金的组成也有影响。一般的规律是,温度升高会提高钴的含量。具体的影响取决于温度对镍和钴沉积电位的影响程度。

3. 电流密度

为了提高电沉积的速度，在保证镀层质量的前提下，总是希望用大电流密度。但允许使用的电流密度的大小与电解液的浓度、温度、pH值以及是否搅拌等因素有关。一般来说，当电解液中主盐浓度高、pH值低，并且加热和搅拌的条件下，可以使用较高的电流密度。例如光亮镀镍和快速镀镍常常是在这样的条件下进行的，所采用的电流密度为 $2\sim4\mathrm{A/dm^2}$，甚至更高。一般镀镍通常是在常温和稀溶液中进行的，不搅拌或不强烈搅拌，只能使用较低的电流密度，一般为 $0.5\sim1.5\mathrm{A/dm^2}$。

电流密度选用过高，将会使镀层内应力很大，很脆，结合不牢，出现针孔。甚至尖角边缘部位"烧焦"，成海绵状沉积物。

电流密度 i_c 对电流效率 η 也有影响。当 pH 值低时，在低电流区，η 随 i_c 增大而增大，在高电流区，二者关系不大。当 pH 值高时，i_c 和 η 几乎无关，见图 7-28 中的曲线 3。镍钴合金镀层中钴含量与电流密度有关。在一般共沉积条件下，随着电流密度升高，合金镀层中钴含量会降低。

需要指出的是，在某一电流密度下，合金中的镍钴比例与它们的极化值的相对大小有关；而镍钴比例随电流密度提高而引起的变化，则与它们的极化率的相对大小有关。这涉及极化值与极化率两个不同的概念，应注意加以区别。

此外，电流密度还影响磨粒分布和埋入率。同一工件上，电流密度大的部位，上砂稠密，埋入率高；电流密度小的部位则有相反的结果。

4. 阳极与阴极面积比

镀镍采用的是可溶性镍阳极。在有活化剂存在的条件下，镍阳极可以正常溶解，补充镍离子的消耗，保持含量稳定。但须注意采用适当的阴阳极面积比，一般 $S_c:S_a$ 为 $1:1\sim1:2$。如果阳极面积过小，使得 i_a 过大，就会导致阳极钝化。反之，S_a 过大，则 i_a 过小，有可能发生化学溶解，使得阳极溶解不均匀，阳极泥渣多，甚至掉块。对于电镀镍钴合金，如果采用分别供电的镍阳极和钴阳极，当要求镀层含钴为 30% 时，使用的镍阳极与钴阳极面积之比为 3:1。如果以外加钴盐代替钴阳极，则补充钴盐最好采取连续加入的方式，以保持钴含量稳定；同时，可用不溶性阳极配合镍阳极使用，以防止镍阳极钝化，并改善电流和金属镀层在阴极上分布的均匀性。

5. 搅拌

一般来说，搅拌可以减少浓差极化，从而提高 i_c。对于镀镍和镍钴合金而言，搅拌还可以防止阴极附近因缺镍引起大量析氢导致 pH 值升高而产生氢氧化物沉淀，从而减少镀层针孔，防止镀层粗糙发脆。搅拌不仅减少氢气产生，还能促使氢气泡尽快脱离镀层，这也有利于减少针孔。

搅拌对于镍钴合金中钴含量也有影响，可以提高镀层中钴含量。这是因为溶液中钴比镍含量低得多，搅拌对于钴所起的减少浓差极化的作用比对镍更为显著。

常用的搅拌方式是阴极移动。有时可以采取空气搅拌和高速循环连续过滤等强烈的搅拌方式以适应快速电镀的要求。超声波振动可以看作极其强烈的搅拌方式。适用于小零件的滚筒电镀方法也常有搅拌作用。

6. 电流波形

一般采用三相全波整流，波形波纹很小，接近纯粹直流。在某些情况下，为了获得平整厚镀层，也采用不对称电流、间断式电流、脉冲电流、阳极时间很短的周期换向电流等。间断时间和阳极时间很短，生成的氧化膜非常薄，在恢复到阴极时，完全被还原而消失。现在使用的脉冲电流频率较高，导通时间和间断时间都在微秒级至毫秒级。在导通时间极短的情况下，脉冲电流密度峰值有时可以比直流电镀时高出许多倍，但平均电流密度并不比直流高或高出不多。

下面是脉冲电流光亮镀镍工艺的实例：$NiSO_4 \cdot 7H_2O$ 300g/L、$NiCl_2 \cdot 6H_2O$ 45g/L、H_3BO_3 35g/L、1，4-丁炔二醇 0.3g/L、糖精 1g/L，温度为 50±3℃。脉冲电源的峰值电流密度为 7.4A/dm^2，平均电流密度为 5.92A/dm^2。

第五节　复合电镀的计算公式

一、电镀参数的计算

根据第一节中法拉第定律公式（7-1）和电流效率公式（7-8），可以计算电镀中的有关参数，如电流效率、电流密度、电镀时间、电沉积速度、镀层质量或镀层厚度等。

1. 被镀面积的计算

对于某种待镀的阴极，在计算电镀所需使用的电流强度大小之前，首先要计算出被镀面积。被镀表面积的大小，可以根据被镀部分的几何形状和尺寸（由实测或查阅图纸标定的尺寸而得），利用表面积计算公式计算。

2. 电镀电流的计算

在电镀之前，需根据拟定的阴极电流密度 i_c 和被镀面积 S，计算阴极电流 I。其计算公式如下：

$$I = i_c \cdot S \tag{7-33}$$

式中：I 为电镀金属密度；i_c 为电镀面积。

3. 金属镀层厚度的计算

金属镀层的质量可以用镀前和镀后的质量差表示。例如超硬材料粉末颗粒表面电镀铜或镍，就可以用称重法求得镀层增重。但通常在钢铁零件或制品基体上电镀时，可以根据镀层厚度 δ，利用下列公式计算出镀层的质量 m'：

$$m' = \gamma S \delta \tag{7-34}$$

式中：γ 为电镀金属密度；S 为电镀面积；δ 为镀层厚度。

下面简单推导镀层厚度 δ 的计算公式。将式（7-33）代入式（7-8）可得：

$$\delta = \frac{KIt\eta}{\gamma S} \tag{7-35}$$

根据式（7-33），由阴极电流密度 i_c 计算镀层厚度的关系式为：

$$\delta = \frac{Ki_c t\eta}{\gamma} \tag{7-36}$$

式（7-35）也可以改写成以下形式：

$$i_c = \frac{\gamma \delta}{Kt\eta} \tag{7-37}$$

$$t = \frac{\gamma \delta}{Ki_c \eta} \tag{7-38}$$

$$\eta = \frac{\gamma \delta}{Ki_c t} \tag{7-39}$$

式中：δ 为镀层厚度，μm；K 为电化当量，$g \cdot A^{-1} \cdot h^{-1}$；$I$ 为电镀电流，A；i_c 为阴极电流密度，A/dm^2；η 为阴极电流效率，%；t 为电镀时间，h；γ 为电镀金属密度，g/cm^3；S 为电镀面积，dm^2。

在实际电镀工作中，习惯上厚度和面积单位分别用 μm 和 dm^2，而不用 cm 和 cm^2。如果不经单位换算而直接使用 μm 和 dm^2 代入公式进行计算，为保持公式形态不变，所使用电流效率数值应当是不带百分号（%）的。例如，已知电流效率为 95%，则取 95 代入公式即可；如果计算结果 $\eta=95$，则表示电流效率为 95%。也可自行进行单位换算。

在实际工作中，根据已知条件的不同，利用上述系列公式，在 δ、i_c、t、η 4 个变量中，由已知的任意 3 个都可以求出另外一个。较为常见的是，若已知电流密度和电流效率，根据拟定镀层厚度来计算电镀时间，或者由已知电镀时间来计算镀层厚度。

4. 沉积速率的计算

电镀计算中有时会遇到电沉积速率（或电镀速度、沉积速率）。电镀中所说的沉积速率，是单位时间内所获得的镀层厚度，其定义式为：

$$v = \frac{\delta}{t} = \frac{Ki_c \eta}{\gamma} \tag{7-40}$$

式中：v 为沉积速率，$\mu m/h$。

显然，在 η 保持不变的前提下，每种金属在某种电解液中的沉积速率与允许使用的电流密度成正比。

二、超硬材料复合电镀的有关计算

超硬材料复合电镀，一般需要进行以下有关计算：①制品基体待镀部分的面积计算；②电镀工艺参数的有关计算，电镀电流强度、电镀时间的计算，以及镀层厚度、镀层质量、电流效率、沉积速率的计算。

1. 复合电镀工艺参数的计算

超硬材料电镀制品的电镀层是由几部分镀层共同组成的复杂镀层。按照镀层结构、特点。可以分为两部分，一部分属于简单镀层（底镀层和非工作部位的防护装饰性光亮镀层），另一部分属于弥散镀层，即由超硬材料和沉积金属构成的弥散型复合镀层。

简单镀层的有关电镀参数，可以直接利用电镀公式（7-36）～式（7-40）进行计算。这些公式适用于不含弥散颗粒的任何金属镀层的有关计算。复合电镀参数的有关计算，则不能直接套用上述电镀公式，需要对这些公式稍作变换，加一个换算系数。这是因为镀层不仅仅使电沉积金属，还包含非电沉积的磨料颗粒。

超硬材料弥散镀层中，超硬磨料所占体积一般在50%左右（相当于磨料浓度的200%），有时高达60%～65%。因此电沉积的金属所占体积相应的只有50%或者更少一些。假设以金属和磨料各占镀层体积的50%计，则折合成不含磨料的金属镀层时，其厚度只有一半。据此可将镀层厚度δ代之以0.5δ。于是单纯金属镀层的计算公式（7-34）～式（7-37）相应地分别改变为如下形式：

$$\delta = \frac{2KIt\eta}{\gamma S} \tag{7-41}$$

$$\delta = \frac{2Ki_c t\eta}{\gamma S} \tag{7-42}$$

$$t = \frac{\gamma \delta}{2Ki_c \eta} \tag{7-43}$$

$$v = \frac{2Ki_c \eta}{\gamma} \tag{7-44}$$

式中：S为电镀面积，dm^2；K为电化当量，$g \cdot A^{-1} \cdot h^{-1}$；$i_c$为阴极电流密度，$A/dm^2$；$\eta$为阴极电流效率，%；$t$为电镀时间，h；$\gamma$为电镀金属密度，$g/dm^3$；$v$为沉积速率，$\mu m/h$。

对于单层磨料的电镀层，其厚度等于所用磨料颗粒的平均粒径（基本粒群直径上下限平均值）与埋入率的乘积。磨料各种粒度的基本粒群的尺寸范围可查阅人造金刚石立方氮化硼粒度及其组成国家标准（GB/T 6406—2016）的规定。埋入率一般为60%～80%，具体数值依产品要求而定。单金属的电化当量可查表7-1，合金电化当量可根据式（7-5）、式（7-6）计算得到，例如$Ni_{70}Co_{30}$合金电化当量为$1.096 g \cdot A^{-1} \cdot h^{-1}$。

如果磨料所占体积不是50%，则δ不能以0.5δ代替，公式修正系数不是2。当磨料所占体积为60%时，金属所占体积为40%，则镀层厚度金属所占体积δ应以0.4δ代替。假设磨料所占体积为x，则金属镀层所占体积为$(1-x)$，这时式（7-43）应为：

$$t = \frac{\gamma(1-x)\delta}{Ki_c \eta} \tag{7-45}$$

各种粒度磨料在不同工艺下得到的镀层中所占体积百分数是不完全相同的。实际所占百分数精确值究竟是多少，应当通过试验确定。

2. 计算举例

电镀单层金刚石薄壁钻头，金刚石粒度为45/50（取平均粒径$325\mu m$），已知镀镍电流效率$\eta=95\%$，电流密度$i_c=2.0A/dm^2$，金刚石所占体积为40%，所需埋入率为80%计算，请计算所需电镀时间（已知镍的密度为$8.9g/cm^3$，电化当量为$1.095g \cdot A^{-1} \cdot h^{-1}$）。

解：单层45/50金刚石取平均粒径$325\mu m$，所需埋入率为80%计算，则镀层厚度δ
$$\delta = 325 \times 80\% = 260\mu m$$

将各参数代入式（7-45），计算出电镀时间

$$t=\frac{\gamma(1-x)\delta}{Ki_c\eta}=\frac{8.90\times(1-0.4)\times260}{1.096\times2.0\times95}=6.7\text{h}$$

根据计算得到：电镀时间 $t=6.7$h。

第六节 电镀金刚石制品

电镀金刚石制品是通过金属电沉积过程，将一至数层金刚石牢固地镶在金属基体上的一种制品，具有效率高、寿命长、磨削精度高的特点。电镀金刚石什锦锉、电镀锯片、电镀薄壁钻头等制品，广泛用于机械加工、石材加工、电子以及医疗等领域。本节列举几类典型的电镀金刚石制品，分别介绍它们的制造工艺的特点。

一、电镀金刚石钻头

电镀金刚石钻头于20世纪70年代研制成功，并在一定范围内取得了较好的效果。电镀钻头唇面形状可根据需要制成各形式，且钻头的制造不受口径大小的限制，因此可以制造大口径的工程钻头。为适应地质钻探工作的需要，电镀钻头的胎体金属应该有较高的强度、硬度和良好的耐磨性、韧性。而单一的金属镀层难以满足这个要求，所以，电镀钻头的胎体金属一般都采用二元合金系，有镍钴胎体、镍锰胎体等。电镀钻头的优点：电镀工艺过程中温度低，不损伤金刚石，设备投资小，工艺简便，以及消耗模具少等；缺点是生产周期长，使用范围受到一定限制。

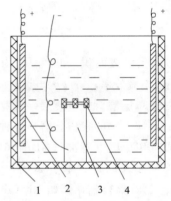

1. 镀槽；2. 阳极镍板；3. 钻头钢体；
4. 水口塞。

图7-29 电镀装置

1. 电镀装置及设备

电镀装置如图7-29所示，电镀槽用塑料制成。电镀电源设备可采用GD系列电镀电源，直流输出电压，一般在0~24V可调，直流输出电流的大小可根据镀件大小和批量进行选择。目前国产电镀电源输出电流范围在100~6 000A。

2. 电镀钻头的工艺流程

电镀钻头的工艺流程见图7-30。

钻头钢体加工→尺寸检查→机械处理→汽油洗→除油（碱处理）→酸洗→
绝缘处理→除锈→除油→冷热水洗→阳极腐蚀→冷、热水洗→带电入槽→
冲击电流镀→空镀→上砂→加厚镀层→出槽清洗→除氢→检验→成品钻头

图7-30 电镀钻头工艺流程

1) 钻头钢体的准备

钻头钢体由45#钢加工而成，见图7-31。水口槽的深度及形状可根据需要而设计，水口塞可用塑料或尼龙制成。

2) 镀液的组成及工艺条件列于表7-6。

电镀液各成分的作用如下。

①硫酸镍和硫酸钴,是电镀液的主盐。其中硫酸镍的溶解度大,纯度高,价格低廉,因而被广泛使用。

镍盐含量的变化范围一般为 150～300g/L。含量低时电镀液的分散能力好,镀层结晶细致,但沉积速度慢;而提高镍盐含量,则可加快沉积速度。

电镀过程中,钴盐含量随时间延长而减少,为保持合金镀层的成分,应定时补充硫酸钴。

②氯化钠。氯离子为阳极活化剂。溶液中若不加氯离子或氯离子不足时,容易产生阳极钝化,对电镀生产极为不利。阳极钝化时,镍阳极的颜色由浅色变成棕色或深色,同时,镍的溶解电位增高。棕色的氧化镍膜(Ni_2O_3)使镍阳极不再溶解。

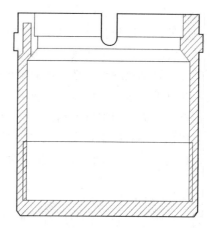

图 7-31 钻头钢体示意图

表 7-6 镀液的组成及工艺条件

组成及工艺	配方		
	普通镀镍钴合金	快速镀镍	镀镍锰合金
硫酸镍/g·L^{-1}	220～250	400	200～250
硫酸钴/g·L^{-1}	10～15		
硫酸锰/g·L^{-1}			7～9
氯化镍/g·L^{-1}		45	
硼酸/g·L^{-1}	30～35	30	30～35
氯化钠/g·L^{-1}	10～20		10～15
糖精/g·L^{-1}	0.8～1	0.8	
十二烷基硫酸钠	0.08～0.1	0.06～0.1	
pH 值	4～4.5	3～4	
温度/℃	25～30	40～60	
阴极电流密度/A·dm^{-2}	1.0～1.5	4	

③硼酸,是一种缓冲剂,其作用是稳定镀液的 pH 值。硼酸的含量达到 30g/L 以上时,其缓冲剂作用才比较显著,因此通常保持在 30～40g/L 范围内。在电镀过程中,电镀液中 H^+ 放电,使电镀液的酸度下降,此时,硼酸水解以保证 pH 值维持在工艺范围内,反应式如下:

$$H_3BO_3 + H_2O = H^+ + B(OH)_4^- \tag{7-46}$$

④糖精，能使镀层产生压应力（舒张应力）抵消镀层本身存在的拉应力（收缩应力），提高镀层的致密性与亮度。其加量控制在使镀层有少许的压应力，一般情况下，加入量为 0.8g/L 为宜。糖精对镀层硬度也有影响，可提高镀层的硬度。

⑤十二烷基硫酸钠，是一种润湿剂或称针孔防止剂，能改变阴极表面润湿性，使氢气不易吸附在电极表面上，从而减少或消除针孔的发生，提高镀层的致密度，提高镀层对金刚石的包镶能力。适宜的加量为 0.054~0.15g/L。

⑥氯化铵，其作用是改变镀层的晶相结构，使沉积金属镍发生晶格扭曲而提高镀层硬度，但也增加镀层的脆性，加量一般不超过 10g/L。添加适量氯化铵后镀层硬度可达 HRC45。

3) 钻头钢体的镀前处理

镀前处理是非常重要的环节，直接关系到镀层与钢体的结合强度。

首先，要用砂布磨去棱边处的毛刺，然后按工艺流程的顺序进行认真处理。绝缘方法：在钢体内部表面涂上硝基磁漆，涂 2~3 遍，或用薄橡胶板卷成圆筒塞入内径，使橡胶板的外表面紧紧贴住钢体表面，达到绝缘的目的；钢体外表面不镀部分用塑料绝缘带包扎，导线可包扎进去；水口处用水口塞堵塞。

4) 电镀规范和操作

①pH 值，一般控制在 4~4.6 之间。pH 值很低时（例如 pH<2），镍不能沉积，阴极上只能析出氢气。

②温度。普通镀镍钴合金层，温度在 20~30℃ 的范围；快速镀镍和光亮镀镍的温度较高，在 40~60℃ 之间。

③电流密度。在电镀过程中所采用的电流密度与电镀液组成、温度和搅拌强度有关。可根据工艺要求而定，普通镀镍钴合金层，一般为 $0.5~1.5A/dm^2$。

5) 电镀操作

将经过处理的钻头钢体带电入槽，用大于正常值 2~3 倍的电流进行冲击镀，时间为 2~3min，然后用正常电流进行空镀 30min~1h。空镀之后，开始上砂。上砂方法有一次上砂法和侧面多次上砂法之分。

一次上砂法是将安装内、外径模具的钻头直立，用金刚石覆盖各欲镀部位，经一定时间电镀之后，去掉多余的金刚石，则欲镀部位便可均匀粘住一层金刚石。经过十几小时的加厚镀层之后，再进行一次，直至达到设计要求的厚度为止。一次上砂法的示意图见图 7-32。

侧面上砂法是将钻头钢体斜放在支架上，倾斜角度以上砂后金刚石不滚落为合适。将经过润湿的金刚石用滴管均匀地撒在朝上的一个外侧面和一个内侧面上。电镀一定时间后，转动钻头，使多余的金刚石落下，并继续对另外的一对侧面上砂。内外径上砂完毕之后，直立钻头，在唇面上砂，示意图见图 7-33。上砂后空镀 12h 左右，再上第二次，如此反复，直到内外径达到规定尺寸时，安装内、外模具，继续镀钻头唇面，使之达到要求的尺寸。内、外径模具用塑料或尼

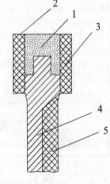

1. 金刚石；2. 外径模具；
3. 内径模具；4. 钻头体；
5. 内表面绝缘橡胶。

图 7-32 一次上砂示意图

龙等绝缘物质制成,作用是控制钻头的内外径尺寸,其示意图如图7-34所示。

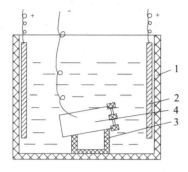

1. 镀槽;2. 阳极镍板;3. 支架;4. 钻头钢体。

图7-33 钻头侧面上砂示意图

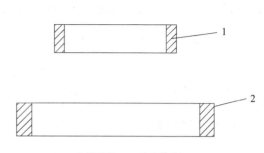

1. 内径模具;2. 外径模具。

图7-34 内、外模具

电镀钻头出槽后,用水冲洗干净,拆除绝缘包扎及水口塞。将钻头放入烘箱内加热,温度控制在200~250℃,时间为2~3h,目的是从镀层中去氢,避免氢脆现象产生。

5) 电镀液的配制方法及镀液成分的补充

溶液的配制方法如下:①将计算好的硫酸镍、硫酸钴、氯化钠等用热蒸馏水溶解后倒入槽内;②在另一容器内,将计算量的硼酸用较热的水溶解后倒入槽内,加水稀释至规定的体积,搅拌均匀,若镀液中不溶性杂质较多,则应过滤镀液;③十二烷基硫酸钠,一般先用少量水将其调成糊状,再加100倍以上的沸水溶解,并最好煮沸一段时间,澄清后趁热边搅拌边加入镀液中;④分析并调整镀液成分。

在电镀过程中,硫酸钴的含量会随时间的延长而减少,十二烷基硫酸钠也会消耗,因此,要定期补充。

二、电镀扩孔器

电镀扩孔器在我国已得到广泛使用,其制造工艺和电镀钻头基本相同。电镀溶液的配方可采用电镀钻头的配方,但采用的金刚石粒度比钻头用的金刚石要细,常用100~120目的人造金刚石。电镀扩孔器的上砂方法:把扩孔器放在镀槽里的支架上,使其1~2个镀面朝上,如图7-35所示;上砂时,将清洁的金刚石用镀液润湿后,用滴管将金刚石均匀地撒布

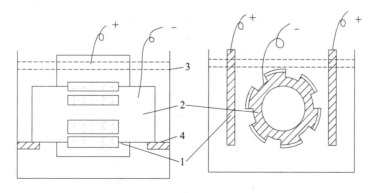

1. 阳极镍板;2. 扩孔器钢体;3. 镀槽;4. 支架。

图7-35 扩孔器上砂示意图

在镀面上；电镀约20min后，旋转扩孔器钢体使其另两个镀面朝上，上砂，直至所有镀面撒一遍金刚石为止。所有镀面撒过一遍金刚石后，把扩孔器竖立在镀槽中空镀，每隔1～1.5h转动90°。使镀层加厚后，再上第二遍金刚石，一般上砂四次，总时间为30h以上。

三、电镀金刚石什锦锉

金刚石什锦锉刀适用于加工各种硬质合金模具、淬火钢、玉器、陶瓷和玻璃等超硬材料。磨削效率和寿命高于普通碳素钢锉刀的5～10倍。

1. 种类和规格

什锦锉刀的种类有平头扁锉、半圆锉、方锉、三角锉及圆形锉等十种。另外，可制成特殊用途的异形锉。

金刚石什锦锉的型式、形状和尺寸见表7-7和图7-36。

表7-7 金刚石什锦锉的型式、形状和尺寸规格　　　　　　单位：mm

名称	代号	宽度 W	厚度 T	柄径 d	工作面长 L_2	总长 L
平头扁锉	CP1	5.4 7.3 9.2	1.2 1.6 2.0	3 4 5	50 70	40 60 80
尖头半圆锉	CJ1	5.2 6.9 8.5	1.7 2.2 2.9	3 4 5	50 70	40 60 80
尖头方锉	CJ2	2.6 3.4 4.2	2.6 3.4 4.2	3 4 5	50 70	140 160 180
尖头等边三角形	CJ3	3.6 4.8 6.0	—	3 4 5	50 70	140 160 180
尖头圆锉	CJ4	—	ϕ2.9 ϕ3.9 ϕ4.9	3 4 5	50 70	140 160 180
尖头双边圆锉	CJ5	5.4 7.3 9.2	1.2 1.6 2.0	3 4 5	50 70	140 160 180
尖头刀形锉	CJ6	5.4 7.0 8.7	1.7 2.3 3.0	3 4 5	50 70	140 160 180
尖头三角锉	CJ7	3.9 7.1 8.7	1.9 2.7 3.4	3 4 5	50 70	140 160 180
尖头双半圆锉	CJ8	5.0 6.3 7.8	1.8 2.5 3.4	3 4 5	50 70	140 160 180
尖头椭圆锉	CJ9	3.4 4.4 5.4	2.4 3.4 4.3	3 4 5	50 70	140 160 180

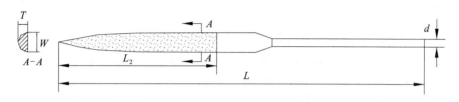

图 7-36 尖头型金刚石什锦锉

电镀什锦锉采用的人造金刚石：粒度为 100～280 目，浓度为 200%（金刚石含量为 8.80ct/cm³）。

2. 电镀工艺

电镀人造金刚石什锦锉一般采用镍钴合金镀层，电镀液的配方和工艺条件和电镀钻头相似，不再重复。工艺流程见图 7-37。

毛坯→去锈→除油→水洗→电解除油→水洗→阳极处理→水洗→带电入槽→
冲击电流镀→空镀→上砂→加厚镀层→出槽清洗→除油→全部镀亮镍。

图 7-37 电镀人造金刚石什锦锉工艺流程

毛坯经过镀前处理后，带电入槽。用大于正常电流 2～3 倍的大电流进行冲击镀，时间为 1～3min；用正常电流密度镀 30min 左右后开始上砂，上砂方法采用埋砂法，将锉刀工作面埋入金刚石中；用 $i_c=1A/dm^2$ 的电流密度电镀 6～10h 后，去除多余的金刚石，则锉刀工作面上可均匀粘上一层金刚石，再加厚镀层。加厚镀层的目的是使金刚石颗粒牢牢固定在镀层中，镀层的厚度应与金刚石颗粒的粒径相当。

上砂方法如图 7-38 所示，用有机玻璃做一个开口槽，槽上钻有小孔，槽底面垫一层尼龙纱布，金刚石放在上面，锉刀工作面埋入金刚石之中即可。

上砂结束后，镀层在加厚电镀过程中，为防止尖端效应，保证镀层各处厚度一致，可加一个绝缘罩，罩住锉刀的尖头部分，如图 7-39 所示。

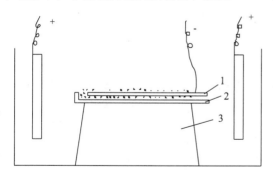

1. 锉刀体；2. 钻孔的有机玻璃槽；3. 支架。

图 7-38 什锦锉埋砂示意图

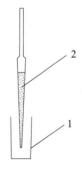

1. 绝缘罩；2. 什锦锉刀。

图 7-39 防止尖端效应示意

四、电镀金刚石砂轮

电镀金刚石砂轮是在金属基体上用电镀工艺使金刚石颗粒固结在基体表面而制成的。根据不同用途,可制成各种形状结构,如碗形、碟形、平面形等。为了磨削特殊形状的工作表面,也可以制成相应的形状。金刚石砂轮工作面的金刚石有多层的,也有单层的。单层金刚石的工作面,在电镀过程中可以控制金刚石颗粒的出刃,因此砂轮的磨削作用锋利,不需要修整,直至全部磨粒被磨钝为止。

电镀金刚石砂轮可安装在磨床上使用,也可安装在普通砂轮机上取代碳化硅砂轮片。磨削硬质合金刀具时,具有效率高、粉尘小和温升低的优点。与用树脂或青铜结合剂制成的金刚石砂轮相比,具有价格低、制造简单的特点。在砂轮片基体上采用开槽或钻孔的方法,可以制成有间断工作面结构的砂轮。这种结构的砂轮片,在磨削过程中散热性能好,温升慢,不用冷却液,可进行干磨。另外,由于开槽或钻孔减少了工作面积,节省了金刚石的用量,可降低工具成本。如图 7-40 所示是一种端面开槽的碟形砂轮。

将金刚石电镀在一块圆形的多孔薄钢板上,制成一块磨片,再依靠磁性吸力将其固定在砂轮基体上,组成新型的电镀磨刀砂轮为磁吸不修整砂轮,其结构如图 7-41 所示。这种组合砂轮可以很方便地更换砂轮片,砂轮基体可长期固定在砂轮机上,配备一套不同粒度的砂轮片以后,就可以完成粗、细、精磨工作。砂轮的直径为 150mm,转速为 400r/min。

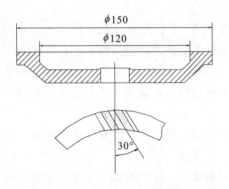

图 7-40 开槽式砂轮示意图

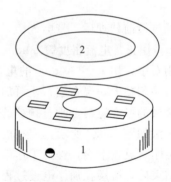

1. 多孔的金刚石磨片;2. 砂轮基体。

图 7-41 磁吸不修整砂轮示意图

电镀砂轮片的工艺流程见图 7-42。

磨具基体(一般用 45♯钢制作)→去油(丙酮或汽油)→化学去油→水洗→涂绝缘胶(待镀表面要处理干净)→电解去油→水洗→盐酸浸蚀→阳极处理→水洗→镀底镍→上砂(完毕后不断电、在槽内镀液中进行卸砂)→加厚镀层→去除绝缘胶→电解去油→水洗→盐酸浸蚀→水洗→磨具全部镀亮镍→水洗→成品检验。

图 7-42 电镀砂轮片工艺流程图

五、电镀金刚石超薄型外圆切割片

超薄型金刚石外圆切割片的厚度仅有 25~50μm,只在电子计算机控制的专用切割机上用于切割制造大规模集成电路所用的硅片。其切割精度高、寿命长。

切割片的外径为 50.8mm，厚度为 31～36μm，金刚石浓度为 7%～12%。切割片的密度为 7.63～8.07 g/cm³，成分为镍钴合金。

超薄型金刚石切割片的制取方法：在金属基片上用电镀方法，获得一层极薄的含金刚石沉积层，从基片上剥离该沉积层，再经过冲压成形。

基体可采用 0.1mm 的不锈钢片，除油后经酸处理及钝化处理后即可进行电镀工序。电镀液配方见表 7-8。

电镀工艺：在配制好的 1L 电镀液中加 5～7μm 的金刚石微粉 5～10g，搅拌均匀后，将被有机玻璃夹具安装好的基片放入电镀槽内。沉降 2～3min 后，以 0.5～0.7A/dm² 电流密度镀 5min。再用 5A/dm² 的电流密度镀 35～40min 后取出夹具，清洗基体表面上的金刚石粉。然后，将夹具放进另一个不含金刚石的镀槽（镀液与前者相同），以 0.5～0.7A/dm² 的电流密度镀 5min 后取出并清洗，拆出夹具、烘干后将沉积层从基体上剥离，冲压成形即得到成品。

表 7-8 电镀金刚石超薄型外圆切割片电镀液配方及工艺

成分	含量
$NiSO_4/g·L^{-1}$	220～240
$CoSO_4/g·L^{-1}$	15～30
$H_3BO_3/g·L^{-1}$	25～35
$NaCl/g·L^{-1}$	10～20
丁炔二醇/g·L⁻¹	0.6～0.8
糖精/g·L⁻¹	0.8～1
金刚石/g	5～10
pH 值	4.1～4.5
温度/℃	25～30

六、电镀金刚石内圆切割锯片

电镀金刚石内圆切割片是在不锈钢薄片内径的刃口上电镀一层或多层细粒度金刚石磨料而制成的一种锯切工具。这种工具用于半导体材料以及珠宝、光学玻璃、陶瓷等硬脆的贵重非金属材料的切割加工。这种切割刀片可以做得很薄，其最大优点是切缝窄、加工精度高，可以减少贵重材料的损耗。

电镀金刚石内圆切割锯片的形状和尺寸见图 7-43 和表 7-9。其电镀工艺与外圆切割片类似。

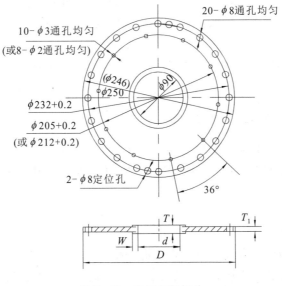

图 7-43 内圆切割锯片

表 7-9 电镀金刚石内圆切割锯片规格　　　　　　　单位：mm

D		T		d	T_1	W	定位孔数
主系列	副系列	基本尺寸	极限偏差	83			18
220	206	0.20		83			22
250	246	0.22		90	0.1	1.5	18
							22
280	271	0.22		90			18
360	—	0.22	±0.02	120	0.1		26
		0.26			0.15		
	380	0.24		130	0.1	2	34
400	390	0.22		130	0.1		34
		0.24					
		0.26			0.15		
450	422	0.30		152	0.15		39
550	546	0.30	±0.03	184		2.5	51

第七节　复合镀层质量检测

超硬材料电镀制品的质量检查实际上主要是镀层质量检查。简单金属镀层的质量，可以按照机械部和轻工部的部颁标准或 ISO 国际标准的规定进行检测。而对于超硬材料与镍或镍钴合金的复合镀层，国内外都还没有一套系统的标准。各生产厂目前是参照简单金属镀层的标准，并综合各类超硬材料电镀制品的特点，制定一些企业标准，来进行产品检查。检查项目和方法也都有待于逐步完善。

一、复合镀层外观质量检测

在检查镀层质量时，必须根据其用途、使用要求来决定检查项目和选择测试方法。镀层质量检验包括外观质量的检验和内在质量的检验两个方面。外观不合格的镀件就无须进行其他项目的测试。

1. 金属外观检查

各类产品的外观质量都应按其规定要求进行检查。一般情况下，合格镀层的外观应该是，色泽均匀，镀层平整，无锈蚀，无划痕；不允许起瘤、鼓泡、起皮、脱落、烧焦；不允许有斑点、暗影、条纹、阴阳面、橘皮、枝晶、海绵状沉积层；无明显针孔；不能有应当镀而没镀上（漏镀）的部位。光亮镀层的表面粗糙度和光亮度也都应符合要求。

2. 几何尺寸检查

检查被镀部分的外径、孔径、高度、厚度、长度、宽度等尺寸是否符合标准要求。使用的检查工具是工业千分尺、卡尺等，应有足够的精度。例如，检查内圆切割片的厚度时，使用精度为 0.01mm 的千分尺，检查锯刃宽度时使用精度为 0.02mm 的游标卡尺。

3. 金属镀层结合力的检查

金属镀层的结合力是指将单位表面积的电镀层从基体金属或底镀层上剥离下来所需要的力。结合力也叫作结合强度。

镀层结合力既有金属结晶之间的原子间力、分子间力，也有基体材料与镀层之间的机械结合力。在不同的场合表现为以不同的力为主。但从电镀工艺对结合力的影响来考察，会发现镀层与基体间的原子间力、分子间力的大小是影响镀层结合力的主要因素。所以凡是镀前处理不良的制品，其镀层结合力一定不会好。

检查方法一般是采用锉磨法（图 7 - 44）。用粗齿锉刀锉镀层边缘，锉刀与镀层表面约成 45°角，由基体金属向镀层方向锉，镀层不被揭起或脱落则为合格。也可以使用砂轮磨试件边缘代替锉刀锉。锉磨法不适用于很薄的镀层。对于磨头和什锦锉，标准规定使用小号平头雕刻刀铲刮镀层，不起层者为合格。

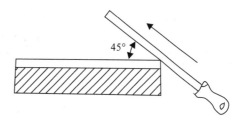

图 7 - 44 锉磨法示意图

此外还可以考虑使用弯曲法和加热法。对于薄形镀件或线材，可用弯曲法，将试件弯 90°或 180°，可反复弯，直至折断，然后用放大镜观察折断处，若有 95% 的镀层存在，则认为结合良好。

当采用加热法时，对钢铁基体上的镀镍层，一般须加温至 300±10℃，并保温 0.5～1h，然后在空气中或室温的水中冷却。由于基体与镀层膨胀系数不同，若镀层结合不牢，经过加热冷却后镀层就会起皮或脱落。

以上几种测定结合力的方法都是定性的。而拉力法则是定量测定镀层结合力的方法。将按工艺要求镀在试片上的镀层与一个断面为 $1cm^2$ 的立方金属柱用强力胶黏接到一起，然后沿黏接的正方形的边缘将镀层刻断至试片基体，再以拉力机将这个小方柱从镀片上拉脱。这时拉力机指针显示的读数就是镀层结合力的数值，单位为 N/cm^2。这种方法常用于检测塑料电镀层与基体的结合力。

4. 磨料固结强度的检查

磨料固结强度是指超硬磨料在镀层金属中固结的牢固程度，或者说是金属镀层对超硬磨料的把持力。这是超硬材料复合镀层的一项重要质量指标。检查方法是用 GCr15 钢片（HRC 为 54）刮磨工作面往复 5 次，磨料不脱落即为合格。但这种方法只能在金属镀层厚度低于磨料颗粒直径的情况下才能使用。

5. 磨料分布均匀性的检查

检查方法是使用带刻度尺的 10 倍放大镜,观察制品工作层的表面。若发现 0.5mm 宽的空白处无磨料颗粒,则认为磨料分布不均匀。对于磨头和什锦挫,规定磨料之间的空隙小于 5 颗磨粒应占的位置时即为合格品。

二、复合镀层性能检测

以上几项是目前必须检查的项目。此外还有其他一些表示镀层性能的重要指标,在有些情况下也需要进行测试。例如,厚度、硬度、强度、孔隙率、内应力、脆性、氢脆性等。现将这些项目和测试方法介绍如下。

1. 厚度测定

检测厚度的方法基本上可以分为化学法、电化学法和物理法三大类(表 7-10)。一般仪器测量法的精度较高,误差±10%以内,而化学法的误差在±20%。

表 7-10 镀层厚度检测方法分类

镀层厚度检测类别	镀层厚度检测方法	性质
化学法	化学溶解分析法	破坏性方法
	化学溶解称重法	破坏性方法
	化学溶解液流计时法	破坏性方法
电化学法	电化学阳极溶解法	破坏性方法
物理法	直接测量法	非破坏性方法
	仪器测量法:磁性法、非磁性法、射线法、电镜法等	非破坏性方法
		非破坏性方法
	金相测量法	破坏性方法

使用仪器法(如镍层测厚仪)厚度时注意:测量前,仪器要用已知厚度的标准样板先行校正;测前须对镀层除油处理;测量时,探头要垂直放在零件表面上;测量的位置不宜在弯曲表面上和靠近边缘或内角处;应在不同点上多次测量,结果取算术平均值。基体要求可参照所购仪器使用说明。

下面介绍一种镀层厚度测厚仪 X 射线荧光光谱分析仪(XRF)的测定原理及功能。

人们通常把 X 射线照射在物质上而产生的次级 X 射线称为 X 射线荧光,而把用来照射的 X 射线称为原级 X 射线。

当能量高于原子内层电子结合能的高能 X 射线与原子发生碰撞时,驱逐一个内层电子而出现一个空穴,使整个原子体系处于不稳定的激发态,激发态原子寿命为 $10^{-14} \sim 10^{-12}$ s,然后自发地由能量高的状态跃迁到能量低的状态。

当较外层的电子跃入内层空穴所释放的能量不在原子内被吸收,而是以辐射形式放出,便产生 X 射线荧光(特征 X 射线),其能量等于两能级之间的能量差。

特征 X 射线荧光产生:碰撞→跃迁↑(高)→空穴→跃迁↓(低)

不同元素发出的特征 X 射线荧光能量和波长各不相同，因此通过对其能量或者波长的测量即可知道它是何种元素发出的，进行元素的定性分析。线强度跟这个元素在样品中的含量有关，因此测出它的强度就能进行元素的定量分析。

通过实验验证，在一定范围内，镀层越厚，测试的 X 荧光的强度越大；但当镀层厚度达到一定值时，测试的 X 荧光的强度将不再变化。换而言之，就是镀层厚度测试是有限的，过厚的镀层样品将被视为无限厚。

由于 X 射线具有穿透性，多镀层分析时，每一层的特征 X 射线在出射过程中，都会互相产生干扰。随着镀层层数的增加，越靠近内层的镀层的检测误差越大；同时外层镀层由于受到内层镀层的影响，测试精度也将大大下降。为解决多镀层的影响，在实际应用中，多采用实际相近的镀层样品进行比较测量（即采用标准曲线法进行对比测试的方法）来减少各层之间干扰所引起的测试精度问题。

X 射线荧光光谱分析仪（XRF），可进行镀层检测的层数范围 1～6 层；具有激光定位和自动多点测量功能；可检测固体、液体、粉末状态材料；可进行未知标样扫描、无标样定性、半定量分析；操作简单、精准无损、高稳定性，快速检测（5～40s）；本设备可加环保 RoHS 分析功能，实现镀层、环保和成分分析同时检测。

X 射线荧光光谱分析仪，运用基本参数法（FP）软件，对样品进行精确的镀层厚度分析，可对镀液进行定量分析；采用 MTFFP（多层薄膜基本参数法）模块进行镀层厚度及全元素分析，检测元素范围：Al（13）—U（92）；可对多镀层厚度同时测量。

检测厚度（正常指标）：

原子序数 22－24：6～10 000μin；原子序数 25－40：4～1200μin

原子序数 41－51：6～3000μin；原子序数 52－82：2～500μin

注：1200μin＝0.0254μm

2. 显微硬度

对于耐磨镀层，硬度应当是一项重要的性能指标，硬度越高越耐磨。镀层的硬度与其结晶组织有密切关系，而结晶组织又决定于电镀溶液和工艺条件。为了评定不同工艺规范的优劣，研究工艺因素对镀层的影响，也需要测定硬度。

镀层硬度一般用显微硬度计测定。常用显微硬度有维氏（Vickers）硬度和努氏（Knoop）硬度两种。维氏显微硬度测定时，将显微硬度计上特制的金刚石压头，在一定负荷 P 的作用下压入待测试样表面，用硬度计上的测微器，测量正方形压痕对角线的长度 d，然后按公式计算得出镀层的显微硬度 H_V 值。对于硬度高的物质，特别是硬质材料和超硬材料，还常常采用努氏显微硬度 H_K。努氏硬度所用金刚石锥体称为努氏锥体，它是截面为菱形的四棱锥，其对棱角为 172°30′和 130°，其压痕也呈菱形。

3. 抗拉强度

抗拉强度通常是指材料在外力作用下抵抗产生弹性变形、塑性变形和断裂的能力。拉伸试样在承受最大拉应力之前，变形是均匀一致的，但超出之后，金属开始出现缩颈现象，即产生集中变形；对于没有（或很小）均匀塑性变形的脆性材料，它反映了材料的断裂抗力。镀层的抗拉强度可以用拉力试验机来进行检测。测量前，首先将不同条件下电镀而获得的镀层从基体上剥落下来，然后把镀层剪成统一条状，夹在万能试验机的上下两个夹具中间进行拉伸，在镀层片被拉断时可以根据拉伸峰值和横断面计算出合金镀层的抗拉强度。

计算公式：

$$\sigma_b = \frac{P}{S} \tag{7-46}$$

式中：σ_b 为抗拉强度，MPa；P 为断裂时的最大拉力，N；S 为横截面积，mm^2。

4. 内应力、脆性、氢脆性

镀层的内应力是在电沉积过程中产生的，溶液中的添加剂及其分解产物和氢氧化物会增大内应力。内应力将引起镀层在储存和使用过程中起泡、开裂、脱落等现象。如果薄片金属单面电镀，则会因为内应力大而弯曲。朝阳极方向弯曲，表明镀层受张应力；朝阴极方向弯曲，表明镀层受压应力。内应力一般是张应力。内应力可用电阻应变仪测量。

脆性也是镀层特别是功能镀层力学性能中的一项重要指标。使内应力增大的一切因素，都有引起镀层发脆的倾向。重金属离子的共沉积和有机物及氢氧化物的夹杂是引起镀层发脆的重要因素。不同镀层对脆性要求不同。防护装饰性镀层希望脆性小，延伸率和韧性要高；而功能镀层，如耐磨镀层，需要高硬度，而脆性与硬度往往密切相关。而且脆性有利于改善磨削自砺性。因此这类镀层应允许有一定脆性，并不是脆性越低越好。

脆性可在静压挠曲试验机上测定。挠度值越大，表明脆性越小。试验原理见图 7-45。

金属材料由于渗氢而引起的早期脆断现象称为氢脆。镀层氢脆性可用 TSD-74 型缓慢弯曲机进行测定，也可用应力环试验法测定，原理与静压挠曲试验相似。

在基体镀前处理的某些工序和电镀过程中，电解液中氢离子或多或少总有一些在阴极上还原为氢原子。还原出的氢原子一部分复合成氢分子，形成氢气泡；另一部分则以氢原子形态进入基体和镀层的金属晶格中，这就是所谓渗氢。铁、钴、镍等铁系金属渗氢现象较为严重，

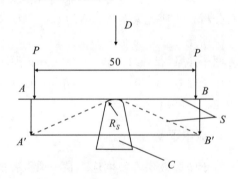

A、B. 加力支点；S. 试片；P. 静压力作用方向；C. 弯头；D. 目镜。

图 7-45 静压挠曲试验机工作原理示意图

吸氢量可达 0.1%。渗氢的结果，造成晶格歪扭，因而产生很大内应力，使镀层和基体韧性下降，脆性增大；并且氢原子还可能在金属中扩散，随着时间延长逐渐集中，形成氢气。在受热条件下气体膨胀，使金属受到更大的张应力。因此，渗氢的电镀制品在使用过程中容易出现早期脆性断裂以及镀层鼓泡和脱落现象。特别是带有多层超硬材料的电镀制品，例如电镀金刚石地质钻头、工程钻头等，一方面，电镀时间长，往往渗氢比较严重；另一方面，制品工作时受力大，升温高。因此，这类制品氢脆现象更容易发生。

为防止制品在使用中发生氢脆现象，可从以下两个方面采取措施。首先，要尽可能防止渗氢。这就要求在镀前处理时避免酸洗过腐蚀以及长时间的阴极去油和阴极浸蚀处理，在电镀时选择适合的镀液和工艺条件以尽可能提高电流效率、减少析氢。其次，在电镀之后将镀件进行除氢处理。除氢处理采用热处理方法，一般是在烘箱中加热并保温一段时间，如

200～250℃，保温 2～4h，即可去除基体和镀层中的氢。对于金刚石地质钻头之类具有多层磨料、镀层厚的电镀制品，去氢时间应为 4～6h 或更长。

5. 孔隙率

单位表面积（$1cm^2$）的镀层中的孔隙数称为镀层的孔隙率。镀层的孔隙是指在电镀过程中产生的镀层表面至底层或基体的微细孔道，俗称针孔。

孔隙对耐蚀性有很大影响。对于防护性镀层，这是至关重要的指标。但对于耐磨镀层而言，情况有所不同。从磨削加工角度考虑，金属镀层作为磨具的结合剂，如果含有一定数量的适当大小和形状的孔隙，对于磨削过程中冷却和润滑是有利的；如果存在贯穿整个镀层的大量针孔（这时镀层也往往伴随有疏松、粗糙、结晶不致密等毛病），则势必降低磨料在镀层中的固结强度，从而缩短制品使用寿命。至于复合电镀中不含超硬材料的打底镀层，是不希望有针孔的，因为预镀底层的目的只是为了加强电镀工作层与基体之间的结合力。

第八节 电镀设备及电镀间的工业卫生和环境保护

作为金刚石（或 CBN）制品的电镀，其工件一般较小，因此所用电镀设备也相应地和工业生产的电镀车间有所区别。电镀设备一般由电气设备、浸蚀槽、除油槽、电镀槽、过滤装置等构成。

一、电镀设备

1. 电气设备

金刚石制品的电镀因总的槽电流不大，所以通常其供电设备采用整流器，个别情况下也有用蓄电池的。整流器的主要部件为调压变压器，使网络中的电压被降到所需要的低压（一般为 0～36V、0～24V、0～12V），供给整流元件。整流元件常用硅元件（或硒元件），它们具有半导体性能，因此可以使交流电变成脉冲式的直流电。这种脉冲电流无法用作电镀电源，必须通过一套滤波装置，使脉冲电流的波形变得较为平直。滤波装置常用"冂"形接法，它是由两个滤波电容器和一个扼流线圈组成，如图 7-46 所示。对于功率不大的整流器，一般采用单相整流装置；而对于大功率的整流装置一般采用三相桥式整流器，整流后的电压脉冲最小，其整流原理如图 7-47 所示。

对于电镀槽的供电，最好是每一

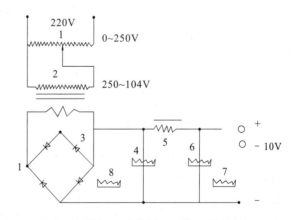

1、2. 变压器；3. 整流器；4. 第一个滤波电容；
5. 扼流线圈；6. 第二个滤波电容顺；
7. 滤波器后整流曲线的形状；
8. 未滤波时脉冲电压曲线形状。

图 7-46 单相整流原理图

个槽子有一个供电电源,这是最易调节的方法。

2. 电镀槽

电镀用镀槽种类很多,可以是塑料的也可以是钢槽衬以内衬(如 Pb 衬)、陶瓷槽、搪瓷槽等,应视用途及工艺参数不同而选择。

金刚石制品的镀槽常常选用搪瓷和塑料槽。其加热方法一般有两种:一种是直接加热法,即将电加热元件直接装入镀槽中,电加热元件外接自动控温装置,以控制电解液温度的恒定;另一种是间接加热,即在镀槽外面做一加热外槽,外槽内充满水,并将电加热元件装在外槽里。电解液的温度控制用水银电接点温度计插入电解液里。外接温度控制装置连接于加热元件、电接点温度计之间,达到自动控制温度的目的。

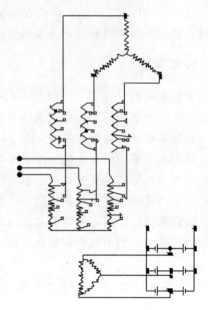

图 7-47 三相整流原理图

导电器材一般由导电度高的紫铜制造,将直流电引到阳极和阴极上使用,一般为圆形的实心杆,其截面视电流大小而定。铜导电杆的电流负载为 $1.5\sim2A/dm^2$。

在金刚石制品电镀过程中极少采用搅拌装置,但采用阴极移动装置则有利于提高电镀制品的质量。移动方式有使阴极导电杆做直线运动,或使圆形工件做旋转运动等,可使接近阴极处的电解液浓度均匀,而且可以使滞留在阴极表面的氢气泡离开。

3. 电镀液的过滤及过滤装置

过滤就是在过滤过程中,电解液中大小不同的固体质点从溶液中被过滤材料分离出来。过滤的方法较多,电解液量少时可以采用手工的方法,即用漏斗加滤纸的方法加以过滤。机械方法常用真空抽滤的方法,如电解液量大时,可采用机械过滤装置。如增压压滤机,在这种装置上由一个泵吸入脏污溶液并使其沿着导管经过调节螺旋开关进入过滤室而流向过滤介质;洁净的滤液经过软管压出。为了达到这个目的,需用离心泵或隔膜泵,一般将其与过滤装置一块安装在一个可移动的框架或骨架上。离心泵由不锈钢或塑料制成。

二、电镀间的工业卫生

在金属表面化学及电化学加工时,所用的材料多数是有害的,因而对卫生及劳动安全需提出特殊要求。这两种形式的表面加工所用设备一般由敞口的槽子所组成,所以各种有害物质可能会以气体及蒸气状态进入相应房间内的空气内。

生产房间工作区域空气中的有毒气体和粉灰的最大容许浓度如表 7-11 所示。

电镀车间工人最常患的疾病如表 7-12 所示。

为了保障工人的安全并做好劳动保护工作,必须严格遵守下列规定:①设置足够强的局部抽风设备,以排出车间大气中的蒸气、气体、粉尘,降低湿度;②冬天保持室内温度在 15~18℃ 范围内;③保证工作地点有良好的天然照明和足够的电气照明;④电镀车间必须有

表 7-11 有害蒸气的容许浓度

有害物名称	最大容许浓度/mg·L^{-1}
铬酐及其他的铬化合物	0.000 1
氰化氢（氢氰酸）	0.000 3
环氧乙烷	0.001
氯化氢（盐酸）	0.01
硝酸	0.002
硫酸和硫酐	0.002
氯	0.001
四氯化碳	0.05
氧化锌	0.005
铅及其无机化合物	0.000 01
汽油、轻石油、煤油、石油溶剂、矿物油	0.3
酒精	0.05
氨	0.02
苯胺、磷甲苯胺	0.005
丙酮	0.2

表 7-12 电镀间工人常患疾病一览表

疾病名称	引起疾病的职业性毒害	引起疾病的地点
中毒	铅、汞、锌、铬、锰、砷及其化合物，氢氰酸，硫化氢，氨，氯化氢等；汽油、丙酮、三氯乙烯、苯	电镀、喷镀、浸蚀装置、抛光、冲洗、洗涤、除油
皮肤慢性发炎，皮肤溃疡，鼻子和口腔粘膜溃疡，角膜溃疡	使用刺激性物质或腐蚀物质：H_2SO_4、HNO_3、HCl、HF、铬酸、醋酸、磷酸、苛性钾、苛性钠、纯碱、钾碱等	镀铬装置，除油装置，浸蚀装置，洗涤装置等
湿疹	镍盐、镍盐和铜盐电解液	镀镍和镀铜装置
皮肤病	使用树脂、焦油、石蜡、蒽以及类似物质的工作	辅助工作，浸蚀装置等

足够大的空间，且高度不得小于 5m。

使用酸性电解液时必须注意下述各项：①硫酸溶液、硫酸镍溶液等落到皮肤上会引起疾病，特别是当皮肤有损伤时，因此工人在槽旁工作时，应戴橡皮手套。工人在镀镍槽旁工作时，在许多情况下会患难治的职业病——镍湿疹。患湿疹的工人，在治疗期间应让其远离镀镍工作。②使用碱溶液时，特别是在较高的温度下，必须戴橡皮的无指手套和保护眼镜，穿橡胶围裙，因为碱溶液对皮肤和衣服有腐蚀作用。③浸蚀金属时，浸蚀工应当很好地了解酸溶液的性质，使用三种酸处理金属时，都必须设置强力的抽风装置。在许多情况下（如在浓硝酸中浸蚀铜和铜合金时），浸蚀过程应当在抽风柜中进行。运送装浓酸的瓶子要特别小心；往槽中倒酸时必须戴保护眼镜和橡皮手套，穿橡皮围裙和胶靴，且只许将酸倒入水中，而不许将水倒入酸中。④有工件落入电解液中时，不能用手直接伸入电解液中去捞取，可用磁铁打捞或戴橡皮手套打捞。

三、电镀间的环境保护

电镀间的气体和蒸气可在过程中，或是在加热溶液时生成，并直接从工作槽或洗涤槽蒸发表面上，或从槽中提出来的零件上进入大气。

为了使电镀间的空气达到环境允许条件，必须有规定功率的局部抽风装置，不让有害气体进入操作人员所在的空间。有害气体及蒸气的局部抽风伞、抽风柜及边侧抽风管道，如图7-48所示。

抽风伞可排除比空气轻的蒸气，其最大缺点是，槽子上方的逐个区域实际上充满着槽里出来的有害气体。所以这个方法只用在蒸气不具备毒性的地方，如排除水蒸气等。

有害蒸气的局部抽除也可使用抽风橱，图7-49示出了抽风橱的几个基本形式。图7-49（c）的抽风效果最好，橱内的空气流从上面经由下面（靠工作台附近）被抽除，从而保障了从抽风橱的整个空间抽除效果良好及在进气口的速

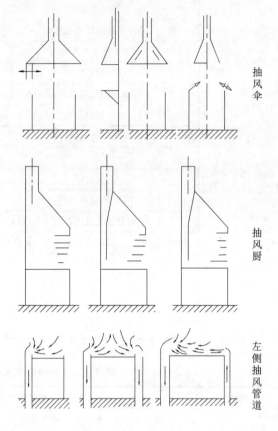

图 7-48 抽风装置示意图

度在其整个截面上分布均匀。这种抽风橱的两个抽气口都装有闸门，来调节流经上口和下口的气流。根据被抽除的蒸气比空气重或是轻，调节抽风方式。表7-13列出了抽风橱进气口处的平均速度。

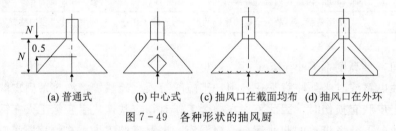

(a) 普通式　　(b) 中心式　　(c) 抽风口在截面均布　　(d) 抽风口在外环

图 7-49 各种形状的抽风厨

表 7-13 抽风橱进气口处的平均速度

被抽除的蒸气特性	平均速度/m·s^{-1}
无毒物质，少量跑到车间里无害	0.15～0.25
无毒物质，大量跑到车间里会使大气毒化	0.3～0.5
无毒物质，但操作者长时间在其中操作	0.5～0.7
有毒物质	0.7～1.5

边侧抽风管道靠安装在槽子一侧或两侧的边侧抽风管道将蒸气抽除，对大型槽子来说，是一个最完善、最可靠的方法。边侧抽风管道有三种形式：①单侧抽风管道，仅当蒸发面宽度在 0.7m 以下时才使用；②双侧抽风管道，适用于蒸发面宽度在 1.2m 以内；③单侧抽风管道与吹拂装置联合起来的一种方法。抽风管道安装在槽子的一侧，而吹拂管道安装在槽子的另一侧。由吹拂装置吹出的空气与槽液镜面平行流向单侧抽风管道，形成一个吹拂气幕。

由电镀间排放出来的污水往往含有较多的酸（或碱）及重金属离子、有机化合物甚至有剧毒的物质，所以电镀污水必须根据其排放物的含量，对照允许排放浓度，经过严格的处理，方可排放。

第八章 金刚石工具的焊接

第一节 概 述

两种或两种以上的材料,通过加热、加压或者同时加热加压,在一定的气氛下,达到原子之间的结合而形成连接的工艺过程,称焊接。焊接的关键是要处理好焊接区的热应力和热变形等问题。目前焊接技术在金刚石制造工业得到了广泛应用。例如,金刚石复合片与钻头基体的焊接、大口径钻头胎块与钢体的焊接、薄壁钻头胎块与钢体的焊接,以及金刚石锯片刀头与基体的焊接等。

对金刚石工具焊接的基本要求:①焊接温度低,以免造成对金刚石质量的损伤;②焊接牢固,焊缝强度高,以保证金刚石工具在工作中不从焊接处脱裂;③工艺可靠,操作简便。

按焊料的不同,工业上常用的焊接方法可分为锡焊、银焊和铜焊三种,其焊接温度和强度见表8-1。按作业热源不同,可分为激光焊接、感应焊接和火焰钎焊等。

表8-1 常用焊接方法的焊接温度和强度

焊接方法	焊接温度/℃	焊接强度/MPa
锡焊	200	100
铜焊	900~1100	300~400
银焊	600~700	200~300

由表8-1可以看出,铜焊的焊接强度高,焊料来源容易,但焊接温度高;银焊焊接温度低,也具有较高的焊接强度,但焊料较贵,来源较难;锡焊的温度较低,但焊接强度低,不能满足金刚石工具的要求。因此,国内外通常采用银焊,同时也在不断改善铜焊方法。

第二节 银钎焊

一、银钎焊料

银钎焊料是一种银基固熔合金,主要成分为银、铜、锌和镉,其中银占40%~50%,熔点为600~750℃,常用厚度为0.1~0.5mm的薄片,表8-2为国内外几种低温银钎焊料。

二、焊剂

焊剂的作用是清除焊接面上的氧化物,并降低焊料的表面张力,从而使其渗入焊缝中。如工业常用的102银焊剂,即为一种易溶于水的白色粉末。

表 8-2 国内外几种常用的低温银钎焊料

牌号	成分/%							熔点/℃	焊接温度/℃	生产厂家
	Ag	Cu	Cd	Zn	Ni	Sn	Mn			
312	40±1	16±0.5	25.1/26.5	17.3/18.5				595～605	650	上海
313	50±1	16±0.5	18±1	16±1				625～635	650	上海
315	50	15.5	16±1	15.5				630	690	上海
317	56	42			2			770	895	上海
304	50	34		16				690	775	上海
AG2	41～43	16～18	24～26	15～17				630	650	英国
L-Ag34	34	15		25	21	1	3	690	820	西德
BAg-3	50	15.5	16	15.5	3			630	690	日本
Hcp34	44	27	18	16	2		3	650	800	苏联

三、加热设备及焊接特点

钎焊一般采用高频或中频电源和真空炉等加热设备。

高频或中频感应加热是利用电磁场的作用在被加热物体内引起感应电动势从而产生感应电流，由于电阻的存在使物体内析出大量热，将其本身加热至很高温度。高频或中频电流感应加热只把直接作焊接的制品部分加热，焊接过程快，刀头与基体的连接强度高，不但减少了能耗，而且大大缩短了处理时间。感应加热的缺点是，对于较大的被加热件，物体内的加热温度可能不均匀，从而影响焊接质量；焊接的热影响范围较大，可能使基体产生变形或在基体内产生热应力。

真空炉是在真空环境中对被加热物品进行保护性烧结的炉子，其加热方式较多，如电阻炉加热、感应加热以及微波加热等。真空炉的优势在于将烧结腔抽真空后，可注入氢气或惰性气体以保护被加工件不受氧化，从而提高物件的加工精度和质量；其主要劣势在于加工件的尺寸受到了限制，且对设备的要求较高。

四、焊接工艺

1. 基体材料和焊缝尺寸的选择

1) 基体材料

国内外生产的金刚石孕镶块、复合片，以及金刚石锯片刀头等设均有焊接层，如图 8-1 所示为金刚石孕镶块或金刚石刀头的结构。因此，所选择的焊接基体材料性能最好和焊接层材料性能相一致或相接近，特别是其热胀系数要尽量接近，以免在焊接处产生过大的热应力。同时，因为基体材料的熔点要高于焊料几十摄氏度以上，要求焊料对基体材料具有良好的浸润性和可焊性。

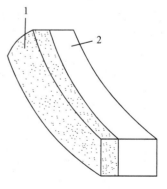

1. 含金刚石层；2. 焊接层。
图 8-1 金刚石孕镶块

2）焊缝尺寸

焊缝尺寸是影响焊层质量的重要参数。为了分析焊缝处的应力状态，以圆棒对焊试件进行分析。设被焊件为绝对刚体的硬金属，直径为 D_0；焊层为软金属，厚度为 H_0，直径亦为 D_0，如图 8-2 所示。

可见，焊层为一直径 D_0，厚度为 H_0 的圆盘。在圆盘内取一单位体积，应用塑性力学和工程弹性力学可求出试件在拉伸过程中圆盘的轴向拉应力计算公式，即

$$\sigma_y = \sigma_s \cdot \exp\frac{2S_r}{H_0} \cdot \left(\frac{D_0}{2} - r\right) \tag{8-1}$$

式中：σ_y 为圆盘的轴向拉应力；σ_s 为圆盘横截面的极限拉应力；S_r 为比例系数（焊接处材料的相对强度），$S_r = \sigma_N^W / \sigma_B^W$；$\sigma_N^W$ 为焊层软金属的强度；σ_B^W 为基体硬金属的强度；r 为圆盘半径。

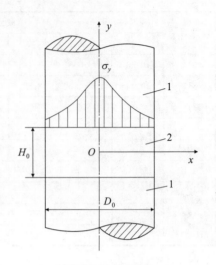

1. 基体；2. 焊层金属。

图 8-2 对焊模拟试件

由式（8-1）可知：圆盘的轴向拉应力分布是对称的，在圆盘中心处（$r=0$），其值最大，即

$$(\sigma_y)_{\max} = \sigma_s \cdot \exp S_r \cdot D_0/H_0 \tag{8-2}$$

取圆盘的计算强度 $(\sigma_N)_D = (\sigma_y)_{\max}$，则

$$(\sigma_N)_D = \sigma_s \cdot \exp S_r \cdot D_0/H_0 \tag{8-3}$$

令 $H_0/D_0 = X_D^W$，其中 X_D^W 为焊层的相对厚度，则

$$(\sigma_N)_D = \sigma_s \cdot \exp \frac{S_r}{X_D^W} \tag{8-4}$$

由式（8-4）可知：焊缝处的强度随相对厚度的减小而增加，随焊缝处材料相对强度的增加而增加。S_r 和 X_D^W 是影响焊接接头质量的两个重要参数。

给定焊接处材料的相对强度，则焊层越薄，焊接接头的强度越大。但是，如果焊层很薄，即钎焊间隙过小，在实践中会导致液态焊料难以渗入焊缝中，造成焊层不连续等缺陷。为此，一般采用试验方法来确定合理间隙，如中南大学对 Cu-Mn-Zn-Si 焊接料在 850℃ 条件下进行了试验，其结果见表 8-3。

表 8-3　Cu-Mn-Zn-Si 焊接料在 850℃ 条件下的抗剪强度/MPa

编号	焊缝宽/mm							
	0.05	0.1	0.15	0.2	0.3	0.4	0.5	0.6
1	15	176	230	170	163	110	106	95
2	12	180	190	203	202	122	110	91
3	15.9	160	243	190	187	116	103	92
平均值	14.3	172	221	188	184	116	106	93

试验的焊接件组装图如图 8-3 所示。

从表 8-3 可见，当钎焊温度为 850℃ 时，焊缝尺寸为 0.15mm，焊层的抗剪强度最大，

其平均值为 221MPa。

2. 加热方式

采用高频或中频电源加热时，常用的感应器形状有环式和矩形两种，见图 8-4。

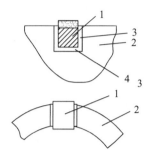

1. 金刚石孕镶块；2. 45#钢钢体；
3. 焊缝侧面；4. 底面焊层。
图 8-3 试件组装示意图

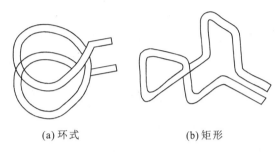

(a) 环式　　　　(b) 矩形

图 8-4 感应器形状

1) 环式感应器

用于钎焊尺寸不是很大的孕镶块钻头、薄壁钻头和复合片切削具等。图 8-5 (a) 为钎焊孕镶块钻头的方式；图 8-5 (b) 为钎焊薄壁钻头的方式；图 8-5 (c) 为钎焊复合片切削具的方式。

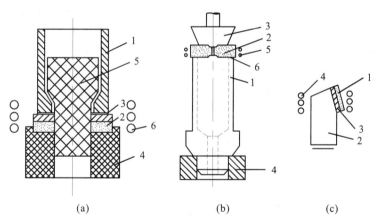

(a)　　　　　　　(b)　　　　　　　(c)

(a) 1. 钢体；2. 孕镶块；3. 焊层；4. 底模；5. 芯模；6. 感应圈；
(b) 1. 钢体；2. 孕镶块；3. 对中压块；4. 支承座；5. 感应圈；6. 焊层；
(c) 1. 复合片；2. 支柱；3. 焊层；4. 感应圈。
图 8-5 钎焊方式

当圆锯片直径为 250～500mm，厚度为 1.6～2.5mm 时，钎焊方式如图 8-6 所示。

2) 矩形感应器

当锯片直径大于 500mm，厚度大于 3mm，其钎焊方式如图 8-7 所示。

当钎焊大直径钻头时，由于受感应圈尺寸的限制，同时为了提高钎焊质量，可以在 35～50kW 的真空炉中加热进行银钎焊。采用真空钼丝炉或真空碳管炉等。真空度要求为

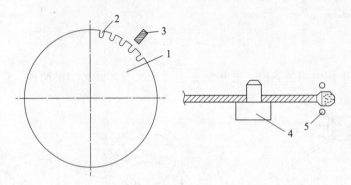

1. 基体；2. 水槽；3. 金刚石刀头；4. 支承；5. 感应圈。

图 8-6　小尺寸锯片钎焊方式

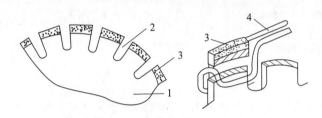

1. 基体；2. 水槽；3. 金刚石刀头；4. 矩形感应器。

图 8-7　大锯片钎焊方式

$(10^{-5} \sim 10^{-3}) \times 133.3$ Pa。为此，通常采用机械泵和扩散泵串联系统，如图 8-8 所示。其开动顺序：先将扩散泵内的油加热，然后开动机械泵。即首先利用扩散泵将空气带出，然后机械泵再抽去扩散泵带出的气体。钎焊时，把炉内抽到真空度达到要求时才通电加热。加热到钎焊温度，保温一定时间才切断电源，冷却到 100℃ 以下，打开炉盖取出钻头。

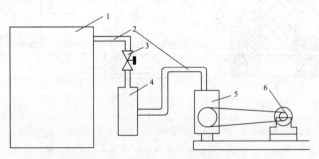

1. 炉子；2. 连接管；3. 阀门；4. 油扩散泵；5. 机械泵；6. 电动机。

图 8-8　真空泵串联线路

3. 银钎焊注意事项

（1）焊接面和银焊材料必须清洗干净。

（2）孕镶块与基体的位置要校正。

（3）将钎焊部分置于加热元件中间，使加热均匀。

(4) 钎焊后应作剪切和冲击试验，以及金相分析。

(5) 对于圆锯片的焊接，锯齿在基体上的对称公差：端面方向为 0.2mm，圆周方向为 1.0～1.4mm，如图 8-9 所示。

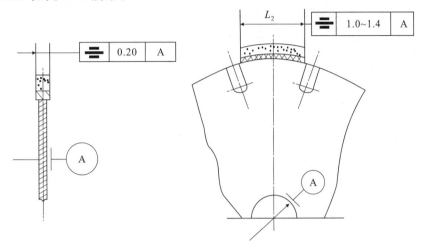

图 8-9　圆锯片焊接公差示意图

第三节　激光焊接金刚石锯片工艺

金刚石锯片激光焊接必须有以下条件作保证：首先是有适合锯片焊接的激光焊接系统；其次是基体及刀头的过渡层材料要有较好的可焊性；最后是必须认真选择合理的烧结工艺及焊接工艺。焊接工艺是决定焊接强度的关键因素，优良的焊接工艺可以减少焊缝中的气孔、孔洞和裂纹，提高焊缝组织的均匀性，从而在很大程度上提高焊接质量。

一、金刚石刀头过渡层

由于高功率密度激光光斑的作用，金属将被熔化与汽化，而金刚石在这样的高温条件下易石墨化。因此，为了保证刀头与基体材料的焊接性能，需要在基体与锯齿间加入过渡层，通常有 1.5～2mm 的高度，如图 8-10 所示。激光焊接时过渡层熔化，基体和刀头结合处部分熔化，熔化后的合金液体相互融合形成焊缝，因此过渡层性能决定焊缝性能。根据激光焊接锯片使用性能与生产工艺的要求，激光焊接刀头过渡层必须满足下列要求：足够高的焊接强度，良好的焊缝质量，合理的配方组分，最优的烧结温度。要满足锯切作业特性的要求，能承受住锯切时合理工况下各种各样锯切条件的考验，同时还要兼顾到锯片生产的工艺特点和要求。

1. 过渡层材料成分

激光焊接金刚石锯片刀头过渡层材料对焊缝强度、外观、性能均有很大影响，过渡层中不能含有低熔点金属，如锡等元素，因为该类元素易于蒸发与汽化而产生气孔。过渡层配方可选用单元素 Co、Ni，双元素 FeCo、FeNi、CoNi、FeCu 等，也可选用 FeCoNi 三种组分

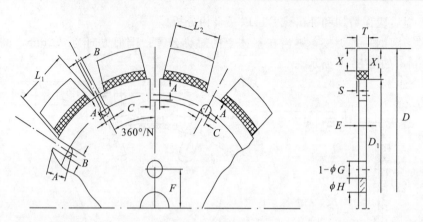

A. 槽深；B. 槽宽；C. 槽孔直径；D. 圆锯片名义直径；D_1. 基体直径；E. 基体厚度；F. 定位孔中心距；G. 定位孔直径；H. 基体内孔直径；L_1. 基体齿长；L_2. 刀头长度；S. 侧隙；T. 刀头宽度；X. 刀头金刚石层高度；X_1. 刀头总高度；X_1-X. 刀头非金刚石层高度。

图 8-10 金刚石圆锯片结构型式

构成。Co 的性能好，烧结温度宽（750～980℃），密度可达 8.6～8.69g/cm³，硬度为 HRB104～108，平均抗弯强度可达 400 MPa。Ni 的韧性好，烧结温度在 860～1020℃时，密度可达 8.55～8.65g/cm³，硬度为 HRB 97～102。FeCo 组分的烧结温度宽达 760～960℃，密度为 7.84～7.9g/cm³，硬度为 HRB 94～97，平均抗弯强度为 39MPa。而 CoNi 的烧结温度高达 1040～1200℃，密度高达 9.32～9.44g/cm³，硬度为 HRB 107～108，平均抗弯强度为 43 MPa。

实践证明：钴粉有很好的焊接性，但由于价格昂贵，所以，一般选用特殊的钴混合物。在试验中还发现，WC 虽能增加焊缝和过渡层的耐磨性，但含量过高会导致空洞及夹渣等焊接缺陷，严重时还会引起脆断。为解决过渡层较金刚石层易磨损、在切削过程中常先断裂的矛盾，在过渡层材料中加入少量 Mn 和 Cr，不仅能产生固溶强化，增加耐磨性，而且能减少气孔。此外，切削层和过渡层的成分如果差别太大，则在两层交接处由于受热受力的不均匀而产生断裂。因此，刀头成分不仅要顾及焊接性能，而且还要照顾金刚石层的切削性能以及与金刚石能良好结合。

以 ϕ230mm 金刚石圆锯片为例，研究了 Fe、Co、Ni 基合金三种过渡层材料与焊缝强度之间的关系。基体厚度为 1.8mm，刀头厚度为 2.5mm，刀头高度为 8mm，刀头长度为 39mm，表 8-4 为 Fe 基、Co 基、Ni 基过渡层焊后的焊缝强度试验结果。焊接条件如下：激光功率 880W，焊接速度 25mm/s，离焦量 0.2mm，双面焊接。共检测了 10 个试样，断裂几乎都发生在刀头，极少数发生在焊缝处。

表 8-4 几种过渡层材料焊缝强度的比较　　　　单位：MPa

材料	1	2	3	4	5	6	7	8	9	10	平均
Co 基	1078	1303	830	1009	993	852	955	1030	1020	980	1005
Fe 基	839	803	617	779	856	689	953	827	902	745	801
Ni 基	666	599	756	668	566	716	784	813	656	696	693

由表 8-4 可见，Co 基合金材料有最好的焊缝强度，平均达 1000MPa，最高可达 1300MPa 以上。Fe 基、Ni 基合金材料虽不及 Co 基合金材料，只要合理选择合金元素，亦能有较高的焊接强度，这为降低成本和解决结合强度低两者之间的矛盾提供了很好的解决途径。表中所示强度分布的不均匀性，估计与焊缝中气孔的分布形态和数量有关。笔者在实际应用中，研究了如表 8-5 所示几种预合金过渡层材料。

表 8-5 预合金过渡层材料技术参数

编号	过渡层材料	激光焊接金刚石锯片尺寸规格/mm	密度/$g \cdot mm^{-3}$	目数/目	热压烧结温度/℃
1	AW_1	≤φ230	8.20	-250	780～820
2	AW_1-2	≤φ230	8.17	-250	820～840
3	AW_1-3	≤φ230	8.17	-250	820～840
4	AW_5	>φ230	8.22	-250	820～840
5	AW_6	>φ230	8.32	-250	840～860
6	AW_8	>φ230	8.30	-250	860～920
7	AW_8-1	>φ230	8.30	-250	860～920

特别值得注意的是，Cu 基过渡层虽然可以即焊即检，焊缝强度也能满足要求，但气孔较多，且长期放置后焊缝强度下降。可能与 Cu 在空气中易受潮、氧化变质有关，所以一般不采用 Cu 基作过渡层材料，但在预合金粉末的过渡层中可以适当含 Cu。

2. 过渡层材料的致密性

由于烧结时粉末冶金材料内不可避免地存在孔隙，无法达到理论密度，而孔隙的数量、形态和分布又影响着材料的物理性能，如热传导率、热膨胀率和淬硬性等，这些物理性能直接影响到材料的可焊性，使焊接较同成分的熔炼材料相比难度加大。对于激光焊接零件来讲，大量的孔隙会使焊接强度降低甚至焊接过程无法进行。

研究发现，在烧结材料的激光焊接中，密度起着至关重要的作用：低于一定的密度（<6.5g/cm³）的材料几乎不能采用熔化焊的方法进行焊接，因为低的弯曲强度和扭转强度不允许材料吸收能量；中等密度（6.5～7.0g/cm³）的材料可以进行熔化焊，但以熔化少量体积的焊接方法如电阻凸焊、摩擦焊为好，焊接成功率较高；高密度（>7.0g/cm³）的烧结材料与熔炼材料则几乎有同样的焊接性。密度不仅对焊接强度而且对焊接缺陷特别是气孔影响很大，低于一定密度的烧结材料焊后强度非常低，气孔特别多。所以，在烧结时，需要适当地提高烧结温度和压力，并保温一定时间。

烧结条件对材料本身的机械性能及焊接都有较大影响，在氢气、分解氨和真空中烧结的材料均能成功地进行激光焊接，在干净还原性气氛中烧结的材料焊后出现的气孔、孔洞、夹杂和氧化物较小；此外，合适的烧结温度、保温时间、压力及温度-压力曲线也是采用激光焊接成功的重要保证。

二、激光焊接锯片基体

基体是金刚石锯片用来支撑切割元件——锯齿的主体，同时又是连接于设备上实现切割的刚性部件。它应该使锯片切割尽可能垂直,减少被切割材料的震动。因此基体的作用十分重要,必须选择高强度钢材,并经过科学、严格的冷热加工。

1. 基体材质

金刚石圆锯片工作时会受到强烈冲击和震动,所以基体材料必须强度高、不易变形、耐冲蚀。传统高频焊接主要是用含碳量高的 65Mn、60SiMn6、8CrV、T10、T12 等合金钢制作基体,但这类材料在激光焊接条件下极易脆性断裂,不适合激光深熔焊接。因为激光深熔焊接过程相当于快速加热冷却的过程,对于高碳钢就会在焊接热影响区产生大量的高脆性的高碳马氏体,容易产生裂纹而断裂。虽然采用预热、焊后保温可以保证一定的焊缝韧性,但是又会给生产过程带来很大不便,所以不宜采用。

为完全适应激光焊接的要求,基体多选用低碳钢制作,通常 C 的最大含量不超过 0.35%。用作激光焊接的基体材料为高强度的特种低碳合金钢,目前主要采用 35CrMo、30CrMo、28CrMo、20CrMo、SAE(AISI)4135 等种类的低碳合金钢。30CrMo 具有高的强度和韧性,渗透性较高,热强性也较好,有良好的可切削性和可焊性,通常在调质状态下使用,适合于用作金刚石锯片的基体。

宜昌黑旋风开发的 50Mn2V 锯片基体适合于激光焊接,更具有以下优点:①耐磨性提高,含钒碳化物是硬度较高的耐磨质点,增加了钢热稳定性及淬透性。②含碳量比 65Mn 降低,提高了焊接性能。③锯片的整体刚性比 30CrMo 高,改善了锯片的工作状况。含钒碳化物的析出提高了整体强度,因而锯片的刚度得以改善。④锯片容易淬火且变形小,易矫平;与 65Mn 相比,钢中碳含量的降低减少了钢的淬火变形,同时由于淬火后的强度较 65Mn 也有所下降,因而矫平工作易于进行。两种激光焊基体的化学成分如表 8-6 所示。

表 8-6 30CrMo 和 50Mn2V 的化学成分(%)

钢号	C	Si	Mn	Mo	Cr	P	S	V
30CrMo	0.26~0.34	0.17~0.37	0.40~0.70	0.15~0.25	0.80~1.10	≤0.030	≤0.030	
50Mn2V	0.47~0.55	0.17~0.37	1.40~1.80					0.07~0.12

2. 基体形状

锯片基体的周边有连续式(满圆形)和间断式(齿形)两种。焊接圆锯片都采用间断式周边基体。这种基体焊接方便,使用时容易排屑,金刚石节块可获得充分的冷却。间断式锯片基体周边的槽是用作流通冷却水(或干切时风冷排屑),以便切割时将切削热和切下的石粉及时排走。槽的形状基本上是三种即平行边半圆基底窄水槽形、平行边半圆基底宽水槽形和平行边匙孔水槽。水槽形状如图 8-11 所示,不同用途的锯片应选择不同的槽形,如表 8-7 所示。一般情况下,被切对象的研磨性越强,水槽应越宽,有利于大量冷却水流入切

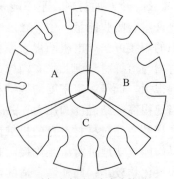

A. 平行边半圆基底窄水情形;
B. 平行边半圆基底宽水槽形;
C. 平行边匙孔形水槽。

图 8-11 圆锯片基体示意图

口，起到良好的冲洗作用和降低切割区温度，提高锯片的使用寿命。

基体周边上的水槽对于冷却液流向切割部位是大有好处的，即使是干切锯片，间断切割照样有利于锯片切割部位的冷却（风冷或自然冷却）。但是由于水槽的存在，间断切割同样也会对基体的使用寿命产生极不利的影响。主要是高速切割所引起的径向和切向作用力都作用在基体上，使基体承受较大的应力，而水槽底部又是应力最集中的区域。根据切割过程的顺序，槽底区域的应力是由压缩变为拉伸，在整个工作期间，槽底受到大量这样的应力循环作用，引起槽底疲劳裂纹的开始和蔓延。

表 8-7 水槽和切割对象的对应关系

切割对象	槽形			
	窄槽	匙孔槽	宽槽	非标准槽
石灰石、大埋石	√	√	√	
花岗石、石英、陶瓷	√	√	√	
耐火材料		√	√	√
砂岩（研磨性强）		√	√	√
硬骨料混凝土			√	√
混凝土板			√	√
钢筋混凝土			√	√

3. 基体制造工艺及技术要求

基体制造的工艺过程对基体最终质量及反映出的使用效果影响非常大。基体的加工过程大体如下述步骤：方形钢板→冲内孔→冲外圆→数控铣水口槽缝→热处理→校平→磨外圆→磨平面→测平直度和张力。

基体基本尺寸和极限偏差应满足表 8-8 的要求，基体外观不应有裂纹、毛刺及锈蚀痕迹，不允许有影响使用性能的工艺孔。

表 8-8 基体尺寸极限偏差   单位：mm

D_1		H	E		水槽尺寸	定位孔
基本尺寸	极限偏差	极限偏差	基本尺寸	极限偏差	极限偏差	极限偏差
$D_1 \leqslant 390$	±0.3	H8	$E \leqslant 2.2$	±0.07	±0.5	+0.50
$390 < D_1 \leqslant 590$	±0.5		$2.2 < E \leqslant 5.0$	±0.10		

对于基体而言，其硬度是一个非常重要的质量指标，基体硬度及同片硬度差应符合表 8-9 的要求。除硬度要求外，基体平面度、同片基体的厚度差、基体端面圆跳动、基体外圆对于内孔轴线径向圆跳动都必须作出严格的要求（表 8-9）。

表 8-9 基体硬度及同片硬度差

锯片名义直径 D/mm	硬度（HRC）	同片硬度差（HRC）
$100<D\leqslant 200$	34～42	1
$200<D\leqslant 600$	34～42	2

表 8-10 基体制造精度要求　　　　　　　　　单位：mm

厚度的偏差	直径范围		$D_1\leqslant 400$		$400<D_1\leqslant 600$	
	厚度允差		±0.03		±0.06	
基体平面度	直径范围		$100<D\leqslant 250$	$250<D\leqslant 400$	$400<D\leqslant 600$	
	平行度允差		±0.06	±0.08	±0.15	
基体端面圆跳动	直径范围		$100<D_1\leqslant 200$	$200<D_1\leqslant 250$	$250<D_1\leqslant 350$	$350<D_1\leqslant 450$	$450<D_1\leqslant 600$
	端面圆跳动允差	1级	±0.10	±0.12	±0.15	±0.20	±0.25
		2级	±0.12	±0.16	±0.20	±0.25	±0.35
基体径向圆跳动	直径范围		$100<D_1\leqslant 200$	$200<D_1\leqslant 250$	$250<D_1\leqslant 500$	$500<D_1\leqslant 600$	
	径向跳动允差		±0.02	±0.03	±0.04	±0.05	

4. 国内外激光焊金刚石锯片基体生产概况

国内生产激光焊接金刚石切割圆锯片基体主要在 20 世纪 90 年代中后期。主要有湖北宜昌黑旋风、河北玉田锯业有限公司、天津林业工具厂、常熟工具厂、山东日照锯片厂等十余家单位。国外锯片基体生产主要集中于专业化的大厂家，如德国的 Heinrich Mummenthoff GmbH、August Blecher GmbH Co.；美国的 International Knife & Saw Inc.、Western Saw Co.；法国的 ALTEA 公司及意大利的 S. L. F. A sp. a 公司等。其中以 Mummenthoff GmbH 最负盛名，基体品种规格齐全，从标准通用型基体到低噪声、消音双层基体、专用于激光焊接的低碳合金钢基体。

三、激光焊接参数的选择

金刚石圆锯片的激光焊接属于不同材料、不同组织之间的异种金属焊接，焊接的好坏决定其结合强度的高低。焊接工艺是决定焊缝强度的关键，焊前准备、焊接功率、焊接速度、焦点位置、偏移量及保护气体流量等都对焊接质量产生重要影响，刀头与基体在焊前均应除油、清洁、除水，以减少气孔的产生。此外，刀头的磨弧也是很重要的一环，保证刀头与基体吻合良好是保证良好焊接质量的前提；由于激光焦点极小（通常在 0.4mm 以下），基体与刀头的配合间隙应在 0.1mm 以下，以减少漏光损失，得到高的焊接质量。

1. 光束质量

激光光束质量是激光器输出特性中的一个重要指标参数，它能够影响焊接深度和焊缝形状。光束模式越高，发散角越大，光束质量越差。就焊接而言，应采用基模或低阶模，若模式偏高，则难以满足焊接质量的要求。光束质量主要影响焊缝熔深和形状。表 8-11 表明，在相同条件下，模式不同，则焊接深度明显不同。

表 8-11　光束模式对焊接熔深的影响

模式	功率密度/W·cm^{-2}	焊接速度/m·min^{-1}	焊接深度/mm
TEM00	2×10^6	2.0	3.2
TEM01	2×10^6	2.0	2.0
TEM02	2×10^6	2.0	1.1

图 8-12 是在一定工艺条件下，光束模式对焊缝的影响：图 8-12（a）是高阶模焊接结果，焊缝宽且不均匀，这是高阶模光束能量分布不均匀造成的；图 8-12（b）是低阶模焊接结果，相对于高阶模焊接其焊缝窄且平直均匀。

(a) 高阶模式

(b) 低阶模式

图 8-12　光束模式对焊缝的影响

2. 焦点位置

1）离焦量

激光束的焦斑功率密度并不等于作用于工件的光斑功率密度，后者还取决于焦斑平面与工件表面的相对位置（离焦量），此位置对激光焊接过程有显著的影响。离焦量是指光束焦点平面与被照射工件表面的距离。当焦点面位于工件表面之上时，为正离焦；反之为负离焦。图 8-13 是在一定条件下，焊接熔深与离焦量的关系曲线。

研究结果同时表明：当焦斑远离工件表面或过于深入工件表面内部时，焊缝熔深不够，深宽比较小。当焦斑位于工件较深部位时会形成"V"形焊缝；而焦斑在工件以上较高距离时会形成"钉头"状焊缝，且熔深减小。当焦斑深入工件表面以下一适当距离（0～1mm）时，方能得到熔深最大、缝宽较窄的理想焊缝，金刚石锯片的焊接一般采用负离焦，焦点与被焊材料表面的距离约为板厚的 1/3。

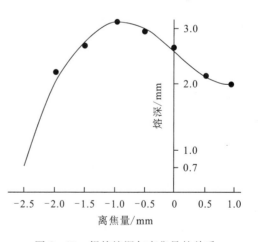

图 8-13　焊接熔深与离焦量的关系

采用激光功率为800W基模,焊速为1071mm/min,在不同高度的位置上进行正、负离焦焊接,得出的不同离焦量的焊接断面照片如图8-14所示,由此测得的熔合参数如表8-12所示。

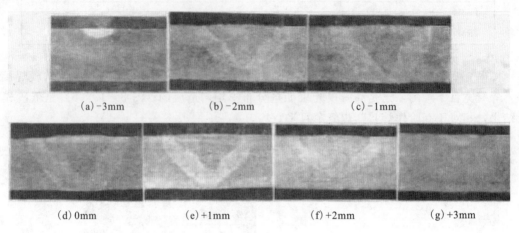

图8-14 离焦量不同时的焊接断面组合照片

表8-12 离焦量不同时的熔合参数

离焦量/mm	-3	-2	-1	0	1	2	3
熔深/mm	0.18	0.86	1.11	0.99	0.82	0.88	0.16
熔宽/mm	0.26	0.74	0.80	0.74	0.71	0.75	0.21
深宽比	0.69	1.16	1.39	1.34	1.15	1.17	0.76

由于激光深熔焊接是通过小孔效应来完成的,小孔的形成伴有明显的声、光特征。激光焊接钢件未生成小孔时,工件表面的火焰是橘红色或白色;一旦生成小孔,火焰变成蓝色,并伴有爆裂声(由等离子体喷出小孔产生)。所以,实践中总结出这样一种方法:先将工作台上的待焊工件在激光束作用下产生小孔效应的纵向上、下位置范围确定出来(以试验出蓝光、有爆裂声为准);取此位置范围的中间点作为焦点零位置的近似点(即认为此时激光束的焦斑平面正好在工件表面上);再以这个位置为起点,改变工件在工作台的上、下位置(离焦量大小)进行激光焊接;定量分析焊接结果,从而找出对待焊工件合适的离焦量数值。

2)光束偏移量及角焊缝

激光光束偏移量及入射方向对焊接质量有较大影响。如图8-15所示,激光焊接金刚石锯片时,由于刀头比基体厚,属于厚度不同的两种材料,所以,常采用激光适当偏向基体一侧并带有一定角度,以产生角焊效

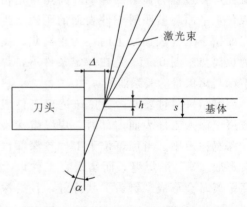

α为激光束倾斜的角度;Δ为激光束的偏移量;h为焦点离工件表面的距离;s为工件的厚度。

图8-15 激光束工艺参数位置示意图

果,为获得最好的角焊效果,激光的入射角 α 一般选在 $4°\sim11°$ 左右。由于刀头是粉末冶金材料,焊接时易产生飞溅污染透镜,焊接时光束不是直接作用于接缝处,而是偏向钢基一侧,激光入射点与焊缝中心线的距离,我们称之为偏移量。焊缝中的气孔量对光束偏移量十分敏感,合适的偏移量可以减少焊缝中的气孔,从而提高焊缝强度。偏移量太大,焊缝外观很漂亮,但刀头未焊上或焊得很少,实为假焊;偏移量太小,气孔多,影响外观质量,也降低焊缝强度。合适的偏移量 Δ 约为 0.25mm。在这种情况下的焊接过程是基体材料钢首先熔化,然后熔化了的钢加热刀头并使刀头内侧一层熔化,二者实现冶金结合。使焊缝外观平整,无明显的焊接缺陷,抗弯检验时,焊缝弯曲强度高于或等于母材。在激光焊接金刚石圆锯片的大量生产中,偏移量 Δ 的波动应控制精确,因而需要较严格地控制基体和夹具的精度。

采用激光在基体上扫描的方法,研究了偏移量 Δ 对焊接结果的影响。试验中采用的其他参数为:激光功率 680W,焊接速度 1m/min,焦斑处于基体表面,保护气体的流量为 $2.5m^3/h$。试验得出不同偏移量 Δ 时的焊缝断面照片如图 8-16 所示,偏移量 Δ 不同时的熔合深度如图 8-17 所示。

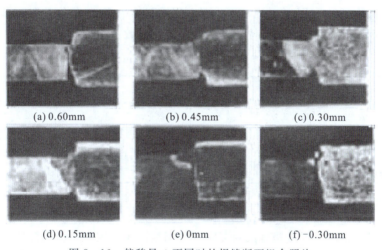

图 8-16 偏移量 Δ 不同时的焊缝断面组合照片

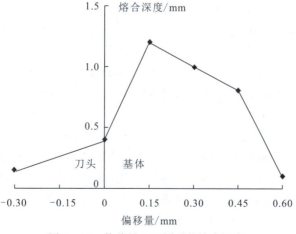

图 8-17 偏移量 Δ 不同时的熔合深度

3. 激光焊接输入能量

1) 激光功率

激光功率是决定焊缝穿透深度的主要参数，激光功率同时控制熔透深度和焊接速度。其中焊接深度直接与光束的功率密度有关。产生小孔效应、进行深熔焊接的前提是聚焦激光焦斑有足够高的功率密度。

锯片规格一定时，熔深随功率的提高而增加，但是当激光功率过高时，熔池沸腾过于激烈，导致空洞的出现，严重削弱了焊缝有效承载面积，且焊缝过宽，不够光滑，影响外观。同时严重烧损过渡层的合金元素，使过渡层热影响区晶粒粗大，呈疏松状，降低了过渡层的物理和机械性能。即使在焊后检验中能达到所需的强度指标，在切削过程中也会因为应力集中，裂纹由孔洞处扩展，出现明显的疲劳断裂特性。

在一定的焊接功率下，有一最大板厚。功率越高，允许的焊接速度越快，生产效率越高，激光器一次投资也越大，过高的焊接功率将会对焊接质量不利。但功率太低，熔深浅，不能焊透，强度低；一般来讲，规格越小，基体越薄，所需的激光功率越小。

作者采用低阶模 1000W 的激光功率，双面焊接基体厚 2mm 的锯片时，可得到比较好的焊接效果。表 8-13 为部分规格金刚石锯片最佳工艺参数范围。

表 8-13 不同规格锯片的最佳焊接工艺参数

规格/mm	φ105	φ230	φ300	φ350	φ400	φ500
基体厚度/mm	1.3	1.8	2.0	2.2	2.8	3.2
激光功率/W	720~800	800~930	920~1000	1050~1200	1200~1350	1400~1600
焊接速度/mm·s^{-1}	35~50	20~30	12~18	12~15	9~12	7~10

2) 激光焊接速度

当焊接功率一定时，焊接速度成为影响焊缝强度的主要因素。激光深熔焊时，焊接深度几乎与焊接速度成反比，焊接深度及宽度随焊速的加快而减小；焊接速度太快，气体来不及逸出，焊缝中易产生气体，且熔深浅，不能焊透。焊接速度太慢，生产率低，成本高，热影响区常因过热晶粒粗大而脆断，工件变形也大。过低速度则会使材料过度熔化、烧损和焊穿、刀头材料烧损严重，热影响区宽，焊接强度降低。

确定焊接速度的上限是为了防止金属未熔透和自淬速度过快以致不能流动和融合，否则，熔化金属会趋向于仅沿被焊工件顶端形成焊珠。而焊接速度到达低限速度低至一定值，穿透等离子体、到达小孔底部的激光功率密度过小，不足以汽化材料，蒸气压不足以维持小孔，使小孔崩溃，焊接过程变为传导型，过量的热传导引起焊道向侧向扩展，热影响区扩大，过多的功率吸收还会引起材料局部蒸发损失。对于给定的激光功率，存在一维持深熔焊接的最低焊接速度，在此最低焊接速度下的熔深为给定焊接条件下的最大熔深。图 8-18 中可以看出焊缝深度、宽度与焊接速度的关系：熔深、缝宽均随焊接速度的增加而减少，当焊接速度大于 15mm/s 时，焊缝深宽比大于 1。

激光功率与焊接速度影响熔深和熔宽，进而影响焊缝强度，如图 8-19 所示。速度一定

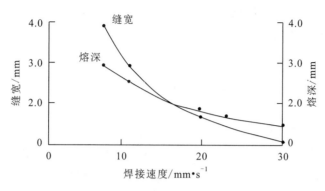

图 8-18 焊缝深度、宽度与焊接速度的关系

时，焊缝强度有一临界区。当功率低于其下限值，强度随着功率增加而增加，这是因为随着功率增加，熔深增加结合强度增加的缘故；当功率大于临界区的上限时，强度反而随功率增加而降低。这是因为：过高的功率烧损了焊缝区的合金元素，使焊缝的强度和机械性能下降，也因为高的焊接功率使焊缝成形恶化，表面孔洞增多，强度下降。过高的焊接速度会使强度降低，这是因为焊缝中的气孔增多，有效承载面积减少从而使强度降低。

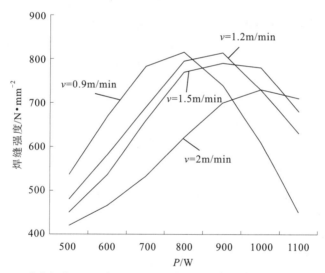

图 8-19 激光焊接 Fe 基合金时激光功率及焊接速度与焊缝强度的关系曲线

焊接速度同激光功率一起影响着焊接深度。在不影响"小孔"效应的前提下，可以使激光功率维持在某一临界值，而通过控制焊接速度来调节焊接深度，从而使激光器输出窗口承受尽可能小的功率密度，达到延长窗口使用寿命的目的。

3）焊接线能量

由于粉末冶金材料内部存在孔隙，其结合强度远比熔炼材料要低，在保证焊接熔深的条件下，必须采用最低线能量输入，以减小焊接热影响区。焊接线能量是激光作用于焊接方向单位长度的能量，为能量是否有效利用的重要参数。激光深熔焊的全熔透工艺条件，全熔透曲线和板厚有关，对厚板来说，稳定深熔焊曲线应当包含全熔透曲线。为研究焊接线能量对焊接结果的影响，考察 Co 粉末材料激光焊接单位长度的能量输入（以下简称线能量）与熔化深度的关系，焊接线能量 W（kJ/cm）定义为：

$$W=\frac{P}{v} \tag{8-5}$$

式中：P 为工件表面的入射激光功率；v 为焊接速度。

采用 EFA51 型 CO_2 激光器，f/5 的聚焦系统，在厚度分别为 3mm、4mm 的纯 Co 烧结试样板上进行试验。小孔上空的等离子焰用侧吹 He 气压缩，气流与工件表面成 45°角，主吹 Ar 气保护熔池，以背面出现均匀等宽的背面焊缝为刚好全熔透焊缝。

产生全穿透焊接的热输入与激光功率和焊接速度均成函数关系，在激光功率一定时，可得到一个最小热输入的焊接速度。同理，在焊速一定时，也可得到一个最小的热输入功率。随着激光功率和焊速按一定比例增加，可以得到窄而深的焊缝且热输入减少，而随着焊速的减小和功率的增大，焊缝熔深变浅。取激光功率为 $0.8 \sim 1.3$kW，调节焊接速度和离焦量，板厚 3mm 恰能得到全焊透，得出一系列全焊透条件下的线能量。结果表明，激光功率为 1.2kW 时，线能量 W 有一最小值，此时 $v=15$mm/s，$W=0.8$kJ/cm，焊缝的深宽比最大。取线能量为 0.6kJ/cm 的条件下进一步的实验发现，焊缝熔深随激光功率变化，在同样的线能量输入条件下，焊缝熔深随激光功率的提高而增加，而熔宽却几乎保持不变。因此对基于小孔效应的焊接方法而言，提高激光功率密度对增加焊缝熔深的作用要比减小焊接速度的效果明显。在 4mm 厚试样表面扫描焊缝，得出焊接熔深与线能量有若干对应的分散点，焊接线能量包络曲线，即最小线能量的曲线如图 8-20 所示，通过计算分析得出包络线的数学表述为：

$$H=-0.32+3.6W^{0.25} \tag{8-6}$$

式中：H 为焊接穿透深度，mm；W 为线能量，kJ/cm。

一个实际焊接中所给定的参数的数据落在这个曲线上都可认为是一种好的参数状态，若选定的数据处在图 8-20 中包络曲线下，则可认为这个焊接系统的能量利用效率较低，这就要分析是否由激光传输系统或聚焦系统以及其他方面的因素引起。值得注意的是，在大部分实际的激光深穿透焊接中，所选定的数据均略在图中曲线之下，但这些焊接参数仍是可接受的。对激光深熔焊来说，高功率大速度可以使激光的有效利用率提高，而且采用较高的激光功率能够得到更大的稳定深熔焊的焦点位置范围。当然，这种激光功率的提高有一定限度，因为过高的激光功率使等离子体对激光的吸收加强，反而降低熔深。实际上，当激光功率很小时，通过降低焊接速度可以获得较大的线能量。

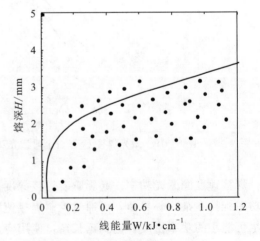

图 8-20　Co 粉试样激光焊接熔深与焊接线能量的关系

4. 保护气体流量及等离子体的控制

在激光焊接中，保护气体的流量也起着重要作用。不仅保护焊接区不被氧化，而且还用来保护聚焦透镜，避免其受到金属蒸气污染和液体熔滴的溅射。气流量太小，起不到保护作用，焊缝氧化，呈脆性；气流量太大，吹翻了熔池，焊接过程不稳定，易产生凸凹不平的焊缝，并常吹成空洞，焊缝强度低。保护气体流量与喷嘴口径、喷嘴与工件距离都有关。激光焊接时保护气还有抑制激光焊接过程中产生的等离子体的作用，因而对熔深有很大的影响。

高功率激光束作用于金属时，激光与金属蒸气相互作用将其电离而形成等离子体。它能反射、折射、吸收入射的激光束，对后继激光束起着屏蔽的作用，导致激光熔池中的激光能量减少，严重时还会导致熔池中不能产生小孔效应，从而使焊接熔池减小、熔深下降。粉末冶金材料由于受到材料致密性的限制，相对熔炼材料而言，难产生致密的金属蒸气，故在激光功率密度较低时，光致等离子体较弱。在高斯光束作用下，尤其是焊接速度较低时，同样产生极强的金属蒸气等离子体；此外，在粉末冶金材料与钢的高功率激光焊接过程中，其等离子体行为与纯钢焊接的等离子体既有相似处，也有明显区别。它受到粉末材料的成分、烧结条件、密度等的影响，所以对粉末冶金材料的高功率激光焊接，必须进行光致等离子体的控制。采用侧吹 Ar 气的方法来控制等离子体，采用同轴保护气加侧吹喷嘴保护方法，避免直吹熔池而影响焊缝成型。等离子体的控制对激光深穿透焊的焊接深度有很大影响。

第四节 激光焊接薄壁金刚石取心钻头

薄壁金刚石取心钻头由圆钢筒基体和刀头组成，传统工艺采用电镀、整体烧结、火焰钎焊、高频焊等方法将刀头固定在基体上，但在干钻条件下，钎焊钻头常常在高速旋转工作时产生热量使钎料软化或熔化，出现刀头脱落现象。采用激光焊接金刚石钻头，焊接强度高，热影响区小，产品精度高，具有较高的剪切强度和高温强度，在使用时能承受高温和较大的冲击，即使在缺水的情况下也不易出现刀头脱落情况，因而可以大大延长钻头的使用寿命。

薄壁金刚石取心钻头是一种新型的钻孔工具，具有钻孔尺寸精确、速度快、对材料周边无损坏和不需后续工序等特点，成为各种建筑材料中钻进小孔和大直径孔眼的最佳选择，尤其是对于工程翻新或建筑改建时电线或管道的铺设极其有利，因为其工作噪声较低、没有破坏性的振动以及易于进行清理，更重要地是，除了选择取心钻头外没有其他更经济的方法进行这类工程。取心钻头也被应用于在混凝土上做深切、切大直径孔等。在某些方面，超大直径的孔洞不能够一次完成，可以利用取心钻采用所谓的"缝合钻切"（Stitch Drilling）的方法来解决钻切问题。另一个典型的应用是获取钻芯，如获得混凝土或岩石的样品以做强度测试、组成分析或进行破坏性实验等。这种操作还应用于天花板、桥梁等的钻孔，因为在这些方面，钻芯可能会从高处掉落而出现危险。当钻芯被捕获后，钻芯能够很容易去掉，如果是在非常讲究安全的环境条件下，这种应用也是尤其重要的。

一、金刚石钻头激光焊接工艺特点

金刚石钻头基体采用经过调质处理的 $45^{\#}$ 钢管，刀头设计约 2mm 厚度的过渡层用于同基体的激光焊接。在激光焊接快速熔化和凝固的条件下，筒体和刀头胎体之间通过过渡层牢固结合,激光焊接参数选择不当极易使过渡层焊缝处在高温下反应时出现脆相、气孔和裂纹等缺陷,极大地影响焊接强度,故而有必要对金刚石钻头进行激光焊接工艺的研究。在激光焊接金刚石取心钻头过程中,必须合理地选择有关工艺参数,如激光功率、焊接速度、焦点位置、入射角及保护气体流量等,才能保证焊接质量。

1. 单面激光焊接

激光单面焊接主要利用的是激光深熔焊接的"小孔效应"现象。当激光功率密度达到 $5 \times 10^5 \sim 5 \times 10^7 \mathrm{W/cm^2}$ 时,金属在激光照射下被迅速加热,导致辐射区表层金属被熔化和汽化。当金属汽化时,所产生的金属蒸气以一定的速度离开熔池,蒸发速率足够大时,所产生的高压蒸气的压力足够克服液态金属的表面张力和液体重力,从而排开部分液态金属,使激光作用区处的熔池下凹,形成小坑。当光束在小孔底部继续加热汽化时,所产生的蒸气一方面压迫坑底液态金属使小坑进一步加深;另一方面,向坑外逸出的蒸气将熔化的金属排向熔池四周,形成一个细小的长孔。当光束能量所产生的金属蒸气压力与液态金属的表面张力和重力达到平衡后,小孔将不再继续加深而形成一个稳定深度的小孔(即小孔效应)而实现焊接。

如图 8-21 所示为采用德国 Dr. Fristch 公司 BSM 220 焊接系统对薄壁金刚石取心钻头进行激光焊接。也可用 LSM240 全自动激光焊接系统改装的金刚石钻头焊接系统。

图 8-21 DR. FRISTCH 焊接系统激光焊接金刚石钻头

激光单面焊接工艺示意图如图 8-22 所示,下面分别从光点位置、激光功率、激光焊接速度、等离子体的控制等影响钻头激光焊接质量的几个重要方面进行介绍。

光点位置:主要有光束焦点相对于工件表面的位置、光束偏移量和激光束入射角 3 个方面。

1) 焦点位置

激光光路系统一定的条件下,离焦量对熔深、熔宽、熔化效率的影响很大。采用负离焦可以增加熔深,当激光焦点在工件表面下的某一距离处可得到最大的焊接穿透深度。焦点位置移动的范围在被焊材料表面下方约为被焊材料厚度的 30%。通常 -0.8mm 较好。

2) 光束偏移

激光焊接金刚石钻头时,由于刀头比基体厚,采用一定的偏移量还可以减少激光焊接时飞溅、保护透镜、降低刀头材料合金元素的烧损，防止烧结材料的挥发性成分的扩散。在实际的金刚石钻头激光焊接过程中取偏移量约 0.3mm。

3) 角焊缝

为获得最好的角焊效果，使激光束向钢套轴向倾斜一定角度，不但可以获得较好的角焊效果，还可以避免金属飞溅损伤反射镜。由于金刚石钻头基体圆筒和刀头焊接前有一定的配合间隙，而且两者有厚度差，所以，激光入射角为 10°~11°较合适。

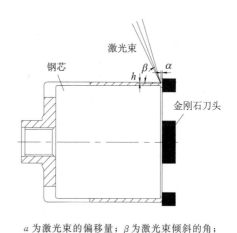

a 为激光束的偏移量；β 为激光束倾斜的角；h 为焦点离工件表面的距离。

图 8-22 激光单面焊接金刚石钻头示意图

激光功率：对于焊接薄壁钻头，由于钢基体是圆筒形的，激光束入射时就会有一部分激光能量被反射掉，因而同焊锯片相比，激光功率要相对高一些。功率密度过小，就会出现焊不透且热影响区很大，但过大的激光功率会使熔池翻滚，产生一波一波的突起和空洞，降低焊缝有效承载面积，抗弯强度下降。如图 8-23 所示，分别是在 0.8m/min、1.2m/min、1.6m/min、2.0m/min 四种不同焊接速度下激光功率对焊缝熔深的影响。对于 ϕ68mm 钻头，激光功率选择 1300~1500W，焊接速度在 1.1~1.2m/min 范围内。

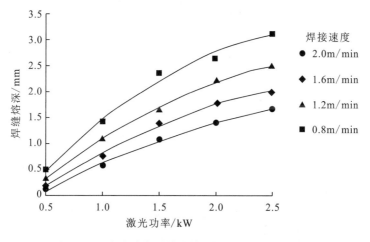

图 8-23 激光功率对钻头单面焊接焊缝熔深的影响

焊接速度：如图 8-24 所示，分别是在 1.0kW、1.5kW、2.0kW、2.5kW 四种不同激光功率下，焊接速度对单面焊缝熔深的影响。确定焊速上限是为了防止金属未熔透和自熔速度过快，以致不能流动和融合，焊缝不光滑、不连续，焊速达到低限时，过量的热传导引起焊缝向侧向扩展，焊缝宽且向上凹陷，过渡层局部蒸发损失，热影响区扩大。

等离子体的控制：钻头单面焊接时，刀头粉末冶金材料与焊接普通熔炼材料一样，随着激光功率的提高，焊接过程中会有光致等离子体产生。当等离子体密度达到一定程度后，将

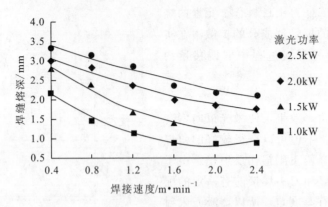

图 8-24 焊接速度对钻头单面焊缝熔深的影响

直接影响被焊材料对激光的吸收,不利于获得优质的焊缝,所以必须对光致等离子体进行控制。通过侧吹保护气体可控制等离子体的产生,并将已产生的等离子体云吹散,使焊接金刚石钻头达到所需的熔深,图 8-25 是实际焊接过程中等离子体控制喷嘴结构图。

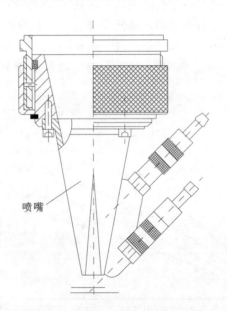

图 8-25 等离子体控制实验激光喷嘴结构图

2. 激光双面焊接工艺

激光双面焊接生产效率较低,但是能够在较低的激光功率下获得较大的焊缝熔深,降低了激光器的成本,另一方面,由于胎体内外两侧均受冲击剪切力,故采用双面焊接,外侧受冲击力较大,故外侧为主焊缝,内侧为次焊缝。通常可以实现 $\phi 68mm$ 以上钻头的双面激光焊接。

对于钻头的激光双面焊接在国产三工位激光焊接系统上进行,采用 HGL5000 型 5kW 横流 CO_2 激光器,输出模式为 $TEM_{01} + TEM_{02}$,低阶模最大输出功率 3000W,焦距为

110mm，经反射式抛物聚焦镜聚焦后光斑直径约为 0.2mm。

金刚石钻头基体和刀头被装夹在专用的夹具上，回转工作台能带动夹具及钻头做圆周运动实现激光焊接。对于每种直径和每种节距的钻头，弧度的切削块都要有高精度的特殊夹具。要获得令人满意的操作，其必要条件是钢基体的径向、轴向公差必须限制在一个极小的范围内。

图 8-26 是常用的激光双面焊接金刚石钻头方法。钻头基体与刀头连接处预先有一小台阶存在，它得以保证钻筒端口内表面与刀头内表面平齐，使得在进行内表面焊接时激光烧灼不到金刚石刀头。但由于钻头内径较小时，焊接时激光束处于斜射方向，当斜射角度超过某一临界值时将不再能够进行焊接，故而这种焊接方法不能够实现小直径钻头的双面焊接。

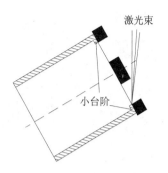

图 8-26　基体凸台方式激光双面焊接示意图

激光双面焊接金刚石钻头另一种方法如图 8-27 所示，其不同之处在于在光路系统中增加一个反射镜，置于钻头基体筒内，将激光束反射到所需位置，这种结构由于光路复杂，一般极少采用。

对于金刚石钻头的内外侧宜采用不同的功率，主焊缝功率略高一些。内外侧熔深有一定差别，主焊缝较深，应能与次焊缝对接。实践表明，采用 $TEM_{01}+TEM_{02}$ 模，功率 1000~2000W，应针对不同的筒基体进行调节，焊接速度 0.5~1.5m/min，利用双面激光焊接获得薄壁金刚石取心钻头胎体焊缝强度比高频硬钎焊可以提高 2~3 倍。

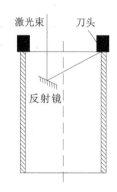

图 8-27　反射式激光双面焊接金刚石钻头

二、焊缝性能分析

1. 焊接缺陷

过渡层材料吸收光束能量后的效应取决于材料的热传导性，包括热导率、热扩散系数、熔点、汽化温度、比热和潜热。激光焊接金刚石钻头难度大，其主要原因是两种热特性相差甚远的材料不易构成很好的冶金结合。在激光高速加热快速冷却条件下，随着钢基体含碳量的增加，焊接裂缝和缺口敏感性也会增加，选用中低碳钢作薄壁钻头的筒壁，其焊缝部位组织接近均匀一致。

过渡层材料的化学成分及烧结温度、焊接时保护气体、激光功率都会造成焊缝中有气孔，造成焊接缺陷，这样焊接强度降低，焊缝质量下降（图 8-28 和图 8-29）。应采用颗粒大小、颗粒形状和合金条件适宜的钴基混合物作胎体过渡层。

通常，烧结出来的刀头为单体式刀头，焊接时用夹具将多个单体刀头装夹在钢套的端面上，其排列是不连续的，在焊接时激光输出是连续的，这样就会使不与刀头接触的那一段基

 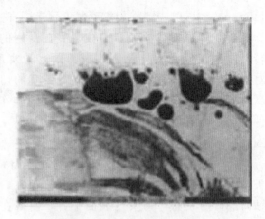

图 8-28 焊缝中的孔洞　　　　　　　图 8-29 过渡层焊缝部位气孔

体边缘被熔化,影响钻头的外观。由于"小孔"效应的存在,使得每个单体刀头根部焊缝的起始端和尾端出现豁槽,而且在这两个位置刀头接受激光的辐射能量分别骤升和骤降,也是应力比较集中的地方,尤其是尾端易存在收尾弧坑裂纹。

2. 硬度分布

双面焊接钻头的焊缝硬度分布曲线如图 8-30 所示,其中坐标 0 点左侧为筒体,右侧为胎体过渡层。可以看到在焊缝区中央硬度较高,然后向两侧平稳过渡,无明显硬度峰,且在热影响区中无明显硬度值突峰现象,硬度最高点在筒体一侧热影响区。这是由于激光焊接热影响区较窄,胎体过渡层与筒体材料有较好的融合性,焊缝硬度分布较平缓,焊缝结合性能较高。

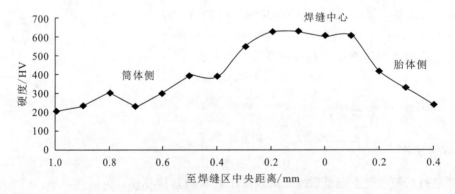

图 8-30 激光焊接焊缝显微硬度分布曲线

3. 焊缝强度

对不同焊接方法的金刚石薄壁钻进行破坏性试验显示,激光焊接比高频铜基钎焊强度提高 2.8~3.3 倍,钎焊样品断裂在焊缝中央,激光焊接样品则断裂在筒体热影响区,如图 8-31所示,焊缝强度大于母材,由于内侧熔深较浅,故强度较外侧小,若提高热影响区的强度还有可能进一步提高整体焊接强度。

激光焊接在提高焊缝强度的同时,对胎体性能的提高也有所贡献。在高频铜基硬钎焊

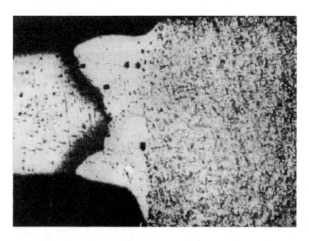

图 8-31 激光焊接接头横截面宏观形貌（30×）

时，焊接加热温度为 885～905℃，在高频银基硬钎焊时，焊接加热温度为 800～850℃，高频加热区较大，影响胎体金刚石性能。激光焊接时焊接区温度虽高，但热影响区非常小，故对胎体中的金刚石性能无影响。测试激光焊接金刚石钻头焊缝强度，在对德国专用短筒薄壁工程钻头的测试中可以得到如表 8-14 所示的检测结果。

表 8-14 激光焊接金刚石钻头焊缝强度测试结果

直径/mm	基体厚度/mm	刀头长度/mm	焊缝弯矩/N·mm	断裂强度标准值/N·mm^{-2}	检测结果/N·mm^{-2}	结论
68.00	2.00	24.00	3600	225.00	366.30	达标
82.00	2.00	24.50	3600	225.00	375.54	达标

激光焊接金刚石取心钻头的关键：在刀头配方一定的情况下，必须使刀头致密而且机械性能良好；焊接参数选择得当，就能得到符合使用性能的焊缝，事实上，高质量双面焊接的正面单面焊焊缝深度超过基体的 2/3，其强度完全达到使用要求。钻切使用直到金刚石工作层完全消耗掉，不会出现刀头脱落的现象。

第九章　3D打印基础知识及金刚石工具制造

第一节　概　述

　　3D打印技术不需要传统的刀具、夹具及多道加工工序，它利用三维设计数据在设备上由程序控制自动、快速、精确地制造出任意复杂结构的零部件，从而实现设计和制造的自由化和数字化。该技术不仅可成形传统加工方法难以制造的复杂结构，还可大幅减少加工工序，缩短加工周期。如同蒸汽机、福特汽车流水线引发的工业革命一样，3D打印技术也被视为"一项将要改变世界的技术"并引起全球关注。3D打印技术正在改变我们传统的生产和生活方式。随着3D打印技术应用的不断拓展，它将不再局限于制造业领域，而会成为社会创新的工具，使得人人都可以成为创造者，从而推动创新型社会的发展。

　　随着金刚石工具结构复杂程度的增加、传统工艺制造金刚石工具的难度加大，3D打印技术较传统金刚石工具制作方法（热压烧结法、电镀法、钎焊法等）有一定优势，从理论上讲，它只需在计算机中进行产品的设计，便可打印出形状结构复杂、薄壁、精细等产品，且成品不需要进行二次加工。

　　直接使用金刚石颗粒实现金刚石工具的成形较为困难，因此3D打印一般在金刚石颗粒中混入树脂、金属、陶瓷等结合剂完成制造过程。树脂结合剂黏性和弹性较好；金属结合剂的熔点相对较低，韧性好；陶瓷结合剂对金刚石颗粒的结合强度高于树脂结合剂的，自锐性优于金属结合剂。实际应用中，金属基胎体金刚石工具的使用较为广泛，但使胎体与金刚石有效结合难度较大，树脂结合剂金刚石工具的成形难度较小。

第二节　3D打印原理

　　3D打印用于金刚石工具制造主要有激光选区烧结（Selective Laser Sintering，SLS）、激光选区熔化（Selective Laser Melting，SLM）、光固化立体成形（Stereo lithography Appearance，SLA）等技术。下面将一一介绍这些技术的原理。

一、激光选区烧结（SLS）

　　激光选区烧结工艺过程如图9-1所示。首先将零件三维实体模型文件沿Z向分层切片，并将零件实体的截面信息储存于STL文件中；然后在工作台上用铺粉辊铺一层粉末材料，由CO_2激光器发出的激光束在计算机的控制下，根据各层截面的CAD数据，有选择地对粉末层进行扫描，在被激光扫描的区域，粉末材料被烧结在一起，未被激光照射的粉末仍呈松散状，作为成形件和下一粉末层的支撑；一层烧结完成后，工作台下降一个截面层的高度，再进行下一层铺粉、烧结，新的一层和前一层自然地烧结在一起；这样，当全部截面烧结完成后除去未被烧结的多余粉末，便得到所设计的三维实体零件。如图9-1所示，激光扫描过程、激光开关与功率、预热温度及铺粉辊、粉缸移动等都是在计算机系统的精确控制下完成的。

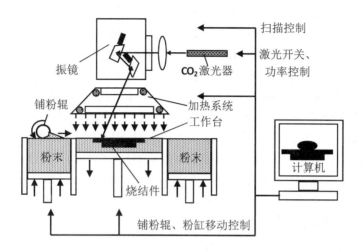

图9-1 SLS工艺过程示意图

相对于其他3D打印技术，SLS技术的特点如下。

（1）成形材料非常广泛。从理论上讲，任何能够吸收激光能量而黏度降低的粉末材料都可以用于SLS，这些材料可以是聚合物、金属、陶瓷粉末材料。

（2）应用范围广。由于成形材料的多样性，决定了SLS技术可以使用各种不同性质的粉末材料来成形满足不同用途的复杂零件。SLS可以成形用于结构验证和功能测试的塑料原型件及功能件，可以通过直接法或间接法来成形金属或陶瓷功能零件。目前，SLS制件已广泛用于汽车、航空航天、医学生物等领域。

（3）材料利用率高。在SLS过程中，未被激光扫描到的粉末材料还处于松散状态，可以被重复使用。因而，SLS技术具有较高的材料利用率。

（4）无须支撑。由于未烧结的粉末可对成形件的空腔和悬臂部分起支撑作用，不必像光固化成形和熔融沉积成形（Fused Deposition Moldeling，FDM）那样需要另外设计支撑结构。

二、激光选区熔化（SLM）

激光选区熔化技术是在激光选区烧结技术的基础上发展起来的。早期由于缺乏强大的计算机系统的支持及高功率激光器造价的昂贵，最早都是通过对金属粉末覆膜，间接采用SLS技术成形金属制件。随着计算机的发展以及激光器制造技术的逐渐成熟，德国Fraunhofer激光技术研究所（Fraunhofer Institute for Laser Technology，ITL）最早深入地探索了激光完全熔化金属粉末成形的SLM技术。

SLM技术借助于计算机辅助设计（Computer Aided Design，CAD）与制造，基于离散-分层-叠加的原理，使用高能激光束将金属粉末材料直接成形为致密的三维实体零件，成形过程不需要任何工装模具，也不受零件形状复杂程度的限制。是当今世界最先进的、发展速度最快的金属3D打印（Metal Addative Manufacturing，MAM）技术之一。相较于传统加工金属零件去除材料的加工思路，MAM 技术实际上是反其道而行，它是基于 3D 打印（Addtive Manufacturing，AM）的理念，从计算机辅助设计的三维零件模型出发，通过软件对模型分层离散，由数控成形系统将复杂的三维制造转化为一系列的平面二维制造的叠加。可以在没有工装夹具或模具的条件下，利用高能束流将成形材料（如粉体、条带、板材等）熔融堆积而快速制造出任意复杂形状且具有一定功能的三维金属零部件。

SLM 技术利用高能激光束，选择性地逐行、逐层熔化金属粉末，最终达到制造金属零件的目的。其典型的成形工艺过程如图 9-2 所示：①激光束开始扫描前，先在工作平面装上用于金属零件堆叠所需的基体-基板，将基板调整到与工作台面水平的位置后，粉料缸先上升到高于铺粉辊底面一定高度，铺粉辊滚动将粉末带到工作平面的基板上，形成一个均匀平整的粉层；②在计算机控制下，激光束根据零件 CAD 模型的第一层数据信息选择性地熔化粉层中某一区域的粉末，以成形零件的一个水平方向二维截面；③该层成形区域扫描完毕后，成形缸下降一个切片层厚的距离，粉料缸再上升一定高度，铺粉辊滚动将粉末送到已经熔化的金属层上部，形成一个层厚的均匀粉层，计算机调入下一个层面的二维形状信息，并进行加工；④如此层层加工，直至整个三维零件实体制造完毕。

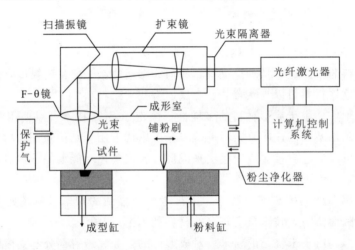

图 9-2　典型的双缸 SLM 工艺原理示意图

利用 SLM 技术直接成形具有实际工业用途的金属零件，是研究该技术的最终目标之一，相对于传统加工技术，SLM 技术具有以下优点。

(1) 成形材料广泛。

从理论上讲，任何金属粉末都可以被高能激光束熔化，故只要将金属材料制备成金属粉末，就可以通过 SLM 技术直接成形具有一定功能的金属零部件。

(2) 复杂零件制造工艺简单，周期短。

传统复杂金属零件的制造需要多种工艺配合才能完成，如人工关节的制造就需要模具、精密铸造、切削、打孔等多种工艺的并行制造，同时需要多种专业技术人员才能完成最终的零件制造，不但工艺繁琐，而且制件的周期较长。而 SLM 技术是由金属粉末原材料直接一次成形最终制件，与制件的复杂程度无关，简化了复杂金属制件的制造工序，缩短了复杂金属制件的制造时间，提高了制造效率。

(3) 制件材料利用率高,节省材料。

传统的铸造技术制造金属零件往往需要大块的坯料,最终零件的用料远小于坯料的用料;而传统机加工金属零件的制造主要是通过去除毛坯上多余的材料而获得所需的金属制件。而用 SLM 技术制造零件耗费的材料基本上和零件实际大小相等,在加工过程中未用完的粉末材料可以重复利用,其材料利用率一般高达 90% 以上。特别对于一些贵重的金属材料(如黄金等),其材料的成本占整个加工成本的大部分,大量浪费的材料导致加工制造费用提高数倍,SLM 技术节省材料的优势往往就能够更加凸显出来。

(4) 制件综合力学性能优良。

金属制件的力学性能是由其内部组织决定的,晶粒越细小,其综合力学性能一般就越好。相比较铸造、锻造而言,SLM 制件是利用高能激光束选择性地熔化金属粉末,其激光光斑小、能量高,制件内部缺陷少。制件的内部组织是在快速熔化/凝固的条件下形成的,显微组织往往具有晶粒尺寸小、组织细化、增强相弥散分布等特点,从而使制件表现出优良的综合力学性能,通常情况下其大部分力学性能指标都优于同种材质的锻件。

(5) 适合轻量化多孔制件的制造。

对一些具有复杂细微结构的多孔零件,传统方法无法加工出制件内部的复杂多孔结构。而采用 SLM 工艺,通过调整工艺参数或者数据模型即可达到上述目的,实现零件的轻量化、多孔化的要求。如人工关节往往需要内部具有一定尺寸的孔隙来满足生物力学和细胞生长的需求,但传统的制造方式无法制造出满足设计要求的多孔人工关节,而对 SLM 技术而言,只要通过修改数据模型和工艺参数,即可成形出任意形状复杂的多孔结构,从而使其更好地满足实际需求(图 9-3)。

图 9-3 激光选区熔化制造的轻量化多孔零件

(6) 满足个性化金属零件制造需求。

利用 SLM 技术可以很便利地满足一些个性化金属零件制造,摆脱了传统金属零件制造对模具的依赖性。如一些个性化的人工金属修复体,设计者只需设计出自己的产品,即可利用 SLM 技术直接成形出自己设计的产品,而无须专业技术来制造,满足现代人的个性需求(图 9-4)。

三、光固化成形技术(SLA)

光固化立体成形(Stereo lithography Appearance,SLA)技术也称立体光刻、立体平

图 9-4 激光选区熔化制造的个性化人工修复体

板印刷等,最早由日本名古屋工业研究所的学者小玉秀男于 1981 年提出。1983 年,美国 Chuck Hull 成功发明了光固化立体成形技术。

光固化立体成形是利用紫外激光按照 CAD 分层数据转换成的数控加工代码,逐点、逐层扫描液态紫外光敏树脂材料,引发被辐射区域树脂发生连锁化学反应,形成线性、交联结构的高分子聚合物,从而使激光扫描轨迹上的液态树脂固化,并通过逐层累积叠加制造出三维实体零件。

首先,在主液槽中填充适量的液态光敏树脂。然后,在计算机的控制下,特定波长的激光沿分层切片所得的截面信息逐点进行扫描,当聚焦光斑扫描处的液态光敏树脂吸收一定能量之后,便会发生聚合反应。一层截面完成固化之后,便形成制件的一个截面薄层。此时,工作台再下降一个层高的高度,使得先前固化的薄层表面被新的一层光敏树脂覆盖。之后,由于树脂黏度较大和先前已固化薄层表面张力的影响,新涂敷的光敏树脂实际上是不平整的,需要专用刮板将之刮平,以便进行下一层的扫描固化,使得新固化的层片牢固的黏结在前一层之上。反复上述步骤,层片即在计算机的控制下依次堆积,最终形成完整的成型制件,再去除支撑,进行相应的后处理,即可获得所需的产品,如图 9-5 所示。

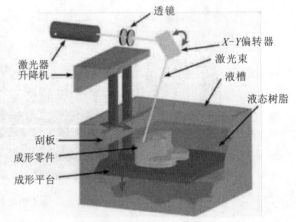

图 9-5 SLA 成形原理示意图

第三节 3D打印金刚石工具的工艺流程

基于上述 SLS、SLM、SLA 技术基本原理后,本节将具体介绍上述技术制造金刚石工具的工艺流程。

一、SLS成形金刚石工具

SLS扫描成形机主要由激光扫描系统、振镜系统、预热装置、供粉缸、工作缸自动控制系统、操作系统以及其他辅助系统（冷却、密封、集粉、照明）等构成，下面以SLS制造金刚石锯片为例作具体流程介绍。

（1）锯片三维模型的建立。

根据锯片结构要求，在计算机中使用三维建模软件（如Solidworks）建立金刚石锯片的三维模型，模型需合理地控制锯片的外形、尺寸、各部分的相互配合。

（2）数据导入及成形参数设置。

（3）将模型文件导入切片软件（Cura、S3d、Repetier Host等）中进行切片处理（把.stl、.obj等模型文件转换成3D打印机G-Code动作数据，将一个实体分成厚度相等的很多层），按照一定规则将模型离散为有序单元，可在切片软件中设置其成型方向、成型路线、粉层厚度、激光功率、扫描速度等参数，设置完成后导入SLS激光成型机中。将准备好的工作层胎体粉末（金属或金属合金粉末与金刚石的混合料）放入供粉缸中；开始打印时，铺粉辊会将供粉缸中预热的工作层胎体粉末均匀地铺放于成形缸中的基板上，将混合粉末铺设成厚度为0.05mm的粉层（粉层厚度应等于对应模型切片层的厚度），激光束根据计算机中的数据信息烧结粉层，完成第一个层面的烧结。

（4）成形缸活塞下降0.05mm，供粉缸活塞上升0.05mm，铺粉辊再次将粉末铺平，激光束依照计算机中的数据信息烧结第二层。烧结系统如图9-5所示。

（5）重复上述工艺步骤，直至锯片实体打印完成，冷却后即得到成品，如图9-6所示。

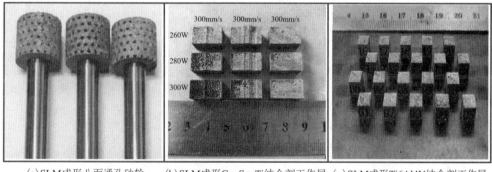

(a) SLM成形八面通孔砂轮　　(b) SLM成形Cu-Sn-Ti结合剂工作层　　(c) SLM成形Ti6Al4V结合剂工作层

  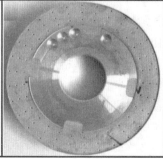

(d) SLS成形栅格状钻头　　(e) SLS成形Co-Cr-Mo结合剂砂轮　　(f) SLA成形尼龙填料结合剂砂轮

图9-6　几种典型的3D打印产品

二、SLM成形金刚石工具

SLM工艺流程主要包括材料准备、工作腔体准备、模型准备、加工及零件后处理等步骤，下面将以成形金属基金刚石块体为例具体介绍SLM成形金刚石工具的工艺流程。

1) 材料准备

材料准备包括SLM用金属基金刚石粉末、基板以及工具箱等准备工作。其中SLM用金属粉末需要满足球形度高，平均粒径为 20~50μm，金属粉末一般采用气雾化的制粉方法进行制备；基板需要根据成形粉末种类选择相近成分的材料，根据零件的最大截面尺寸选择合适的基板，基板的加工与定位尺寸需要与设备的工作平台相匹配，并清洁干净。

选用湖南粉末冶金研究院有限公司通过气雾法制得的铜锡钛金属粉末，用激光粒度仪测得铜锡钛金属粉末的平均粒径为 42.9 μm，其化学成分如表 9-1 所示。

表 9-1 铜锡钛化学成分表（%）

元素	Cu	Sn	Ti
含量	71.0	19.0	10.0

金刚石颗粒由河南璞玉超硬材料制品有限公司通过机械研磨制得，利用三维行星球磨机将两者以25%金刚石体积浓度比例进行混合，金刚石平均粒径为 102μm，基板使用304不锈钢。

2) 成形腔准备

在放入粉末前首先需要将成形腔清理干净，包括缸体、腔壁、振镜、刮板等，然后将需要接触粉末的地方用无尘布和工业乙醇擦拭干净，以保证粉末尽可能不被污染，成形的零件里面尽可能无杂质，最后将基板安装在成形腔上表面并紧固。选用华科三维科技有限公司生产的 HK-M125 型 SLM 粉末熔化快速成形机，如图 9-7 所示。

图 9-7 HK-M125 型 SLM 成形机

3) 模型准备

成形的试样为块体，将利用软件设计的CAD模型转换成STL文件，传输至SLM设备PC端，在设备配置的工作软件中导入STL文件进行切片处理，生成每一层的二维信息。

4) 加工成形

将金刚石工具块体数据导入完毕后，将成形腔门关闭，通入氩气作为保护气。铜锡钛金属粉末需要预热，设置基底预热温度为150℃，加工过程中涉及工艺参数的描述如下。

①激光功率，是指激光器的实际输出功率，输入值不超过激光器的额定功率，举例成形块体的功率为260W。

②扫描速度，是指激光光斑沿扫描轨迹运动的速度，举例成形块体的扫描速度为300mm/s。

③铺粉层厚，是指每一次铺粉前工作缸下降的高度，举例成形块体的铺粉层厚为0.09mm。

④扫描间距，是指激光扫描相邻两条熔覆道（激光熔化粉末凝固后形成的熔池）时光斑

移动的距离，举例成形块体的扫描间距为 0.07mm。

⑤扫描路径，是指激光光斑的移动方式。常见的扫描路径有逐行扫描（每一行沿 X 或 Y 方向交替扫描）、分块扫描（根据设置的方块尺寸将截面信息分成若干小方块进行扫描）、带状扫描（根据设置的带状尺寸将截面信息分成若干小长方体进行扫描）、分区扫描（将截面信息分成若干个大小不等的区域进行扫描）、螺旋扫描（激光扫描轨迹呈螺旋线）等。

图 9-8（a）给出了举例 SLM 工艺成形块体的激光扫描策略，扫描方式为螺旋式扫描，块体以如下两种单层逐层交错叠加而成，图 9-8（b）为该方式下实际的扫描轨迹线，可见鱼鳞状轨迹沿扫描方向逐渐延伸。

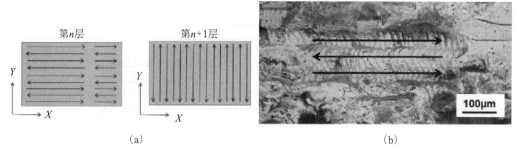

图 9-8　扫描策略及实际扫描轨迹图

⑥扫描边框。由于粉末熔化、热量传递与累计导致熔覆道边缘变高，对块体边框进行扫描熔化可以减小零件成形过程中边缘高度增加的影响，在所选的工艺参数下，铜锡钛金刚石复合粉末材料具备较好的成形性，与 304 不锈钢基板有非常好的润湿性。未产生翘曲现象。

⑦能量密度，分为线能量密度和体能量密度，是用来表征工艺特点的指标。线能量密度指激光功率与扫描速度之比，举例试块线能量密度为 0.87J/mm。体能量密度指激光功率与扫描速度、扫描间距、铺粉层厚之比，举例试块体能量密度为 137.56J/mm^3。

按以上的试验参数，对金刚石块体进行逐层扫描，直至处理完最后一层数据。

5）切割试样

利用电火花线切割机将金刚石块体从基板上进行切除，如图 9-9 所示。

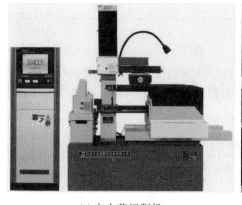 

(a) 电火花切割机　　　　　　　　(b) 切割试样

图 9-9　金刚石块体切割分离

6）后处理

块体加工完毕后，首先要进行喷砂或者高压气处理，以去除表面或内部残留的粉末，最后用乙醇清洗干净。对于有支撑结构的样品还要进行机加工去除支撑。SLM 成形的金刚石工具如图 9-10 所示。

图 9-10　SLM 成形的金刚石工具

三、SLA 成形金刚石工具

工业中常用的金属结合剂金刚石锯片和树脂结合剂金刚石锯片各有不同的特点，其中树脂结合剂锯片的使用寿命较高，锯片尺寸可以做得很薄，材料的有效利用率较高，下面以 SLA 制造金刚石树脂结合剂锯片为例作具体流程介绍。

1）设计规格

根据锯片的工业生产要求，选择其参数数值，如外形、内径、外径、厚度等。表 9-2 为金刚石锯片规格参数。

表 9-2　金刚石锯片规格参数

锯片参数	外形	内径/mm	外径/mm	厚度/mm
选择数值	圆环形	40	56	0.2

2）确定磨具配方

根据相关的磨具手册，制造锯片需对结合剂类型、磨料类型、磨料粒度、填料类型、填料含量等进行选择，采用金刚石颗粒制造锯片与其他磨料制造金刚石工具的工艺基本相同。表 9-3 展示了光固化树脂锯片的配方参数。

表 9-3　示例光固化树脂锯片配方参数

结合剂	磨料	磨料粒度	磨料浓度	填料	含量
D6-4 型树脂	人造金刚石	320 目	100%	Al_2O_3 微粉	10%

3）选定试验设备

在光固化树脂结合剂锯片的原料配置过程中,需要用到一系列试验仪器,如电子天平、磁力搅拌器、真空干燥箱等,光固化机则是制作光固化树脂锯片的最主要设备,另外锯片光固化成形后还需要双面研磨机、内外圆磨床等修整设备。具体的试验设备如表 9-4 所示。

表 9-4 示例金刚石锯片制造试验设备

试验设备	设备型号	生产厂家
电子天平	SL122	上海民桥电子仪器厂
精密增力搅拌器	JJ1	常州国华电器有限公司
真空干燥箱	ZX2	上海易恒科学仪器公司
紫外光固化机	LT-102	河北蓝天特灯有限公司
双面研磨机	—	温州市志勇研磨机械厂
内外圆磨床	MK7132A	杭州机床厂

图 9-11 为实验室所用的光固化设备图。采用该类型光固化机进行固化操作时,固化件由输送带带动经过紫外光灯管,在紫外光的照射下固化成型。其中输送带的运行速度可以通过调速旋钮进行无级调速,进而调节固化件的曝光时间,达到最佳固化效果。

图 9-11 LT-102 型紫外光固化设备

确定光固化树脂结合剂超薄锯片的配方后,结合光固化树脂的固化特点,设计合适的模具,然后进行光固化树脂锯片的制作。图 9-12 为光固化树脂超薄锯片的制作原理图。

4) 真空脱泡处理

树脂结合剂内产生气泡时易对金刚石锯片产生不良影响,真空脱泡是利用排除空气的方式,在设定的时间内将产品中的氧气抽掉,可精准达到脱泡效果,一般在真空脱泡机中进行。真空脱泡污染较小,脱泡时间短,效果明显,脱泡量大,操作较简单。

5) 注入成型模具

锯片配方中加入了 D6-4 型树脂作为结合剂,在用紫外光固化过程中,结合剂会有一定程度的体积收缩,如果在失去流动性之后体积还没有达到平衡数值,进一步固化就会产生内应力,黏接件中的内应力对锯片的使用性能造成不良的影响,后处理主要作用是消除光固化树脂在固化过程的收缩内应力的影响。

 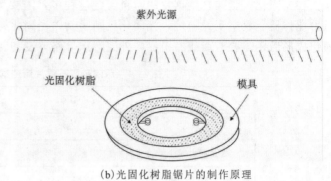

(a) 锯片的成型模具　　　　　　　(b) 光固化树脂锯片的制作原理

图 9-12　光固化树脂超薄锯片的制作原理图

降低体积收缩率一般采用降低反应体系官能团浓度、加入高分子聚合物增加韧性、加入无机填料、热处理等方法，适用于光固化树脂结合剂模具的方法主要为加入填料和热处理。

可向粉末反应体系中加入 SiC、Al_2O_3、SiO_2 等无机填料，这些无机填料不参与光固化成形过程中的化学反应，不同微粉级填料的粒径大小对光固化树脂磨具的结合剂硬度的影响很小，因此在光固化树脂磨具结合剂中添加微粉级填料对进行改性时可以不考虑填料的粒径大小。另外受光固化树脂固化特点的影响，在已经加入磨料的光固化树脂中添加改性填料的比例不易超过 15%。

对于热处理，应在不超过其玻璃化温度的基础上采用高温保温、自然降温的方式进行。

将配方材料均匀混合后，注入成形模具。

6) 紫外光固化

开启 LT-102 型紫外光固化机，利用紫外光使得树脂固化，从而黏结金刚石等颗粒，使模型达到一定的强度。

7) 后处理

后处理阶段，具体步骤如下。

(1) 取件。

将薄片状铲刀插入锯片与升降台板之间，取出锯片。

(2) 排除未固化树脂。

如果锯片内部残留有未固化的树脂，则残留的液态树脂会在后固化处理或成型件储存的过程中发生暗反应，使残留树脂固化收缩引起锯片变形，因此从锯片中排除残留树脂很重要。在设计三维模型时，可预开一些排液的小孔，或者在成形后用钻头在锯片适当的位置钻几个小孔，将液态树脂排出。

(3) 表面清洗。

将锯片浸入溶剂或者超声波清洗槽中清洗掉表面的液态树脂。

(4) 后固化处理。

若制得的锯片硬度等性能不满足要求，有必要再用紫外灯照射的光固化方式和热固化方式对锯片进行后固化处理。用光固化方式进行固化后，使用强度较弱的光源进行辐射、使用能透射到制件内部的长波长光源，以避免由于急剧反应引起内部温度上升。

(5) 去除支撑。

用剪刀和镊子先将支撑去除,然后用锉刀和纱布进行光整。

(6) 内外圆修整。

金刚石锯片呈圆环形,因此需在型号为MK7132A的内外圆磨床上对其进行修整,保证其直径,同时将边缘修整圆滑。

(7) 打磨。

SLA成形的制件表面都有0.05~0.1mm的层间台阶效应,会影响外观和质量。因此有必要用双面研磨机打磨锯片的表面去掉层间台阶,获得平整的表面。

8) 得到成品锯片

将后处理后的锯片贴标,利用SLA技术成形的成品锯片如图9-13所示。

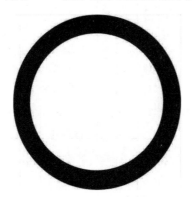

图9-13 SLA成形的金刚石锯片

附　录

附录1　地质系列金刚石岩心钻探钻具级配　　　　单位：mm

公称系列	钻头 外径	钻头 内径	钻头 壁厚	扩孔器外径	岩心管外管 外径	岩心管外管 内径	岩心管外管 壁厚	内外管间隙	岩心管内管 外径	岩心管内管 内径	岩心管内管 壁厚	套管 外径	套管 内径	套管 壁厚	钻杆 外径	钻杆 内径	钻杆 壁厚	钻杆 接头外径/内径	岩心管与孔径间隙	内管间隙岩心管	扩孔器与套管间隙	钻杆与孔径间隙	岩心管内管与绳索取心钻杆间隙
28	28	17	5.5	28.5	△27	22.5	2.25	1	△20.5	18	1.25				△25	17	4		0.75	0.5		1.75	
36	36.5	21.5	7.5	37	△35	29	3	1.25	△26.5	23	1.75	※△45	33	3.5	△33	23	5		1	0.75	0.5	2	
46	46.5	29	8.75	47	※△45	38	3.5	1.5	△35	31	2	※△58	49	4.5	△43	31	6	/16	1	1	1	2	
46S		25	10.75		45	36	4.5	2.5	△31	27	2				43.5	34	4.75	44/33	1	1	1	1.5	1
59	59.5	41.5	9	60	58	51	3.5	1.75	47.5	43.5	2	※73	63	5	54	44	5	/22	1	1	1.5	3	
59S		36	11.75		※58	49	4.5	3	43	38	2.5				55.5	46	4.75	56.5/46	1	1	1.5	1.75	1.5
75	75	54.5	10.25	75.5	△73	65.5	3.75	1.75	62	56.5	2.75	※△89	81 (73.5)	4 (5.25)	※71	61	5	/30	1.25	1	1.5	2.25	
75S		49	13		※73	63	5	3.5	56	51	2.5				※71	61	5	71/61	1.25	1	1.5	2.25	2.5
91	91	68	11.5	91.5	※89	81	4	2	77	70	3.5	△108	99.5 (97.5)	4.25 (5.25)	※71	61	5	/30	1.25	1	3	10.25	

注：S——为绳索取心用；△——为原有规格；※——为通用规格。

附录 2 冶金系列地质系统金刚石岩心钻探钻具级配系列

单位：mm

钻孔标称	钻头			扩孔器		双层岩心管								套管			钻杆			接头	
	外径	内径	壁厚	外径	内径	外管			间隙	内管				外径	内径	壁厚	外径	内径	壁厚	外径	内径
						外径	内径	壁厚		外径	内径	壁厚									
28	28.5	16.5	6	29	21	27	22.5	2.25	1	20.5	18	1.25					25	17	4	26	12
36	36.5	21.5	7.5	37	27	35	29	3	1.25	26.5	23	1.75		45	38	3.3	33	23	5	34	15
46	47	29	9	47.5	36	45	38	3.5	1.5	35	31	2		58	49	4.5	43	31	6	44	17
46S		25	11			45	36	4.5	2.5	31	27	2					43.5	34	4.75	44.5	33.5
59	60	41.5	9.25	60.5	48.5	58	51	3.5	1.75	47.5	43.5	2		73	63	5	54	42	6	56	24
59S		36	12		46.5	58	49	4.5	3	43	38	2.5					55.5	46	4.75	56.5	45.5
75	75	54.5	10.25	75.5	62.5	73	65.5	3.75	1.75	62	56.5	2.75		89	81	4	67	55	6	70	35
75S		49	13		60.5	73	63	5	3.5	56	51	2.5			(78.5)	(5.25)	71	61	5	72	60.5
91	91	68	11.5	91.5	78	89	81	4	2	77	70	3.5		108	99.5 (97.5)	4.25 (5.25)	67	55	6	70	35

注：1. 钻探用管材为国家标准，表中口径标称中的 S 为绳索取心用。

2. 75、91 口径套管有两种，即薄壁管和厚壁管（括弧内尺寸）。

3. 60、75 口径的绳索取心岩心管与套管规格相同，47、91 口径普通外管与套管规格相同。

主要参考文献

安茂忠,2004.电镀理论与技术[M].哈尔滨:哈尔滨工业大学出版社.
陈勇军,史庆南,左孝青,等,2003.金属表面改性——离子注入技术的发展与应用[J].表面技术(6):4-7.
邓福铭,陈启武,2003.PDC超硬复合刀具材料及其应用[M].北京:化学工业出版社.
方啸虎,1998.超硬材料基础与标准[M].北京:中国建材工业出版社.
方啸虎,2003.中国超硬材料新技术与进展[M].合肥:中国科学技术大学出版社.
冯立明,2005.电镀工艺与设备[M].北京:化学工业出版社.
付建红,杨迎新,2017.复杂油气藏钻井理论与应用[M].北京:科学出版社.
葛培琪,陈自彬,王沛志,2020.单晶硅切片加工技术研究进展[J].金刚石与磨料磨具工程,40(04):12-18.
耿漫,李鹏远,崔西蓉,等,1998.离子注入对人造金刚石性能的影响[J].中国核科技报告(S3):97-99.
郭鹤桐,张三元,2007.复合电镀技术[M].北京:化学工业出版社.
韩烈祥,2020.国外PDC钻头技术新进展[M].北京:科学出版社.
何伟春,王秦生,2017.超硬材料复合镀技术[M].郑州:郑州大学出版社.
黄培云,1997.粉末冶金原理[M].北京:冶金工业出版社.
黄培云,金展鹏,陈振华,2010.粉末冶金基础理论与新技术[M].北京:科学出版社.
纪宏超,张雪静,裴未迟,等,2018.陶瓷3D打印技术及材料研究进展[J].材料工程,46(07):19-28.
姜荣超,2002.金刚石在建筑工业中未来的作用[J].金刚石与磨料磨具工程(5):42-44
姜荣超,2003.制粒工艺在粉末冶金与金刚石工具中的应用[J].金刚石与磨料磨具工程(2):74-76.
李伯民,李清,2012.超硬工具加工与应用实例[M].北京化学工业出版社.
李大佛,1987.电镀金刚石钻头研究[M].武汉:武汉地质学院出版社.
李大佛,李粮纲,1989.表镶金刚石切削具切削与磨损理论分析[M].武汉:湖北科学技术出版社.
李大佛,屠厚泽,李天明,2008.金刚石、PDC钻头与工艺学[M].北京:地质出版社.
李荻,2008.电化学原理[M].北京:北京航空航天大学出版社.
李恭培,吕恩繁,1999.金刚石薄壁钻头的激光焊接[J].激光集锦(2):21-22.
李鹏,熊惟皓,2002.选择性激光烧结的原理及应用[J].材料导报(6):55-58.
李世忠,1992.钻探工艺学:钻进方法及钻探质量[M].北京:地质出版社.
李树盛,蔡镜仑,马德坤,1998.PDC钻头冠部设计的原理与方法[J].石油机械(3):1-3+55.
李树盛,蔡镜仑,马德坤,1998.胎体与钢体PDC钻头结构参数的相互转换[J].石油大学学报(自然科学版)(1):30-33+113.
李树盛,马德坤,侯季康,1996.PDC切削齿工作角度的精确计算与分析[J].西南石油学院学报(4):69-74+125.
廖为鑫,解子章,1984.粉末冶金过程热力学分析[M].北京:冶金工业出版社.
廖原时,2009.金刚石串珠锯在饰面石材生产中的应用技术[M].北京:冶金工业出版社.
刘冬生,张祖培,肖荣,2004.离子束注入对人造金刚石表面改性的实验研究[J].矿冶工程(3):73-75.
刘广志,1991.金刚石钻探手册[M].北京:地质出版社.
刘青,张建斌,2002.激光焊接金刚石薄壁工程钻头的研究[J].工业金刚石(6):22-24.
刘希圣,1981.钻井工艺原理[M].北京:石油工业出版社.
鲁凡,1988.润滑钻井液[M].长沙:中南工业大学出版社.

罗肇丰,1984.钻井技术手册(一)钻头[M].北京:石油工业出版社.

马泽贤,刘新宽,盛荣生,等,2021.上砂工艺参数对电镀金刚石线锯性能的影响[J].电镀与涂饰,40(3):192-197.

潘秉锁,杨洋,张艺媛,等,2020.电镀金刚石钻头镀液添加剂研究[M].武汉:中国地质大学出版社.

庞振华,杨惠宁,潘瑞娟,2001.金刚石空芯钻的激光焊接[J].激光技术(5):390-393.

任敬心,华定安,1988.磨削原理[M].西安:西北工业大学出版社.

石智军,董书宁,田宏亮,2020.矿山大直径钻孔施工技术与装备[M].北京:科学出版社.

苏振华,刘刚,代兵,等,2020.选区激光熔化制备金刚石/铝复合材料的缺陷研究[J].金刚石与磨料磨具工程,40(03):46-51.

孙友宏,王清岩,于萍,等,2021."地壳一号"万米大陆科学钻探装备及自动化机具[M].北京:科学出版社.

孙毓超,刘一波,王秦生,1999.金刚石工具与金属学基础[M].北京:中国建材工业出版社.

孙毓超,宋月清,等,2005.金刚石工具制造理论与实践[M].郑州:郑州大学出版社.

孙月花,彭超群,王小锋,等,2015.直写成型技术:一种新型微纳尺度三维结构的制备方法[J].中国有色金属学报,25(6):1525-1537.

汤凤林,加里宁,段隆臣,2009.岩心钻探学[M].武汉:中国地质大学出版社.

唐霞辉,2004.激光焊接金刚石工具[M].武汉:华中科技大学出版社.

田东彬,魏向辉,曹丽萍,等,2012.胎体PDC钻头砂模成型技术[J].石油矿场机械,41(11):72-74.

屠厚泽,1988.钻探工程学·上册[M].武汉:中国地质大学出版社.

万隆,陈石林,刘小磬,2006.超硬材料与工具[M].北京:化学工业出版社.

万新梁,2001.激光焊接薄壁金刚石工程钻头的研究[J].金刚石与磨料磨具工程(2):30-32+4.

万新梁,1992.国外激光焊接金刚石工具的现状[J].国外地质勘探技术(2):1-2+6.

王达,何远信,2014.地质钻探手册[M].长沙:中南大学出版社.

王鸿建,1988.电镀工艺学[M].哈尔滨:哈尔滨工业大学出版社.

王佳亮,张绍和,2016.弱化胎体耐磨损性的金刚石钻头[M].长沙:中南大学出版社.

王克雄,翟应虎,夏宏南,等,1997.模拟深井条件下的PDC钻头破岩试验研究[J].探矿工程(岩土钻掘工程)(2):46-47+52.

王秦生,2000.金刚石烧结制品[M].北京:中国标准出版社.

王秦生,2001.超硬材料电镀制品[M].北京:中国标准出版社.

王荣,翟应虎,王克雄,2006.PDC钻头等体积布齿设计的数值计算方法[J].石油钻探技术(1):42-45.

吴光琳,张祖培,1983.钻井岩石破碎学[M].北京:地质出版社.

夏宏南,王克雄,蔡镜仑,等,1997.PDC钻头切削齿的改进及破岩试验研究[J].石油钻探技术(4):37-38.

辛志杰,2012.超硬刀具、磨具与模具加工应用实例[M].北京:化学工业出版社.

熊春林,汤中华,李松林,2007.粉体材料成形设备与模具设计[M].北京:化学工业出版社.

须志刚,蔡镜仑,1994.PDC钻头切削齿受力试验的新方法[J].石油大学学报(自然科学版)(4):31-36.

徐顺利,2000.快速成型的生产工艺及关键技术[J].制造业自动化(8):4-5+24.

徐湘涛,1990.金刚石钻探工具与锯切工具制造[M].北京:机械工业出版社.

鄢泰宁,2011.人造金刚石超硬材料在钻探中的应用[M].武汉:中国地质大学出版社.

鄢泰宁,2014.岩土钻掘工艺学[M].长沙:中南大学出版社.

杨凯华,段隆臣,汤凤林,等,2001.新型金刚石工具研究.武汉:中国地质大学出版社.

杨展,段隆臣,章文姣,等,2012.新型金刚石钻头研究[M].武汉:中国地质大学出版社.

姚建华,陈智君,孙东跃,等,2002.激光焊接金刚石薄壁钻工艺与性能[J].中国激光(7):657-660.

姚建华,孙东跃,熊缨,等,2002.激光焊接超细基胎体金刚石薄壁钻[J].激光与光电子学进展(6):51-54.

袁公昱,方啸虎,1992.人造金刚石合成与金刚石工具制造[M].长沙:中南工业大学出版社.

曾祥德,2009.合金电镀工艺[M].北京:化学工业出版社.

翟应虎,蔡镜仑,刘希圣,1994.重叠和覆盖条件下 PDC 切削齿破岩规律[J].石油学报(3):119-125.

翟应虎,蔡镜仑,刘希圣,1992.PDC 钻头切削齿工作角的设计方法[J].石油大学学报(自然科学版)(3):20-25.

翟应虎,蔡镜仑,刘希圣,1992.PDC 钻头切削齿工作角设计理论[J].石油大学学报(自然科学版)(1):24-33.

翟应虎,蔡镜仑,1995.PDC 钻头切削齿运动规律的探讨[J].石油大学学报(自然科学版)(4):49-53.

翟应虎,王克雄,蔡镜仑,1995.PDC 钻头的螺旋线布齿方法[J].石油大学学报(自然科学版)(2):25-29.

张绍和,2001.金刚石钻头设计与制造新理论新技术[M].武汉:中国地质大学出版社.

张绍和,2005.金刚石与金刚石工具[M].长沙:中南大学出版社.

张绍和,2008.金刚石与金刚石工具知识问答 1000 例[M].长沙:中南大学出版社.

张绍和,苏舟,刘磊磊,等,2021.SLS 和 FDMS 制造超薄金刚石锯片对比研究[J].金刚石与磨料磨具工程,41(1):38-43.

张绍和,唐健,周侯,等,2018.3D 打印技术在金刚石工具制造中的应用探讨[J].金刚石与磨料磨具工程,38(2):51-56.

张允诚,胡如南,向荣,2011.电镀手册[M].北京:国防工业出版社.

赵金洲,张桂林,2005.钻井工程技术手册[M].北京:中国石化出版社.

赵民,2009.石材加工工具与技术[M].北京:电子工业出版社.

郑启光,辜建辉,1996.激光与物质相互作用[M].武汉:华中理工大学出版社.

郑庆辉,王生福,李焰,等,1997.影响薄壁金刚石钻头使用性能的因素[J].探矿工程(岩土钻掘工程)(S1):137-138.

郑文虎,2012.刀具材料和刀具的选用[M].北京:国防工业出版社.

中国标准出版社第三编辑室,全国磨料磨具标准化技术委员会,2008.磨料磨具标准汇编[M].北京:中国标准出版社.

中华人民共和国国土资源部,2015.地质岩心钻探金刚石钻头:DZ/T 0277—2015[S].北京:中国标准出版社.

中华人民共和国国土资源部,2015.地质岩心钻探金刚石扩孔器:DZ/T 0278—2015[S].北京:中国标准出版社.

周东晨,赵国权,1998.金刚石合成工艺[M].北京:机械工业出版社.

周锐,李剑峰,李方义,等,2004.金刚石线锯的研究现状与进展[J].现代制造工程(6):112-115.

朱海红,唐霞辉,朱国富,1999.金刚石取心钻头的激光焊接[J].激光技术(4):47-50.

祝效华,刘伟吉,2022.钻进岩石破碎学[M].北京:科学出版社.

邹德永,王瑞和,2005.刀翼式 PDC 钻头的侧向力平衡设计[J].石油大学学报(自然科学版)(2):42-44.

MORELLI E,1999. New laser welding machine for diamond tool manufacture. IDR. Industrial diamond review,59(582):196-197.

SANDVIK,2019. The world's first 3D printed diamond composites [EB/OL]. (2019-05-21)[2021-05-20]. https://www.additive.sandvik/en/diamond.

TIAN C,LI X,ZHANG S,et al. ,2019. Porous structure design and fabrication of metal-bonded diamond grinding wheel based on selective laser melting (SLM)[J]. The International Journal of Advanced Manufacturing Technology,100(5):1451-1462.

TSAI P H,CHOU Y C,YANG S W,et al. ,2013. A comparison of wafers sawn by resin bonded and electroplated diamond wire—from wafer to cell[C]//2013 IEEE 39th Photovoltaic Specialists Conference (PVSC),June 16-23,2013,Tampa FL USA. New York:IEEE:0523-0525.